Karl Bosch

Angewandte Statistik

**Einführung, Problemlösungen
mit dem Mikrocomputer**

**Aus dem Programm
Angewandte Statistik**

**Angewandte Statistik
Einführung, Problemlösungen mit dem Mikrocomputer**
von K. Bosch

Aufgaben und Lösungen zur angewandten Statistik
von K. Bosch

Elementare Einführung in die Wahrscheinlichkeitsrechnung
von K. Bosch

**Multivariate Statistik in den Natur- und
Verhaltenswissenschaften**
von C.M. Haf und T. Cheaib

**Wahrscheinlichkeitsrechnung und Statistik −
30 BASIC-Programme**
von D. Herrmann

Einführung in das Datenanalysesystem SPSS
von W.M. Kähler

Statistik für programmierbare Taschenrechner (UPN)
von J. Bruhn

Statistik für programmierbare Taschenrechner (AOS)
von J. Bruhn

Vieweg

Karl Bosch

Angewandte Statistik

Einführung, Problemlösungen mit dem Mikrocomputer

Mit 38 BASIC-Programmen

Friedr. Vieweg & Sohn   Braunschweig / Wiesbaden

CIP-Kurztitelaufnahme der Deutschen Bibliothek

Bosch, Karl:
Angewandte Statistik: Einf., Problemlösungen mit
d. Mikrocomputer; mit 38 BASIC-Programmen /
Karl Bosch. – Braunschweig; Wiesbaden: Vieweg,
1986.
ISBN 3-528-04449-7

Das in diesem Buch enthaltene Programm-Material ist mit keiner Verpflichtung oder Garantie irgendeiner Art verbunden. Der Autor übernimmt infolgedessen keine Verantwortung und wird keine daraus folgende oder sonstige Haftung übernehmen, die auf irgendeine Art aus der Benutzung dieses Programm-Materials oder Teilen davon entsteht.

1986

Alle Rechte vorbehalten
© Friedr. Vieweg & Sohn Verlagsgesellschaft mbH, Braunschweig 1986

Das Werk einschließlich aller seiner Teile ist urheberrechtlich geschützt. Jede Verwertung außerhalb der engen Grenzen des Urheberrechtsgesetzes ist ohne Zustimmung des Verlags unzulässig und strafbar. Das gilt insbesondere für Vervielfältigungen, Übersetzungen, Mikroverfilmungen und die Einspeicherung und Verarbeitung in elektronischen Systemen.

Satz: Vieweg, Braunschweig
Druck und buchbinderische Verarbeitung: Lengericher Handelsdruckerei, Lengerich
Printed in Germany

ISBN 3-528-04449-7

Vorwort

Das vorliegende Buch ist sowohl für Studenten als auch für Praktiker gedacht, denen zur Verarbeitung des statistischen Datenmaterials ein Mikrocomputer zur Verfügung steht. Das Buch ist aus Vorlesungen entstanden, die der Autor wiederholt für Studenten der verschiedensten Fachrichtungen abgehalten hat. Bei der elementaren Behandlung der wichtigsten Grundbegriffe und Methoden der beschreibenden und beurteilenden Statistik sind Aufbau und Darstellung so gewählt, daß ein breiter Leserkreis angesprochen werden kann.

Ziel des Autors ist es, die einzelnen Verfahren nicht nur kochrezeptartig mitzuteilen, sondern sie auch – soweit möglich – zu begründen. Dazu werden einige Ergebnisse der Wahrscheinlichkeitsrechnung benötigt. Zahlreiche Beispiele sollen zum besseren Verständnis beitragen. Den Lesern, die sich mit Wahrscheinlichkeitsrechnung näher beschäftigen möchten, wird die Lektüre des Bandes 25 *Elementare Einführung in die Wahrscheinlichkeitsrechnung* in der Reihe vieweg studium Basiswissen empfohlen.

Im Anschluß an die theoretischen Überlegungen findet man jeweils ein Flußdiagramm sowie ein vollständiges Programm in der Programmiersprache BASIC.

Da im allgemeinen besonderer Wert auf die Modellvoraussetzungen gelegt wird, entsteht für den Anwender eine optimale Programmbeschreibung.

Das Ende eines Beweises wird mit dem Zeichen ■, das Ende eines Beispiels mit ♦ gekennzeichnet.

Die insgesamt 38 BASIC-Programme enthalten keine speziellen Maschinenbefehle und können daher leicht auf alle gängigen Mikrocomputer übertragen werden. Alle Programme sind auf Diskette erhältlich.

Hervorzuheben ist die gute Zusammenarbeit mit dem Verlag während der Entstehungszeit des Buches. Jedem Leser bin ich für Verbesserungsvorschläge dankbar.

Stuttgart-Hohenheim, im Januar 1986 *Karl Bosch*

Kurzbiographie des Autors

Karl Bosch wurde 1937 in Ennetach (Württ.) geboren. Er studierte Mathematik in Stuttgart und Heidelberg. Nach dem Diplom im Jahre 1964 wurde er in Braunschweig 1967 promoviert und 1973 für das Fach Mathematik habilitiert. Seit 1976 ist er o. Professor am Institut für Angewandte Mathematik und Statistik der Universität Stuttgart-Hohenheim. Seine wissenschaftlichen Arbeiten befassen sich mit Wahrscheinlichkeitsrechnung und angewandter mathematischer Statistik. Insbesondere beschäftigt er sich auf dem Gebiet der Erneuerungstheorie mit Wartungs-, Reparatur- und Inspektionsprozessen sowie mit Garantie- und Kulanzstrategien.

Inhalt

Programme – Übersicht				XI

I Beschreibende Statistik (elementare Stichprobentheorie) ... 1
- 1 Eindimensionale Stichproben (Betrachtung eines einzigen Merkmals) ... 1
  - 1.1 Häufigkeitsverteilungen einer Stichprobe ... 1
  - 1.2 Mittelwerte (Lageparameter) einer Stichprobe ... 11
    - 1.2.1 Der (empirische) Mittelwert ... 11
    - 1.2.2 Der (empirische) Median ... 13
    - 1.2.3 Die Modalwerte ... 14
  - 1.3 Streuungsmaße einer Stichprobe ... 15
    - 1.3.1 Die Spannweite ... 15
    - 1.3.2 Die mittlere absolute Abweichung ... 15
    - 1.3.3 Die (empirische) Varianz und die Standardabweichung ... 17
- 2 Zweidimensionale Stichproben (gleichzeitige Betrachtung zweier Merkmale) ... 28
  - 2.1 Darstellungen zweidimensionaler Stichproben ... 28
  - 2.2 (Empirische) Kovarianz und der (empirische) Korrelationskoeffizient einer zweidimensionalen Stichprobe ... 31

II Zufallszahlen und Testverteilungen ... 40
- 3 Zufallsstichproben und Zufallszahlen ... 40
  - 3.1 Zufallsstichproben ... 40
  - 3.2 Zufallszahlen ... 41
    - 3.2.1 Standardzufallszahlen aus dem Intervall (0; 1) ... 41
    - 3.2.2 Zufallszahlen aus dem Intervall (a; b) ... 41
    - 3.2.3 Laplace-Zufallszahlen (diskrete Gleichverteilung) ... 42
    - 3.2.4 Binomialverteilte Zufallszahlen ... 45
    - 3.2.5 Normalverteilte Zufallszahlen ... 46
    - 3.2.6 Die Inversionsmethode ... 48
    - 3.2.7 Exponentialverteilte Zufallszahlen ... 49
- 4 Verteilungsfunktionen und Quantile ... 49
  - 4.1 Die Binomialverteilung ... 50
  - 4.2 Die Poissonverteilung (Verteilung der seltenen Ereignisse) ... 55
  - 4.3 Die Normalverteilung ... 58
  - 4.4 Chi-Quadrat Verteilungen ... 62
  - 4.5 Die F-Verteilung von Fisher ... 66
  - 4.6 Die t-Verteilung ... 71

III Schätzwerte für unbekannte Parameter 75

5 Parameterschätzung 75
    5.1 Beispiele von Näherungswerten für unbekannte Parameter 75
        5.1.1 Näherungswerte für eine unbekannte
Wahrscheinlichkeit p = P(A) 75
        5.1.2 Näherungswerte für den relativen Ausschuß in einer endlichen Grundgesamtheit (Qualitätskontrolle) 77
        5.1.3 Näherungswerte für den Erwartungswert μ und die Varianz σ^2 einer Zufallsvariablen 78
    5.2 Die allgemeine Theorie der Parameterschätzung 82
        5.2.1 Erwartungstreue Schätzfunktionen 82
        5.2.2 Konsistente Schätzfunktionen 83
        5.2.3 Wirksamste (effiziente) Schätzfunktionen 84
    5.3 Maximum-Likelihood-Schätzungen 84

6 Konfidenzintervalle (Vertrauensintervalle) 90
    6.1 Allgemeine Theorie der Konfidenzintervalle 90
    6.2 Konfidenzintervalle für den Erwartungswert μ einer Zufallsvariablen 91
        6.2.1 Normalverteilungen mit bekannter Varianz σ_0^2 91
        6.2.2 Normalverteilung mit unbekannter Varianz σ^2 94
        6.2.3 Beliebige Zufallsvariable bei großem Stichprobenumfang .. 94
    6.3 Konfidenzintervalle für die Varianz σ^2 einer normalverteilten Zufallsvariablen 97
    6.4 Konfidenzintervalle für eine unbekannte Wahrscheinlichkeit p ... 99
        6.4.1 Approximation durch die Normalverteilung
für np (1 – p) > 9 99
        6.4.2 Approximation durch die F-Verteilung 104

IV Testtheorie 108

7 Parametertests 108
    7.1 Ein einfacher Alternativtest 108
    7.2 Der Aufbau eines Parametertests 110
    7.3 Test des Erwartungswertes 113
    7.4 Test der Varianz σ^2 einer Normalverteilung 117
    7.5 Test einer beliebigen Wahrscheinlichkeit 119
    7.6 Test auf Gleichheit zweier Erwartungswerte (t-Test) 121
        7.6.1 Verbundene Stichproben 121
        7.6.2 Nichtverbundene Stichproben 122
    7.7 Vergleich zweier Varianzen bei Normalverteilungen 124

8 Chi-Quadrat-Anpassungstest 125
    8.1 Der Chi-Quadrat-Anpassungstest für die Wahrscheinlichkeiten $p_1, p_2, \ldots, p_r$ einer Polynomialverteilung 125
    8.2 Der Chi-Quadrat-Anpassungstest für vollständig vorgegebene Wahrscheinlichkeiten einer diskreten Zufallsvariablen 128
    8.3 Der Chi-Quadrat-Anpassungstest für eine Verteilungsfunktion F_0 einer beliebigen Zufallsvariablen 129

	8.4	Der Chi-Quadrat-Anpassungstest für eine von unbekannten Parametern abhängige Verteilungsfunktion F_0	133
		8.4.1 Test auf Binomialverteilung	135
		8.4.2 Test auf Poisson-Verteilung	139
		8.4.3 Test auf Normalverteilung	144
		8.4.4 Test auf Exponentialverteilung	149
	9	Chi-Quadrat-Unabhängigkeits- und Homogenitätstests (Kontingenztafeln)	151
		9.1 Der Chi-Quadrat-Unabhängigkeitstest	152
		9.2 Homogenitätstest	156
V	Varianzanalyse		159
	10	Varianzanalyse	159
		10.1 Einfache Varianzanalyse	159
		10.2 Zweifache Varianzanalyse bei einfachen Klassenbesetzungen – zwei Einflußfaktoren ohne Wechselwirkung	170
		10.3 Zweifache Varianzanalyse bei mehrfacher Klassenbesetzung – zwei Einflußfaktoren mit Wechselwirkung	179
VI	Korrelationsanalyse		187
	11	Tests und Konfidenzintervalle für den Korrelationskoeffizienten	187
		11.1 Kovarianz und Korrelationskoeffizient zweier Zufallsvariabler	187
		11.2 Schätzfunktionen für die Kovarianz und den Korrelationskoeffizienten zweier Zufallsvariablen	189
		11.3 Konfidenzintervalle für den Korrelationskoeffizienten ρ bei Normalverteilungen	191
		11.4 Test des Korrelationskoeffizienten bei Normalverteilungen	194
		11.5 Test auf Gleichheit zweier Korrelationskoeffizienten bei Normalverteilungen	196
VII	Regressionsanalyse		198
	12	Das allgemeine Regressionsmodell	198
	13	Lineare Regression	199
		13.1 Die empirische Regressionsgerade	199
		13.2 Schätzungen und Tests beim linearen Regressionsmodell	204
		13.3 Konfidenz- und Prognosebereiche beim linearen Regressionsmodell	209
		13.4 Test auf lineare Regression	214
		13.5 Transformationen auf lineare Modelle	219
	14	Quadratische Regressionsfunktionen	220
	15	Durch Parameter bestimmte Regressionsfunktionen	227
VIII	Verteilungsunabhängige Verfahren		229
	16	Der Vorzeichentest von Fisher	229
		16.1 Der Mediantest bei stetigen Verteilungen	231
		16.2 Test auf zufällige Abweichungen bei verbundenen Stichproben	232

17 Tests und Konfidenzintervalle von Quantilen 233
18 Rangtests 236
    18.1 Die Rangzahlen einer Stichprobe 236
    18.2 Lineare Rangstatistiken 237
    18.3 Der Vorzeichentest von Wilcoxon (Symmetrietest) 237
        18.3.1 Test auf Symmetrie 237
        18.3.2 Test des Medians bei symmetrischen Verteilungen 244
    18.4 Der Rangsummentest von Wilcoxon, Mann und Whitney (Vergleich zweier unabhängiger Stichproben) 245
19 Kolmogorov-Smirnov-Tests 250
    19.1 Der Kolmogorov-Smirnov-Anpassungstest (Einstichprobentest) .. 250
    19.2 Der Kolmogorov-Smirnov-Zweistichprobentest 255

Literaturverzeichnis (weiterführende Literatur) 261

Tabellen 263

Sachregister 283

Programme – Übersicht

Klassenbildung ohne Speicherung von (nichtgruppierten) Daten – Mittelwert, Varianz und Standardabweichung (BESCHR 11)	5
Mittelwert, Varianz, Median und (evtl.) Klasseneinteilung bei unsortierten Werten mit Datenspeicherung (BESCHR 12)	21
Mittelwert, Median, Varianz und Verteilungsfunktion bei gruppierten Daten (Häufigkeiten) (BESCHR 13)	24
Kovarianz und Korrelationskoeffizient bei Einfachdaten ohne Speicherung (BESCHR 21)	35
Kovarianz und Korrelationskoeffizient bei Häufigkeitstabellen mit Datenspeicherung (BESCHR 22)	37
Zufallszahlen aus m, m + 1, ..., w − 1, w (ZUFALL)	43
B (n, p)-binomialverteilte Zufallszahlen (ZUFBIN)	45
Normalverteilte Zufallszahlen (ZUFNORM)	47
Binomialverteilung (BINVERT)	52
Poissonverteilung (POISVERT)	56
Normalverteilung (NORMVERT)	61
Chi-Quadrat-Verteilung (CHIVERT)	64
F-Verteilung (FVERT)	68
t-Verteilung (TVERT)	73
Konfidenzintervalle für μ (KONFMY)	95
Konfidenzintervalle für σ^2 (KONFSI)	98
Konfidenzintervalle für p bei großem Stichprobenumfang (KONFP-N)	102
Konfidenzintervalle für p mit Hilfe der F-Verteilung (KONFP-F)	106
Chi-Quadrat-Anpassungstest für eine Polynomialverteilung (CHITEST 1)	127
Test des Zufallszahlengenerators (ZUFTEST)	130
Test einer Verteilungsfunktion (CHITEST 2)	131
Test auf Binomialverteilung mit Klassenbildung (BINTEST)	136
Test auf Poissonverteilung mit Klassenbildung (POISTEST)	140
Test auf Normalverteilung (NORMTEST)	145
Test auf Exponentialverteilung (EXPTEST)	149
Kontingenztafeln (KONTING)	154
Einfache Varianzanalyse (VAREINFA)	166
Doppelte Varianzanalyse – einfache Klassenbesetzung (VARDOPEB)	177
Doppelte Varianzanalyse – mehrfache Klassenbesetzung – Wechselwirkung (VARDOPMB)	183
Konfidenzintervalle für den Korrelationskoeffizienten (KONFRHO)	193
Regressionsgerade (REGRGER)	211
Test auf lineare Regression (LINREG)	217

Quadratische Regression mit Datenspeicherung (QUADREG) 223
Verteilung der Vorzeichen-Rangsummen (WIVZVERT) 239
Vorzeichentest nach Wilcoxon (WILTEST 1) 242
Rangsummentest nach Wilcoxon-Mann-Whitney (WILTEST 2) 247
Einstichprobentest nach Kolmogorov-Smirnov (KOLSMI 1) 253
Kolmogorov-Smirnov-Zweistichprobentest (KOLSMI 2) 257

I Beschreibende Statistik
(elementare Stichprobentheorie)

In der beschreibenden Statistik sollen Untersuchungsergebnisse übersichtlich dargestellt werden. Daraus werden Kenngrößen abgeleitet, die über die zugrunde liegenden Untersuchungsergebnisse möglichst viel aussagen sollen. Diese Maßzahlen erweisen sich später in der beurteilenden Statistik als sehr nützlich.

Der erste Abschnitt beschäftigt sich mit Stichproben eines einzigen Merkmals (eindimensionale Darstellungen), während im zweiten Abschnitt gleichzeitig zwei Merkmale betrachtet werden (zweidimensionale Darstellungen).

1 Eindimensionale Stichproben (Betrachtung eines einzigen Merkmals)

1.1 Häufigkeitsverteilungen einer Stichprobe

Wir beginnen unsere Betrachtungen mit dem einführenden

Beispiel 1.1. Die Schüler einer 25-köpfigen Klasse erhielten in alphabetischer Reihenfolge im Fach Mathematik folgende Zensuren: 3, 3, 5, 2, 4, 2, 3, 3, 4, 2, 3, 3, 2, 4, 3, 4, 1, 1, 5, 4, 3, 1, 2, 4, 3. Da die Zahlenwerte dieser sog. *Urliste* völlig ungeordnet sind, stellen wir sie in einer Strichliste oder Häufigkeitstabelle übersichtlich dar (Tabelle 1.1). In die erste Spalte werden die möglichen Zensuren eingetragen. Danach wird für jeden Wert der Urliste in der entsprechenden Zeile der Tabelle ein Strich eingezeichnet, wobei wir der Übersicht halber 5 Striche durch ЖН darstellen. Die Anzahl der einzelnen Striche ergibt schließlich die *absoluten Häufigkeiten* der jeweiligen Zensuren. Diese Darstellung ist wesentlich übersichtlicher als die Urliste. In graphischen Darstellungen kann die Übersichtlichkeit noch erhöht werden. Im *Stabdiagramm* (Bild 1.1) werden über den einzelnen Werten

Tabelle 1.1. Strichliste und Häufigkeitstabelle

Zensur	Strichliste	absolute Häufigkeit	relative Häufigkeit	prozentualer Anteil
1	III	3	0,12	12
2	ЖН	5	0,20	20
3	ЖН IIII	9	0,36	36
4	ЖН I	6	0,24	24
5	II	2	0,08	8
6		0	0	0
		n = 25	Summe = 1,00	Summe = 100

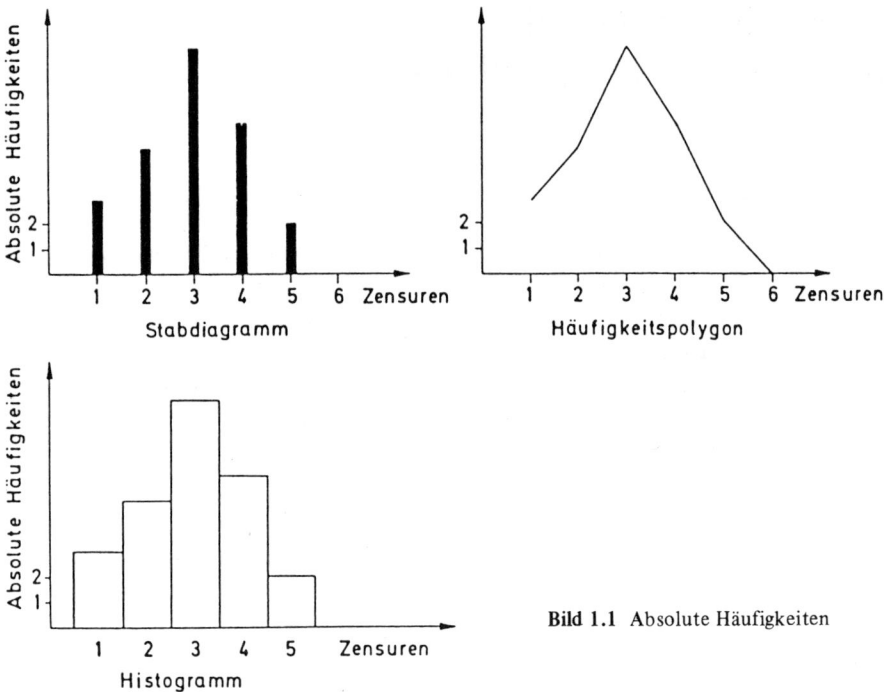

Bild 1.1 Absolute Häufigkeiten

Stäbe aufgetragen, deren Längen gleich den entsprechenden Häufigkeiten sind. Durch geradlinige Verbindungen der Endpunkte der Stäbe erhält man das sog. *Häufigkeitspolygon*. Das *Histogramm* besteht schließlich aus Rechtecken, deren Grundseiten die Längen Eins und die verschiedenen Zensuren als Mittelpunkte besitzen, während die Höhen gleich den absoluten Häufigkeiten der entsprechenden Zensuren sind. Die Zensur wird im allgemeinen aus mehreren Einzelnoten (Klassenarbeiten und mündliche Prüfungen) durch Durchschnittsbildung ermittelt. Liegt dieser Durchschnitt echt zwischen 2,5 und 3,5, so erhalte der Schüler die Note 3. Liegt der Durchschnitt bei 2,5, so findet meistens eine Nachprüfung statt. Somit besagt die Zensur 3 lediglich, daß die Leistung eines Schülers zwischen 2,5 und 3,5 liegt. Hier findet also bereits eine sog. *Klasseneinteilung* statt, d.h. mehrere Werte werden zu einer Klasse zusammengefaßt. Diese Klassenbildung wird im Histogramm von Bild 1.1 anschaulich beschrieben. Dividiert man die absoluten Häufigkeiten durch die Anzahl der Meßwerte ($n = 25$), so erhält man die *relativen Häufigkeiten* (4. Spalte in Tabelle 1.1), deren Gesamtsumme den Wert Eins ergibt. Multiplikation der relativen Häufigkeiten mit 100 liefert die prozentualen Anteile (5. Spalte der Tabelle 1.1). Die graphischen Darstellungen der absoluten Häufigkeiten haben den Nachteil, daß die entsprechenden Höhen im allgemeinen mit der Anzahl der Beobachtungswerte steigen, was bei der Festsetzung eines geeigneten Maßstabes berücksichtigt werden muß. Im Gegensatz zu den absoluten Häufigkeiten können die relativen Häufigkeiten nicht größer als Eins werden. Ihre Summe ist immer gleich Eins. Daher kann für die graphischen Darstellungen der relativen Häufigkeiten stets derselbe Maßstab benutzt werden, gleichgültig, ob man die Mathematikzensuren der Schüler einer bestimmten Schulklasse, einer ganzen

1 Eindimensionale Stichproben (Betrachtung eines einzigen Merkmals)　　3

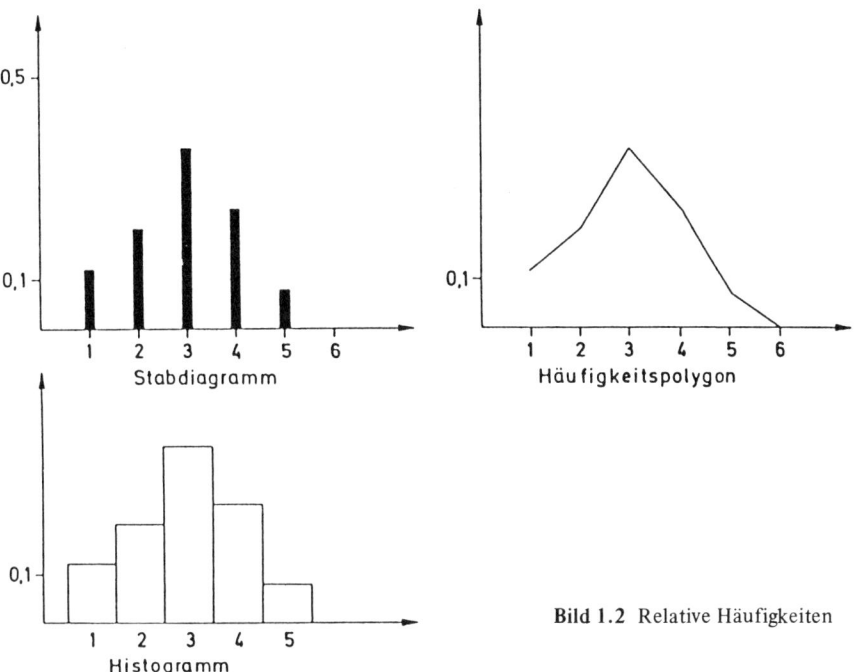

Bild 1.2 Relative Häufigkeiten

Schule oder eines ganzen Landes betrachtet. In Bild 1.2 sind die relativen Häufigkeiten für dieses Beispiel graphisch dargestellt. ♦

Nach diesem einführenden Beispiel, in dem bereits einige Begriffe erläutert wurden, bringen wir die

Definition 1.1. Gegeben seien n Beobachtungswerte (Zahlen) $x_1, x_2, \ldots, x_n$. Dann heißt das n-Tupel $x = (x_1, x_2, \ldots, x_n)$ eine *Stichprobe vom Umfang* n. Die einzelnen Zahlen x_i nennt man *Stichprobenwerte*. Die in der Stichprobe vorkommenden verschiedenen Werte heißen *Merkmalwerte*; wir bezeichnen sie mit $x_1^*, x_2^*, \ldots, x_m^*$. Die Anzahl des Auftretens von x_k^* in der Stichprobe heißt die *absolute Häufigkeit* von x_k^* und wird mit $h_k = h(x_k^*)$ bezeichnet. Den Quotienten $r_k = \frac{h_k}{n}$ nennt man die *relative Häufigkeit* von x_k^* in der Stichprobe für $k = 1, 2, \ldots, m$.

Für die absoluten bzw. relativen Häufigkeiten gelten folgende Eigenschaften:

$$\sum_{k=1}^{m} h_k = n;$$

$$0 \leq r_k \leq 1 \text{ für alle } k; \quad \sum_{k=1}^{m} r_k = 1.$$

Mit Stichproben hat man es im allgemeinen bei statistischen Erhebungen zu tun. Wird eine Stichprobe dadurch gewonnen, daß man ein Zufallsexperiment n-mal durchführt und jeweils denjenigen Zahlenwert festhält, den eine bestimmte Zufallsvariable X (vgl. [2] 2) bei der entsprechenden Versuchsdurchführung annimmt, so nennt man x eine *Zufallsstichprobe*. Beispiele dafür sind:

1. die beim 100-maligen Werfen eines Würfels auftretenden Augenzahlen;
2. die an einem Abend in einem Spielkasino ausgespielten Roulette-Zahlen;
3. die bei der theoretischen Prüfung zur Erlangung des Führerscheins erreichten Punktzahlen von 100 Prüflingen;
4. die jeweilige Anzahl der Kinder in 50 zufällig ausgewählten Familien;
5. die Körpergrößen bzw. Gewichte von 1000 zufällig ausgewählten Personen;
6. die Intelligenzquotienten der Schüler einer bestimmten Schulklasse;
7. die Durchmesser von Kolben, die einer Produktion von Automotoren zufällig entnommen werden.

Ist die Zufallsvariable X diskret, d.h. nimmt sie nur endlich oder abzählbar unendlich viele Werte an (vgl. [2] 2.2), so nennt man auch das *Merkmal*, von dem einzelne Werte in der Stichprobe enthalten sind, *diskret*. Ist X stetig (vgl. [2] 2.4), so heißt auch das entsprechende Merkmal *stetig*. In den oben genannten Beispielfällen 1 bis 4 handelt es sich um diskrete Merkmale, während in den Fällen 5 bis 7 die jeweiligen Merkmale stetig sind.

Kann ein Merkmal nur wenige verschiedene Werte annehmen, dann geben die graphischen Darstellungen der absoluten bzw. relativen Häufigkeiten (Bilder 1.1 und 1.2) ein anschauliches Bild über die Stichprobe.

Falls eine Stichprobe sehr viele verschiedene Stichprobenwerte enthält, sind die Häufigkeitstabelle und ihre graphischen Darstellungen im allgemeinen unübersichtlich. Solche Situationen treten bei stetigen Merkmalen und bei diskreten Merkmalen mit vielen verschiedenen Merkmalwerten auf. In einer solchen Situation ist eine sog. *Klasseneinteilung* sinnvoll. Dazu geht man von einem Intervall [a, b] aus, das sämtliche Stichprobenwerte enthält. Dieses Intervall wird in K Teilintervalle zerlegt mit den K-1 Zwischengrenzen $a_1, a_2, \ldots, a_{K-1}$.

Falls die Zwischengrenzen von allen Stichprobenwerten verschieden sind, treten keine Zuordnungsprobleme an diesen Grenzen auf. Sonst muß entschieden werden, welcher der beiden angrenzenden Klassen dieser Grenzpunkt zugeordnet wird.

Im nachfolgenden Programm BESCHR11 wird eine Klasseneinteilung durchgeführt, wobei die Daten nicht gespeichert werden. Gleichzeitig werden noch Mittelwert, Varianz und Standardabweichung berechnet. Diese Parameter werden allerdings erst im nächsten Abschnitt behandelt. Die Anzahl der Stichprobenwerte muß zu Beginn nicht bekannt sein. Die Eingabe wird mit 999999 beendet. Nach dem letzten Stichprobenwert muß also die Zahl 999999 eingegeben werden.

Klassenbildung ohne Speicherung von (nichtgruppierten) Daten – Mittelwert, Varianz und Standardabweichung (BESCHR 11)

In diesem Programm gehören die Klassengrenzen zur links anschließenden Klasse.

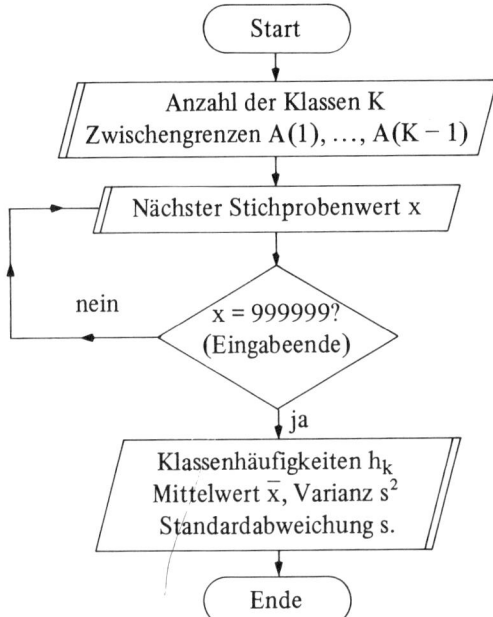

Programm BESCHR 11

```
10    REM KLASSENBILDUNG  (BESCHR11)
20    REM MITTELWERT,VARIANZ U. STANDARDABWEICHUNG
30    REM KEINE DATENSPEICHERUNG
40    PRINT "NACH DEM LETZTEN STICHPROBENWERT 999999 EINGEBEN!!!"
50    PRINT
60    PRINT "ANZAHL DER KLASSEN K = ";
70    INPUT K:DIM A(K-1),H(K):PRINT
80    FOR I=1 TO K-1
90    PRINT I;".ZWISCHENGRENZE = ";:INPUT A(I)
100   NEXT I
110   REM -------------EINGABE DER STICHPROBENWERTE
120   PRINT:PRINT:PRINT:PRINT
130   N=0:SUM=0:QS=0:I=1
140   PRINT I;".STICHPROBENWERT =";:INPUT X
150   IF X=999999 THEN GOTO 220
160   SUM=SUM+X:QS=QS+X*X:N=N+1:J=1:I=I+1
170   IF X<=A(J) THEN GOTO 210
180   J=J+1
190   IF J<K THEN GOTO 170
200   H(K)=H(K)+1:GOTO 140
210   H(J)=H(J)+1:GOTO 140
```

```
220     M=SUM/N:VAR=(QS-N*M*M)/(N-1):S=SQR(VAR)
230     PRINT
240     REM ----------------------------- AUSGABE
250     PRINT TAB(8);"ABS.";TAB(15);"RELATIVE"
260     PRINT "KLASSE";TAB(9);"HAEUFIGKEITEN"
270     PRINT "---------------------"
280     PRINT 1;TAB(8);H(1);TAB(15);H(1)/N
290     IF K<=2 THEN GOTO 330
300     FOR I=2 TO K-1
310     PRINT I;TAB(8);H(I);TAB(15);H(I)/N
320     NEXT I
330     PRINT K;TAB(8);H(K);TAB(15);H(K)/N
340     PRINT
350     PRINT "STICHPROBENUMFANG    =    ";N
360     PRINT "MITTELWERT           =    ";M
370     PRINT "VARIANZ              =    ";VAR
380     PRINT "STANDARDABWEICHUNG   =    ";S
390     END
```

Beispiel 1.2 Bei einer Klausur konnten maximal 60 Punkte erzielt werden. Die Teilnehmer erreichten in alphabetischer Reihenfolge folgende Punktzahlen

44, 48, 32, 23, 16, 45, 34, 21, 44, 35, 33, 37, 13, 48, 35, 32, 30, 26, 22, 36, 42, 9, 35, 42, 11, 36, 5, 50, 32, 37, 22, 14, 32, 40, 41, 34, 36, 32, 47, 36, 40, 41, 23, 5, 26, 36, 42, 35, 58, 49, 38, 5, 13, 24, 53, 49, 32, 46, 35, 37, 18, 30, 44, 24, 21, 19, 1, 33, 54, 40, 26, 34, 49, 2, 42, 51, 39, 28, 6, 17, 12, 30, 57, 49, 43, 35, 32, 29, 3, 37, 44, 48, 51, 4, 10, 33, 47, 38, 14, 48, 31, 27, 19, 2, 33, 49, 54, 40, 26, 34, 32, 35, 49, 2, 52, 5, 30, 17, 45, 42, 46, 41, 32, 26, 21, 5, 39, 46, 41, 31, 30, 51, 35, 43, 45, 37, 42, 27, 23, 39, 52, 24, 5, 10, 19, 50, 48, 47, 44, 43, 9, 13, 17, 36, 21, 27, 30, 30, 35, 38, 42, 37, 40, 41, 23.

Für die Zensuren wurden folgende Grenzen festgesetzt

Punkte	Zensur
$0 \leq x \leq 29$	5
$30 \leq x \leq 38$	4
$39 \leq x \leq 46$	3
$47 \leq x \leq 55$	2
$56 \leq x \leq 60$	1

Mit K = 5 wählen wir die 4 Zwischengrenzen 29.5, 38.5, 46.5 und 55.5. Nach dem letzten Stichprobenwert muß x = 999999 eingegeben werden. Dann erhält man die *Ausgabe*

Zensuren	absolute Häufigkeiten	relative Häufigkeiten
5	55	.333333
4	50	.30303
3	34	.206061
2	24	.145455
1	2	.0121212

Stichprobenumfang	n = 165	Varianz	s^2 = 190.261
Mittelwert	$\bar{x}$ = 32.2485	Standardabweichung	s = 13.7935

1 Eindimensionale Stichproben (Betrachtung eines einzigen Merkmals)

Die bereits mitberechneten Kenngrößen Mittelwert, Varianz und Streuung werden erst später erklärt.

Trägt man bei dieser nichtäquidistanten Klasseneinteilung über jeder Klasse als Höhe die absolute Klassenhäufigkeit des Merkmalwertes auf, so erhält man ein Histogramm, aus dem man diese Häufigkeiten leicht ablesen kann. Da das Rechteck über der Klasse mit der Zensur 5 eine wesentlich größere Fläche besitzt als alle übrigen vier Rechtecke zusammen, könnte man aus dem Histogramm (Bild 1.3a) leicht den falschen Schluß ziehen, daß weit mehr als 50 % der Kandidaten die Note 5 erhalten haben. Bei Klasseneinteilungen mit verschiedenen Klassenbreiten ist es also nicht sinnvoll, im entsprechenden Histogramm als Rechteckshöhen die absoluten Häufigkeiten zu wählen. Daher stellen wir in Bild 1.3b ein *flächenproportionales Histogramm* dar, bei dem der Flächeninhalt F über einer Klasse mit der Breite b gleich der absoluten Klassenhäufigkeit h ist. Für die Höhe z dieses Rechtecks folgt aus der Beziehung F = b · z = h dann

$$z = \frac{h}{b} = \frac{\text{absolute Klassenhäufigkeit}}{\text{Klassenbreite}}.$$ ◆

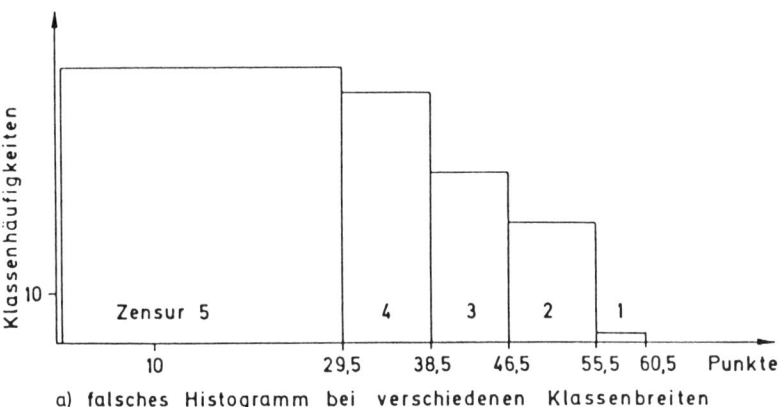

a) falsches Histogramm bei verschiedenen Klassenbreiten

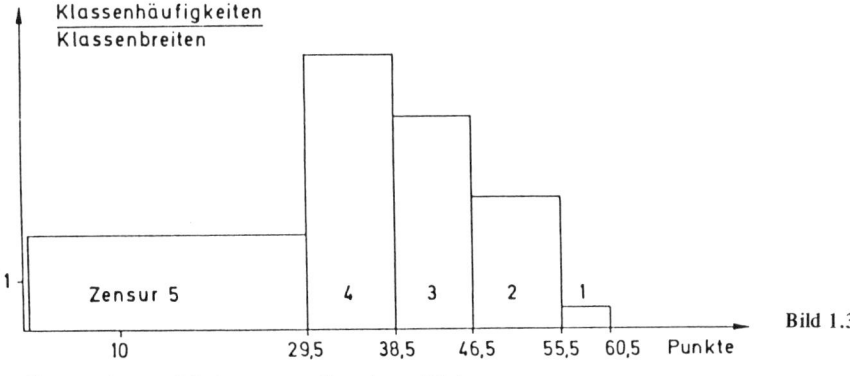

b) richtiges flächenproportionales Histogramm

Bild 1.3

Beispiel 1.3 In einer Gruppe von Kindern wurde der Intelligenzquotient gemessen. Dabei ergaben sich folgende Werte:

116, 107, 124, 128, 101, 118, 114, 128, 139, 106, 132, 118, 115, 120, 113, 132, 126, 123, 130, 110, 119, 111, 121, 139, 125, 121, 115, 100, 123, 111, 131, 126, 124, 128, 116, 124, 107, 98, 122, 118, 124, 93, 129, 112, 102, 119, 123, 130, 129, 134, 123, 116, 108, 114, 121, 111, 123, 121, 117, 108, 98, 118, 126, 111, 114, 117, 122, 103, 129, 134, 131, 122, 93, 96, 103, 131, 141.

Mit K = 10 und den Klassengrenzen 95.5, 100.5, 105.5, ..., 135.5 erhält man mit dem obigen Sortierungsprogramm folgende Ergebnisse:

Klassen	absolute Häufigkeiten	relative Häufigkeiten
$x \leq 95.5$	2	.025974
$95.5 < x \leq 100.5$	4	.0519481
$100.5 < x \leq 105.5$	4	.0519481
$105.5 < x \leq 110.5$	6	.0779221
$110.5 < x \leq 115.5$	11	.142857
$115.5 < x \leq 120.5$	12	.155844
$120.5 < x \leq 125.5$	17	.220779
$125.5 < x \leq 130.5$	11	.142857
$130.5 < x \leq 135.5$	7	.0909091
$135.5 < x$	3	.038961

Stichprobenumfang	n = 77
Mittelwert	$\bar{x} = 118.506$
Varianz	$s^2 = 120.964$
Standardabweichung	s = 10.9984

Im Bereich [90.5, 140.5] sind alle Klassen gleich breit. Aus diesem Grund können als Rechteckshöhen unmittelbar die absoluten (bzw. relativen) Häufigkeiten gewählt werden. Das Histogramm in Bild 1.4 ist somit flächenproportional. ♦

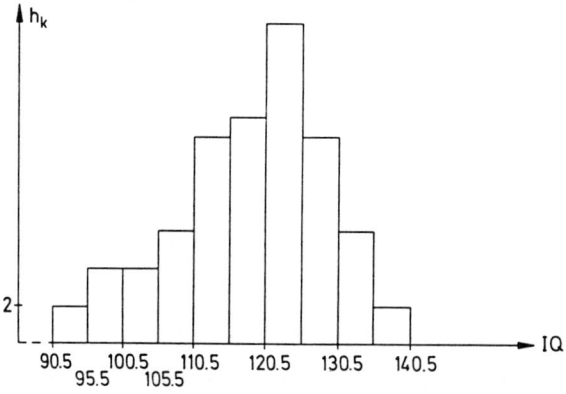

Bild 1.4 Histogramm bei äquidistanter Klasseneinteilung

1 Eindimensionale Stichproben (Betrachtung eines einzigen Merkmals)

Anordnung der Stichprobenwerte und empirische Verteilungsfunktion

Beispiel 1.4 50 Schüler zweier Schulklassen werden der Größe nach in einer Reihe aufgestellt. Damit sind die Meßwerte des Merkmals „*Körpergröße*" bereits der Größe nach geordnet. Sie stellen dann – wie man sagt – eine *geordnete Stichprobe* dar. Die absoluten und die relativen Häufigkeiten dieser Stichprobe sind in der Tabelle 1.2 aufgeführt. Oft interessiert man sich für die Anzahl derjenigen Kinder, deren Körpergröße eine bestimmte Zahl nicht übersteigt. Diese Anzahl erhält man durch Addition der absoluten Häufigkeiten derjenigen Merkmalwerte, die diesen Zahlenwert nicht übertreffen. In diesem Beispiel sind 8 Kinder nicht größer als 120 cm, also höchstens 120 cm groß.

Die Summe der absoluten Häufigkeiten derjenigen Merkmalwerte, die nicht größer als x_i^* sind, nennen wir *absolute Summenhäufigkeit* des Merkmalwertes x_i^* und bezeichnen sie mit H_i. Es gilt also

$$H_i = \sum_{k=1}^{i} h_k,$$

falls die Merkmalwerte der Größe nach geordnet sind.

Tabelle 1.2. Summenhäufigkeiten einer geordneten Stichprobe

Körpergröße x_i^*	absolute Häufigkeit h_i	absolute Summenhäufigkeit H_i	relative Häufigkeit r_i	relative Summenhäufigkeit R_i
116	1	1	0,02	0,02
117	2	3	0,04	0,06
118	0	3	0	0,06
119	2	5	0,04	0,10
120	3	8	0,06	0,16
121	4	12	0,08	0,24
122	6	18	0,12	0,36
123	8	26	0,16	0,52
124	7	33	0,14	0,66
125	5	38	0,10	0,76
126	3	41	0,06	0,82
127	1	42	0,02	0,84
128	2	44	0,04	0,88
129	1	45	0,02	0,90
130	2	47	0,04	0,94
131	2	49	0,04	0,98
132	0	49	0	0,98
133	0	49	0	0,98
134	1	50	0,02	1,00
	n = 50		1,00	1,00

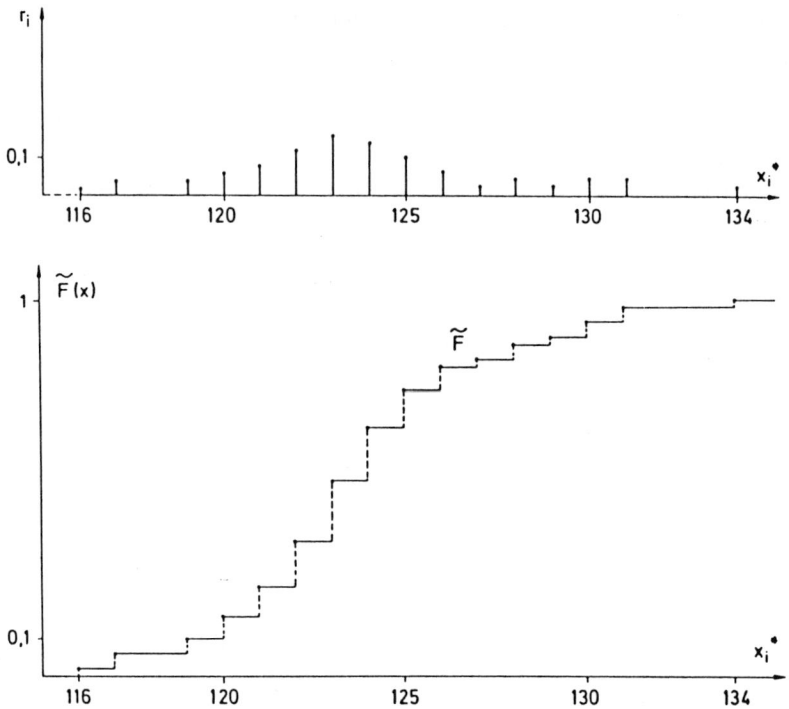

Bild 1.5. Stabdiagramm und empirische Verteilungsfunktion

Die *absoluten Summenhäufigkeiten* aus Beispiel 1.4 sind in der 3. Spalte der Tabelle 1.2 dargestellt. Mit den relativen Häufigkeiten r_i erhält man als sog. *relative Summenhäufigkeit*

$$R_i = \sum_{k=1}^{i} r_k$$

den relativen Anteil derjenigen Merkmalwerte, die nicht größer als x_i^* sind. Die relativen Summenhäufigkeiten für das Beispiel 1.4 sind in der letzten Spalte der Tabelle 1.2 berechnet. In Bild 1.5 (unten) sind über den Merkmalwerten deren relative Summenhäufigkeiten (Punkte) eingezeichnet. Daraus ergibt sich die sog. *empirische Verteilungsfunktion* $\widetilde{F}$ als eine *Treppenfunktion*, deren Treppenstufen in den eingezeichneten Punkten enden. An der Stelle x_i^* ist der Funktionswert $\widetilde{F}(x_i^*)$ gleich der relativen Summenhäufigkeit R_i. Zwischen zwei benachbarten Merkmalwerten ist die Funktion konstant. $\widetilde{F}$ besitzt nur an den Stellen x_i^* Sprünge der jeweiligen Höhen r_i. Die Sprunghöhen sind also gleich den Längen der Stäbe des Stabdiagramms für die relativen Häufigkeiten. ♦

Definition 1.2 Gegeben sei eine Stichprobe $(x_1, x_2, \ldots, x_n)$ vom Umfang n. Die darunter vorkommenden verschiedenen Merkmalwerte x_k^* sollen dabei die absoluten Häufigkeiten h_k und die relativen Häufigkeiten r_k besitzen für k = 1, 2, ..., m. Dann heißt die Summe der absoluten Häufigkeiten aller Merkmalwerte, die kleiner oder gleich x_k^* sind — wir

1 Eindimensionale Stichproben (Betrachtung eines einzigen Merkmals)   11

schreiben dafür $H_k = \sum_{i:\, x_i^* \leq x_k^*} h_i$ — die *absolute Summenhäufigkeit* von x_k^* und die
Summe der entsprechenden relativen Häufigkeiten $R_k = \sum_{i:\, x_i^* \leq x_k^*} r_i$ die *relative Summenhäufigkeit* des Merkmalwertes x_k^* für $k = 1, 2, \ldots, m$.
Die für jedes $x \in \mathbb{R}$ durch

$\tilde{F}_n(x)$ = Summe der relativen Häufigkeiten aller Merkmalwerte, die kleiner oder gleich x sind

definierte Funktion $\tilde{F}_n$ heißt die *(empirische) Verteilungsfunktion* der Stichprobe $(x_1, x_2, \ldots, x_n)$.

Bemerkung: $\tilde{F}_n$ ist eine Treppenfunktion, die nur an den Stellen x_k^* einen Sprung der Höhe r_k hat für $k = 1, 2, \ldots, m$. Aus $x \leq y$ folgt $\tilde{F}_n(x) \leq \tilde{F}_n(y)$. Die Funktion $\tilde{F}_n$ ist also *monoton nichtfallend*.
Ist x kleiner als der kleinste Stichprobenwert, so gilt $\tilde{F}_n(x) = 0$. Ist x größer oder gleich dem größten Stichprobenwert, so gilt $\tilde{F}_n(x) = 1$. Die Funktion $\tilde{F}_n$ besitzt somit ähnliche Eigenschaften wie die Verteilungsfunktion F einer diskreten Zufallsvariablen X (vgl. [2] 2.2.2). Daher wird hier die Bezeichnungsweise „Verteilungsfunktion" verwendet wie bei Zufallsvariablen. Der Zusatz *empirisch* soll besagen, daß die Funktion mit Hilfe einer Stichprobe ermittelt wurde. (Dabei ist n der Stichprobenumfang.) Verschiedene Stichproben liefern im allgemeinen auch verschiedene empirische Verteilungsfunktionen.
Ist die Stichprobe in einer Klasseneinteilung gegeben, so geht man vor, als ob sämtliche Werte einer Klasse in der Klassenmitte liegen, und berechnet damit die empirische Verteilungsfunktion. Sie besitzt dann höchstens in den Klassenmittelpunkten Sprungstellen, deren Sprunghöhen gleich der jeweiligen relativen Klassenhäufigkeiten sind. Manchmal benutzt man anstelle der Klassenmitten auch die rechtsseitigen Klassenendpunkte. Bei dieser Darstellung ist der Funktionswert von $\tilde{F}_n$ an einem rechtsseitigen Klassenendpunkt, sofern dieser zum entsprechenden Teilintervall gehört, gleich der relativen Häufigkeit derjenigen Stichprobenwerte der Urliste, die kleiner oder gleich dem entsprechenden Zahlenwert sind. An den übrigen Stellen braucht diese Eigenschaft nicht erfüllt zu sein, da ja die Werte der Urliste an verschiedenen Stellen des Klassenintervalls liegen können.

1.2 Mittelwerte (Lageparameter) einer Stichprobe

1.2.1 Der (empirische) Mittelwert

Bei vielen statistischen Erhebungen werden keine Häufigkeitstabellen, sondern nur Mittelwerte angegeben. So ist z.B. im statistischen Jahrbuch 1982 für die Bundesrepublik Deutschland zu lesen, daß im Jahr 1981 der durchschnittliche Zuckerverbrauch pro Bundesbürger 32,65 kg betrug. Zur Bestimmung dieses Zahlenwertes wird der Gesamtverbrauch durch die Anzahl der Bundesbürger dividiert. Der durchschnittliche Bierverbrauch von 178 l für das Jahr 1980 wurde je „potentiellen" Verbraucher angegeben. Dazu wurde die im Jahr 1980 konsumierte Biermenge dividiert durch die durchschnittliche Zahl derjenigen Bundesbürger, die mindestens 15 Jahre alt waren.

Ebenfalls eine Durchschnittsbildung vollziehen wir im folgenden elementaren

Beispiel 1.5 In einem kleinen Betrieb sind 6 Personen im Angestelltenverhältnis beschäftigt, die monatlich folgende Bruttogehälter (in DM) beziehen:

1950; 2200; 2370; 2580; 2650; 2800.

Der Arbeitgeber muß also monatlich insgesamt 14550 DM an Gehalt bezahlen. Die 6 Beschäftigten erhalten somit ein monatliches *Durchschnittsgehalt* von

$$\bar{x} = \frac{1950 + 2200 + 2370 + 2580 + 2650 + 2800}{6} = 2425 \text{ DM}.$$

Würde die Gesamtsumme 14550 auf die 6 Beschäftigten gleichmäßig verteilt, so bekäme jeder 2425 DM ausbezahlt. Die Multiplikation des Durchschnitts $\bar{x}$ mit der Anzahl der Stichprobenwerte ergibt die Summe aller Stichprobenwerte. ♦

Die in diesem Beispiel vorkommenden Begriffe werden allgemein eingeführt durch die folgende

Definition 1.3. Ist $x = (x_1, x_2, \ldots, x_n)$ eine Stichprobe vom Umfang n, dann heißt

$$\bar{x} = \frac{x_1 + x_2 + \ldots + x_n}{n} = \frac{1}{n} \sum_{i=1}^{n} x_i \qquad (1.1)$$

der *(empirische) Mittelwert (arithmetisches Mittel)* der Stichprobe x.

Aus dem Mittelwert $\bar{x}$ erhält man durch Multiplikation mit dem Stichprobenumfang n die Summe aller Stichprobenwerte. Es gilt also

$$\boxed{x_1 + x_2 + \ldots + x_n = \sum_{i=1}^{n} x_i = n\bar{x}.} \qquad (1.2)$$

Sind $x_1^*, x_2^*, \ldots, x_m^*$ die verschiedenen Merkmalwerte einer Stichprobe mit den Häufigkeiten $h_1, h_2, \ldots, h_m$, so kommt der Merkmalwert x_k^* in der Urliste h_k-mal vor für $k = 1, 2, \ldots, m$. Daher gilt

$$\boxed{\bar{x} = \frac{h_1 x_1^* + h_2 x_2^* + \ldots + h_m x_m^*}{n} = \frac{1}{n} \sum_{k=1}^{m} h_k x_k^*.} \qquad (1.3)$$

Beispiel 1.6 (vgl. Beispiel 1.1). Die in Tabelle 1.1 dargestellte Stichprobe der Mathematikzensuren von 25 Schülern besitzt den (empirischen) Mittelwert

$$\bar{x} = \frac{1}{25}(3 \cdot 1 + 5 \cdot 2 + 9 \cdot 3 + 6 \cdot 4 + 5 \cdot 2) = 2{,}96.$$

In diesem Beispiel stimmt kein einziger Stichprobenwert mit dem Mittelwert überein, da ja kein Schüler die Note 2,96 erhalten konnte, weil nur ganzzahlige Zensuren vergeben wurden. ♦

Ist von einer Stichprobe x weder die Urliste noch eine Häufigkeitstabelle, sondern nur eine Klasseneinteilung bekannt, so läßt sich der Mittelwert nicht exakt berechnen. In

1 Eindimensionale Stichproben (Betrachtung eines einzigen Merkmals)

einem solchen Fall ermittelt man einen Näherungswert, indem man aus jeder Klasse die Klassenmitte $\hat{x}_k$ mit der absoluten Häufigkeit h_k wählt. Diesen Näherungswert bezeichnen wir mit $\bar{\bar{x}}$. Es gilt also

$$\bar{\bar{x}} = \frac{1}{n} \sum_{k=1}^{N} h_k \hat{x}_k \approx \bar{x}. \tag{1.4}$$

Sind a und b fest vorgegebene reelle Zahlen, so heißt die aus der Stichprobe $x = (x_1, x_2, \ldots, x_n)$ gewonnene neue Stichprobe $y = ax + b = (ax_1 + b, ax_2 + b, \ldots, ax_n + b)$ eine *lineare Transformation* der Stichprobe x. Für eine solche Transformation zeigen wir den

Satz 1.1: Ist $x = (x_1, x_2, \ldots, x_n)$ eine beliebige Stichprobe mit dem (empirischen) Mittelwert $\bar{x}$, so gilt für die lineare Transformation $y = ax + b = (ax_1 + b, ax_2 + b, \ldots, ax_n + b)$, $a, b \in \mathbb{R}$, die Beziehung

$$\bar{y} = \overline{ax + b} = a \cdot \bar{x} + b. \tag{1.5}$$

Beweis: $\bar{y} = \frac{1}{n} \sum_{i=1}^{n} (ax_i + b) = \frac{1}{n}\left(a \cdot \sum_{i=1}^{n} x_i + bn\right) = a \cdot \frac{1}{n} \cdot \sum_{i=1}^{n} x_i + \frac{1}{n} \cdot b \cdot n = a\bar{x} + b.$ ∎

Sind $x = (x_1, x_2, \ldots, x_n)$ und $y = (y_1, y_2, \ldots, y_n)$ zwei Stichproben vom gleichen Umfang n, so wird für $a, b \in \mathbb{R}$ durch

$$z = ax + by = (ax_1 + by_1, ax_2 + by_2, \ldots, ax_n + by_n)$$

eine neue Stichprobe erklärt, eine sog. *Linearkombination von x und y. Dafür gilt der*

Satz 1.2: Sind $x = (x_1, x_2, \ldots, x_n)$ und $y = (y_1, y_2, \ldots, y_n)$ zwei Stichproben vom gleichen Umfang n mit den (empirischen) Mittelwerten $\bar{x}$ und $\bar{y}$, so gilt für die Stichprobe

$$z = ax + by = (ax_1 + by_1, ax_2 + by_2, \ldots, ax_n + by_n)$$

die Beziehung

$$\bar{z} = \overline{ax + by} = a \cdot \bar{x} + b \cdot \bar{y}. \tag{1.6}$$

Beweis: $\bar{z} = \overline{ax + by} = \frac{1}{n} \sum_{i=1}^{n} (ax_i + by_i) = a \cdot \frac{1}{n} \sum_{i=1}^{n} x_i + b \cdot \frac{1}{n} \sum_{i=1}^{n} y_i = a \cdot \bar{x} + b \cdot \bar{y}.$ ∎

1.2.2 Der (empirische) Median

Beispiel 1.7 (vgl. Beispiel 1.5).

a) Falls der Inhaber des Betriebes aus Beispiel 1.5 ein monatliches Bruttoeinkommen von DM 6000 hat, lauten die 7 Monatsgehälter (der Größe nach geordnet)

1950; 2200; 2370; $\boxed{2580}$; 2650; 2800; 6000.

Für das Durchschnittsgehalt $\bar{x}$ dieser 7 Personen erhalten wir aus Beispiel 1.5

$$\bar{x} = \frac{6 \cdot 2425 + 6000}{7} = \frac{20550}{7} = 2935{,}71.$$

Alle 6 Angestellten erhalten weniger als $\bar{x}$, während das Gehalt des Inhabers weit über dem Durchschnittswert $\bar{x}$ liegt. Der (empirische) Mittelwert $\bar{x}$ der Stichprobe wird durch den sogenannten „Ausreißer" $x_7 = 6000$ stark beeinflußt.

Wir führen einen zweiten Lageparameter ein, der gegenüber solchen Ausreißern unempfindlicher ist. Weil in diesem Beispiel der Stichprobenumfang n ungerade ist, gibt es in der geordneten Stichprobe genau einen Stichprobenwert, der in der Mitte der Stichprobe steht. Links und rechts von ihm befinden sich also jeweils gleich viele Stichprobenwerte. Diesen Zahlenwert $x_4 = 2580$ nennen wir den *(empirischen) Median* oder den *Zentralwert* der Stichprobe.

b) Wird in dem betrachteten Kleinbetrieb ein weiterer Beschäftigter eingestellt mit einem Bruttomonatsgehalt von 2600 DM, so besitzt die der Größe nach geordnete Stichprobe

1950; 2200; 2370; $\boxed{2580; 2600}$; 2650; 2800; 6000

keinen Wert, der genau in der Mitte steht. In diesem Fall bezeichnet man das arithmetische Mittel $\tilde{x} = \frac{1}{2}(2580 + 2600) = 2590$ der beiden Stichprobenwerte, die sich in der Mitte befinden, als (empirischen) Median der Stichprobe. Dieser Median weicht vom Mittelwert $\bar{x} = 2893{,}75$ nicht unwesentlich ab. ♦

Diese Vorbetrachtungen sind Anlaß zu der allgemeinen

Definition 1.4. Die der Größe nach *geordneten Werte einer Stichprobe* x vom Umfang n bezeichnen wir mit $x_{(1)}, x_{(2)}, \ldots, x_{(n)}$; es sei also

$$x_{(1)} \leq x_{(2)} \leq x_{(3)} \leq \ldots \leq x_{(n)}.$$

Dann heißt der durch diese geordnete Stichprobe eindeutig bestimmte Zahlenwert

$$\tilde{x} = \begin{cases} x_{(\frac{n+1}{2})} & \text{, falls n ungerade ist;} \\ \dfrac{x_{(\frac{n}{2})} + x_{(\frac{n}{2}+1)}}{2} & \text{, falls n gerade ist} \end{cases}$$

der *(empirische) Median* oder *Zentralwert* der Stichprobe.

1.2.3 Die Modalwerte

Definition 1.5. Jeder Merkmalwert, der in einer Stichprobe am häufigsten vorkommt, heißt *Modalwert (Modus* oder *Mode)* der Stichprobe.

Eine Stichprobe kann mehrere Modalwerte besitzen. So sind z.B. in x = (1, 1, 1, 2, 2, 2, 3, 3, 3, 3, 3, 4, 4, 4, 4, 5, 5, 5, 5, 5, 6) die beiden Zahlen 3 und 5 Modalwerte, da beide gleich oft und häufiger als die übrigen Werte vorkommen. Der Merkmalwert $x_{k_0}^*$ ist genau dann Modalwert, wenn für die absoluten Häufigkeiten gilt

$$h_{k_0} = \max_k h_k.$$

1 Eindimensionale Stichproben (Betrachtung eines einzigen Merkmals)

In Beispiel 1.1 ist 3 der einzige Modalwert, in Beispiel 1.4 ist es die Körpergröße 123, während im Beispiel 1.5 jeder der 6 Stichprobenwerte Modalwert ist. Die Betrachtung der Modalwerte ist allerdings nur dann interessant, wenn der Stichprobenumfang genügend groß ist.

1.3 Streuungsmaße einer Stichprobe

Die Mittelwerte einer Stichprobe liefern zwar ein gewisses Maß der Lage der Stichprobenwerte auf der reellen Achse, sie gestatten jedoch keine Aussagen über die Abstände der einzelnen Stichprobenwerte von diesen Mittelwerten. So besitzen z.B. die beiden Stichproben

$$x = (3, 3, 3, 4, 4, 4, 5, 6) \text{ und } y = (-26, -10, 0, 4, 10, 20, 30)$$

den gleichen (empirischen) Mittelwert und den gleichen (empirischen) Median $\bar{x} = \bar{y} = \tilde{x} = \tilde{y} = 4$. Die Stichprobenwerte von x liegen jedoch viel dichter am Mittelwert als die der Stichprobe y.

1.3.1 Die Spannweite

Bei der graphischen Darstellung einer Stichprobe ist für die Festsetzung eines Maßstabes auf der Abszissenachse der Abstand des größten Stichprobenwertes vom kleinsten entscheidend. Dieser Abstand heißt die *Spannweite* der Stichprobe. Den größten Stichprobenwert, d.h. den größten in der Stichprobe vorkommenden Merkmalwert bezeichnen wir mit $\max_i x_i = \max_k x_k^*$, den kleinsten mit $\min_i x_i = \min_k x_k^*$. Damit geben wir die

Definition 1.6. Die Differenz $R = \max_i x_i - \min_i x_i = x_{(n)} - x_{(1)}$ heißt die *Spannweite* der Stichprobe.

Ist die Stichprobe als Klasseneinteilung gegeben, dann wählt man als größten Wert den rechtsseitigen Endpunkt der obersten und als kleinsten den linksseitigen Endpunkt der untersten Klasse.

1.3.2 Die mittlere absolute Abweichung

Bildet man die Differenzen $x_i - \bar{x}$ der Stichprobenwerte und des (empirischen) Mittelwertes, so besitzen diese wegen

$$\sum_{i=1}^{n} (x_i - \bar{x}) = \sum_{i=1}^{n} x_i - n\bar{x} = n\bar{x} - n\bar{x} = 0$$

die Gesamtsumme Null. Somit scheidet diese Summe als geeignetes Maß für die Abweichungen der Stichprobenwerte vom (empirischen) Mittelwert aus, da sich die positiven und negativen Differenzen bei der Summenbildung wegheben. Es erweist sich jedoch als sinnvoll, anstelle der Differenzen $(x_i - \bar{x})$ die Abstände $|x_i - \bar{x}|$ zu benutzen und deren arithmetisches Mittel

$$d_{\bar{x}} = \frac{1}{n} \sum_{i=1}^{n} |x_i - \bar{x}| = \frac{1}{n} \sum_{k=1}^{m} h_k \cdot |x_k^* - \bar{x}| \left(\text{mit } n = \sum_{k=1}^{m} h_k \right) \tag{1.7}$$

als ein erstes *Maß für die Streuung* der Stichprobenwerte einzuführen.

Ebenso bietet sich als Abweichungsmaß das arithmetische Mittel aller Abstände der Stichprobenwerte vom (empirischen) Median $\tilde{x}$ an, also der Parameter

$$d_{\tilde{x}} = \frac{1}{n}\sum_{i=1}^{n}|x_i - \tilde{x}| = \frac{1}{n}\sum_{k=1}^{m}h_k \cdot |x_k^* - \tilde{x}|.$$

Für diese beiden Zahlenwerte geben wir die

Definition 1.7. Es sei $x = (x_1, x_2, \ldots, x_n)$ eine Stichprobe mit dem (empirischen) Mittelwert $\bar{x}$ und dem (empirischen) Median $\tilde{x}$. Dann heißt

$$d_{\bar{x}} = \frac{1}{n}\sum_{i=1}^{n}|x_i - \bar{x}| = \frac{1}{n}\sum_{k=1}^{m}h_k \cdot |x_k^* - \bar{x}|$$

die *mittlere absolute Abweichung bezüglich* $\bar{x}$ und

$$d_{\tilde{x}} = \frac{1}{n}\sum_{i=1}^{n}|x_i - \tilde{x}| = \frac{1}{n}\sum_{k=1}^{m}h_k \cdot |x_k^* - \tilde{x}|$$

die *mittlere absolute Abweichung bezüglich* $\tilde{x}$.

Anstelle von $\bar{x}$ und $\tilde{x}$ könnte auch die mittlere absolute Abweichung einer Stichprobe von einer beliebigen (fest vorgegebenen) Konstanten c, also

$$d_c = \frac{1}{n}\sum_{i=1}^{n}|x_i - c| \tag{1.8}$$

berechnet werden.
Allgemein gilt dabei

$$\boxed{d_{\tilde{x}} = \frac{1}{n}\sum_{i=1}^{n}|x_i - \tilde{x}| \leq \frac{1}{n}\sum_{i=1}^{n}|x_i - c| = d_c} \tag{1.9}$$

für jede reelle Zahl $c \in \mathbb{R}$ (s. [12], S. 23).
Von sämtlichen mittleren Abstandssummen ist also diejenige bezüglich des Medians am kleinsten. $c = \bar{x}$ ergibt speziell

$$\boxed{d_{\tilde{x}} \leq d_{\bar{x}}.} \tag{1.10}$$

Wir nehmen nun an, der Stichprobenumfang n sei gerade und die beiden in der Mitte der geordneten Stichprobe stehenden Werte seien voneinander verschieden und c eine beliebige dazwischenliegende Konstante mit $x_{(\frac{n}{2})} \leq c \leq x_{(\frac{n}{2}+1)}$.

$$\begin{array}{cccc} \dashv & \dashv & \dashv & \dashv \\ x_{(\frac{n}{2})} & \tilde{x} & c & x_{(\frac{n}{2}+1)} \end{array}$$

1 Eindimensionale Stichproben (Betrachtung eines einzigen Merkmals)

Dann gilt

$$d_c = \frac{1}{n} \sum_{i=1}^{n} |x_i - c| = \frac{1}{n} \left[\sum_{x_i \geq c} (x_i - c) + \sum_{x_i \leq c} -(x_i - c) \right]$$

$$= \frac{1}{n} \left[\sum_{x_i \geq c} x_i - \frac{n}{2} \cdot c - \sum_{x_i \leq c} x_i + \frac{n}{2} \cdot c \right]$$

$$= \frac{1}{n} \left[\sum_{x_i \geq c} x_i - \sum_{x_i \leq c} x_i \right] = \frac{1}{n} \left[\sum_{x_i \geq \tilde{x}} x_i - \sum_{x_i \leq \tilde{x}} x_i \right] = d_{\tilde{x}}.$$

Im gesamten Bereich zwischen diesen beiden mittleren Werten ist also d_c konstant. Aus diesem Grund wird manchmal auch *jeder Zahlenwert* aus diesem mittleren Bereich — und nicht nur die Mitte — als Median definiert.

1.3.3 Die (empirische) Varianz und die Standardabweichung

Zur Berechnung von $d_{\bar{x}}$ bzw. $d_{\tilde{x}}$ müssen die Werte im Rechner gespeichert werden, falls $\bar{x}$ bzw. $\tilde{x}$ nicht schon bekannt ist. Bei sehr großen Stichprobenumfängen kann dadurch ein Speicherproblem entstehen. Um dies zu umgehen, geht man in Analogie zur Varianz einer diskreten Zufallsvariablen (vgl. [2] 2.2.4) zu den Quadraten der Abweichungen über, d.h. man betrachtet die Quadrate

$$|x_i - \bar{x}|^2 = (x_i - \bar{x})^2 \quad \text{für } i = 1, 2, \ldots, n.$$

In Anlehnung an die Definition der mittleren absoluten Abweichung bezüglich $\bar{x}$ liegt es nahe, das arithmetische Mittel dieser Abstandsquadrate, also den Zahlenwert

$$m^2 = \frac{1}{n} \sum_{i=1}^{n} (x_i - \bar{x})^2 \qquad (1.11)$$

bzw. dessen positive Quadratwurzel als Maß für die Abweichung der Stichprobenwerte vom Mittelwert einzuführen. Vom Standpunkt der beschreibenden Statistik aus ist auch gar nichts dagegen einzuwenden. Da wir aber später in der beurteilenden Statistik mit Hilfe dieser Parameter wahrscheinlichkeitstheoretische Aussagen überprüfen wollen — insbesondere Aussagen über den (unbekannten) Erwartungswert μ und die Varianz σ^2 einer Zufallsvariablen —, erweist es sich als besonders günstig, die Summe der Abweichungsquadrate nicht durch n, sondern durch n − 1 zu dividieren, d.h.

$$s^2 = \frac{1}{n-1} \sum_{i=1}^{n} (x_i - \bar{x})^2 \qquad (1.12)$$

als Abweichungsmaß einzuführen. Die Größe s^2 ist natürlich nur für solche Stichproben erklärt, deren Umfang n mindestens 2 ist. Die genaue Begründung für die Division durch n − 1 statt durch n werden wir in Abschnitt 4.1.3 geben.

Die Quadratsumme $\sum_{i=1}^{n}(x_i-\bar{x})^2$ ist genau dann gleich Null, wenn alle Stichprobenwerte x_i übereinstimmen und somit gleich dem Mittelwert $\bar{x}$ sind. Gibt es mindestens zwei verschiedene Stichprobenwerte, so folgt aus $\frac{1}{n}<\frac{1}{n-1}$ zwar

$$m^2 = \frac{1}{n}\sum_{i=1}^{n}(x_i-\bar{x})^2 < \frac{1}{n-1}\sum_{i=1}^{n}(x_i-\bar{x})^2 = s^2, \qquad (1.13)$$

für große n erhalten wir jedoch wegen $\frac{1}{n}\approx\frac{1}{n-1}$ die Näherung

$$s^2 = \frac{1}{n-1}\sum_{i=1}^{n}(x_i-\bar{x})^2 \approx \frac{1}{n}\sum_{i=1}^{n}(x_i-\bar{x})^2 = m^2.$$

Die Größen m^2 und s^2 stimmen hier also nahezu überein. Bei großem Stichprobenumfang n spielt es daher keine wesentliche Rolle, ob die Summe der Abweichungsquadrate durch n oder durch n − 1 dividiert wird.

Definition 1.8. Ist $x = (x_1, x_2, ..., x_n)$ eine Stichprobe vom Umfang n mit $n \geq 2$ und dem (empirischen) Mittelwert $\bar{x}$, dann heißt

$$s^2 = \frac{1}{n-1}\sum_{i=1}^{n}(x_i-\bar{x})^2$$

die *(empirische) Varianz* der Stichprobe und ihre positive Quadratwurzel $s = +\sqrt{s^2}$ die *(empirische) Standardabweichung* oder *Streuung* der Stichprobe.

Sind $x_1^*, ..., x_m^*$ die verschiedenen Merkmalwerte einer Stichprobe mit den absoluten Häufigkeiten $h_1, h_2, ..., h_m$ (es gilt dann $n = \sum_{k=1}^{m} h_k$), so kommt in der Urliste der Merkmalwert x_k^* genau h_k-mal vor. Der Summand $(x_k^* - \bar{x})^2$ tritt in der Summe somit genau h_k-mal auf, woraus unmittelbar die Gleichung

$$\boxed{s^2 = \frac{1}{n-1}\sum_{k=1}^{m} h_k^*(x_k^*-\bar{x})^2 \text{ mit } n = \sum_{k=1}^{m} h_k} \qquad (1.14)$$

folgt.

Daß mit s auch $d_{\bar{x}}$ und damit erst recht $d_{\bar{x}}^{\sim}$ klein wird, folgt aus dem

Satz 1.3: Für $s > 0$ gilt

$$\boxed{d_{\bar{x}} < s.}$$

Beweis: Für jeden Stichprobenwert x_i gilt

$$0 \leq (|x_i - \bar{x}| - d_{\bar{x}})^2 = (x_i - \bar{x})^2 - 2d_{\bar{x}}|x_i - \bar{x}| + d_{\bar{x}}^2.$$

Summation über alle Stichprobenwerte x_i liefert

$$0 \leq \sum_{i=1}^{n} (x_i - \bar{x})^2 - 2d_{\bar{x}} \cdot \sum_{i=1}^{n} |x_i - \bar{x}| + nd_{\bar{x}}^2$$

$$= \sum_{i=1}^{n} (x_i - \bar{x})^2 - 2d_{\bar{x}} \cdot nd_{\bar{x}} + nd_{\bar{x}}^2$$

$$= \sum_{i=1}^{n} (x_i - \bar{x})^2 - nd_{\bar{x}}^2.$$

Hieraus folgt

$$d_{\bar{x}}^2 \leq \frac{1}{n} \sum_{i=1}^{n} (x_i - \bar{x})^2 < \frac{1}{n-1} \sum_{i=1}^{n} (x_i - \bar{x})^2 = s^2,$$

also

$$d_{\bar{x}} < s. \qquad \blacksquare$$

Die Varianz und Streuung sind also Maße für die Streuung der Stichprobenwerte um $\bar{x}$.

Praktische Berechnung von s^2

Wir betrachten folgende Umformungen:

$$s^2 = \frac{1}{n-1} \sum_{i=1}^{n} (x_i - \bar{x})^2 = \frac{1}{n-1} \sum_{i=1}^{n} (x_i^2 - 2x_i\bar{x} + \bar{x}^2) =$$

$$= \frac{1}{n-1} \left[\sum_{i=1}^{n} x_i^2 - 2\bar{x} \sum_{i=1}^{n} x_i + n\bar{x}^2 \right].$$

Wegen $\sum_{i=1}^{n} x_i = n\bar{x}$ folgt hieraus

$$s^2 = \frac{1}{n-1} \left[\sum_{i=1}^{n} x_i^2 - 2\bar{x} n\bar{x} + n\bar{x}^2 \right] = \frac{1}{n-1} \left[\sum_{i=1}^{n} x_i^2 - n\bar{x}^2 \right].$$

Es gilt also

$$\boxed{s^2 = \frac{1}{n-1} \left[\sum_{i=1}^{n} x_i^2 - n\bar{x}^2 \right]} \qquad (1.15)$$

bzw. falls die Stichprobenwerte mit den verschiedenen Merkmalwerten $x_1^*, \ldots, x_m^*$ bereits in einer Häufigkeitstabelle sortiert sind.

$$\boxed{s^2 = \frac{1}{n-1}\left[\sum_{k=1}^{m} h_k x_k^{*2} - n\overline{x}^2\right] \quad \text{mit } n = \sum_{k=1}^{m} h_k.} \tag{1.16}$$

Diese Formeln haben den praktischen Vorteil, daß zur Berechnung von s^2 und $\overline{x}$ nur die Summen $\sum_{i=1}^{n} x_i$ und die Quadratsummen $\sum_{i=1}^{n} x_i^2$ benötigt werden. Zu deren Berechnung müssen die Stichprobenwerte nicht gespeichert werden, wohl aber zur Berechnung des Medians. Aus diesem Grunde konnten im Programm BESCHR11 (s. Beispiele 1.2 u. 1.3) $\overline{x}$ und s^2 bereits berechnet werden, ohne daß die Daten gespeichert wurden.

Wie bei den mittleren absoluten Abweichungen können auch hier die Abstandsquadrate der Stichprobenwerte von einem festen Zahlenwert c, z.B. vom Median $\tilde{x}$ betrachtet werden. Dazu zeigen wir den

Satz 1.4: Für jede beliebige Konstante c gilt

$$\sum_{i=1}^{n}(x_i - c)^2 = \sum_{i=1}^{n}(x_i - \overline{x})^2 + n\cdot(\overline{x} - c)^2 \tag{1.17}$$

und damit

$$\frac{1}{n-1}\sum_{i=1}^{n}(x_i - c)^2 \geq \frac{1}{n-1}\sum_{i=1}^{n}(x_i - \overline{x})^2 = s^2.$$

Beweis: $\sum_{i=1}^{n}(x_i - c)^2 = \sum_{i=1}^{n}[(x_i - \overline{x}) + (\overline{x} - c)]^2$

$$= \sum_{i=1}^{n}[(x_i - \overline{x})^2 + 2(\overline{x} - c)(x_i - \overline{x}) + (\overline{x} - c)^2]$$

$$= \sum_{i=1}^{n}(x_i - \overline{x})^2 + 2(\overline{x} - c)\sum_{i=1}^{n}(x_i - \overline{x}) + n(\overline{x} - c)^2.$$

Wegen $\sum_{i=1}^{n}(x_i - \overline{x}) = 0$ gilt

$$\sum_{i=1}^{n}(x_i - c)^2 = \sum_{i=1}^{n}(x_i - \overline{x})^2 + n(\overline{x} - c)^2,$$

also die Behauptung. ∎

Bei den Summen der Abstandsquadraten ist also der Mittelwert $\overline{x}$, bei den Abstandssummen dagegen der Median $\tilde{x}$ optimal.

Für eine lineare Transformation y = ax + b gilt der

Satz 1.5: Die Stichprobe x besitze die Varianz s_x^2. Dann besitzt die linear transformierte Stichprobe $y = ax + b = (ax_1 + b, ax_2 + b, \ldots, ax_n + b)$ die Varianz $s_y^2 = a^2 \cdot s_x^2$ und die Standardabweichung $s_y = |a| \cdot s_x$.

Beweis: Nach Satz 1.1 gilt $\bar{y} = a\bar{x} + b$. Hieraus folgt

$$s_y^2 = \frac{1}{n-1} \sum_{i=1}^{n} (y_i - \bar{y})^2 = \frac{1}{n-1} \sum_{i=1}^{n} (ax_i + b - a\bar{x} - b)^2$$

$$= \frac{1}{n-1} \sum_{i=1}^{n} a^2 (x_i - \bar{x})^2 = a^2 \cdot s_x^2.$$

Aus $\sqrt{a^2} = |a|$ folgt die restliche Behauptung. $s_y = a \cdot s_x$ gilt also nur für nichtnegative Werte a, da sonst die Standardabweichung negativ wäre. ∎

Das nachfolgende Programm BESCHR12 speichert nichtsortierte Stichprobenwerte. Nach einer Sortierung werden folgende Größen berechnet und ausgegeben: $\bar{x}, s^2, s, x_{(1)}, \tilde{x}, x_{(n)}$, $x_{(n)} - x_{(1)}$. Anschließend ist eine Klassenbildung möglich.

Mittelwert, Varianz, Median u. (evtl.) Klasseneinteilung bei unsortierten Werten mit Datenspeicherung (BESCHR12)

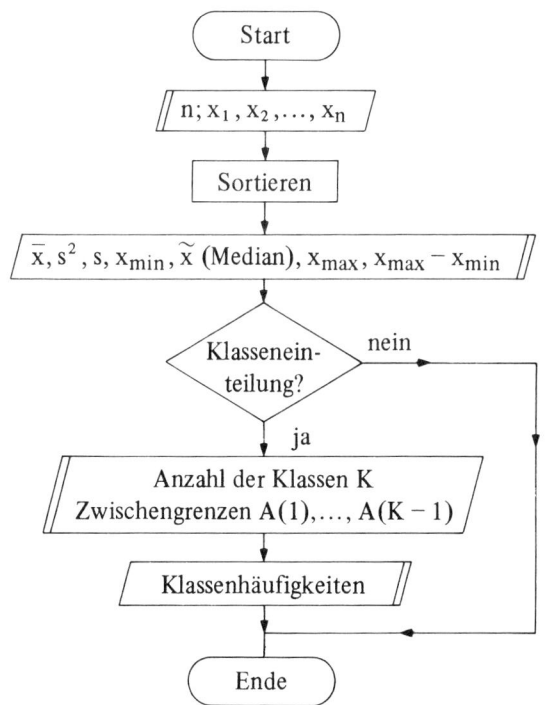

Programm   BESCHR 12

```
10      REM STSTISTIKPROGRAMM BEI UNSORT. DATEN -SPEICHERUNG (BESCHR12)
20      REM MITTELWERT,VARIANZ UND STANDARDABWEICHUNG
30      REM BEI BEDARF KLASSENEINTEILUNG
40      A=0:B=0
50      PRINT "STICHPROBENUMFANG N = ";
60      INPUT N:DIM X(N)
70      PRINT "STICHPROBENWERTE DER REIHE NACH EINGEBEN!"
80      FOR I=1 TO N
90      INPUT X(I):A=A+X(I):B=B+X(I)XX(I)
100     NEXT I
110     M=A/N:VAR=(B-NXMXM)/(N-1):S=SQR(VAR)
120     REM ------------------------------SORTIEREN
130     FOR I=1 TO N
140     FOR J=1 TO N-I
150     IF X(J+1)>X(J) THEN GOTO 170
160     TR=X(J):X(J)=X(J+1):X(J+1)=TR
170     NEXT J
180     NEXT I
190     PRINT
200     REM -------------EVTL. AUSGABE DER SORTIERTEN WERTE
210     PRINT "AUSGABE DER SORTIERTEN WERTE(J=JA)?":INPUT L$
220     IF L$<>"J" THEN GOTO 260
230     FOR I=1 TO N
240     PRINT X(I);
250     NEXT I
260     PRINT:PRINT
270     RY=INT(N/2)
280     IF RY<N/2 THEN GOTO 310
290     MED=(X(RY)+X(RY+1))/2
300     GOTO 320
310     MED=X(RY+1)
320     ENT$ = "WIA": PRINT "AUSGABE MITTELWERT ETC. (J=JA)?"
330     INPUT ENT$: IF ENT$<>"J" THEN GOTO 440
340     REM ---------------------------------AUSGABE
350     PRINT
360     PRINT "   MITTELWERT            =   ";M
370     PRINT "   VARIANZ               =   ";VAR
380     PRINT "   STANDARDABWEICHUNG    =   ";S
390     PRINT "   KLEINSTER WERT        =   ";X(1)
400     PRINT "   MEDIAN                =   ";MED
410     PRINT "   GROESSTER WERT        =   ";X(N)
420     PRINT "   SPANNWEITE            =   ";X(N)-X(1)
430     PRINT: ENT$="WIA"
440     REM ---------------------------KLASSENBILDUNG
450     PRINT "SOLL EINE KLASSENEINTEILUNG DURCHGEFUEHRT WERDEN(J=JA)?"
460     INPUT ENT$
470     IF ENT$<>"J" THEN GOTO 810
480     DIM H(50),A(49)
490     PRINT "ANZAHL DER KLASSEN K= ";:INPUT K
500     PRINT "NUR DIE   ";K-1;"ZWISCHENGRENZEN EINGEBEN!"
510     FOR I=1 TO K-1
520     PRINT I;". ZWISCHENGRENZE = ";
530     INPUT A(I)
540     NEXT I
550     FOR I=1 TO N
560     J=1
570     IF X(I)<=A(J) THEN GOTO 610
```

1 Eindimensionale Stichproben (Betrachtung eines einzigen Merkmals)   23

```
580     J=J+1
590     IF J<K THEN GOTO 570
600     H(K)=H(K)+1:GOTO 620
610     H(J)=H(J)+1
620     NEXT I
630     PRINT:PRINT
640     REM ------------------AUSGABE DER KLASSENEINTEILUNG
650     PRINT TAB(8);"ABSOL.";TAB(18);"RELATIVE"
660     PRINT "KLASSE";TAB(8);"H A E U F I G K E I T E N "
670     PRINT "------------------------------"
680     PRINT 1;TAB(8);H(1);TAB(18);H(1)/N
690     IF K<=2 THEN GOTO 730
700     FOR I=2 TO K-1
710     PRINT I;TAB(8);H(I);TAB(18);H(I)/N
720     NEXT I
730     PRINT K;TAB(8);H(K);TAB(18);H(K)/N
740     E$="WIA":PRINT
750     PRINT "NEUE KLASSENEINTEILUNG (J=JA)?"
760     INPUT E$:IF E$<>"J" THEN GOTO 810
770     FOR I=1 TO K
780     H(I)=0
790     NEXT I
800     GOTO 490
810     END
```

Beispiel 1.8. Bei einer Klausur erreichten 50 Studenten folgende Punktzahlen
18, 15, 12, 16, 8, 4, 9, 19, 6, 10, 20, 14, 13, 11, 16, 7, 15, 17, 10, 3, 9, 6, 12, 17, 8, 11, 14, 18, 5, 13, 11, 14, 12, 13, 7, 12, 14, 5, 13, 6, 18, 13, 16, 11, 15, 15, 12, 8, 17, 20.

a) Gesucht ist der Mittelwert $\bar{x}$, der Median $\tilde{x}$ und die Standardabweichung s der Stichprobe.

b) Für die Benotung gilt folgender Notenschlüssel

Punkte	0 – 4	5 – 8	9 – 12	13 – 16	17 – 18	19 – 20
Zensur	6	5	4	3	2	1

Gesucht sind die absoluten und relativen Häufigkeiten für die einzelnen Zensuren.
Das Programm BESCHR 12 liefert folgende *Ausgaben:*

$\bar{x} = 12.16$; $s^2 = 19.2392$; $s = 4.38625$;

$x_{min} = 3$; $\tilde{x} = 12.5$; $x_{max} = 20$; Spannweite 17.

Für die Klasseneinteilung erhält man

Klassen	absolute Häufigkeiten	relative Häufigkeiten
$x \leq 4.5$	2	.04
$4.5 < x \leq 8.5$	10	.2
$8.5 < x \leq 12.5$	13	.26
$12.5 < x \leq 16.5$	16	.32
$16.5 < x \leq 18.5$	6	.12
$18.5 < x$	3	.06

♦

Im nachfolgenden Programm BESCHR 13 werden die statistischen Kenngrößen sowie die empirische Verteilungsfunktion bei gruppierten Daten (Häufigkeitstabellen) berechnet. Die M verschiedenen Merkmalwerte müssen zur Berechnung des Medians *der Größe nach eingegeben* werden.

Mittelwert, Median, Varianz und Verteilungsfunktion bei gruppierten Daten (Häufigkeiten)
(Merkmalwerte der Größe nach eingeben!) (BESCHR 13)

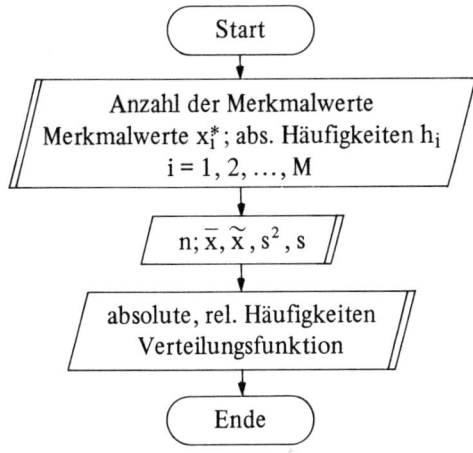

Programm   BESCHR 13

```
10    REM STAT.KENNGROESSEN BEI HAEUFIGKEITEN (BESCHR13)
20    REM   MERKMALWERTE MUESSEN DER GROESSE NACH EINGEGEBEN WERDEN
30    PRINT "ANZAHL K DER GRUPPEN (VERSCH. MERKMALWERTE) = ";
40    INPUT K:DIM X(K),H(K)
50    N=0:A=0:B=0
60    PRINT "MERKMALWERTE DER GROESSE NACH EINGEBEN!"
70    FOR I=1 TO K
80    PRINT I;". MERKMALWERT   = ";:INPUT X(I)
90    PRINT I;". HAEUFIGKEIT   = ";:INPUT H(I)
100   N=N+H(I):A=A+H(I)*X(I):B=B+H(I)*X(I)*X(I)
110   PRINT
120   NEXT I
130   REM ----------------------ENDE DER EINGABE
140   M=A/N:VAR=(B-N*M*M)/(N-1):S=SQR(VAR)
150   SU=0:J=1
160   SU=SU+H(J)
170   IF SU<N/2 THEN GOTO 200
180   IF SU=N/2 THEN GOTO 210
190   MED=X(J):GOTO 220
200   J=J+1:GOTO 160
210   MED=(X(J)+X(J+1))/2
220   PRINT:PRINT:PRINT
230   REM ----------------------------AUSGABE
240   PRINT "STICHPROBENUMFANG  = ";N
250   PRINT "MITTELWERT         = ";M
```

1 Eindimensionale Stichproben (Betrachtung eines einzigen Merkmals)   25

```
260   PRINT "MEDIAN              = ";MED
270   PRINT "VARIANZ             = ";VAR
280   PRINT "STANDARDABWEICHUNG = ";S
290   PRINT
300   PRINT "AUSGABE DER VERTEILUNGSFUNKTION (J=JA)?"
310   INPUT ENT$:IF ENT$<>"J" THEN GOTO 410
320   PRINT:PRINT
330   PRINT TAB(7);"ABS.";TAB(15);"RELATIVE";TAB(27);"VERTEILUNGS-"
340   PRINT "WERTE";TAB(7);"HAEUFIGKEITEN";TAB(27);"FUNKTION"
350   PRINT "-----------------------------------"
360   SI =0
370   FOR I=1 TO K
380   SI=SI+H(I)/N
390   PRINT X(I);TAB(7);H(I);TAB(14);H(I)/N;TAB(27);SI
400   NEXT I
410   END
```

Beispiel 1.9 (s. Beispiel 1.1).

Mit den in Beispiel 1.1 angegebenen Zensuren erhält man mit dem Programm BESCHR 13 die Ergebnisse:

$n = 25$; $\bar{x} = 2.96$; $\tilde{x} = 3$; $s^2 = 1.29$; $s = 1.13578$.

Werte	absolute Häufigkeiten	relative Häufigkeiten	Verteilungsfunktion	
1	3	.12	.12	
2	5	.2	.32	
3	9	.36	.68	→ Median = 3
4	6	.24	.92	
5	2	.08	1	
6	0	0	1	

Die (empirische) Verteilungsfunktion ist in Bild 1.6a) dargestellt.   ♦

Beispiel 1.10. Die Stichprobe

Merkmalwerte	2	3	4	5
absol. Häufigkeiten	3	7	2	8

liefert mit dem Programm BESCHR 13 das Ergebnis:

$n = 20$; $\bar{x} = 3.75$; $\tilde{x} = 3.5$; $s^2 = 1.35526$; $s = 1.16416$

Werte	absolute Häufigkeiten	relative Häufigkeiten	Verteilungsfunktion	
2	3	.15	.15	
3	7	.35	.5	} Median $3.5 = \frac{1}{2}(3+4)$
4	2	.1	.6	
5	8	.4	1	

Die (empirische) Verteilungsfunktion ist in Abb. 1.6b) dargestellt.

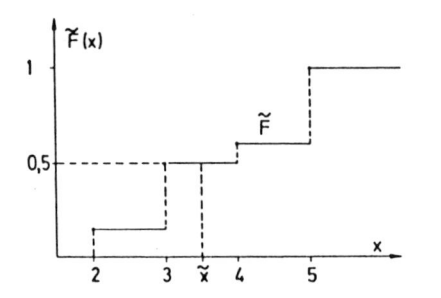

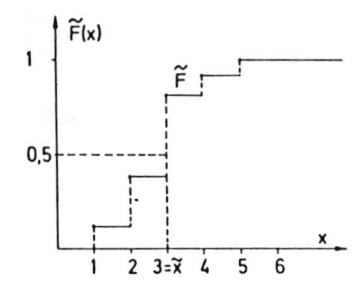

Bild 1.6. Bestimmung des (empirischen) Medians mit Hilfe der (empirischen) Verteilungsfunktion

Bemerkung: Ist n gerade und springt bei einem Merkmalwert die relative Summenhäufigkeit von unter 0,5 auf über 0,5, so sind die beiden in der Mitte der geordneten Stichprobe stehenden Zahlen gleich diesem Merkmalwert. Dann ist dieser Merkmalwert der (empirische) Median. Somit gilt für die Bestimmung des (empirischen) Medians aus geordneten Häufigkeitstabellen der

Satz 1.6: a) Ist die relative Summenhäufigkeit eines Merkmalwertes gleich 0,5, dann ist der (empirische) Median gleich dem arithmetischen Mittel aus diesem Zahlenwert und dem nächstgrößeren.
b) Springt die relative Summenhäufigkeit bei einem Merkmalwert von unter 0,5 auf über 0,5, so ist dieser Wert der (empirische) Median der Stichprobe.

Der (empirische) Median $\tilde{x}$ einer Stichprobe x läßt sich folglich aus der (empirischen) Verteilungsfunktion sehr einfach bestimmen. Falls ein Merkmalwert $x^*_{k_0}$ existiert mit $\tilde{F}(x^*_{k_0}) = \frac{1}{2}$, so gilt $\tilde{x} = \frac{1}{2}(x^*_{(k_0)} + x^*_{(k_0+1)})$. Gibt es jedoch keinen solchen Merkmalwert, so ist der (empirische) Median gleich dem kleinsten derjenigen Merkmalwerte, für die gilt $\tilde{F}(x^*_k) > \frac{1}{2}$ (vgl. Bild 1.6).

Zusammengesetzte Stichproben

Gegeben seien zwei Stichproben x und y mit folgenden Parametern

	Stichprobenumfang	Mittelwert	Varianz
x	n_1	$\bar{x}$	s_x^2
y	n_2	$\bar{y}$	s_y^2

Falls alle Stichprobenwerte von x und y zu einer Stichprobe zusammengefaßt werden, entsteht eine Stichprobe z = (x, y) vom Umfang $n_1 + n_2$. Zur Berechnung des Mittelwerts und der Varianz dieser zusammengesetzten Stichprobe genügt die Summe und die Quadratsumme der Stichprobenwerte.

1 Eindimensionale Stichproben (Betrachtung eines einzigen Merkmals)

Aus

$$\bar{x} = \frac{1}{n_1} \sum_{i=1}^{n_1} x_i, \quad s_x^2 = \frac{1}{n_1 - 1} \left[\sum_{i=1}^{n_1} x_i^2 - n_1 \bar{x}^2 \right]$$

folgt

$$\sum_{i=1}^{n_1} x_i = n_1 \cdot \bar{x} \; ; \quad \sum_{i=1}^{n_1} x_i^2 = (n_1 - 1) \cdot s_x^2 + n_1 \cdot \bar{x}^2 ;$$

analog gilt

$$\sum_{k=1}^{n_2} y_k = n_2 \cdot \bar{y} \; ; \quad \sum_{k=1}^{n_2} y_k^2 = (n_2 - 1) \cdot s_y^2 + n_2 \cdot \bar{y}^2 .$$

Hieraus erhält man

$$\sum_{j=1}^{n_1+n_2} z_j = n_1 \cdot \bar{x} + n_2 \cdot \bar{y};$$

$$\sum_{j=1}^{n_1+n_2} z_j^2 = (n_1 - 1) \cdot s_x^2 + n_1 \cdot \bar{x}^2 + (n_2 - 1) \cdot s_y^2 + n_2 \cdot \bar{y}^2$$

und

$$\boxed{\begin{aligned} \bar{z} &= \frac{n_1 \bar{x} + n_2 \bar{y}}{n_1 + n_2} ; \\ s_z^2 &= \frac{1}{(n_1 + n_2 - 1)} \left[(n_1 - 1) \cdot s_x^2 + n_1 \cdot \bar{x}^2 + (n_2 - 1) \cdot s_y^2 + n_2 \cdot \bar{y}^2 - (n_1 + n_2) \cdot \bar{z}^2 \right]. \end{aligned}}$$

(1.18)

Beispiel 1.11. Gegeben seien drei Stichproben mit

	Umfang	Mittelwert	Varianz
1. Stichprobe	20	20,1	8,95
2. Stichprobe	30	25,3	9,68
3. Stichprobe	50	24,5	12,45

Die zusammengesetzte Stichprobe z besitzt die Parameter

$$\bar{z} = \frac{20 \cdot 20{,}1 + 30 \cdot 25{,}3 + 50 \cdot 24{,}5}{20 + 30 + 50} = 23{,}86;$$

$$s_z^2 = \frac{1}{99} [19 \cdot 8{,}95 + 20 \cdot 20{,}1^2 + 29 \cdot 9{,}68 + 30 \cdot 25{,}3^2 + 49 \cdot 12{,}45 +$$
$$+ 50 \cdot 24{,}5^2 - 100 \cdot 23{,}86^2] = 14{,}4067. \quad \blacklozenge$$

2 Zweidimensionale Stichproben (gleichzeitige Betrachtung zweier Merkmale)

In diesem Abschnitt sollen gleichzeitig zwei Merkmale betrachtet werden.

2.1 Darstellungen zweidimensionaler Stichproben

Wir beginnen mit dem einführenden

Beispiel 2.1. Die von 10 (zufällig ausgewählten) Personen ermittelten Daten über Körpergröße und Gewicht sind nachstehend tabelliert.

Person	1	2	3	4	5	6	7	8	9	10
Körpergröße (cm)	170	165	173	180	161	168	171	176	169	179
Körpergewicht (kg)	75	60	64	79	62	76	71	72	65	85

Faßt man die beiden Meßwerte der i-ten Person als *Zahlenpaar* (x_i, y_i) auf, wobei die Komponente x_i die Körpergröße und y_i das Gewicht der i-ten Person darstellt, so entsteht die Urliste

(170; 75), (165; 60), (173; 64), (180; 79), (161; 62), (168; 76), (171; 71), (176; 72); (169; 65), (179; 85).

Diese Zahlenpaare lassen sich als Punkte in einem kartesischen Koordinatensystem darstellen, wenn auf der Abszissenachse die Werte x_i und auf der Ordinatenachse die Werte y_i abgetragen werden (Bild 2.1).

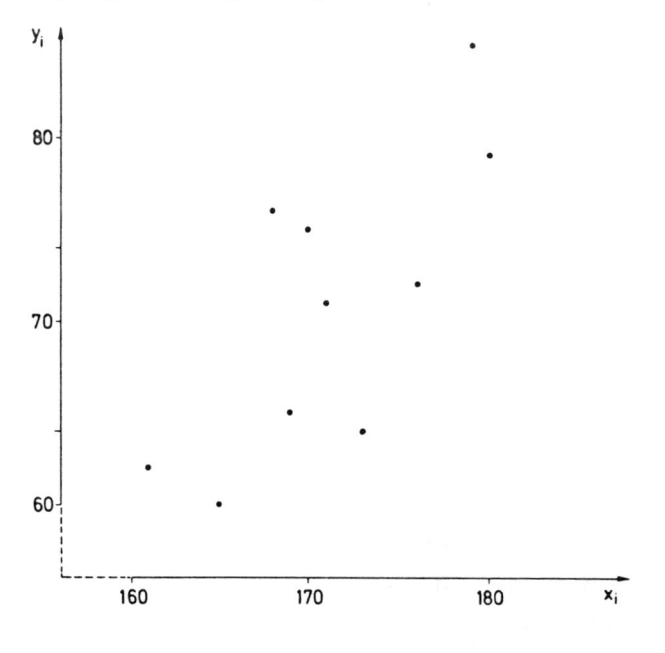

Bild 2.1 Punktwolke einer zweidimensionalen Stichprobe.

2 Zweidimensionale Stichproben (gleichzeitige Betrachtung zweier Merkmale)

In Analogie zum eindimensionalen Fall bringen wir die

Definition 2.1. Gegeben seien n Paare $(x_1, y_1), (x_2, y_2), \ldots, (x_n, y_n)$ von Zahlenwerten, die an n Individuen bezüglich zweier Merkmale ermittelt wurden. Dann heißt

$$(x, y) = ((x_1, y_1), (x_2, y_2), \ldots, (x_n, y_n)) \qquad (2.1)$$

eine *zweidimensionale Stichprobe* vom Umfang n. Sind die Zahlenpaare (x_i, y_i), $i = 1, \ldots, n$ unabhängige Realisierungen einer zweidimensionalen Zufallsvariablen (X, Y) (vgl. [2] 2.2.5 und 2.4.3), so nennt man (x, y) eine *einfache* zweidimensionale Stichprobe. Falls die beiden Merkmale diskret sind mit nur endlich vielen möglichen Merkmalwerten $x_1^*, x_2^*, \ldots, x_m^*$ bzw. $y_1^*, y_2^*, \ldots, y_l^*$, dann können in einer Stichprobe (x, y) nur die $m \cdot l$ verschiedenen Stichprobenpaare (x_i^*, y_k^*), $i = 1, 2, \ldots, m$; $k = 1, 2, \ldots, l$ vorkommen. Die *absolute Häufigkeit* des Merkmalpaares (x_i^*, y_k^*) bezeichnen wir mit $h_{ik} = h(x_i^*, y_k^*)$, seine *relative Häufigkeit* mit $r_{ik} = \dfrac{h_{ik}}{n}$ für $i = 1, 2, \ldots, m$; $k = 1, 2, \ldots, l$. Dabei gilt

$$\sum_{i=1}^{m} \sum_{k=1}^{l} h_{ik} = n; \quad \sum_{i=1}^{m} \sum_{k=1}^{l} r_{ik} = 1. \qquad (2.2)$$

Die absoluten (bzw. relativen) Häufigkeiten lassen sich in einem Matrixschema (Tabelle 2.1) übersichtlich anordnen.

Tabelle 2.1. Häufigkeitstabelle einer zweidimensionalen Stichprobe

	y_1^*	y_2^*	$\ldots$	y_k^*	$\ldots$	y_l^*	Häufigkeiten der x-Werte
x_1^*	h_{11}	h_{12}	$\ldots$	h_{1k}	$\ldots$	h_{1l}	$h_{1\cdot}$
x_2^*	h_{21}	h_{22}	$\ldots$	h_{2k}	$\ldots$	h_{2l}	$h_{2\cdot}$
$\vdots$							$\ldots$
x_i^*	h_{i1}	h_{i2}	$\ldots$	h_{ik}	$\ldots$	h_{il}	$h_{i\cdot}$
$\vdots$							$\ldots$
x_m^*	h_{m1}	h_{m2}	$\ldots$	h_{mk}	$\ldots$	h_{ml}	$h_{m\cdot}$
	$h_{\cdot 1}$	$h_{\cdot 2}$	$\ldots$	$h_{\cdot k}$	$\ldots$	$h_{\cdot l}$	$h_{\cdot\cdot} = n$

Häufigkeiten der y-Werte

Die ersten bzw. zweiten Komponenten der zweidimensionalen Stichprobe (x, y) liefern die eindimensionalen Stichproben

$$x = (x_1, x_2, \ldots, x_n); \quad y = (y_1, y_2, \ldots, y_n). \qquad (2.3)$$

Im diskreten Fall erhält man die absolute Häufigkeit des Merkmalwertes x_i^* als Summe aller Häufigkeiten h_{ik} der i-ten Zeile, es gilt also

$$h_{i\cdot} = h(x_i^*) = \sum_{k=1}^{l} h_{ik} \quad \text{für } i = 1, 2, \ldots, m. \qquad (2.4)$$

Entsprechend ist die absolute Häufigkeit des Merkmalwertes y_k^* gleich der k-ten Spaltensumme

$$h_{\cdot k} = h(y_k^*) = \sum_{i=1}^{m} h_{ik} \quad \text{für } k = 1, 2, \ldots, l. \tag{2.5}$$

Diese sog. *Randhäufigkeiten* sind ebenfalls in Tabelle 2.1 aufgeführt. Da die Summe über alle Häufigkeiten gleich n ist, gilt

$$h_{\cdot \cdot} = \sum_{k=1}^{l} h_{\cdot k} = \sum_{i=1}^{m} h_{i \cdot} = \sum_{i=1}^{m} \sum_{k=1}^{l} h_{ik} = n. \tag{2.6}$$

Die durch Trennung der x- und y-Komponenten entstehenden eindimensionalen Stichproben

$$x = (x_1, x_2, \ldots, x_n) \quad \text{und} \quad y = (y_1, y_2, \ldots, y_n)$$

besitzen die Mittelwerte

$$\bar{x} = \frac{1}{n} \sum_{i=1}^{n} x_i \; ; \; \bar{y} = \frac{1}{n} \sum_{i=1}^{n} y_i$$

und die Varianzen

$$s_x^2 = \frac{1}{n-1} \sum_{i=1}^{n} (x_i - \bar{x})^2 = \frac{1}{n-1} \left[\sum_{i=1}^{n} x_i^2 - n\bar{x}^2 \right] ;$$

$$s_y^2 = \frac{1}{n-1} \sum_{i=1}^{n} (y_i - \bar{y})^2 = \frac{1}{n-1} \left[\sum_{i=1}^{n} y_i^2 - n\bar{y}^2 \right]. \tag{2.7}$$

Der Punkt $M(\bar{x}, \bar{y})$ mit den Koordinaten $\bar{x}$ und $\bar{y}$ kann als Schwerpunkt der zweidimensionalen Punktwolke interpretiert werden. Die Summe der Abstandsquadrate aller Punkte von diesem Punkt lautet

$$d^2(\bar{x}, \bar{y}) = \sum_{i=1}^{n} (x_i - \bar{x})^2 + \sum_{i=1}^{n} (y_i - \bar{y})^2. \tag{2.8}$$

Nach Satz 1.4 gilt für beliebige Zahlen a, b

$$d^2(a, b) = \sum_{i=1}^{n} (x_i - a)^2 + \sum_{i=1}^{n} (y_i - b)^2 \geq d^2(\bar{x}, \bar{y}),$$

wobei das Gleichheitszeichen nur für $a = \bar{x}$ und $b = \bar{y}$ gilt. Die Summe der Abstandsquadrate ist also bezüglich $M(\bar{x}, \bar{y})$ minimal.

Trägt man über Punkten (x_i^*, y_k^*) senkrecht nach oben Stäbe der Länge h_{ik} an, so entsteht ein zweidimensionales *Stabdiagramm*.

Beispiel 2.2. Die Tabelle 2.2 enthält die Häufigkeiten der einzelnen Mathematik- und Deutschzensuren von 90 zufällig ausgewählten Abiturienten.

2 Zweidimensionale Stichproben (gleichzeitige Betrachtung zweier Merkmale)

Tabelle 2.2 Häufigkeitstabelle

		\multicolumn{5}{c}{Mathematikzensur}	Zeilensummen
		1	2	3	4	5	$h_{\cdot k}$
Deutschzensur	5	0	0	2	1	0	3
	4	0	3	11	12	1	27
	3	2	10	15	6	3	36
	2	3	7	6	2	0	18
	1	1	4	1	0	0	6
Spaltensummen $h_{i\cdot}$		6	24	35	21	4	90 = n

In Bild 2.2 sind diese Häufigkeiten graphisch dargestellt. Dabei bezeichnen die Höhen der über dem Punkt (x_i^*, y_k^*) skizzierten Quader gerade die absoluten Häufigkeiten h_{ik}. Mit diesen Quadern entsteht ein sog. *zweidimensionales Histogramm*.

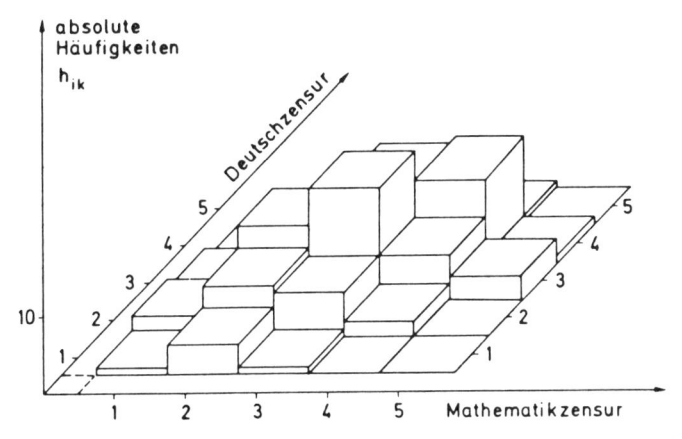

Bild 2.2 Histogramm einer zweidimensionalen Häufigkeitsverteilung (Beispiel 2.2). ◆

Bei stetigen Merkmalen läßt sich eine zweidimensionale Stichprobe analog dem eindimensionalen Fall durch eine Klasseneinteilung darstellen.

2.2 (Empirische) Kovarianz und der (empirische) Korrelationskoeffizient einer zweidimensionalen Stichprobe

Benutzt man in (2.7) nicht die Quadrate $(x_i - \bar{x})^2$ und $(y_i - \bar{y})^2$, sondern die gemeinsamen Produkte, so erhält man eine Wechselbeziehung zwischen beiden Stichproben x und y. Dazu die

Definition 2.2. Ist $(x, y) = ((x_1, y_1), (x_2, y_2), \ldots, (x_n, y_n))$ eine zweidimensionale Stichprobe vom Umfang $n > 1$, so heißt

$$s_{xy} = \frac{1}{n-1} \sum_{i=1}^{n} (x_i - \bar{x}) \cdot (y_i - \bar{y}) = \frac{1}{n-1} \left(\sum_{i=1}^{n} x_i y_i - n \bar{x} \bar{y} \right) \quad (2.9)$$

die *(empirische) Kovarianz* und

$$r = r(x, y) = \frac{s_{xy}}{s_x \cdot s_y} = \frac{\sum_{i=1}^{n} x_i y_i - n \bar{x} \bar{y}}{\sqrt{\left(\sum_{i=1}^{n} x_i^2 - n \bar{x}^2 \right) \cdot \left(\sum_{i=1}^{n} y_i^2 - n \bar{y}^2 \right)}} \quad (2.10)$$

der *(empirische) Korrelationskoeffizient* der Stichprobe (x, y).

Kovarianz und Korrelationskoeffizient einer zweidimensionalen Stichprobe können auch negativ sein.

Sind die Werte in einer Häufigkeitstabelle gegeben, so gilt mit $n = h_{..}$

$$\bar{x} = \frac{1}{n} \sum_{i=1}^{m} h_{i.} x_i^*; \quad s_x^2 = \frac{1}{n-1} \left[\sum_{i=1}^{m} h_{i.} \cdot x_i^{*2} - n \bar{x}^2 \right];$$

$$\bar{y} = \frac{1}{n} \sum_{k=1}^{l} h_{.k} y_k^*; \quad s_y^2 = \frac{1}{n-1} \left[\sum_{k=1}^{l} h_{.k} y_k^{*2} - n \bar{y}^2 \right]; \quad (2.11)$$

$$s_{xy} = \frac{1}{n-1} \left[\sum_{i=1}^{m} \sum_{k=1}^{l} h_{ik} x_i^* y_k^* - n \bar{x} \bar{y} \right].$$

Satz 2.1: Die zweidimensionale Stichprobe (x, y) besitze den (empirischen) Korrelationskoeffizienten $r(x, y)$. Dann hat für beliebige Konstanten $a_1, a_2, b_1, b_2 \in \mathbb{R}$ mit $a_1, a_2 \neq 0$ die Stichprobe

$(a_1 x + b_1, a_2 y + b_2) = ((a_1 x_1 + b_1, a_2 y_1 + b_2), (a_1 x_2 + b_1, a_2 y_2 + b_2), \ldots,$
$\ldots, (a_1 x_n + b_1, a_2 y_n + b_2))$

den (empirischen) Korrelationskoeffizienten

$$r(a_1 x + b_1, a_2 y + b_2) = \frac{a_1 a_2}{|a_1 a_2|} \cdot r(x, y) = \begin{cases} + r(x, y) & \text{für } a_1 \cdot a_2 > 0; \\ - r(x, y) & \text{für } a_1 \cdot a_2 < 0. \end{cases} \quad (2.12)$$

Beweis: Nach Satz 1.1 und 1.5 gilt $\overline{a_1 x + b_1} = a_1 \bar{x} + b_1$; $\overline{a_2 y + b_2} = a_2 \bar{y} + b_2$; $s_{a_1 x + b_1} = |a_1| \cdot s_x$; $s_{a_2 y + b_2} = |a_2| \cdot s_y$.

2 Zweidimensionale Stichproben (gleichzeitige Betrachtung zweier Merkmale)   33

Weiter erhalten wir

$$s_{(a_1x+b_1)(a_2y+b_2)} = \frac{1}{n-1} \sum_{i=1}^{n} (a_1x_i + b_1 - a_1\bar{x} - b_1)(a_2y_i + b_2 - a_2\bar{y} - b_2)$$

$$= \frac{1}{n-1} a_1 a_2 \sum_{i=1}^{n} (x_i - \bar{x})(y_i - \bar{y}) = a_1 a_2 s_{xy}.$$

Hieraus folgt

$$r(a_1x + b_1, a_2y + b_2) = \frac{a_1 \cdot a_2 \cdot s_{xy}}{|a_1| \cdot s_x \cdot |a_2| \cdot s_y} = \frac{a_1 \cdot a_2}{|a_1| \cdot |a_2|} \cdot r(x, y) = \begin{cases} r(x,y) \text{ für } a_1 \cdot a_2 > 0; \\ -r(x,y) \text{ für } a_1 \cdot a_2 < 0. \end{cases}$$

∎

Satz 2.2: a) Für den Korrelationskoeffizienten r einer beliebigen Stichprobe (x, y) gilt $|r| \leq 1$, d.h. $-1 \leq r \leq 1$.

b) $|r| = 1$ (d.h. $r = \pm 1$) ist genau dann erfüllt, wenn alle Stichprobenwerte auf einer Geraden liegen, deren Steigung nicht gleich 0 ist. Für $r = +1$ ist die Steigung dieser Geraden positiv, für $r = -1$ negativ.

Beweis: a) Mit den linearen Transformationen

$$x_i^* = \frac{x_i - \bar{x}}{s_x}, \quad y_i^* = \frac{y_i - \bar{y}}{s_y}$$

erhalten wir

$$\sum_{i=1}^{n} x_i^{*2} = \frac{1}{s_x^2} \sum_{i=1}^{n} (x_i - \bar{x})^2 = \frac{(n-1) \cdot s_x^2}{s_x^2} = n - 1 = \sum_{i=1}^{n} y_i^{*2};$$

$$\sum_{i=1}^{n} x_i^* \cdot y_i^* = \frac{1}{s_x \cdot s_y} \sum_{i=1}^{n} (x_i - \bar{x}) \cdot (y_i - \bar{y}) = (n-1) \cdot r.$$

Mit diesen Eigenschaften erhält man

$$0 \leq (y_i^* - rx_i^*)^2 = y_i^{*2} - 2rx_i^* y_i^* + r^2 x_i^{*2};$$

$$0 \leq \sum_{i=1}^{n} (y_i^* - rx_i^*)^2 = (n-1) - 2r \cdot (n-1) \cdot r + r^2 \cdot (n-1) = (n-1) \cdot (1 - r^2). \tag{2.13}$$

Hieraus folgt $1 - r^2 \geq 0$, d.h. $r^2 \leq 1$, also die Behauptung $|r| \leq 1$.

b) Für $|r| = 1$ folgt aus (2.13) $y_i^* - rx_i^* = 0$ für alle i, d.h.

$$\frac{y_i - \bar{y}}{s_y} = r \cdot \frac{x_i - \bar{x}}{s_x}, \text{ also}$$

$$y_i = \frac{s_y}{s_x} r \cdot x_i + \bar{y} - \frac{s_y}{s_x} \cdot r \cdot \bar{x} \tag{2.14}$$

$$= a \cdot x_i + b \text{ für alle i}.$$

Im Falle $|r| = 1$ liegen also alle Punkte auf einer Geraden, deren Steigung $a = \frac{s_y}{s_x} \cdot r$ positiv ist für $r = 1$ und negativ für $r = -1$.

Wir nehmen nun umgekehrt an, daß alle Punkte auf einer Geraden liegen, d.h.

$y_i = ax_i + b$ mit $a \neq 0$.

Dann folgt aus den Sätzen 1.5 und 2.1

$s_y = |a| \cdot s_x$; $s_{xy} = a \cdot s_x^2$.

Hieraus ergibt sich

$$r = \frac{s_{xy}}{s_x \cdot s_y} = \frac{a \cdot s_x^2}{|a| \cdot s_x \cdot s_x} = \frac{a}{|a|} = \begin{cases} +1 & \text{für } a > 0; \\ -1 & \text{für } a < 0, \end{cases}$$

womit der Satz bewiesen ist. ∎

Definition 2.3. Im Falle $r = 0$ heißen die beiden Merkmalausprägungen *unkorreliert*.

Bemerkung: Im Falle der Unkorreliertheit besteht zwischen den beiden Merkmalen (fast) keine „Bindung". Es handelt sich dann um eine (fast) „regellose" Punktwolke.

Wir werden auf diesen Fall nochmals in Abschnitt 12 zurückkommen.

In Bild 2.3 werden zweidimensionale Stichproben mit verschiedenen Korrelationskoeffizienten als „Punktwolken" graphisch dargestellt. Je näher die Punkte bei einer Geraden

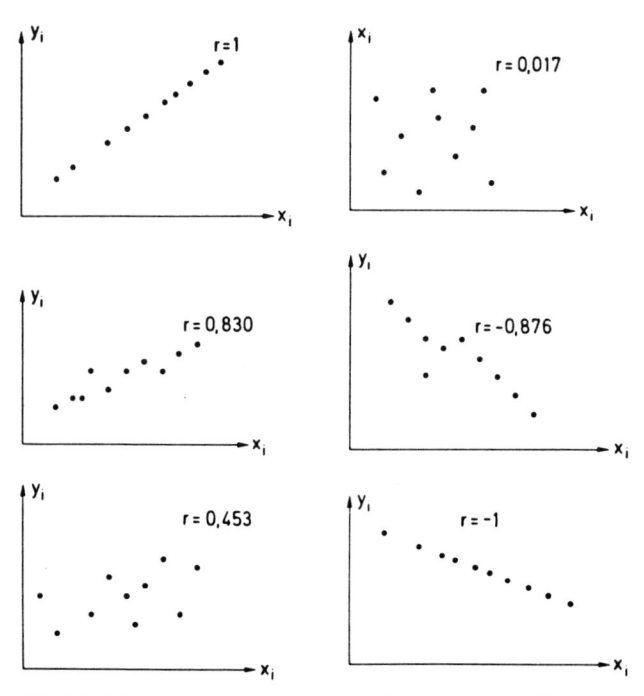

Bild 2.3 Stichproben mit verschiedenen Korrelationskoeffizienten

2 Zweidimensionale Stichproben (gleichzeitige Betrachtung zweier Merkmale)

liegen, desto größer wird der Betrag des Korrelationskoeffizienten. Erstreckt sich die Punktwolke von links unten nach rechts oben, so ist r positiv. Falls sie jedoch von links oben nach rechts unten verläuft, ist r entsprechend negativ.

Das nachfolgende Programm berechnet bei zweidimensionalen Stichproben ohne Häufigkeiten folgende Kenngrößen:

$\bar{x}$; s_x; $\bar{y}$; s_y; s_{xy} (Kovarianz); r(x, y) (Korrelationskoeffizient).

Dabei werden die Daten nicht gespeichert.

Kovarianz und Korrelationskoeffizient bei Einfachdaten ohne Speicherung (BESCHR 21)

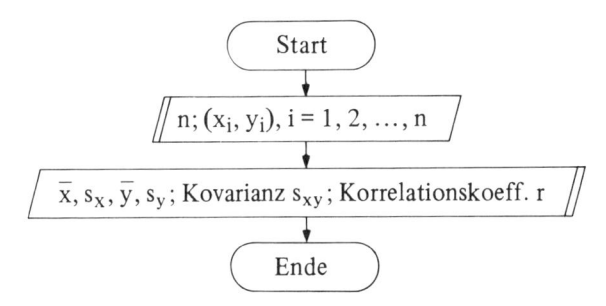

```
         ( Start )
             ↓
  / n; (xᵢ, yᵢ), i = 1, 2, ..., n /
             ↓
 / x̄, sₓ, ȳ, sy; Kovarianz sxy; Korrelationskoeff. r /
             ↓
         ( Ende )
```

Programm	BESCHR 21

```
10    REM KOVARIANZ,KORRELATIONSKOEFF. BEI EINFACHEN DATEN (BESCHR21)
20    REM KEINE SPEICHERUNG DER DATEN
30    PRINT "STICHPROBENUMFANG N = ";:INPUT N:PRINT
40    FOR I=1 TO N
50    PRINT I;". X-WERT = ";:INPUT X
60    PRINT I;". Y-WERT = ";:INPUT Y
70    A=A+X: A2=A2+X*X
80    B=B+Y:B2=B2+Y*Y:AB=AB+X*Y
90    PRINT:NEXT I
100   REM-------------------------------------------
110   MX=A/N:MY=B/N
120   VX=(A2-N*MX*MX)/(N-1):VY=(B2-N*MY*MY)/(N-1)
130   SX=SQR(VX):SY=SQR(VY)
140   COV=(AB-N*MX*MY)/(N-1):KR=COV/(SX*SY)
150   REM --------------------------------AUSGABE
160   PRINT:PRINT:PRINT
170   PRINT "X-WERTE"
180   PRINT "MITTELWERT            = ";MX
190   PRINT "STANDARDABWEICHUNG    = ";SX
200   PRINT
210   PRINT "Y-WERTE"
220   PRINT "MITTELWERT            = ";MY
230   PRINT "STANDARDABWEICHUNG    = ";SY
240   PRINT
250   PRINT "KOVARIANZ             = ";COV
260   PRINT "KORRELATIONSKOEFFIZIENT = ";KR
270   END
```

Beispiel 2.3 (s. Beispiel 2.1).
Mit den Daten aus Beispiel 2.1 erhält man die Ausgabe

x-Werte
Mittelwert $\bar{x} = 171.2$
Standardabweichung $s_x = 5.9963$
y-Werte
Mittelwert $\bar{y} = 70.9$
Standardabweichung $s_y = 8.0891$
Kovarianz $s_{xy} = 36.0222$
Korrelationskoeffizient $r = .742656$.   ♦

Beispiel 2.4. Bei einem Ottomotor wurde die Leistung y (in PS) in Abhängigkeit der Drehzahl x (in UpM) gemessen. Die gewonnenen Daten sind nachstehend aufgeführt.

x_i	800	1500	2500	3500	4200	4700	5000	5500
y_i	12	20	31	40	52	60	65	70

Ausgabe
$\bar{x} = 3462.5$; $s_x = 1709.58$;
$\bar{y} = 43.75$; $s_y = 21.4526$;
$s_{xy} = 36517.9$; $r = .995714$.   ♦

Beispiel 2.5.

x_i	1	4	10	15	30	50	55	70	75	90
y_i	9,9	9,6	9	8,5	7	5	4,5	3	2,5	1

Ausgabe
$\bar{x} = 40$; $s_x = 32.3041$;
$\bar{y} = 6$; $s_y = 3.23041$;
$s_{xy} = -104.356$; $r = -1$.

Wegen r = −1 liegen die Stichprobenwerte auf einer Geraden g: y = ax + b. Aus dem Beweis zum Satz 2.2 erhält man

$$a = \frac{s_y}{s_x} \cdot r = -0{,}1; \quad b = \bar{y} - \frac{s_y}{s_x} \cdot r\bar{x} = 6 + 4 = 10,$$

also

$$y = -0{,}1\,x + 10.$$ ♦

Das nachfolgende Programm berechnet aus zweidimensionalen Häufigkeitstabellen die statistischen Kenngrößen, wobei die Daten gespeichert werden. Die Ausgabe erfolgt wie im vorhergehenden Programm.

Kovarianz und Korrelationskoeffizient bei Häufigkeitstabellen mit Datenspeicherung (BESCHR 22)

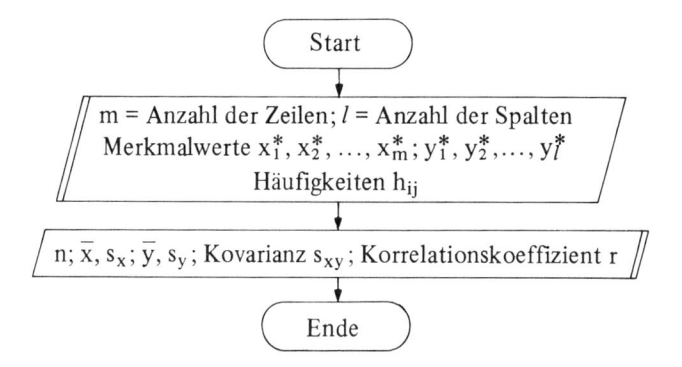

```
Start
```
m = Anzahl der Zeilen; l = Anzahl der Spalten
Merkmalwerte $x_1^*, x_2^*, \ldots, x_m^*; y_1^*, y_2^*, \ldots, y_l^*$
Häufigkeiten h_{ij}

$n; \bar{x}, s_x; \bar{y}, s_y$; Kovarianz s_{xy}; Korrelationskoeffizient r

Ende

Programm BESCHR 22

```
10   REM ZWEIDIM.STICHPROBEN MIT HAEUFIGKEITEN-SPEICHERUNG(BESCHR22)
20   REM MITTELWERTE,VARIANZEN,KOVARIANZ U. KORRELATIONSKOEFFIZIENT
30   PRINT "ANZAHL DER ZEILEN   M = ";:INPUT M
40   PRINT "ANZAHL DER SPALTEN  L = ";:INPUT L
50   PRINT
60   DIM X(M),HX(M),Y(L),HY(L),H(M,L)
70   PRINT "GEBEN SIE DER REIHE NACH DIE X-WERTE EIN!"
80   FOR I=1 TO M
90   PRINT I;". X-WERT =  ";:INPUT X(I)
100  NEXT I:PRINT:PRINT
110  PRINT "GEBEN SIE DER REIHE NACH DIE Y-WERTE EIN!"
120  FOR J=1 TO L
130  PRINT J;". Y-WERT =  ";:INPUT Y(J)
140  NEXT J
150  PRINT "ZEILENWEISE EINGABE DER ABS. HAEUFIGKEITEN:"
160  FOR I=1 TO M
170  PRINT "HAEUFIGKEITEN DER";I;". ZEILE?"
180  FOR J=1 TO L
190  INPUT H(I,J)
200  NEXT J
210  NEXT I
220  REM ---------------------------BERECHNUNG
230  FOR I=1 TO M
240  FOR J=1 TO L
250  HX(I)=HX(I)+H(I,J):E=E+H(I,J)*Y(J)
260  NEXT J
270  F=F+E*X(I):A=A+HX(I)*X(I)
280  N=N+HX(I):B=B+HX(I)*X(I)*X(I):E=0
290  NEXT I
300  FOR J=1 TO L
310  FOR I=1 TO M
320  HY(J)=HY(J)+H(I,J)
```

```
330     NEXT I
340     C=C+HY(J)XY(J):D=D+HY(J)XY(J)XY(J)
350     NEXT J
360     MX=A/N:MY=C/N
370     VX=(B-N*MX*MX)/(N-1):SX=SQR(VX)
380     VY=(D-N*MY*MY)/(N-1):SY=SQR(VY)
390     COV=(F-N*MX*MY)/(N-1):KR=COV/(SX*SY)
400     REM ----------------------------AUSGABE
410     PRINT:PRINT:PRINT:PRINT
420     PRINT "STICHPROBENUMFANG       = ";N:PRINT
430     PRINT "X-WERTE"
440     PRINT "MITTELWERT              = ";MX
450     PRINT "STANDARDABWEICHUNG      = ";SX:PRINT
460     PRINT "Y-WERTE"
470     PRINT "MITTELWERT              = ";MY
480     PRINT "STANDARDABWEICHUNG      = ";SY:PRINT
490     PRINT "KOVARIANZ               = ";COV
500     PRINT "KORRELATIONSKOEFFIZIENT = ";KR
510     END
```

Beispiel 2.6. Von 100 zufällig ausgewählten Abiturienten wurde die Physik- und die Mathematiknote festgestellt. Man berechne den (empirischen) Korrelationskoeffizienten aus der folgenden Ergebnistabelle

	y_k^*	Mathematiknote					
x_i^*		1	2	3	4	5	6
Physiknote	6	0	0	1	1	0	0
	5	0	1	2	4	0	1
	4	0	2	7	10	1	0
	3	4	6	15	6	3	1
	2	4	10	4	3	3	1
	1	2	3	4	1	0	0

Ausgabe

n = 100; $\bar{x}$ = 2.97; s_x = 1.16736; $\bar{y}$ = 3.06; s_y = 1.19612;

Kovarianz s_{xy} = .436162; Korrelationskoeffizient r = .312369. ♦

Beispiel 2.7 (Fußballbundesliga 1983/84).
Die Anzahl der Tore pro Spiel für die Heim- und Gastmannschaft in der Spielzeit 1983/84 sind in der nachfolgenden Häufigkeitstabelle zusammengefaßt:

	\	Gastmannschaft						
		0	1	2	3	4	5	6	7
Heimmannschaft	0	20	6	10	3	2	0	1	0
	1	18	19	13	8	4	2	1	0
	2	24	17	23	10	2	0	0	0
	3	22	20	11	3	2	0	0	1
	4	10	9	10	2	1	0	1	0
	5	3	4	8	0	0	0	0	0
	6	6	2	1	0	0	0	0	0
	7	3	1	1	0	0	0	0	0
	8	0	1	0	0	0	0	0	0
	9	1	0	0	0	0	0	0	0

Hier erhält man die Ausgabe:

n = 306;

Tore der Heimmannschaft: $\bar{x} = 2.31046$; $s_x = 1.70198$

Tore der Gastmannschaft: $\bar{y} = 1.27451$; $s_y = 1.28923$

Kovarianz $s_{xy} = -.219929$; Korrelationskoeffizient $r = -.10023$. ♦

II Zufallszahlen und Testverteilungen

3 Zufallsstichproben und Zufallszahlen

3.1 Zufallsstichproben

In der beschreibenden Statistik haben wir Meßwerte (Stichprobenwerte) in Tabellen und Schaubildern übersichtlich dargestellt und aus ihnen Lageparameter, Streuungsmaße sowie die (empirische) Verteilungsfunktion abgeleitet. Wie diese Meßwerte im einzelnen gewonnen wurden, spielte dabei keine Rolle. Wichtig ist nur, daß es sich um Meßwerte desselben Merkmals handelt. Bei der Begriffsbildung fällt sofort die Analogie zur Theorie der Zufallsvariablen in der Wahrscheinlichkeitsrechnung auf. So wurden bereits gleiche Sprechweisen (z. B. „Verteilungsfunktion" und „Varianz") benutzt. Um Verwechslungen auszuschließen, haben wir jedoch in der Stichprobentheorie den Zusatz „empirisch" hinzugefügt. Das Analogon zum (empirischen) Mittelwert ist der Erwartungswert einer Zufallsvariablen. Er wird manchmal auch kurz als „Mittelwert" bezeichnet. Man hat für die jeweiligen verschiedenen Größen dieselbe Bezeichnung gewählt, da sie unter speziellen Voraussetzungen in einem gewissen Zusammenhang stehen. Diesen Zusammenhang verdeutlicht bereits die Tatsache, daß die Axiome der Wahrscheinlichkeiten auf den entsprechenden Eigenschaften der relativen Häufigkeiten fundieren.

Damit man mit Hilfe von Stichproben (wahrscheinlichkeitstheoretische) Aussagen über Zufallsvariable bzw. über unbekannte Wahrscheinlichkeiten überprüfen kann, müssen die Stichprobenwerte durch Zufallsexperimente gewonnen werden, wobei die entsprechenden Zufallsexperimente die Zufallsvariablen eindeutig festlegen müssen. Solche Stichproben heißen *Zufallsstichproben*.

In der beurteilenden Statistik betrachten wir nur noch solche Zufallsstichproben, die wir der Kürze halber wieder Stichproben nennen. Die Zufallsvariable, welche bei der Durchführung des entsprechenden Zufallsexperiments den Stichprobenwert x_i liefert, bezeichnen wir mit X_i. Der Zahlenwert x_i heißt *Realisierung* der Zufallsvariablen X_i für $i = 1, 2, ..., n$. Somit können wir eine Zufallsstichprobe $x = (x_1, x_2, ..., x_n)$ als *Realisierung des* sog. *Zufallsvektors* $X = (X_1, X_2, ..., X_n)$ auffassen.

Die späteren Darstellungen werden durch die nachfolgenden Verabredungen wesentlich vereinfacht.

Definition 3.1. Eine Stichprobe $x = (x_1, x_2, ..., x_n)$ heißt *unabhängig*, wenn die entsprechenden Zufallsvariablen $X_1, X_2, ..., X_n$ (stochastisch) unabhängig sind, wenn also für beliebige reelle Zahlen $c_1, c_2, ..., c_n \in \mathbb{R}$ gilt

$$P(X_1 \leq c_1, X_2 \leq c_2, ..., X_n \leq c_n) = P(X_1 \leq c_1) \cdot P(X_2 \leq c_2) \cdot ... \cdot P(X_n \leq c_n).$$

Die Stichprobe heißt *einfach*, wenn die Zufallsvariablen $X_1, X_2, ..., X_n$ (stochastisch) unabhängig sind und alle dieselbe Verteilungsfunktion F besitzen.

3 Zufallsstichproben und Zufallszahlen

Wird ein Zufallsexperiment n-mal unter denselben Bedingungen durchgeführt, und ist x_i die Realisierung einer Zufallsvariablen bei der i-ten Versuchsdurchführung für i = 1, 2, ..., n, so ist $x = (x_1, x_2, ..., x_n)$ eine einfache Stichprobe. Beispiele dafür sind: Die Augenzahlen, die man beim 100-maligen, unabhängigen Werfen eines Würfels erhält oder die Gewichte von 200 der Produktion zufällig entnommenen Zuckerpaketen. Dabei bedeutet eine zufällige Auswahl, daß jedes Individuum der betrachteten Grundgesamtheit, über die eine Aussage überprüft werden soll, die gleiche Chance besitzt, ausgewählt zu werden. Öffnet man einen Käfig, in dem sich 30 Kaninchen befinden, und wählt diejenigen Tiere aus, die sich nach dem Öffnen in der Nähe der Türe befinden, so handelt es sich bei dieser Auswahlmethode im allgemeinen um keine Zufallsstichprobe, da man so vermutlich nur zahme oder kranke Tiere auswählen würde. Diese Stichprobe wäre dann, wie man sagt, für die Grundgesamtheit nicht *repräsentativ*. Folgendes Auswahlverfahren liefert jedoch eine Zufallsstichprobe: Die Tiere werden durchnumeriert. Danach werden durch einen Zufallsmechanismus fünf der Zahlen 1, 2, ..., 30 ausgelost. Dabei muß bei dieser Auslosung gewährleistet sein, daß jede der $\binom{30}{5}$ verschiedenen Auswahlmöglichkeiten dieselbe Wahrscheinlichkeit besitzt. Schließlich werden diejenigen Tiere mit den ausgelosten Nummern aus dem Käfig geholt.

3.2 Zufallszahlen

Zur „Überprüfung" statistischer Verfahren wäre es wünschenswert, Zufallsstichproben, also Zufallszahlen direkt vom Rechner erzeugen zu lassen, um dadurch Zufallsvorgänge zu simulieren. Da im Rechner diese Zahlen mit Hilfe eines Algorithmus erzeugt werden, können diese Zahlen keine „echten" Zufallszahlen sein, es handelt sich also um sog. *Pseudozufallszahlen*. Falls der Algorithmus bekannt ist, sind diese Zufallszahlen reproduzierbar, d.h. berechenbar. Von einem guten Generator von Zufallszahlen verlangt man, daß sich die erzeugten Zahlen wie „echte" Zufallszahlen verhalten. Exner u. Schmitz untersuchten in [17] die wesentlichsten Verfahren zur Erzeugung von Zufallszahlen. Die meisten Rechner erzeugen mit Hilfe der RND (random)-Funktion Standardzufallszahlen zwischen Null und Eins. Daraus lassen sich Zufallszahlen mit anderen Verteilungen gewinnen.

3.2.1 Standardzufallszahlen aus dem Intervall (0; 1)

Von Zufallszahlen aus dem Intervall (0; 1) wird verlangt, daß sie voneinander unabhängig und in diesem Intervall gleichmäßig verteilt sind. Sie müssen also Realisierungen einer stetigen Zufallsvariablen R sein mit der Dichte

$$f(x) = \begin{cases} 1 & \text{für } 0 < x < 1; \\ 0 & \text{sonst.} \end{cases}$$

Die Wahrscheinlichkeit dafür, daß eine Zufallszahl in einem Intervall $I \subseteq (0; 1)$ der Länge Δ liegt, ist also gleich Δ, unabhängig von der Lage dieses Intervalls.
Die gebräuchlichste Art zur Erzeugung von Pseudozufallszahlen ist die

lineare Kongruenzmethode

$$y_{i+1} = a \cdot y_i \pmod{m}; \quad r_{i+1} = \frac{y_{i+1}}{m}, \quad i = 0, 1, 2, ... \tag{3.1}$$

Mit geeigneten Werten a und m und einer Startzahl $y_0 > 0$ werden nach (3.1) rekursiv Zahlen y_{i+1} und daraus die Pseudozufallszahlen r_{i+1} berechnet für $i = 0, 1, 2, \ldots$. Dabei bedeutet b = a(mod m), daß von a so viele Vielfache von m subtrahiert werden, bis b < m erreicht ist. Damit gilt $r_i < 1$. Der Fall $y_{i+1} = 0$ muß ebenfalls verhindert werden, da sonst alle nachfolgenden Zahlen ebenfalls verschwinden würden.

In [17], S. 9 wird z.B. der Fall

$$m = 2^{31}, a = 2^{16} + 3 = 65539, \; y_0 \text{ ungerade (sonst beliebig)} \tag{3.2}$$

untersucht, der nach Tests der Autoren „brauchbare" Ergebnisse liefert.

Da die meisten Rechner Generatoren für Pseudozufallszahlen aus (0; 1) besitzen, sollen diese zur Transformation für andere Zufallszahlen benutzt werden. Steht kein Generator zur Verfügung, müssen Zufallszahlen $r \in (0; 1)$ z.B. nach (3.1) und (3.2) erzeugt werden. Zu beachten ist, daß jede Serie mit der gleichen Startzahl die gleichen „Zufallszahlen" liefert. Aus diesem Grund sollten die Startzahlen variieren oder zufällig, z.B. zeitabhängig gewählt werden.

Falls bei einem Zufallszahlengenerator nicht die Möglichkeit besteht, eine Startzahl einzugeben, wird in der Regel die gleiche Anfangszahl benutzt. Um trotzdem verschiedene Serien zu erhalten, ist es naheliegend, zunächst eine (zufällige) Anzahl von Zufallszahlen zu erzeugen, die nicht benutzt werden und erst die danach erzeugten zu verwenden.

3.2.2 Zufallszahlen aus dem Intervall (a; b)

Ist R eine in (0; 1) gleichmäßig verteilte Zufallsvariable, so ist für a < b die Zufallsvariable

$$X = (b - a) \cdot R + a \tag{3.3}$$

gleichmäßig verteilt in (a; b) mit der

$$\text{Dichte } f(x) = \begin{cases} \dfrac{1}{b - a} & \text{für } a < x < b; \\ 0 & \text{sonst.} \end{cases}$$

Aus den Standardzufallszahlen $r \in (0; 1)$ erhält man also mit

$$x = (b - a) \cdot r + a \tag{3.4}$$

Zufallszahlen aus dem Intervall (a; b).

3.2.3 Laplace-Zufallszahlen (diskrete Gleichverteilung)

Bei vielen stochastischen Modellen soll jede der Zahlen $m, m+1, m+2, \ldots, w$ mit der gleichen Wahrscheinlichkeit

$$p = \frac{1}{w - m + 1} = \frac{1}{d}, \; d = w - m + 1 \tag{3.5}$$

gezogen werden.

3 Zufallsstichproben und Zufallszahlen

Ist R gleichmäßig in (0; 1) verteilt, so ist nach Abschnitt 3.2.2. die Zufallsvariable

$$X = d \cdot R + m$$

gleichmäßig verteilt im Intervall (m; w + 1).

Der ganzzahlige Anteil INT(X) ist eine Zufallsvariable mit

$$P(\text{INT}(X) = k) = \frac{1}{d} \quad \text{für} \quad k = m, m+1, \ldots, w; \tag{3.6}$$

$$P(\text{INT}(X) = w + 1) = 0.$$

Der Wert w + 1 kommt also praktisch nicht vor. Mit Hilfe der Standardzufallszahlen r und der INT-Funktion erhält man also Zufallszahlen

$$y = m + \text{INT}(d \cdot r), \quad d = w - m + 1, \tag{3.7}$$

die auf m, m + 1, m + 2, ..., w gleichverteilt sind.

Falls Zufallszahlen mit möglichen Wiederholungen erzeugt werden sollen, wird bei jedem Einzelschritt aus der Gesamtmenge eine Zahl ausgewählt. Sind keine Wiederholungen zugelassen, so findet die nächste Auswahl jeweils aus der Restmenge statt.

Mit dem nachfolgenden Programm können aus den Zahlen m, m + 1, ..., w − 1, w mit oder ohne Wiederholung n Stück ausgewählt werden. Beim Ziehen ohne Wiederholung muß n ≦ w − m + 1 sein. Im Falle n = w − m + 1 handelt es sich dabei um eine *zufällige Permutatation* der Zahlen m, m + 1, ..., w. Beim Ziehen ohne Wiederholung wird die ausgewählte Zahl vor dem nächsten Zug aus der Grundmenge entfernt.

Zufallszahlen aus m, m + 1, ..., w − 1, w (ZUFALL)

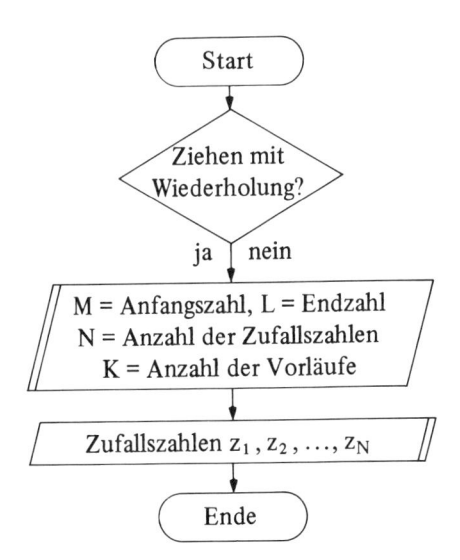

```
            ┌─────────┐
            │  Start  │
            └────┬────┘
                 │
            ╱─────────╲
           ╱ Ziehen mit ╲
           ╲Wiederholung?╱
            ╲───────────╱
           ja │  │ nein
              │  │
    ┌─────────────────────────────┐
    │ M = Anfangszahl, L = Endzahl │
    │ N = Anzahl der Zufallszahlen │
    │ K = Anzahl der Vorläufe      │
    └──────────────┬───────────────┘
                   │
    ┌──────────────────────────────┐
    │ Zufallszahlen z₁, z₂, ..., z_N│
    └──────────────┬───────────────┘
                   │
              ┌─────────┐
              │  Ende   │
              └─────────┘
```

Programm	ZUFALL

```
10   REM ZUFAELLIGE AUSWAHL AUS M,M+1,...,L (ZUFALL)
20   PRINT "ZUFALLSZAHLEN M I T WIEDERHOLUNG (J=JA)?"
30   INPUT EM$
40   PRINT "ANFANGSZAHL M = ";:INPUT M
50   PRINT "ENDZAHL     L = ";:INPUT L
60   PRINT "ANZAHL DER ZUFALLSZAHLEN = ";:INPUT N:PRINT
70   IF N<L-M+2 THEN GOTO 100
80   IF EM$="J" THEN GOTO 100
90   PRINT "SO VIELE ZAHLEN KOENNEN NICHT GEZOGEN WERDEN":GOTO 60
100  D=L-M+1
110  PRINT "ANZAHL DER VORLAEUFE K = ";:INPUT K
120  A=1
130  IF K=0 THEN GOTO 170
140  FOR I=1 TO K
150  R=RND(A)
160  NEXT I
170  PRINT:PRINT:PRINT
180  IF EM$="J" THEN GOTO 200
190  GOTO 250
200  REMXXXXXXXXXXZIEHEN MIT WIEDERHOLUNG
210  FOR I=1 TO N
220  Y=M+INT(D*RND(A)):PRINT Y;" ";
230  NEXT I
240  END
250  REMXXXXXXXXXXZIEHEN OHNE WIEDERHOLUNG
260  DIM X(D)
270  FOR I=1 TO D
280  X(I)=M-1+I
290  NEXT I
300  FOR I=1 TO N
310  J=M+INT((D+1-I)*RND(A))
320  PRINT X(J);" ";
330  IF J>L-I THEN GOTO 370
340  FOR U=J TO L-I
350  X(U)=X(U+1)
360  NEXT U
370  NEXT I
380  END
```

Beispiel 3.1 (Roulette). Aus den Zahlen 0, 1, ..., 36 sollen 20 Stück mit Wiederholung ausgewählt werden. Dabei sollen 30 Vorläufe vorgeschaltet werden.

Eingabe

Anfangszahl M = 0;
Endzahl L = 36;
Anzahl der Zufallszahlen N = 20;
Anzahl der Vorläufe 30;

Ausgabe

35 22 32 24 35 5 31 24 27 12 10 25 22 32 14 18 28 21 15 28   ♦

3 Zufallsstichproben und Zufallszahlen

Beispiel 3.2 (Zahlenlotto). Aus den Zahlen 1, 2, ..., 49 sollen 6 Gewinnzahlen und anschließend eine Zufallszahl ausgespielt werden.

Eingabe

Anfangszahl M = 1
Endzahl L = 49
Anzahl der auszuw. Zufallszahlen N = 7
Anzahl der Vorläufe 88

Ausgabe

41 32 5 25 29 2   Zusatzzahl 20   ♦

3.2.4 Binomialverteilte Zufallszahlen

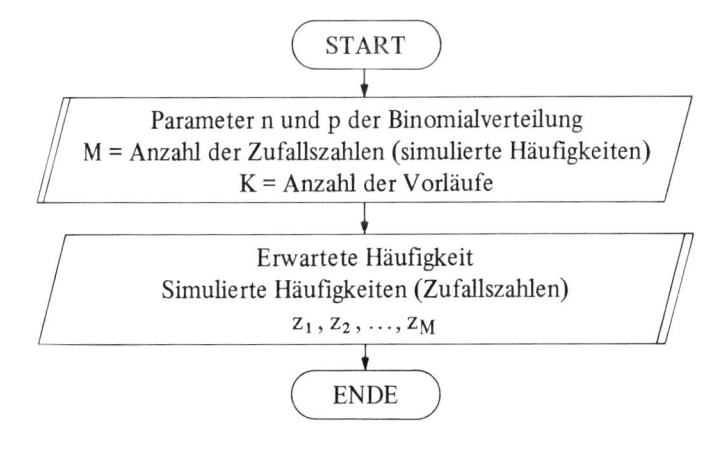

Es sei $p = P(A)$ die Wahrscheinlichkeit eines Ereignisses A und R die Zufallsvariable der Standardzufallszahlen. Mit den Zählvariablen

$$X_i = \begin{cases} 1 & \text{für } R \leq p; \\ 0 & \text{''} \quad R > p \end{cases}$$

gilt $E(X_i) = P(X_i = 1) = P(A) = p$. Die Summe $X = \sum_{i=1}^{n} X_i$ beschreibt die Anzahl der Versuche, bei denen das Ereignis A eintritt. Diese Zufallsvariable ist binomialverteilt mit den Parametern n und p, ihre Realisierungen sind also binomialverteilte Zufallszahlen.

In dem nachfolgenden Programm werden Realisierungen binomialverteilter Zufallsvariabler mit den Parametern n (Stichprobenumfang) und der Wahrscheinlichkeit $p = P(A)$ berechnet.

B(n, p)-binomialverteilte Zufallszahlen (ZUFBIN)

```
              ┌─────────┐
              │  START  │
              └────┬────┘
                   ↓
    ╱─────────────────────────────────────╱
   ╱  Parameter n und p der Binomialverteilung  ╱
  ╱   M = Anzahl der Zufallszahlen (simulierte Häufigkeiten)  ╱
 ╱    K = Anzahl der Vorläufe                                ╱
╱─────────────────────────────────────╱
                   ↓
    ╱─────────────────────────────────────╱
   ╱        Erwartete Häufigkeit          ╱
  ╱   Simulierte Häufigkeiten (Zufallszahlen)  ╱
 ╱              z₁, z₂, ..., z_M                ╱
╱─────────────────────────────────────╱
                   ↓
              ┌─────────┐
              │  ENDE   │
              └─────────┘
```

| Programm   ZUFBIN |

```
10   REM BINOMIALVERTEILTE ZUFALLSZAHLEN  (ZUFBIN)
20   REM SIMULATION VON ABSOLUTEN HAEUFIGKEITEN
30   PRINT "EINZELWAHRSCHEINLICHKEIT P = ";:INPUT P
40   PRINT "PARAMETER (SERIENUMFANG) N = ";:INPUT N
50   PRINT "ANZAHL DER ZUFALLSZAHLEN M = ";:INPUT M
60   PRINT "ANZAHL DER VORLAEUFE    K = ";:INPUT K
70   A=1
80   IF K=0 THEN GOTO 120
90   FOR I=1 TO K
100  R = RND(A)
110  NEXT I
120  PRINT:PRINT:PRINT:PRINT
130  PRINT "ERWARTETE HAEUFIGKEIT ";N*P:PRINT
140  PRINT "SIMULIERTE HAEUFIGKEITEN (ZUFALLSZAHLEN):"
150  FOR I=1 TO M
160  S=0
170  FOR J=1 TO N
180  R= RND(A)
190  IF R>P THEN GOTO 210
200  S=S+1
210  NEXT J
220  PRINT S;"  ";
230  NEXT I
240  END
```

Beispiel 3.3 (200facher Münzwurf mit einer idealen Münze).
Eine ideale Münze soll jeweils 200 Mal geworfen werden. Bei 25 solchen Serien sollen die absoluten Häufigkeiten für Wappen simuliert werden.

Eingabe
Parameter n = 200
Einzelwahrscheinlichkeit p = .5
Anzahl der Serien M = 25
Anzahl der Vorläufe 99.

Ausgabe
Erwartete Häufigkeit 100
Simulierte Häufigkeiten:
95 96 92 94 89 105 102 98 95 101 101 113 98 118 107 102 90 98 105 93 96 106 99 91 99. ♦

3.2.5 Normalverteilte Zufallszahlen

Mit zwei Standardzufallszahlen r_1 und r_2 sind

$$z_1 = \sqrt{-2\ln r_1} \cdot \sin(2\pi r_2)$$
$$z_2 = \sqrt{-2\ln r_1} \cdot \cos(2\pi r_2)$$
(3.8)

unabhängige, standardnormalverteilte, also $N(0; 1)$-verteilte Zufallszahlen (s. [17]).

3 Zufallsstichproben und Zufallszahlen　　　　　　　　　　　　　　　　47

Durch die Transformation

$$y = \sigma \cdot z + \mu \tag{3.9}$$

erhält man allgemein $N(\mu, \sigma^2)$-verteilte Zufallszahlen y.
Mit folgendem Programm werden n Zufallszahlen erzeugt, die $N(\mu, \sigma^2)$ – verteilt sind.
Für gerades n werden n, sonst n + 1 Zufallszahlen ausgegeben.

Normalverteilte Zufallszahlen (ZUFNORM)

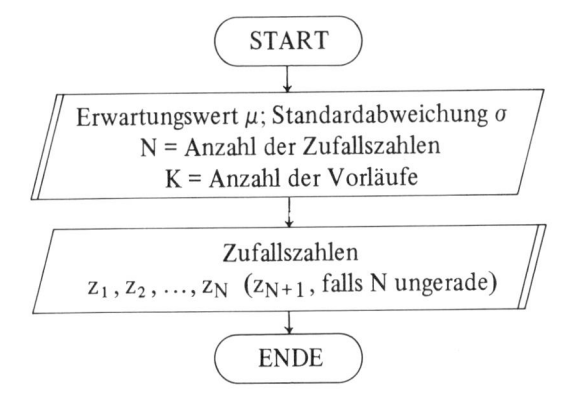

```
                    ( START )
                        |
    / Erwartungswert μ; Standardabweichung σ /
    /    N = Anzahl der Zufallszahlen       /
    /    K = Anzahl der Vorläufe            /
                        |
    /           Zufallszahlen               /
    /   z₁, z₂, ..., z_N  (z_{N+1}, falls N ungerade)  /
                        |
                    ( ENDE )
```

Programm　　ZUFNORM

```
10    REM  NORMALVERTEILTE ZUFALLSZAHLEN (ZUFNORM)
20    PRINT "ERWARTUNGSWERT DER NORMALVERTEILUNG    M = ";:INPUT M
30    PRINT "STANDARDABWEICHUNG DER NORMALVERTEILUNG S = ";:INPUT S
40    PRINT "ANZAHL DER ZUFALLSZAHLEN               N = ";:INPUT N
50    PRINT "ANZAHL DER VORLAEUFE                   K = ";:INPUT K
60    A=1
70    IF K=0 THEN GOTO 120
80    PRINT:PRINT:PRINT
90    FOR I=1 TO K
100   R=RND(A)
110   NEXT I
120   FOR I=1 TO INT((N+1)/2)
130   R1=RND(A):R2=RND(A)
140   X= SQR(-2*LOG(R1)):Y=SIN(6.283185307*R2):Z=COS(6.283185307*R2)
150   PRINT X*Y*S+M;TAB(20);X*Z*S+M
160   NEXT I
170   END
```

Beispiel 3.4. Es sollen 30 N $(100; 5^2)$-verteilte Zufallszahlen erzeugt werden.

Eingabe

Erwartungswert der Normalverteilung	100
Standardabweichung der Normalverteilung	5
Anzahl der Zufallszahlen	N = 30
Anzahl der Vorläufe	K = 55

Ausgabe

106.976	99.7779	103.304	104.332
99.0764	97.8012	105.374	92.9535
99.4739	98.9293	92.8393	94.0819
103.279	91.7918	99.3425	111.976
96.1731	101.801	101.12	101.423
90.568	108.904	105.152	104.211
107.658	100.144	94.7641	100.062
106.396	108.138		

♦

3.2.6 Die Inversionsmethode

Es sei X eine Zufallsvariable mit der stetigen Verteilungsfunktion $F(x)$. Falls F streng monoton wachsend ist, gibt es zu jedem $r \in (0; 1)$ genau ein x mit $F(x) = r$ (s. Bild 3.1).

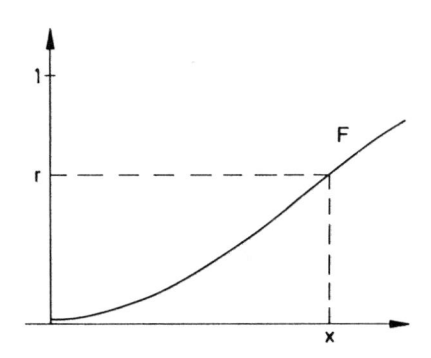

Bild 3.1 Allgemeine Zufallszahlen

Mit der inversen Funktion F^{-1} von F

$$x = F^{-1}(r) \Leftrightarrow F(x) = r \qquad (3.10)$$

gilt dann

$$F(x) = P(X \leq x) = P(R \leq r). \qquad (3.11)$$

Mit

$$x = F^{-1}(r)$$

erhält man also Zufallszahlen bezüglich der Verteilungsfunktion $F(x)$.

3.2.7 Exponentialverteilte Zufallszahlen

Für $x \geq 0$ besitzt eine exponentialverteilte Zufallsvariable die Verteilungsfunktion

$$F(x) = 1 - e^{-\alpha x}.$$

Aus $e^{-\alpha x} = 1 - F(x) = 1 - r$

erhält man die exponentialverteilten Zufallszahlen

$$\boxed{x = -\frac{\ln(1-r)}{\alpha}}.$$ (3.12)

Die Zufallsvariable besitzt den Erwartungswert $1/\alpha$.

4 Verteilungsfunktionen und Quantile

In diesem Abschnitt sollen einige Verteilungsfunktionen und Quantile – zum Teil näherungsweise – berechnet werden. Dabei beschränken wir uns auf sog. *Testverteilungen*, die bei den statistischen Auswertungen benötigt werden.

Zu einer vorgegebenen *Verteilungsfunktion*

$$F(x) = P(X \leq x) \qquad (4.1)$$

sollen die Funktionswerte und nach Möglichkeit die *q-Quantile* x_q aus

$$P(X \leq x_q) = F(x_q) = q \qquad (4.2)$$

bestimmt werden. Das Quantil-Problem (4.2) ist eindeutig lösbar, falls die Verteilungsfunktion F stetig und streng monoton wachsend ist (s. Bild 4.1).

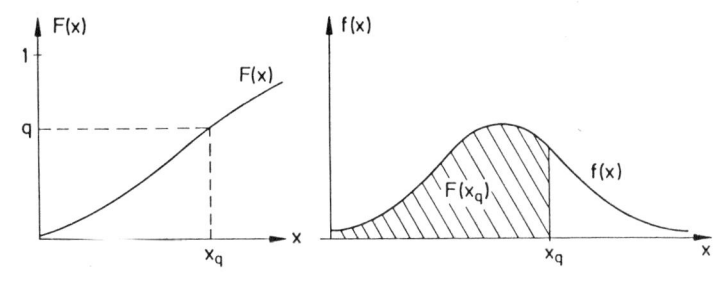

Bild 4.1 Quantile einer stetigen Zufallsvariablen

Im diskreten Fall, z.B. bei der Binomialverteilung ist (4.2) nicht für alle Werte q mit $0 < q < 1$ lösbar. In diesem Fall soll versucht werden, zwei Werte q_u und q_o zu erhalten mit

$$F(q_u) \leq q, \quad F(q_o) \geq q, \tag{4.3}$$

wobei diese Funktionswerte möglichst nahe an q liegen; q_u wird in (4.3) maximal und q_o minimal gewählt.

4.1 Die Binomialverteilung

Bei einem Einzelexperiment trete ein bestimmtes Ereignis mit der Wahrscheinlichkeit $p = P(A)$ ein. Das Experiment werde n-mal unabhängig durchgeführt. Dann gilt für die Wahrscheinlichkeit p_k dafür, daß das Ereignis A in einer solchen Serie vom Umfang n genau k mal eintritt, die Darstellung

$$p_k = \binom{n}{k} \cdot p^k \cdot (1-p)^{n-k} \quad \text{für} \quad k = 0, 1, \ldots, n \tag{4.4}$$

(Vgl. [2], S. 86).

Die Zufallsvariable X, welche die absolute Häufigkeit des Ereignisses A in einer solchen Serie beschreibt, ist binomialverteilt mit $P(X = k) = p_k$, $k = 0, \ldots, n$.
Erwartungswert und Varianz von X lauten

$$E(X) = np; \quad D^2(X) = np(1-p). \tag{4.5}$$

Die Verteilungsfunktion F dieser Zufallsvariablen an der Stelle k erhält man durch Summenbildung

$$F(k) = \sum_{i=0}^{k} p_i; \quad k = 0, 1, \ldots, n. \tag{4.6}$$

Für die Wahrscheinlichkeiten p_k gelten die beiden Rekursionsformeln

$$\boxed{\begin{aligned} p_{k+1} &= \frac{(n-k)}{k+1} \cdot \frac{p}{(1-p)} \cdot p_k \quad \text{für} \quad k+1 \leq n; \\ p_{k-1} &= \frac{k}{n+1-k} \cdot \frac{1-p}{p} \cdot p_k \quad \text{für} \quad k \geq 1. \end{aligned}} \tag{4.7}$$

Theoretisch könnte man mit $p_0 = (1-p)^n$ oder $p_n = p^n$ beginnen und die übrigen Wahrscheinlichkeiten nach (4.7) rekursiv berechnen. Für große n besteht jedoch die Gefahr, daß der Rechner den Startwert als Null berechnet. Dann erhält man aus der Rekursionsformel $p_k = 0$ für alle k. Ob diese Situation eintritt, hängt von den Werten n und p sowie der Rechengenauigkeit des Computers ab. Um diese Situation zu verhindern, ist es naheliegend mit dem größten oder beinahe größten Wahrscheinlichkeitswert p_m zu beginnen. Dieser liegt in der Nähe des Erwartungswertes np.

4 Verteilungsfunktionen und Quantile

Das nachfolgende Programm beginnt mit

$$m = \text{INT}(np + 0.5)$$

und

$$p_m = \binom{n}{m} \cdot p^m \cdot (1-p)^{n-m} = \frac{n \cdot (n-1) \cdot \ldots \cdot (n-m+1)}{1 \cdot 2 \cdot 3 \cdot \ldots \cdot m} \cdot p^m \cdot (1-p)^{n-m}. \tag{4.8}$$

Bei der Berechnung nach (4.8) besteht für große n die Gefahr eines Overflow's. Da der natürliche Logarithmus sehr langsam wächst, ist es sinnvoll, zunächst den Logarithmus von p_m zu berechnen und daraus über die Exponentialfunktion p_m selbst, also

$$p_m = \exp(\ln p_m) = \exp\left[\sum_{i=n-m+1}^{n} \ln i + m \ln p + (n-m) \ln(1-p)\right]. \tag{4.9}$$

Da die Zufallsvariable diskret ist, hat die Gleichung

$$F(k_q) = \sum_{k=0}^{k_q} p_k = q; \quad 0 \leq q \leq 1 \tag{4.10}$$

nicht für jedes q eine Lösung. Falls (4.10) eine Lösung besitzt, werden im nachfolgenden Programm diese Quantile berechnet. Andernfalls werden nach (4.3) die beiden Quantile unterhalb und oberhalb von q berechnet, die q am nächsten liegen. Wegen Rundungsfehlern ist es allerdings möglich, daß zwei Quantile in der Nähe von q ausgegeben werden, auch wenn (4.10) eine eindeutige Lösung besitzt.

Binomialverteilung (BINVERT)

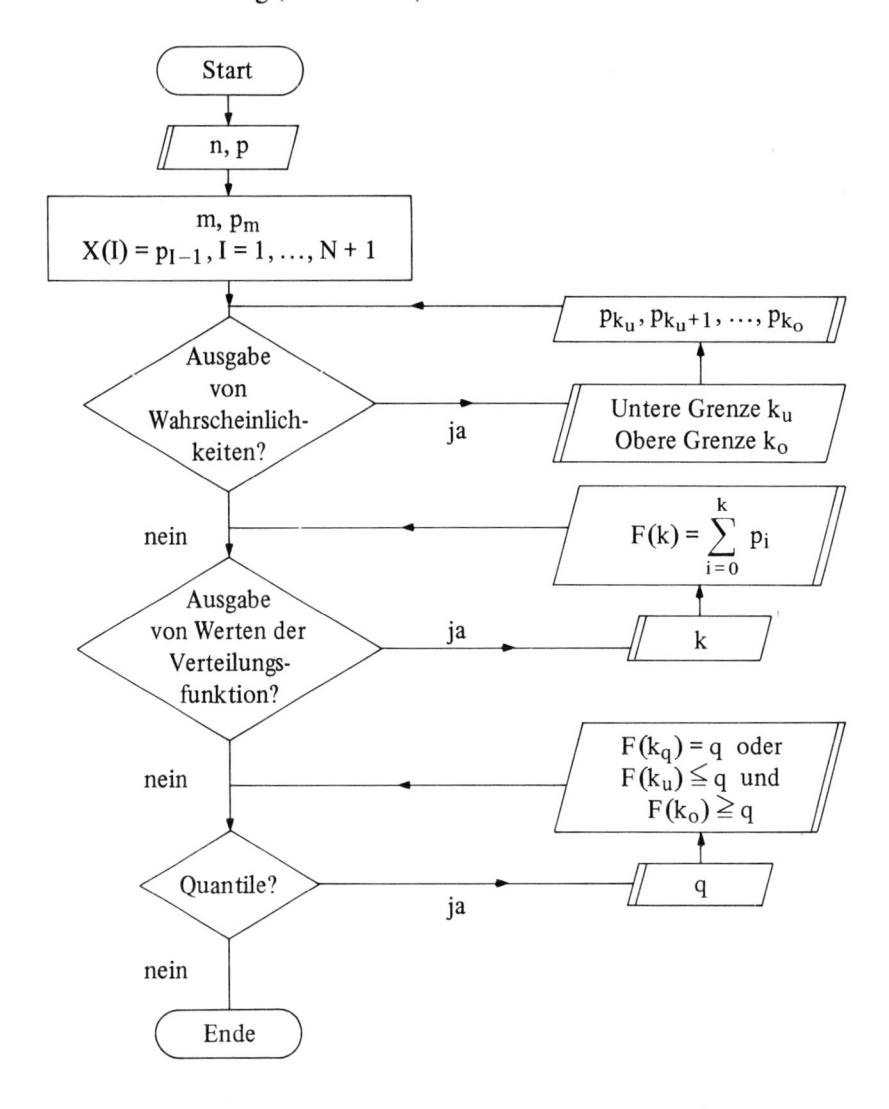

[Flussdiagramm:]

Start → n, p → m, p_m; $X(I) = p_{I-1}, I = 1, \ldots, N+1$ →

Ausgabe von Wahrscheinlichkeiten?
- ja → Untere Grenze k_u, Obere Grenze k_o → $p_{k_u}, p_{k_u+1}, \ldots, p_{k_o}$
- nein ↓

Ausgabe von Werten der Verteilungsfunktion?
- ja → k → $F(k) = \sum_{i=0}^{k} p_i$
- nein ↓

Quantile?
- ja → q → $F(k_q) = q$ oder $F(k_u) \leq q$ und $F(k_o) \geq q$
- nein ↓

Ende

Programm   BINVERT

```
10   REM BINOMIALVERTEILUNG MIT DATENSPEICHERUNG (BINVERT)
20   REM WAHRSCHEINLICHK.,VERTEILUNGSFUNKTION U. QUANTILE
30   PRINT "PARAMETER N = ";:INPUT N
40   PRINT "EINZELWAHRSCHEINLICHKEIT P = ";:INPUT P
50   DIM X(N+1):M=INT(N*P+.5):A=0:B=0
60   IF M=0 THEN GOTO 130
70   FOR I=N-M+1 TO N
80   X=LOG(I):A=A+X
```

4 Verteilungsfunktionen und Quantile

```
90      NEXT I
100     FOR I=1 TO M
110     X=LOG(I):B=B+X
120     NEXT I
130     HI=A-B+M*LOG(P)+(N-M)*LOG(1-P)
140     C=EXP(HI):X(M+1)=C:D=C
150     IF M=N THEN GOTO 190
160     FOR K=M TO N-1
170     D=(N-K)*P*D/((K+1)*(1-P)):X(K+2)=D
180     NEXT K
190     D=C
200     IF M=0 THEN GOTO 240
210     FOR K=M TO 1 STEP -1
220     D=K*(1-P)*D/((N+1-K)*P):X(K)=D
230     NEXT K
240     PRINT
250     REM ----------------------AUSGABE VON WAHRSCHEINLICHKEITEN
260     PRINT "SOLLEN WAHRSCHEINLICHKEITEN AUSGEGEBEN WERDEN (J=JA)?"
270     INPUT EN$:IF EN$<>"J" THEN 410
280     PRINT "AUS WELCHEM BEREICH  [KU,KO]?"
290     PRINT "KLEINSTER WERT KU = ";:INPUT KU
300     PRINT "GROESSTER WERT KO = ";:INPUT KO:PRINT
310     IF KO > N THEN KO=N
320     PRINT:PRINT
330     PRINT "K";TAB(10);"WAHRSCHEINLICHKEITEN"
340     PRINT "---------------------------"
350     FOR I=KU TO KO
360     PRINT I;TAB(10);X(I+1)
370     NEXT I:PRINT
380     ENT$="WIA":PRINT "AUSGABE WEITERER WAHRSCHEINLICHKEITEN(J=JA)?"
390     GOTO 270
400     REM--------------------------------VERTEILUNGSFUNKTION
410     PRINT "AUSGABE VON WERTEN DER VERTEILUNGSFUNKTION(J=JA)?"
420     INPUT UN$:IF UN$<>"J" THEN 530
430     PRINT "AN WELCHER STELLE?":INPUT G:A=0
440     IF G<0 THEN GOTO 500
450     IF G<=N THEN GOTO 470
460     A=1:GOTO 500
470     FOR I=1 TO G+1
480     A=A+X(I)
490     NEXT I
500     PRINT "FUNKTIONSWERT F(";G;") = ";A
510     PRINT:UN$="WIA":GOTO 410
520     REM -------------------------------------QUANTILE
530     PRINT "SOLLEN QUANTILE BERECHNET WERDEN (J=JA)?"
540     INPUT UN$:IF UN$<>"J" THEN GOTO 680
550     PRINT "WELCHES Q-QUANTIL (Q EINGEBEN!!)?"
560     INPUT Q:I=1:SL=X(1):SR=SL:S=0
570     PRINT:PRINT
580     IF Q<X(1) THEN GOTO 660
590     IF SL=Q THEN GOTO 650
600     SR=SR+X(I+1)
610     IF SR>Q THEN GOTO 640
620     IF SR=Q THEN GOTO 650
630     SL=SR:I=I+1:GOTO 600
640     PRINT SL;"-QUANTIL = ";I-1
650     PRINT SR;"-QUANTIL = ";I:GOTO 670
660     PRINT X(1);"-QUANTIL = ";0
670     PRINT:UN$="WIA":GOTO 530
680     END
```

Beispiel 4.1. Für die Binomialverteilung mit n = 1000 und p = 0,5 sind folgende Werte gesucht

a) Die Wahrscheinlichkeiten p_k für $495 \leq k \leq 500$.
b) Die Verteilungsfunktion an den Stellen k = 480, 499, 500, 540.
c) Die Quantile, die in der Nähe der 0,05-, 0,5-, 0,95- und 0,99-Quantile liegen.

Eingabe n = 1000; p = .5.

Wegen der vielen Rechenoperationen setzen sich die Rundungsfehler fort. Aus diesem Grund sollen die Ergebnisse nur auf vier Stellen angegeben werden.

a)
k	Wahrscheinlichkeiten
495	.02400
496	.02443
497	.02478
498	.02502
499	.02517
500	.02523

b) F(480) = .1087
F(499) = .4874
F(500) = .5126
F(540) = .9948

c) .04684-Quantil = 473
.05338-Quantil = 474
.4874-Quantil = 499
.5126-Quantil = 500

.9466-Quantil = 525
.9532-Quantil = 526
.9895-Quantil = 536
.9912-Quantil = 537. ◆

Beispiel 4.2. Mit einer idealen Münze werde 100 mal geworfen. Gesucht ist die Wahrscheinlichkeit dafür, daß die Anzahl der Wappen zwischen 45 und 55 liegt, die Grenzen mit eingeschlossen. Mit der Verteilungsfunktion F erhält man die Lösung als $P(45 \leq X \leq 55) = F(55) - F(44)$.

Eingabe   n = 100; p = .5.

Ausgabe   F(55) = .8644; F(44) = .1356

Lösung   Die gesuchte Wahrscheinlichkeit lautet P = .7288. ◆

Beispiel 4.3. In einem Multiple-Choice-Test sind zu jeder der 80 Fragen jeweils in zufälliger Reihenfolge die richtige und drei falsche Antworten anzugeben. Wieviel richtige Antworten müssen zum Bestehen der Prüfung mindestens verlangt werden, damit man die Prüfung durch Raten (zufälliges Ankreuzen) höchstens mit der Wahrscheinlichkeit

a) $\alpha = 0,1$; b) $\alpha = 0,05$; c) $\alpha = 0,01$

besteht?

Die Zufallsvariable X, welche beim zufälligen Ankreuzen die Anzahl der richtigen Antworten beschreibt, ist binomialverteilt mit n = 80 und p = 0,25.

4 Verteilungsfunktionen und Quantile

Gesucht ist das minimale k mit

$$P(X \geq k) = \sum_{i=k}^{80} p_i \leq \alpha.$$

In $\sum_{i=0}^{k-1} p_i = 1 - \sum_{i=k}^{80} p_i = F(k-1) \geq 1 - \alpha$

muß also $k - 1$ minimal bestimmt werden.

a) *Eingabe* $q = 0.9$
   Ausgabe   .919526-Quantil = 25 = k − 1 ⇒ <u>k ≥ 26</u>;
b) *Eingabe* $q = 0.95$
   Ausgabe   .950113-Quantil = 26 = k − 1 ⇒ <u>k ≥ 27</u>;
c) *Eingabe* $q = 0.99$
   Ausgabe   .991060-Quantil = 29 = k − 1 ⇒ <u>k ≥ 30</u>. ◆

4.2 Die Poissonverteilung (Verteilung der seltenen Ereignisse)

Falls die Wahrscheinlichkeit p = P(A) für das Eintreten eines Ereignisses A sehr klein ist, kann die Zufallsvariable, welche die absolute Häufigkeit von A in einer Serie vom Umfang n beschreibt, durch eine Poisson-verteilte Zufallsvariable X angenähert werden. Mit dem Erwartungswert

$$\lambda = np$$

der Zufallsvariablen X gilt

$$p_k = P(X = k) = \frac{\lambda^k}{k!} \cdot e^{-\lambda}, \quad k = 0, 1, 2, \ldots \tag{4.11}$$

Der Wertevorrat einer Poisson-verteilten Zufallsvariablen besteht aus allen nichtnegativen ganzen Zahlen. Falls jedoch der Parameter nicht allzu groß ist, werden die Wahrscheinlichkeiten p_k für große k sehr schnell verschwindend klein. λ ist gleichzeitig Erwartungswert und Varianz von X, es gilt also

$$E(X) = D^2(X) = \lambda \tag{4.12}$$

(s. [2], S. 93).
Für die praktische Rechnung eignet sich die Rekursionsformel

$$\boxed{p_0 = e^{-\lambda}; \quad p_{k+1} = \frac{\lambda}{k+1} \cdot p_k, \quad k = 0, 1, 2, \ldots} \tag{4.13}$$

In dem nachfolgenden Programm können die Wahrscheinlichkeiten p_k zwischen vorgegebenen k-Werten und die Werte der Verteilungsfunktion an diesen Stellen ausgedruckt werden. Gleichzeitig ist die Abfrage nach Werten der Verteilungsfunktion F(k) und bestimmten Quantilen möglich.

Poissonverteilung (POISVERT)

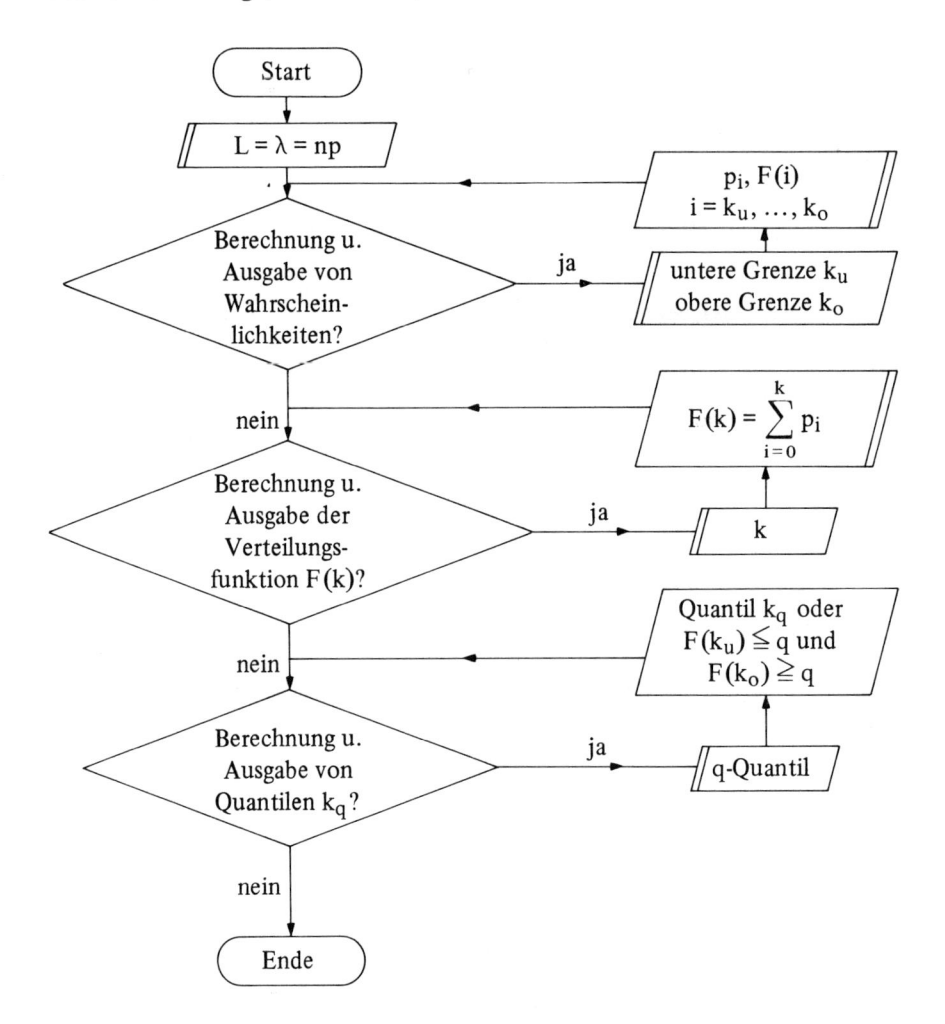

[Flussdiagramm:]

Start → $L = \lambda = np$ → Berechnung u. Ausgabe von Wahrscheinlichkeiten?
- ja → untere Grenze k_u, obere Grenze k_o → $p_i, F(i)$, $i = k_u, \ldots, k_o$
- nein → Berechnung u. Ausgabe der Verteilungsfunktion $F(k)$?
  - ja → k → $F(k) = \sum_{i=0}^{k} p_i$
  - nein → Berechnung u. Ausgabe von Quantilen k_q?
    - ja → q-Quantil → Quantil k_q oder $F(k_u) \leqq q$ und $F(k_o) \geqq q$
    - nein → Ende

Programm POISVERT

```
10   REM POISSON-VERTEILUNG  KEINE DATENSPEICHERUNG (POISVERT)
20   REM WAHRSCHEINLICHKEITEN,VERTEILUNGSFUNKTION UND QUANTILE
30   PRINT "PARAMETER LAMBDA L = ";:INPUT L:PRINT
40   REM ---------------------------------WAHRSCHEINLICHKEITEN
50   PRINT"AUSGABE VON WAHRSCHEINLICHKEITEN U. VERTEILUNGSF.(J=JA)?"
60   INPUT E$:IF E$<>"J" THEN GOTO 240
70   PRINT "IN WELCHEM BEREICH [KU;KO]?"
80   PRINT "KLEINSTER WERT KU = ";:INPUT KU
90   PRINT "GROESSTER WERT KO = ";:INPUT KO:PRINT
```

4 Verteilungsfunktionen und Quantile

```
100     PRINT "K";TAB(5);"WAHRSCHEINLICHKEIT   VERTEILUNGSFUNKTION"
110     PRINT "----------------------------------------"
120     A=EXP(-L):B=A: IF KU=0 THEN GOTO 160
130     FOR I=0 TO KU-1
140     A=A*L/(I+1):B=B+A
150     NEXT I
160     PRINT KU;TAB(6);A;TAB(25);B
170     IF KU=KO THEN GOTO 220
180     FOR I=KU TO KO-1
190     A=A*L/(I+1):B=B+A
200     PRINT I+1;TAB(6);A;TAB(25);B
210     NEXT I
220     PRINT:E$="WIA":GOTO 50
230     REM ---------------------------------VERTEILUNGSFUNKTION
240     PRINT "SOLL DIE VERTEILUNGSFUNKTION BERECHNET WERDEN(J=JA)?"
250     INPUT E$:IF E$<>"J" THEN GOTO 340
260     PRINT:PRINT "AN WELCHER STELLE K = ";
270     INPUT K:PRINT:B=0:IF K<0 THEN GOTO 320
280     A=EXP(-L):B=A:IF K=0 THEN GOTO 320
290     FOR I=0 TO K-1
300     A=A*L/(I+1):B=B+A
310     NEXT I
320     PRINT "VERTEILUNGSFUNKTION F(";K;") = ";B
330     PRINT: E$= "WIA":GOTO 240
340     REM ---------------------------------------------QUANTILE
350     PRINT:PRINT
360     PRINT "SOLLEN QUANTILE BERECHNET WERDEN(J=JA)?"
370     INPUT E$:IF E$<>"J" THEN GOTO 510
380     PRINT "WELCHES Q-QUANTIL (Q EINGEBEN)?"
390     INPUT Q
400     A=EXP(-L):SL=A:SR=A:I=0:PRINT
410     IF A >Q THEN GOTO 490
420     IF A=Q THEN GOTO 470
430     A=A*L/(I+1):SR=SR+A
440     IF SR>Q THEN 470
450     IF SR=Q THEN GOTO 480
460     SL=SR:I=I+1:GOTO 430
470     PRINT SL;"-QUANTIL = ";I
480     PRINT SR;"-QUANTIL = ";I+1:PRINT:GOTO 500
490     PRINT "DIESES QUANTIL EXISTIERT NICHT:GOTO 510
500     E$="WIA": GOTO 360
510     END
```

Beispiel 4.4. Die Wahrscheinlichkeit dafür, daß eine Person eine Impfung mit einem bestimmten Serum nicht verträgt sei 0,0007. Mit diesem Serum werden 2500 Personen geimpft. Gesucht sind folgende Werte

a) Die Wahrscheinlichkeit p_k dafür, daß genau k der 2500 geimpften Personen die Impfung nicht vertragen, sowie die Verteilungsfunktion an den Stellen k = 0, 1, ..., 5.
b) Die Wahrscheinlichkeit, daß bei mehr als 8 Personen eine Nebenwirkung eintritt.
c) Quantile, die in der Nähe der 0,5-, 0,95-, 0,99-, bzw. 0,999-Quantile liegen.

Eingabe $\lambda = 1.75$ (= 2000 · 0,0007).

Ausgabe

a)

k	Wahrscheinlichkeiten	Verteilungsfunktion
0	.173774	.173774
1	.304104	.477878
2	.266091	.743970
3	.155220	.899190
4	.0679087	.967098
5	.0237681	.990867

b) $P(X > 8) = 1 - P(X \leq 8) = 1 - F(8)$.
   Verteilungsfunktion $F(8) = .999911$
   Lösung $P = 1 - F(8) = 0{,}000089$.

c) .477878-Quantil = 1   .967098-Quantil = 4
   .743970-Quantil = 2   .990866-Quantil = 5
   .899190-Quantil = 3   .997799-Quantil = 6
   .967098-Quantil = 4   .999532-Quantil = 7.   ◆

Beispiel 4.5. Die Zufallsvariable X sei Poisson-verteilt mit dem Parameter $\lambda = 25$. Gesucht sind

a) die Wahrscheinlichkeiten $P(X \leq 30)$, $P(X \leq 40)$;
b) die 0,8-; 0,9- bzw. 0,99-Quantile.

Eingabe $\lambda = 25$.

Ausgabe

a) Verteilungsfunktion $F(30) = .863309$ (= $P(X \leq 30)$)
   Verteilungsfunktion $F(40) = .997964$ (= $P(X \leq 40)$)

b) .763401-Quantil = 28   .985448-Quantil = 36
   .817896-Quantil = 29   .990790-Quantil = 37
   .899932-Quantil = 31
   .928544-Quantil = 32   ◆

4.3 Die Normalverteilung

Da sämtliche Normalverteilungen durch die Standardisierung $Z = \dfrac{X - \mu}{\sigma}$ auf die N(0; 1)-Verteilung zurückgeführt werden können, genügt die Berechnung der statistischen Größen für diese Standardnormalverteilung. Die Standardnormalverteilung besitzt die

$$\text{\textit{Dichte}} \quad \phi(z) = \frac{1}{\sqrt{2\pi}} e^{-\frac{z^2}{2}}$$

und die   (4.14)

$$\text{\textit{Verteilungsfunktion}} \quad \Phi(z) = \frac{1}{\sqrt{2\pi}} \int_{-\infty}^{z} e^{-\frac{u^2}{2}} du$$

(s. Bild 4.2).

4 Verteilungsfunktionen und Quantile

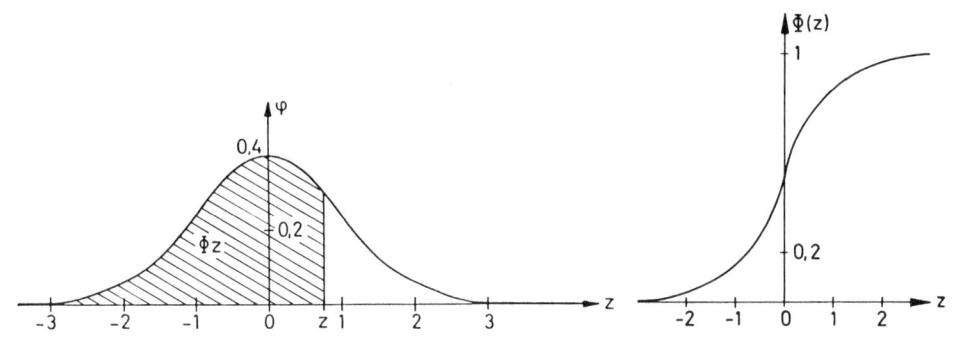

Bild 4.2 Dichte und Verteilungsfunktion der N(0; 1)-Verteilung.

Da das Integral $\Phi(z)$ in geschlossener Form nicht gelöst werden kann, müssen zur Berechnung entweder numerische Methoden oder Näherungsformeln benutzt werden. Da die Anwendungen numerischer Methoden stark rechnerabhängig sind, werden wir uns mit Näherungswerten begnügen.

Nach Abramowitz u. Stegun [39], S. 932 gilt mit der Dichtefunktion $\phi(z)$ (s. (4.14)) für $0 \leq z < \infty$

$$\Phi(z) = 1 - \phi(z) \cdot (a_1 t + a_2 t^2 + a_3 t^3 + a_4 t^4 + a_5 t^5) + \epsilon(z) \qquad (4.15)$$

mit $\quad t = \dfrac{1}{1 + r \cdot z} \; ; \; r = 0{,}2316419$

$a_1 = 0{,}319381530 \qquad\qquad a_4 = -1{,}821255978$
$a_2 = -0{,}356563782 \qquad\qquad a_5 = 1{,}330274429$
$a_3 = 1{,}781477937.$

Für das Fehlerglied gilt für $0 \leq z < \infty$ die Abschätzung

$$|\epsilon(z)| < 7{,}5 \cdot 10^{-8}.$$

Ohne das Fehlerglied $\epsilon(z)$ erhält man also Näherungswerte, die auf mindestens 7 Stellen genau sind. Durch die Rechnung können allerdings noch Rundungsfehler auftreten.

Da die Dichtefunktion $\phi(z)$ symmetrisch zur y-Achse ist, gilt

$$\Phi(-z) = 1 - \Phi(z). \qquad (4.16)$$

Hieraus erhält man dann die Verteilungsfunktion für negative Werte. Für die q-Quantile z_q mit $0{,}5 \leq q < 1$ gilt nach [39], S. 933 die Näherung

$$z_q = t - \dfrac{b_0 + b_1 t + b_2 t^2}{1 + c_1 t + c_2 t^2 + c_3 t^3} + \epsilon(q) \quad \text{mit} \quad t = \sqrt{-2\ln(1-q)} \qquad (4.17)$$

$b_0 = 2{,}515517 \qquad\qquad c_1 = 1{,}432788$
$b_1 = 0{,}802853 \qquad\qquad c_2 = 0{,}189269$
$b_2 = 0{,}010328 \qquad\qquad c_3 = 0{,}001308.$

Für das Fehlerglied $\epsilon(q)$ gilt die Abschätzung

$$|\epsilon(q)| < 4{,}5 \cdot 10^{-4}.$$

Ohne das Fehlerglied $\epsilon(q)$ erhält man also in (4.17) die Quantile auf drei Dezimalen genau. Wegen der Symmetrie der Dichte erhält man für $0 < q \leq 0{,}5$ die Quantile aus

$$z_q = -z_{1-q}. \tag{4.18}$$

Man berechnet also zunächst das $(1-q)$-Quantil $(1-q \geq 0{,}5)$ nach (4.17).

Eine normalverteilte Zufallsvariable X mit dem Erwartungswert μ und der Standardabweichung σ läßt sich darstellen als

$$X = \mu + \sigma \cdot Z, \tag{4.19}$$

wobei Z standardnormalverteilt ist. Diese Zufallsvariable X besitzt die

$$\text{Dichte } g(x) = \frac{1}{\sqrt{2\pi}\,\sigma} \cdot e^{-\frac{(x-\mu)^2}{2\sigma^2}}. \tag{4.20}$$

Für die Verteilungsfunktion $F(x) = P(X \leq x)$ gilt die Beziehung

$$F(x) = \Phi\left(\frac{x-\mu}{\sigma}\right). \tag{4.21}$$

Ist z_q das q-Quantil der $N(0;1)$-Verteilung, so ist $x_q = \mu + \sigma x_q$ das q-Quantil der $N(\mu; \sigma^2)$-Verteilung.

Das nachfolgende Programm berechnet für eine allgemeine Normalverteilung gegebenenfalls folgende Größen: Dichte, Verteilungsfunktion, Quantile.

Für $\mu = 0$ und $\sigma = 1$ erhält man die Standardnormalverteilung.

4 Verteilungsfunktionen und Quantile 61

Normalverteilung (NORMVERT)

```
                    Start
                      │
          ┌───────────▼────────────┐
         /  Erwartungswert μ       /
        /   Standardabweichung σ  /
       └───────────┬─────────────┘
                   │                                          ┌────────────────┐
                   ▼                                         /   Dichte g(x)  /
              Berechnung          ja                        └────────▲───────┘
                von      ──────────────────►   ┌──────────┐         │
            Dichtewerten?                     /  Stelle x /─────────┘
                   │ nein                    └──────────┘
                   │                                        ┌──────────────────┐
                   ▼                                       / Verteilungsfunktion /
              Berechnung                                  /        F(x)         /
                 der           ja                        └──────────▲──────────┘
             Verteilungs- ──────────────────►   ┌───┐              │
              funktion?                        / x /───────────────┘
                   │ nein                     └───┘
                   │                                        ┌──────────────┐
                   ▼                                       /  q-Quantil    /
              Berechnung                                  /      x_q       /
                 von          ja                         └────────▲───────┘
              Quantilen?  ──────────────────►   ┌───┐            │
                   │                           / q /─────────────┘
                   │ nein                     └───┘
                   ▼
                  Ende
```

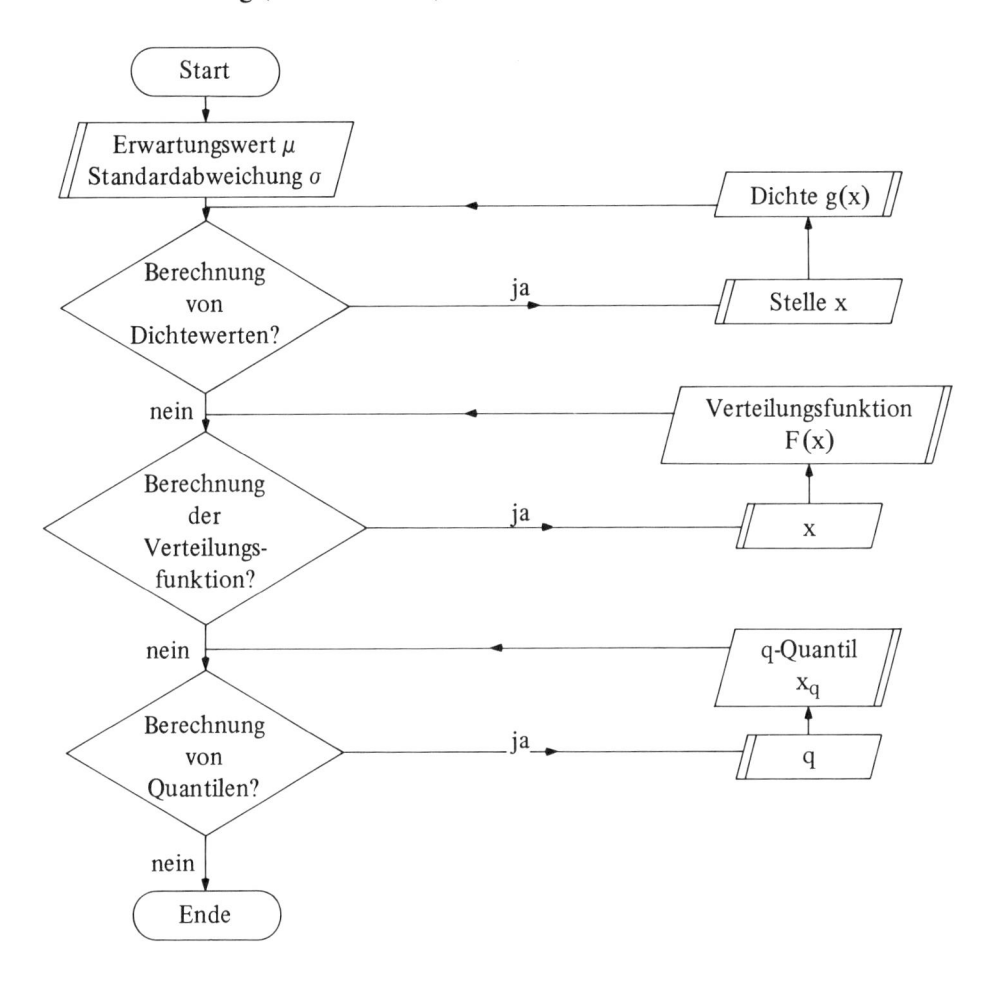

Programm   NORMVERT

```
10   REM NORMALVERTEILUNG DICHTE VERTEILUNGSF. QUANTILE (NORMVERT)
20   PRINT "ERWARTUNGSWERT      M = ";:INPUT M
30   PRINT "STANDARDABWEICHUNG  S = ";:INPUT S
40   W=2.506628275:PRINT
50   REM ---------------------------------------------DICHTE
60   PRINT "SOLLEN DICHTEWERTE BERECHNET WERDEN (J = JA)?"
70   INPUT E$:IF E$ <> "J" THEN GOTO 120
80   PRINT "AN WELCHER STELLE X = ";:INPUT X:PRINT
90   Z=(X-M)/S:Y=(EXP(-Z*Z/2))/(W*S)
100  PRINT "DICHTE G("; X; ") = "; Y
110  E$="WIA": PRINT: GOTO 60
120  REM ---------------------------------------VERTEILUNGSFUNKTION
130  PRINT:PRINT
```

```
140  PRINT "SOLL DIE VERTEILUNGSFUNKTION BERECHNET WERDEN (J = JA)?"
150  INPUT E$:IF E$ <> "J" THEN GOTO 260
160  PRINT "AN WELCHER STELLE X = ";:INPUT X
170  Z=(X-M)/S:B=ABS(Z):Y=EXP(-Z%Z/2)/W
180  T=1/(1+.2316419%B)
190  DU=-1.821255978+1.330274429%T
200  F=1-Y%T%(.31938153+T%(-.356563782+T%(1.781477937+T%DU)))
210  IF Z<B THEN F=1-F
220  PRINT:PRINT "VERTEILUNGSFUNKTION F("; X; ") = "; F
230  PRINT: E$="WIA":GOTO 140
240  REM -------------------------------------------QUANTILE
250  PRINT:PRINT
260  PRINT "SOLLEN QUANTILE BERECHNET WERDEN (J = JA)?"
270  INPUT E$:IF E$ <> "J" THEN GOTO 370
280  PRINT "WELCHES Q-QUANTIL Q = ";
290  INPUT Q:H=Q:IF Q<.5 THEN Q=1-Q
300  T=SQR(-2%LOG(1-Q))
310  ZA= 2.515517+T%(.802853+.010328%T)
320  NE=1+T%(1.432788+T%(.189269+.001308%T))
330  ZQ=T-ZA/NE: PRINT
340  IF H<.5 THEN ZQ=-ZQ
350  XQ=M+S%ZQ:E$="WIA": PRINT
360  PRINT H; "-QUANTIL = "; XQ:PRINT:GOTO 260
370  END
```

Beispiel 4.6. Von einer Normalverteilung mit dem Erwartungswert 5,5 und der Standardabweichung 1,428 sollen folgende Werte berechnet werden:

a) Dichte und Verteilungsfunktion an den Stellen x = 4 und x = 6,5.

b) Die 0.1-; 0.75-; 0.9-; 0.95-; 0.99- und 0.999-Quantile.

Eingabe

Erwartungswert = 5,5
Standardabweichung = 1,428.

Ausgabe

Dichte G(4) = .160911   Verteilungsfunktion F(4) = .146763
Dichte G(6.5) = .218622   Verteilungsfunktion F(6.5) = .758124

.1-Quantil = 3.66969   .95-Quantil = 7.84936
.75-Quantil = 6.46274   .99-Quantil = 8.82265
.9-Quantil = 7.33031   .999-Quantil = 9.91327.   ◆

4.4 Chi-Quadrat Verteilungen

Die Summe der Quadrate von f unabhängigen, N(0; 1)-verteilten Zufallsvariablen heißt Chi-Quadrat-verteilt mit f Freiheitsgraden. Sie besitzt die *Dichte* (s. Bild 4.3)

$$g_f(x) = \begin{cases} 0 & \text{für } x \leqq 0; \\ \dfrac{1}{2^{f/2} \cdot \Gamma(f/2)} \cdot x^{\frac{f}{2}-1} \cdot e^{-\frac{x}{2}} & \text{für } x > 0. \end{cases} \qquad (4.22)$$

4 Verteilungsfunktionen und Quantile 63

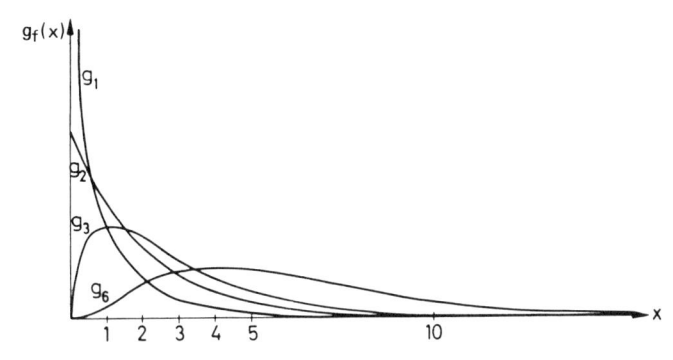

Bild 4.3 Dichten von Chi-Quadrat-Verteilungen

Dabei ist Γ die sog. Gammafunktion mit

$$\Gamma\left(\frac{f}{2}\right) = \begin{cases} \left(\frac{f}{2}-1\right)! = 1 \cdot 2 \cdot \ldots \cdot \left(\frac{f}{2}-1\right), & \text{falls f gerade ist;} \\ \left(\frac{f}{2}-1\right) \cdot \left(\frac{f}{2}-2\right) \cdot \ldots \cdot \frac{1}{2} \cdot \sqrt{\pi}, & \text{falls f ungerade ist.} \end{cases} \quad (4.23)$$

Für die *Verteilungsfunktion* $F_f(x)$ der Chi-Quadrat-Verteilung gibt es zwar geschlossene Ausdrücke. Zur praktischen Berechnung ist jedoch folgende Reihenentwicklung geeigneter

$$F_f(x) = \frac{e^{-\frac{x}{2}}}{\frac{f}{2} \cdot \Gamma\left(\frac{f}{2}\right)} \cdot \left(\frac{x}{2}\right)^{\frac{f}{2}} \cdot \left[1 + \sum_{k=1}^{\infty} \frac{x^k}{(f+2) \cdot (f+4) \cdot \ldots \cdot (f+2k)}\right] \quad (4.24)$$

(s. [39], S. 941).

In dieser unendlichen Reihe soll abgebrochen werden, falls

$$\frac{x^k}{(f+2) \cdot (f+4) \cdot \ldots \cdot (f+2k)} < 0{,}000001 \text{ ist.}$$

Für große Freiheitsgrade f wird $\Gamma\left(\frac{f}{2}\right)$ sehr groß. Um die Gefahr eines Overflow's während der Rechnung zu verhindern, wird die Berechnung wie bei der Binomialverteilung über den natürlichen Logarithmus durchgeführt. Mit

$$A = 1 + \sum_{k=1}^{N} \frac{x^k}{(f+2) \cdot (f+4) \cdot \ldots \cdot (f+2k)}$$

erhält man aus (4.24) für $x > 0$ die Darstellung

$$F_f(x) = \exp\left[\frac{f}{2}\ln\frac{x}{2} - \frac{x}{2} - \ln\frac{f}{2} - \ln\Gamma\left(\frac{f}{2}\right) + \ln A\right]. \quad (4.25)$$

Aus (4.23) folgt

$$B = \ln \Gamma \left(\frac{f}{2}\right) = \begin{cases} \displaystyle\sum_{i=2}^{\frac{f}{2}-1} \ln i, & \text{falls } \frac{f}{2} \text{ gerade ist;} \\ \displaystyle\frac{1}{2}\ln \pi + \sum_{i=0}^{\frac{f}{2}-\frac{3}{2}} \ln \left(\frac{1}{2}+i\right), & \text{falls } \frac{f}{2} \text{ ungerade ist.} \end{cases} \quad (4.26)$$

Näherungswerte für die *Quantile* erhält man nach [39], S. 941 als

$$x_q = \chi_q^2 \approx f \cdot \left[1 - \frac{2}{9f} + z_q \cdot \sqrt{\frac{2}{9f}}\right]^3 ; \quad (4.27)$$

$z_q = q$-Quantil der $N(0;1)$-Verteilung.

Für $f \geq 30$ sind diese Näherungen sehr gut, aber auch für $f \geq 4$ noch recht brauchbar. Für $f < 4$ gibt es für kleine q-Werte stärkere Abweichungen.

Chi-Quadrat-Verteilung (CHIVERT)

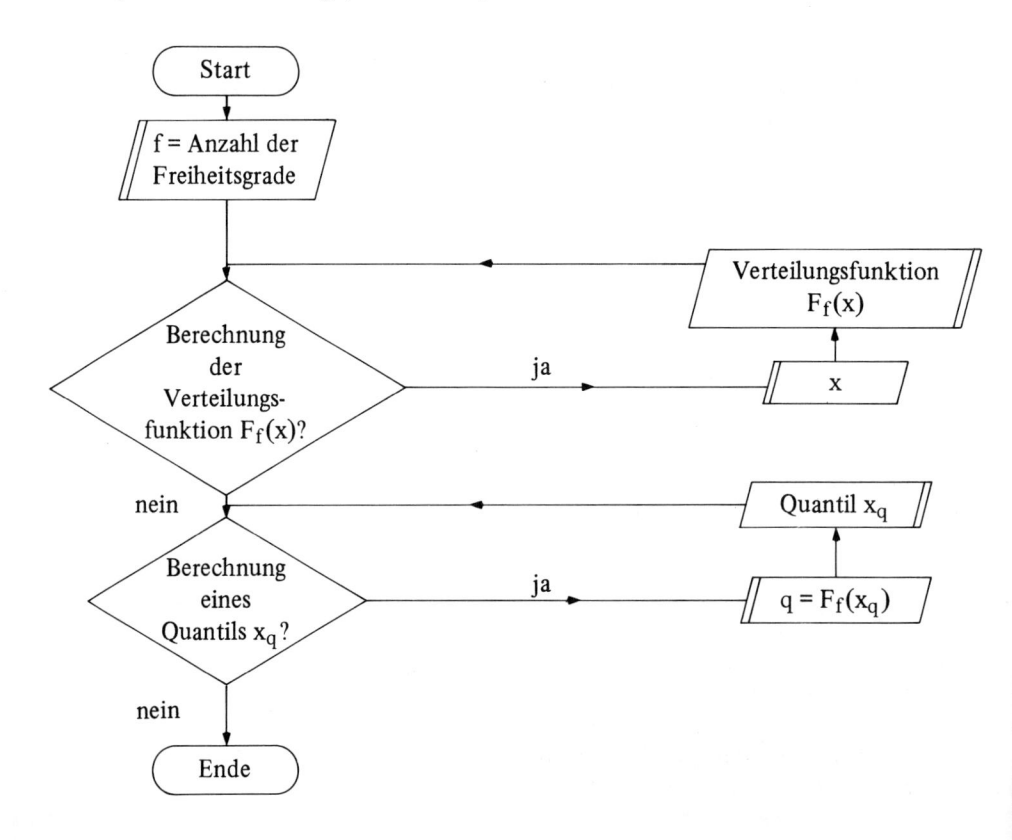

4 Verteilungsfunktionen und Quantile

Programm CHIVERT

```
10   REM CHI-QUADRAT-VERTEILUNG (CHIVERT)
20   REM VERTEILUNGSFUNKTION UND QUANTILE
30   PRINT "ANZAHL DER FREIHEITSGRADE F= ";:INPUT F
40   REM ------------------------BERECHNUNG DER GAMMA-FUNKTION
50   IF INT (F/2) = F/2 THEN GOTO 120
60   B=LOG(1.772453851)
70   IF F<3 THEN GOTO 160
80   FOR I = 1/2 TO F/2-1  STEP 1
90   B=B+LOG(I)
100  NEXT I
110  GOTO 160
120  IF F<6 THEN GOTO 160
130  FOR I = 2 TO F/2-1 STEP 1
140  B=B+LOG(I)
150  NEXT I
160  REM -------------------------------------VERTEILUNGSFUNKTION
170  PRINT : PRINT
180  PRINT "SOLL DIE VERTEILUNGSFUNKTION BERECHNET WERDEN (J = JA)?"
190  INPUT E$:IF E$ <> "J" THEN GOTO 320
200  PRINT "AN WELCHER STELLE X = ";:INPUT X:PRINT
210  IF X>0 THEN 230
220  FW=0:GOTO 280
230  A=1:C=1:K=1
240  C=C*X/(F+2*K):A=A+C
250  IF C<.000001 THEN GOTO 270
260  K=K+1:GOTO 240
270  FW=EXP((F/2)*LOG(X/2)-X/2-LOG(F/2)-B+LOG(A))
280  PRINT "VERTEILUNGSFUNKTION F("; X; ") = "; FW
290  PRINT : E$ = "WIA": GOTO 160
300  REM ---------------------------------------QUANTILE
310  PRINT : PRINT
320  PRINT "SOLL EIN QUANTIL BERECHNET WERDEN(J=JA)?"
330  INPUT E$ : IF E$<>"J" THEN GOTO 450
340  PRINT "WELCHES Q-QUANTIL (Q EINGEBEN!)?"
350  INPUT Q : H=Q : IF Q<.5 THEN Q=1-Q
360  T=SQR(-2*LOG(1-Q))
370  ZA=2.515517+T*(.802853+.010328*T)
380  NE=1+T*(1.432788+T*(.189269+.001308*T))
390  ZQ=T-ZA/NE: PRINT
400  IF H<=.5 THEN ZQ=-ZQ
410  RT=SQR(2/(9*F))*ZQ+1-2/(9*F)
420  XQ=F*RT*RT*RT
430  PRINT H;"-QUANTIL = ";XQ
440  PRINT : E$="WIA" : GOTO 300
450  END
```

Beispiel 4.7. Für die Chi-Quadrat-Verteilung mit 20 Freiheitsgraden sollen folgende Werte berechnet werden

a) Die Verteilungsfunktion an den Stellen 25 und 30.
b) Die 0.05-; 0.1-; 0.95- und 0.99-Quantile.

Eingabe

Anzahl der Freiheitsgrade f = 20

Ausgabe

Verteilungsfunktion F(25) = .798570
Verteilungsfunktion F(30) = .930146
.05-Quantil = 10.8455
.1-Quantil = 12.4472
.95-Quantil = 31.4047
.99-Quantil = 37.5956

♦

4.5 Die F-Verteilung von Fisher

Sind $\chi^2_{f_1}$ und $\chi^2_{f_2}$ zwei unabhängige Zufallsvariable, welche Chi-Quadrat verteilt sind mit f_1 bzw. f_2 Freiheitsgraden, dann ist der Quotient

$$\frac{\chi^2_{f_1}/f_1}{\chi^2_{f_2}/f_2} \quad \text{F-verteilt mit } (f_1, f_2) \text{ Freiheitsgraden.}$$

Diese Zufallsvariable besitzt die

$$\text{Dichte } g_{f_1,f_2}(x) = \begin{cases} 0 & \text{für } x < 0; \\ \frac{\Gamma\left(\frac{f_1+f_2}{2}\right)}{\Gamma\left(\frac{f_1}{2}\right) \cdot \Gamma\left(\frac{f_2}{2}\right)} \cdot \left(\frac{f_1}{f_2}\right)^{\frac{f_1}{2}} \cdot \frac{x^{\frac{f_1}{2}-1}}{\left(1+\frac{f_1}{f_2} \cdot x\right)^{\frac{f_1+f_2}{2}}} & \text{für } x \geq 0. \end{cases} \quad (4.28)$$

(s. Bild 4.4).

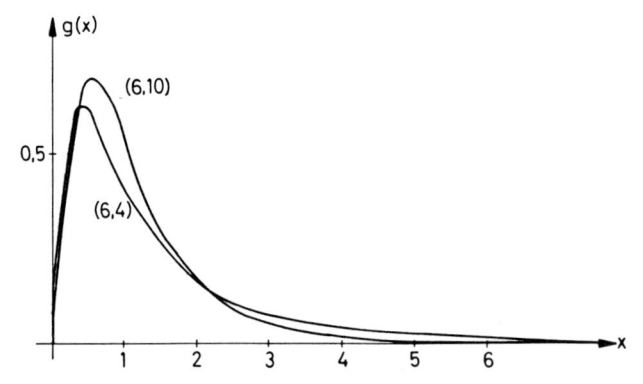

Bild 4.4 Dichten von F-Verteilungen

4 Verteilungsfunktionen und Quantile

Die Verteilungsfunktion $F_{f_1,f_2}(x)$ ist bei Abramowitz-Stegun [39], S. 946 exakt angegeben. Bezüglich der Freiheitsgrade f_1 und f_2 sind dabei drei Fallunterscheidungen notwendig:

1. Fall: f_1 gerade;
2. Fall: f_2 gerade;
3. Fall: f_1 und f_2 ungerade.

Da im 3. Fall bei großen Freiheitsgraden Owerflows vorkommen können, wird für f_1 und $f_2 \geq 150$ die folgende Näherungsformel benutzt (s. [39]):

Für die Verteilungsfunktion $F_{f_1,f_2}(x)$ gilt *für $x \geq 1$ die Approximation*

$$F_{f_1,f_2}(x) \approx \Phi(z) \text{ mit } z = \frac{\sqrt[3]{x} \cdot \left(1 - \frac{2}{9f_2}\right) - 1 + \frac{2}{9f_1}}{\sqrt{\frac{2}{9f_1} + \sqrt[3]{x^2} \cdot \frac{2}{9f_2}}} \quad (4.29)$$

Φ = Verteilungsfunktion der N(0; 1)-Verteilung.

Im Falle $x < 1$ führt man über die reziproke Variable folgende Umformung durch

$$F_{f_1,f_2}(x) = P\left(\frac{\chi_{f_1}^2/f_1}{\chi_{f_2}^2/f_2} \leq x\right) = P\left(\frac{\chi_{f_2}^2/f_2}{\chi_{f_1}^2/f_1} \geq \frac{1}{x}\right) = 1 - P\left(\frac{\chi_{f_2}^2/f_2}{\chi_{f_1}^2/f_1} \leq \frac{1}{x}\right)$$

$$= 1 - F_{f_2,f_1}\left(\frac{1}{x}\right). \quad (4.30)$$

Wegen $\frac{1}{x} > 1$ kann nach Vertauschung der Freiheitsgrade $F_{f_2,f_1}\left(\frac{1}{x}\right)$ nach (4.29) berechnet werden. $1 - F_{f_2,f_1}\left(\frac{1}{x}\right) = F_{f_1,f_2}(x)$ liefert schließlich den gesuchten Funktionswert.

Näherungswerte für die *Quantile* lassen sich aus (4.29) berechnen. Für $q \geq 0.5$ wird nach (4.17) (s. Programm der Normalverteilung) zunächst das q-Quantil z_q der N(0; 1)-Verteilung bestimmt. Danach wird

$$z_q = \frac{\sqrt[3]{x_q} \cdot \left(1 - \frac{2}{9f_2}\right) - 1 + \frac{2}{9f_1}}{\sqrt{\frac{2}{9f_1} + (\sqrt[3]{x_q})^2 \cdot \frac{2}{9f_2}}} \quad (4.31)$$

nach $y = \sqrt[3]{x_q}$ aufgelöst.
Durch Quadrieren erhält man für $y = \sqrt[3]{x_q}$ die quadratische Gleichung

$$\underbrace{\left[\frac{2z_q^2}{9f_2} - \left(1 - \frac{2}{9f_2}\right)^2\right]}_{= a} y^2 + \underbrace{2 \cdot \left(1 - \frac{2}{9f_1}\right) \cdot \left(1 - \frac{2}{9f_2}\right)}_{= b} y + \underbrace{\frac{2z_q^2}{9f_1} - \left(1 - \frac{2}{9f_1}\right)^2}_{= c} \quad (4.32)$$

also $\quad ay^2 + by + c = 0$.

Da $y = \sqrt[3]{x_q}$ positiv ist, erhält man in

$$y = \sqrt[3]{x_q} = -\frac{b}{2a} + \sqrt{\frac{b^2}{4a^2} - \frac{c}{a}}$$

die Lösung. Das gesuchte Quantil lautet dann $x_q = y^3$.

Für $q < 0{,}5$ wird wegen (4.31) zuerst das (1-q)-Quantil x_{1-q} der (f_2, f_1)-F-Verteilung mit vertauschten Freiheitsgraden berechnet. Dann ist $\frac{1}{x}$ das gesuchte Quantil. Die Approximationsformel für die Quantile ist nur für $f_2 > 2$ brauchbar.

F-Verteilung (FVERT)

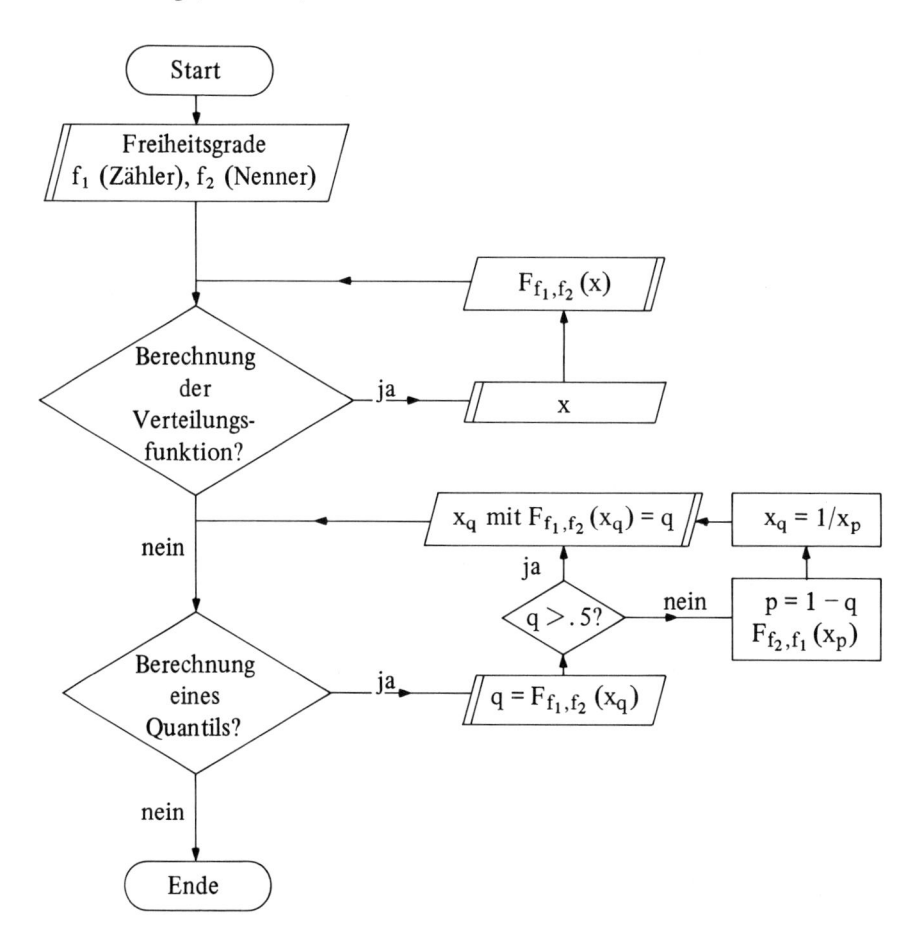

4 Verteilungsfunktionen und Quantile

Programm   FVERT

```
10   REM F-VERTEILUNG - VERTEILUNGSFUNKTION UND QUANTILE   (FVERT)
20   PRINT "ANZAHL DER FREIHEITSGRADE IM ZAEHLER F1 = ";
30   INPUT F1
40   PRINT "ANZAHL DER FREIHEITSGRADE IM NENNER  F2 = ";
50   INPUT F2 : PRINT : E$="WIA"
60   REM --------------------------------VERTEILUNGSFUNKTION
70   PRINT "BERECHNUNG DER VERTEILUNGSFUNKTION (J=JA)?"
80   INPUT E$ : IF E$<>"J" THEN GOTO 170
90   PRINT "AN WELCHER STELLE X = ";
100  INPUT X : XR=X : GOSUB 530
110  PRINT "VERTEILUNGSFUNKTION = "; FW
120  PRINT : E$ = "WIA"
130  PRINT "WEITERE WERTE DER VERTEILUNGSFUNKTION (J = JA)?"
140  INPUT E$:IF E$ = "J" THEN GOTO 90
150  REM ------------------------------------QUANTILE
160  PRINT : PRINT
170  PRINT "SOLLEN QUANTILE BERECHNET WERDEN (J = JA)?"
180  INPUT E$
190  IF E$ <> "J" THEN GOTO 450
200  PRINT "WELCHES Q-QUANTIL = ";:INPUT Q
210  H=Q : IF Q>0 THEN GOTO 230
220  ET=0:GOTO 410
230  IF Q >=.5 THEN GOTO 250
240  Q=1-Q:UI=F1:F1=F2:F2=UI
250  T=SQR(-2*LOG(1-Q))
260  ZA=2.515517+T*(.802853+.010328*T)
270  NE=1+T*(1.432788+T*(.189269+.001308*T))
280  ZQ=T-ZA/NE: PRINT:H1=1-2/(9*F2):H2=1-2/(9*F1)
290  A=2*ZQ*ZQ/(9*F2)-H1*H1
300  B=2*(1-2/(9*F1))*(1-2/(9*F2))
310  C=2*ZQ*ZQ/(9*F1)-H2*H2
320  HI=B*B/(4*A*A)-C/A
330  IF HI<=0 THEN HI=0
340  ET=SQR(HI)-B/(2*A)
350  PRINT:H$="WIA"
360  IF H>=.5 THEN GOTO 380
370  UI=F1:F1=F2:F2=UI:ET=1/ET
380  IF F2<>1 THEN 410
390  PRINT "FUER F2=1 IST DIE APPROXIMATION NICHT VERWERTBAR"
400  GOTO 450
410  PRINT : PRINT H;"-QUANTIL = "; ET*ET*ET
420  IF F2=2 THEN PRINT"  DIESER WERT IST UNGENAU!!"
430  PRINT:PRINT "SOLL NOCH EIN QUANTIL BERECHNET WERDEN (J=JA)?"
440  INPUT H$:IF H$="J" THEN 200
450  END
460  REM-----VERTEILUNGSFUNKTION F(X) EINER N(O;1)-NORMALVERTEILUNG
470  Z=ABS(X)
480  V=EXP(-Z*Z/2)/2.506628275
490  T=1/(1+.2316419*Z):KL=-1.821255978:VU=1.330274429:ST=KL+VU*T
500  FW=1-V*T*(.31938153+T*(-.356563782+T*(1.781477937+T*ST)))
510  IF X<Z THEN FW=1-FW
520  RETURN
530  REM -----------------------------------------------
540  IF F1/2=INT(F1/2) AND F1<150 THEN 940
550  IF F2/2=INT(F2/2) AND F2<150 THEN 1030
560  IF F1>=150 AND F2>=150 THEN 1110
570  V1=INT(F1/2):V2=INT(F2/2)
```

```
580  IF F1/2<>V1 AND F1<150 AND F2/2<>V2 AND F2<150 THEN GOTO 660
590  IF F2>F1 THEN 1110
600  REM----------------- VERTAUSCHUNG DER FREIHEITSGRADE
610  HT=F2:F2=F1:F1=HT:X=1/X
620  GOSUB 1110
630  HT=F2:F2=F1:F1=HT:FW=1-FW
640  RETURN
650  REM----------------- F1 UND F2 SIND UNGERADE
660  PI=3.141592653589796
670  PHI=ATN(SQR(F1*X/F2))
680  REM----------------- BERECHNUNG VON A
690  IF F2>1 THEN GOTO 710
700  A=2*PHI/PI : GOTO 770
710  U=COS(PHI)^2:B=1:SUM=1
720  IF F2<5 THEN GOTO 760
730  FOR I=2 TO F2-3 STEP 2
740  B=B*(I/(I+1))*U:SUM=SUM+B
750  NEXT I
760  A=2/PI*(PHI+COS(PHI)*SIN(PHI)*SUM)
770  REM----------------- BERECHNUNG VON BETA
780  IF F2>1 THEN GOTO 800
790  BE=0 : GOTO 910
800  U=SIN(PHI)^2:V=F2-2:SUM=1:B=1
810  IF F1<5 THEN GOTO 850
820  FOR I=3 TO F1-2 STEP 2
830  B=B*((V+I)/I)*U:SUM=SUM+B
840  NEXT I
850  B=1
860  IF F2<3 THEN GOTO 900
870  FOR I=1 TO (F2-1)/2
880  B=B*I/(I-.5)
890  NEXT I
900  BE=2/PI*B*SIN(PHI)*COS(PHI)^F2*SUM
910  FW=A-BE
920  RETURN
930  REM----------------- F1 GERADE
940  U=F1/2:V=F2/2-1
950  X=F2/(F2+F1*X):Y=1-X:A=1:B=1
960  IF U<2 THEN GOTO 1000
970  FOR I=1 TO U-1
980  B=B*((V+I)/I)*Y:A=A+B
990  NEXT I
1000 FW=1-A*X^(F2/2)
1010 RETURN
1020 REM----------------- F2 GERADE
1030 X=F2/(F2+F1*X)
1040 U=F1/2-1:SUM=1:B=1
1050 IF F2<4 THEN GOTO 1090
1060 FOR I=1 TO (F2-2)/2
1070 B=B*((U+I)/I)*X:SUM=SUM+B
1080 NEXT I
1090 FW=(1-X)^(F1/2)*SUM
1100 RETURN
1110 REM-------- APPROXIMATION FUER GROSSE FREIHEITSGRADE
1120 TG=9*F2
1130 X=(X^(1/3)*(1-2/TG)-(1-2/(9*F1)))/SQR(2/(9*F1)+X^(2/3)*2/TG)
1140 GOSUB 460
1150 RETURN
1160 END
```

4 Verteilungsfunktionen und Quantile   71

Beispiel 4.8. $f_1 = 12$; $f_2 = 25$.

Gesucht

a) Die Verteilungsfunktion an den Stellen $x = 0,5$ und $x = 1$.
b) Die 0.1-, 0.9-, 0.95-, 0.99- und 0.999-Quantile.

Eingabe $f_1 = 12$; $f_2 = 25$

Ausgabe

Verteilungsfunktion F 12; 25(.5) = .104947
Verteilungsfunktion F 12; 25(1) = .52338
  .1-Quantil = .492443
  .9-Quantil = 1.81931
  .95-Quantil = 2.16484
  .99-Quantil = 2.99752
  .999-Quantil = 4.33445   ◆

4.6 Die t-Verteilung

Ist X eine N(0; 1)-verteilte Zufallsvariable und χ_f^2 eine Chi-Quadrat-verteilte Zufallsvariable, die von X unabhängig ist, so ist der Quotient

$$T_f = \frac{X}{\sqrt{\chi_f^2 / f}}$$

t-verteilt mit f Freiheitsgraden.
Ihre Dichte lautet

$$g_f(x) = \frac{\Gamma\left(\frac{f+1}{2}\right)}{\sqrt{f\pi} \cdot \Gamma\left(\frac{f}{2}\right)} \cdot \frac{1}{\left(1 + \frac{x^2}{f}\right)^{\frac{f+1}{2}}} \quad . \tag{4.33}$$

Die Dichten sind symmetrisch zur y-Achse und nähern sich mit wachsendem f der Dichte der Standardnormalverteilung.

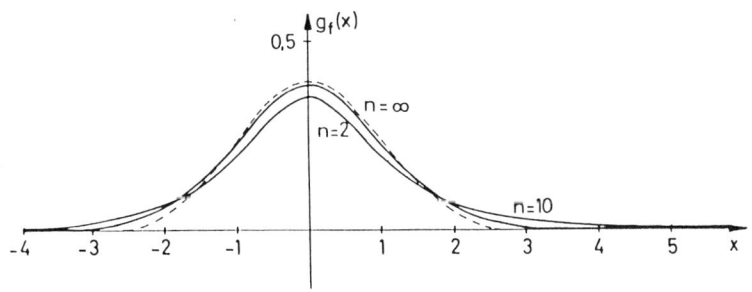

Bild 4.5 Dichten von t-Verteilungen

Das Quadrat

$$T_f^2 = \frac{X^2}{\chi_f^2/f} \tag{4.34}$$

ist F-verteilt mit $f_1 = 1$ und $f_2 = f$ Freiheitsgraden.
Daher wäre es prinzipiell möglich, die t-Verteilung aus der $F_{1,f}$-Verteilung zu berechnen. Vor Berechnung der Funktionswerte der $F_{1,f}$-Verteilung sind einige Umrechnungen notwendig. Da außerdem in dem Programm für die F-Verteilung zum Teil nur Näherungswerte berechnet werden, soll hier die t-Verteilung exakt berechnet werden.

Nach [39], S. 948 gilt für

$$A(t, f) = P(|T_f| \leq t) = P(-t \leq T_f \leq t) \tag{4.35}$$

die Darstellung

$$A(t, f) = \begin{cases} \dfrac{2}{\pi} \cdot \theta & \text{für } f = 1; \\[2ex] \dfrac{2}{\pi} \cdot \left\{ \theta + \sin\theta \cdot \left(\cos\theta + \sum_{k=1}^{\frac{f-3}{2}} \dfrac{2 \cdot 4 \cdot \ldots \cdot (2k)}{3 \cdot 5 \cdot \ldots \cdot (2k+1)} \cdot \cos^{2k+1}\theta \right) \right\} & \\[2ex] & \text{für } f \geq 3;\ f\ \text{ungerade}; \\[2ex] \sin\theta \cdot \left\{ 1 + \sum_{k=1}^{\frac{f}{2}-1} \dfrac{1 \cdot 3 \cdot \ldots \cdot (2k-1)}{2 \cdot 4 \cdot \ldots \cdot (2k)} \cdot \cos^{2k}\theta \right\} & \text{für gerades } f \end{cases}$$

mit $\theta = \arctan \dfrac{t}{\sqrt{f}}$.

Für die Verteilungsfunktion erhält man aus (4.35) wegen der Symmetrie der Dichte zum Nullpunkt die Darstellung

$$F_f(t) = P(T_f \leq t) = \begin{cases} \dfrac{1 + A(t, f)}{2} & \text{für } t \geq 0; \\[2ex] \dfrac{1 - A(-t, f)}{2} & \text{für } t < 0. \end{cases} \tag{4.36}$$

Für die q-Quantile $t_{f,q}$, d.h. $F_f(t_{f,q}) = q$ mit $0.5 \leq q < 1$ gilt nach Hartung [20], S. 736 die Approximation

$$t_{f,q} \approx \frac{c_9 u_q^9 + c_7 u_q^7 + c_5 u_q^5 + c_3 u_q^3 + c_1 u_q}{92160 f^4} \tag{4.37}$$

mit

$c_9 = 79; \quad c_7 = 720f + 776$
$c_5 = 4800f^2 + 4560f + 1482$
$c_3 = 23040f^3 + 15360f^2 + 4080f - 1920$
$c_1 = 92160f^4 + 23040f^3 + 2880f^2 - 3600f - 945;$

u_q = q-Quantil der $N(0; 1)$-Verteilung, d.h. $\Phi(u_q) = q$.

4 Verteilungsfunktionen und Quantile

Für q < 0,5 nutzt man die Symmetrie der Dichte zur y-Achse aus, es gilt also

$$t_{f,q} = -t_{f,1-q} .\tag{4.38}$$

t-Verteilung (TVERT)

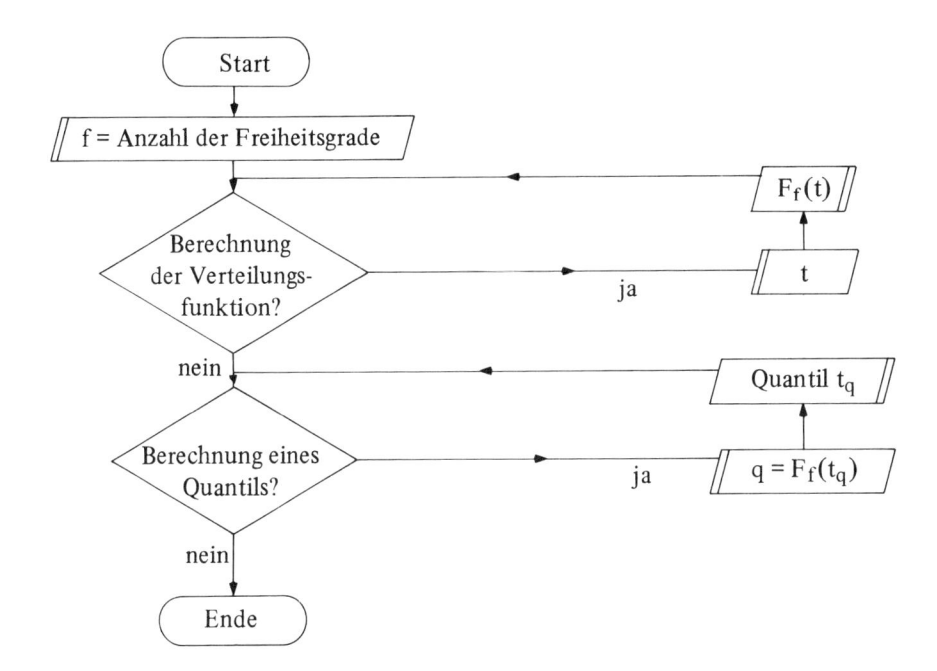

```
Start
    ↓
f = Anzahl der Freiheitsgrade
    ↓
Berechnung der Verteilungsfunktion?  ──ja──►  t  ──►  F_f(t)
    │nein
    ↓
Berechnung eines Quantils?  ──ja──►  q = F_f(t_q)  ──►  Quantil t_q
    │nein
    ↓
  Ende
```

Programm TVERT

```
10    REM T-VERTEILUNG     VERTEILUNGSFUNKTION UND  QUANTILE (TVERT)
20    PRINT "ANZAHL DER FREIHEITSGRADE F = ";
30    INPUT F:PI=3.141592654:PRINT
40    REM --------------------------VERTEILUNGSFUNKTION
50    PRINT "BERECHNUNG DER VERTEILUNGSFUNKTION (J=JA)?"
60    INPUT E$:IF E$<>"J" THEN GOTO 270
70    PRINT "AN WELCHER STELLE T =";
80    INPUT T:PRINT:TB=ABS(T)
90    D=ATN(TB/SQR(F))
100   H=1:B=COS(D):A1=COS(D):S1=0:S2=1
110   IF INT(F/2)=F/2 THEN GOTO 180
120   IF F<3 THEN GOTO 170
130   S1=S1+B
140   FOR K=1 TO (F-3)/2
150   A1=A1*2*K*B*B/(2*K+1):S1=S1+A1
160   NEXT K
170   AB=2*(D+S1*SIN(D))/PI:GOTO 230
180   IF F<4 THEN GOTO 230
```

```
190    FOR K=1 TO F/2-1
200    H=H*(2*K-1)*B*B/(2*K):S2=S2+H
210    NEXT K
220    AB=SIN(D)*S2
230    FW=(1+AB)/2:IF T<=0 THEN FW=(1-AB)/2
240    PRINT "VERTEILUNGSF.  F(";T;") = ";FW
250    E$="WIA":PRINT: GOTO 50
260    REM --------------------------------QUANTILE
270    PRINT "SOLLEN QUANTILE BERECHNET WERDEN(J=JA)?"
280    INPUT E$:IF E$<>"J" THEN END
290    C1=92160*F^4+23040*F^3+2880*F*F-3600*F-945
300    C3=23040*F^3+15360*F*F+4080*F-1920
310    C5=4800*F*F+4560*F+1482
320    C7=720*F+776
330    PRINT "WELCHES Q-QUANTIL Q = ";
340    INPUT Q:HQ=Q:IF Q<.5 THEN Q=1-Q
350    T=SQR(-2*LOG(1-Q))
360    ZA=2.515517+T*(.802853+.010328*T)
370    NE=1+T*(1.432788+T*(.189269+.001308*T))
380    ZQ=T-ZA/NE:RG=92160*F^4
390    TQ=ZQ*(C1+ZQ*ZQ*(C3+ZQ*ZQ*(C5+ZQ*ZQ*(C7+79*ZQ*ZQ))))/RG
400    IF HQ<.5 THEN TQ=-TQ
410    PRINT HQ;"-QUANTIL = ";TQ:PRINT:E$="WIA":PRINT
420    PRINT "BERECHNUNG EINES WEITEREN QUANTILS (J=JA)?"
430    INPUT E$:IF E$="J" THEN GOTO 330
440    END
```

Beispiel 4.9. Für die t-Verteilung mit 25 Freiheitsgraden sollen folgende Werte berechnet werden:

Die Verteilungsfunktion an der Stelle x = 1,5 sowie die 0.1-, 0.95-, 0.99-, 0.999- und 0.9999-Quantile

Eingabe f = 25;

Ausgabe

Verteilungsfunktion F_{25} (1.5) = .926931

    .1-Quantil = $-$ 1.31653
  .95-Quantil =   1.70853
  .99-Quantil =   2.48563
 .999-Quantil =   3.45057
.9999-Quantil =   4.35179   ♦

III Schätzwerte für unbekannte Parameter

5 Parameterschätzung

In diesem Kapitel werden Verfahren behandelt, mit denen Näherungswerte für unbekannte Parameter ermittelt werden können. Dabei werden außerdem Aussagen darüber gemacht, wie gut diese Näherungswerte sind. Bevor wir dazu eine allgemeine Theorie entwickeln, wollen wir im ersten Abschnitt einige typische Beispiele betrachten, bei denen bereits das allgemeine Vorgehen erkennbar wird.

5.1 Beispiele von Näherungswerten für unbekannte Parameter

5.1.1 Näherungswerte für eine unbekannte Wahrscheinlichkeit p = P(A)

Zur Gewinnung eines Näherungswertes für die unbekannte Wahrscheinlichkeit $p = P(A)$ eines bestimmten Ereignisses A führen wir das dazugehörige Zufallsexperiment n-mal unter denselben Bedingungen gleichzeitig oder nacheinander durch, wobei die einzelnen Versuche voneinander unabhängig seien. Danach berechnen wir die relative Häufigkeit des Ereignisses A in der vorliegenden Versuchsserie, also die Zahl

$$r_n(A) = \frac{\text{Anzahl derjenigen Versuche, bei denen A eingetreten ist}}{\text{Gesamtanzahl der Versuche}}.$$

Diese relative Häufigkeit wählen wir als Schätzwert für den unbekannten Parameter p, wir setzen also

$$\boxed{p = P(A) \approx r_n(A).} \tag{5.1}$$

Der bei diesem sog. Bernoulli-Experiment vom Umfang n (vgl. [2] 1.9) erhaltene Schätzwert $r_n(A)$ wird im allgemeinen von der Wahrscheinlichkeit p verschieden sein. Da der Zahlenwert $r_n(A)$ durch ein Zufallsexperiment bestimmt wird, hängt er selbst vom Zufall ab. Verschiedene Versuchsserien werden daher im allgemeinen auch verschiedene Werte der relativen Häufigkeiten liefern.

Um über die „Güte" der Näherung (5.1) Aussagen machen zu können, betrachten wir die auf dem Bernoulli-Experiment erklärten Zufallsvariablen

$$X_i = \begin{cases} 1, & \text{falls beim i-ten Versuch A eintritt,} \\ 0, & \text{sonst.} \end{cases} \tag{5.2}$$

X_i besitzt den Erwartungswert $E(X_i) = p$ und die Varianz $\sigma^2 = D^2(X_i) = p(1-p)$.

Die Summe $\sum_{i=1}^{n} X_i$ ist nach [2] 2.3.3 binomialverteilt mit dem Erwartungswert np und der Varianz $np(1-p)$. Sie beschreibt in der Versuchsreihe die absolute Häufigkeit $h_n(A)$, die Zufallsvariable

$$\overline{X} = \frac{1}{n} \sum_{i=1}^{n} X_i \tag{5.3}$$

dagegen die relative Häufigkeit $r_n(A)$ des Ereignisses A. Ist x_i die Realisierung der Zufallsvariablen X_i, so gilt definitionsgemäß

$$x_i = \begin{cases} 1, & \text{falls beim i-ten Versuch A eintritt,} \\ 0, & \text{sonst.} \end{cases} \tag{5.4}$$

Daraus folgt die Identität

$$r_n(A) = \frac{1}{n}(x_1 + x_2 + \ldots + x_n) = \frac{1}{n} \sum_{i=1}^{n} x_i = \overline{x}. \tag{5.5}$$

Die relative Häufigkeit $r_n(A)$ ist somit Realisierung der Zufallsvariablen $R_n(A) = \overline{X}$ mit

$$\boxed{E(R_n(A)) = p \text{ und } D^2(R_n(A)) = E(|R_n(A) - p|^2) = \frac{p(1-p)}{n} \le \frac{1}{4n}}$$

(vgl. [2] 2.3.3 und 2.2.6).
Der Erwartungswert der Zufallsvariablen $R_n(A)$ ist demnach gleich dem (unbekannten) Parameter p, unabhängig vom Stichprobenumfang n. Daher nennt man die Zufallsvariable $R_n(A) = \overline{X}$ eine *erwartungstreue Schätzfunktion* für den Parameter p. Der Zahlenwert $r_n(A)$ heißt *Schätzwert*. Werden häufig solche Schätzwerte berechnet, so sind i.a. manche davon größer und manche kleiner als p. Auf Dauer werden sich aber wegen der Erwartungstreue diese Differenzen „ausgleichen". Dies ist die wesentlichste Eigenschaft einer erwartungstreuen Schätzfunktion.

Da aber ein aus einer einzelnen Stichprobe gewonnener Schätzwert vom wirklichen Parameter dennoch stark abweichen kann, darf man sich mit erwartungstreuen Schätzfunktionen allein noch nicht zufrieden geben. Neben der Erwartungstreue stellen wir an eine „gute" Schätzfunktion die weitere Forderung, daß (wenigstens für große n) diese Schätzfunktion mit hoher Wahrscheinlichkeit Werte in der unmittelbaren Umgebung des Parameters p annimmt. Dann erhält man zumindest in den meisten Fällen brauchbare Näherungswerte. Diese Bedingung ist stets dann erfüllt, wenn die Varianz der erwartungstreuen Schätzfunktion klein ist. In unserem Beispiel wird diese Varianz beliebig klein, wenn nur n genügend groß gewählt wird. Nach dem Bernoullischen Gesetz der großen Zahlen (vgl. [2] 1.9 und 3.2) gilt nämlich für jedes $\epsilon > 0$

$$P(|R_n(A) - p| > \epsilon) < \frac{1}{4n\epsilon^2}, \ n = 1, 2, \ldots .$$

5 Parameterschätzung

Hieraus folgt

$$\lim_{n \to \infty} P(|R_n(A) - p| > \epsilon) = 0 \text{ für jedes } \epsilon > 0. \tag{5.6}$$

Wegen dieser Eigenschaft heißt die Zufallsvariable $R_n(A)$ eine *konsistente* Schätzfunktion für p. Bei großem Stichprobenumfang n wird sie meistens sehr gute Schätzwerte für den (unbekannten) Parameter p liefern.

In einem Bernoulli-Experiment ist somit die relative Häufigkeit $r_n(A)$ Realisierung einer erwartungstreuen und konsistenten Schätzfunktion für den unbekannten Parameter p.

Beispiel 5.1 (Qualitätskontrolle). p sei die zeitlich invariante Wahrscheinlichkeit dafür, daß ein von einer bestimmten Maschine produziertes Werkstück fehlerhaft ist. Dabei habe die Produktionsreihenfolge keinen Einfluß auf die Fehlerhaftigkeit. Der Produktion werden zufällig 1000 Werkstücke entnommen und auf ihre Fehlerhaftigkeit untersucht. 42 dieser Werkstücke seien dabei fehlerhaft. Die Schätzfunktion $R_n(A)$, welche die relative Häufigkeit der fehlerhaften Werkstücke beschreibt, ist erwartungstreu und konsistent für den unbekannten Parameter p. Sie liefert den Schätzwert

$$\hat{p} = r_{1000}(A) = \frac{42}{1000} = 0{,}042. \qquad \blacklozenge$$

5.1.2 Näherungswerte für den relativen Ausschuß in einer endlichen Grundgesamtheit (Qualitätskontrolle)

In diesem Abschnitt soll die Ausschußquote in einer Warenlieferung geschätzt werden. Falls die Lieferung aus N Stücken besteht, von denen M fehlerhaft sind, ist p = M/N der relative Ausschußanteil. p ist die Wahrscheinlichkeit dafür, daß man bei einer Zufallsauswahl beim ersten Zug ein fehlerhaftes Stück erhält.

Häufig stellt sich bei der Überprüfung eine der folgenden Situationen ein:

— Eine Überprüfung aller Einzelstücke ist zwar prinzipiell möglich, sie wird jedoch zuviel Zeitaufwand und damit zu hohe Kosten verursachen.
— Bei der Kontrolle werden die überprüften Einzelstücke zerstört, so daß der Ausschußanteil noch größer wird.

In beiden Fällen ist man also auf Stichproben angewiesen, mit deren Ergebnissen man über den unbekannten Parameter p Schätzwerte erhalten möchte. Wir unterscheiden zwei Fälle:

a) Stichproben mit Zurücklegen

Wird bei der Überprüfung der Zustand eines Gegenstandes nicht verändert, so kann dieser nach der Überprüfung wieder in die Grundgesamtheit zurückgelegt werden, wodurch die Ausgangssituation wiederhergestellt wird. Eine Qualitätskontrolle könnte dann nach folgendem Verfahren durchgeführt werden: Ein zufällig aus der Grundgesamtheit ausgewählter Gegenstand wird überprüft und vor der zufälligen Auswahl des nächsten Gegenstandes wieder zu den anderen zurückgelegt. Wird dieses Verfahren n-mal durchgeführt, so erhalten wir eine sog. *Stichprobe mit Zurücklegen* vom Umfang n. Dann ist die Zufallsvariable X, welche die Anzahl der fehlerhaften Stücke in dieser Stichprobe beschreibt, binomialverteilt mit dem unbekannten Parameter p.

Die Zufallsvariable $\bar{X} = R_n(A)$ der relativen Häufigkeit ist dann eine erwartungstreue und konsistente Schätzfunktion für den unbekannten Parameter p. Somit erhalten wir in

$$r_n(A) \approx p$$

für große n in den meisten Fällen eine brauchbare Näherung für den unbekannten Parameter p.

b) Stichproben ohne Zurücklegen
Wird ein Gegenstand nach der Überprüfung nicht zur Gurndgesamtheit zurückgelegt, so sprechen wir von einer *Stichprobe ohne Zurücklegen*. Die Zufallsvariable X, welche die Anzahl der fehlerhaften Stücke in der Stichprobe vom Umfang n ohne Zurücklegen beschreibt, ist *hypergeometrisch verteilt* (vgl. [2] 2.3.2). Dabei gilt

$$P(X = k) = \frac{\binom{M}{k}\binom{N-M}{n-k}}{\binom{N}{n}} \quad \text{für } k = 0, 1, \ldots, n.$$

Mit $\frac{M}{N} = p$ erhält man die Parameter der Zufallsvariablen X als

$$E(X) = np; \quad D^2(X) = np(1-p)\frac{N-n}{N-1} < np(1-p) \quad \text{für } n \geq 2.$$

Daraus folgen für die Zufallsvariable $R_n(A) = \bar{X} = \frac{X}{n}$, welche die relative Häufigkeit der fehlerhaften Stücke in der Stichprobe ohne Zurücklegen beschreibt, die Parameter

$$\boxed{E(\bar{X}) = p; \quad D^2(\bar{X}) = \frac{p(1-p)}{n} \cdot \frac{N-n}{N-1}.} \tag{5.7}$$

Wegen $\frac{N-n}{N-1} < 1$ für $n \geq 2$ besitzt diese Schätzfunktion eine kleinere Varianz als die entsprechende Schätzfunktion beim Ziehen mit Zurücklegen. Die Varianz verschwindet für n = N. Falls man alle N Gegenstände überprüft, ist die Varianz der Schätzfunktion gleich Null. Man erhält dann den richtigen Parameter p. Für n < N ergeben sich nur Näherungswerte, die offensichtlich mit wachsendem n den Wert p besser approximieren. Ist N sehr groß in Bezug auf n, so liefern wegen $\frac{N-n}{N-1} \approx 1$ beide Verfahren ungefähr gleich gute Schätzwerte für p.

5.1.3 Näherungswerte für den Erwartungswert μ und die Varianz σ^2 einer Zufallsvariablen

Die Motivation für die Einführung des Erwartungswertes μ einer diskreten Zufallsvariablen (vgl. [2] 2.2.3) war der (empirische) Mittelwert $\bar{x}$ einer Stichprobe $x = (x_1, x_2, \ldots, x_n)$.

5 Parameterschätzung

Daher liegt es nahe, als Näherungswert für den (unbekannten) Erwartungswert μ einer Zufallsvariablen den Mittelwert einer einfachen Stichprobe zu wählen, d.h. also

$$\mu \approx \bar{x} = \frac{1}{n} \sum_{i=1}^{n} x_i . \tag{5.8}$$

Entsprechend wählen wir die (empirische) Varianz s^2 einer einfachen Stichprobe x als Näherungswert für σ^2, d.h.

$$\sigma^2 \approx s^2 = \frac{1}{n-1} \sum_{i=1}^{n} (x_i - \bar{x})^2 . \tag{5.9}$$

Dabei müssen die Stichprobenwerte x_i Realisierungen von (stochastisch) unabhängigen Zufallsvariablen X_i mit $E(X_i) = \mu$ und $D^2(X_i) = \sigma^2$ für $i = 1, 2, \ldots, n$ sein. $\bar{x}$ ist eine Realisierung der Zufallsvariablen

$$\bar{X} = \frac{1}{n} \sum_{i=1}^{n} X_i , \tag{5.10}$$

s^2 Realisierung der Zufallsvariablen

$$S^2 = \frac{1}{n-1} \sum_{i=1}^{n} (X_i - \bar{X})^2 . \tag{5.11}$$

Im folgenden Satz zeigen wir, daß die Zufallsvariablen $\bar{X}$ bzgl. μ sowie S^2 bzgl. σ^2 erwartungstreue Schätzfunktionen sind.

Satz 5.1: Die Zufallsvariablen $X_1, X_2, \ldots, X_n$ seien paarweise (stochastisch) unabhängig und sollen alle denselben Erwartungswert $\mu = E(X_i)$ und die gleiche Varianz $\sigma^2 = D^2(X_i)$ besitzen. Dann gilt

a) $E(\bar{X}) = E\left(\frac{1}{n} \sum_{i=1}^{n} X_i\right) = \mu$;

b) $D^2(\bar{X}) = E([\bar{X} - \mu]^2) = \frac{\sigma^2}{n}$;

c) $E(S^2) = E\left(\frac{1}{n-1} \sum_{i=1}^{n} (X_i - \bar{X})^2\right) = \sigma^2$.

Beweis:

a) Aus der Linearität des Erwartungswertes folgt

$$E(\bar{X}) = \frac{1}{n} \sum_{i=1}^{n} E(X_i) = \frac{1}{n} \cdot n \cdot \mu = \mu .$$

b) Wegen der paarweisen Unabhängigkeit von $X_1, X_2, \ldots, X_n$ folgt aus den Eigenschaften der Varianz

$$D^2(\overline{X}) = D^2\left(\frac{1}{n}\sum_{i=1}^{n} X_i\right) = \frac{1}{n^2}\sum_{i=1}^{n} D^2(X_i) = \frac{n \cdot \sigma^2}{n^2} = \frac{\sigma^2}{n}.$$

c) Aus

$$S^2 = \frac{1}{n-1}\sum_{i=1}^{n}(X_i - \overline{X})^2 = \frac{1}{n-1}\sum_{i=1}^{n}(X_i^2 - 2X_i\overline{X} + \overline{X}^2)$$

$$= \frac{1}{n-1}\left[\sum_{i=1}^{n} X_i^2 - 2n\overline{X}^2 + n\overline{X}^2\right] = \frac{1}{n-1}\cdot\left[\sum_{i=1}^{n} X_i^2 - n\overline{X}^2\right]$$

erhält man

$$E(S^2) = \frac{n}{n-1}\cdot[E(X_1^2) - E(\overline{X}^2)].$$

Wendet man die allgemein gültige Identität

$$D^2(Y) = E(Y^2) - [E(Y)]^2, \text{ d.h. } E(Y^2) = D^2(Y) + [E(Y)]^2$$

auf $Y = X_1$ und $Y = \overline{X}$ an, so erhält man mit b)

$$E(S^2) = \frac{n}{n-1}\cdot\left[\sigma^2 + \mu^2 - \frac{\sigma^2}{n} - \mu^2\right]$$

$$= \frac{n}{n-1}\cdot\left(1 - \frac{1}{n}\right)\cdot\sigma^2 = \sigma^2,$$

womit der Satz bewiesen ist. ∎

Bemerkung: Für die Erwartungstreue der Schätzfunktion $\overline{X}$ müssen die Zufallsvariablen $X_1, X_2, \ldots, X_n$ nicht paarweise unabhängig sein. Hierfür genügt bereits die Bedingung $E(X_i) = \mu$ für alle i. Für die Gültigkeit von b) und c) benötigt man jedoch die paarweise (stochastische) Unabhängigkeit. Aus c) folgt mit Hilfe der Tschebyscheffschen Ungleichung (vgl. [2] 3.1 und 3.2) für jedes $\epsilon > 0$

$$P(|\overline{X} - \mu| > \epsilon) \leq \frac{D^2(\overline{X})}{\epsilon^2} = \frac{\sigma^2}{n\epsilon^2}.$$

Hieraus ergibt sich für jedes $\epsilon > 0$

$$\lim_{n \to \infty} P(|\overline{X} - \mu| > \epsilon) = 0. \tag{5.12}$$

Sind die Zufallsvariablen $X_1, X_2, \ldots, X_n$ paarweise (stochastisch) unabhängig mit $E(X_i) = \mu$; $D^2(X_i) = \sigma^2$ für alle i, so ist die Schätzfunktion $\overline{X}$ konsistent für μ. In diesem Fall ist S^2 wegen b) eine erwartungstreue Schätzfunktion für σ^2.

5 Parameterschätzung

Für die Schätzfunktion

$$S^{*2} = \frac{1}{n} \sum_{i=1}^{n} (X_i - \overline{X})^2 = \frac{n-1}{n} S^2$$

gilt jedoch für $n > 1$

$$E(S^{*2}) = \frac{n-1}{n} E(S^2) = \frac{n-1}{n} \sigma^2 = \sigma^2 - \frac{\sigma^2}{n} < \sigma^2. \tag{5.13}$$

Sie ist nicht erwartungstreu und liefert Schätzwerte für σ^2, die im Mittel um $\frac{\sigma^2}{n}$ kleiner als σ^2 sind. Aus diesem Grunde haben wir in Abschnitt 1.3.3 die (empirische) Varianz durch

$$s^2 = \frac{1}{n-1} \sum_{i=1}^{n} (x_i - \overline{x})^2 \text{ definiert.}$$

Für bekannte Erwartungswerte zeigen wir den

Satz 5.2: Die Zufallsvariablen $X_1, X_2, \ldots, X_n$ seien paarweise (stochastisch) unabhängig und besitzen alle den gleichen Erwartungswert $\mu = E(X_i)$ und die gleiche Varianz σ^2. Dann gilt

$$E\left(\frac{1}{n} \sum_{i=1}^{n} (X_i - \mu)^2\right) = \sigma^2.$$

Beweis:

Aus

$$Y^2 = \frac{1}{n} \sum_{i=1}^{n} (X_i - \mu)^2 = \frac{1}{n} \sum_{i=1}^{n} [X_i^2 - 2\mu X_i + \mu^2]$$

folgt

$$E(Y^2) = \frac{1}{n} \left[\sum_{i=1}^{n} E(X_i^2) - 2\mu \sum_{i=1}^{n} E(X_i) + n\mu^2 \right]$$

$$= \frac{1}{n} \cdot [nE(X_1^2) - 2\mu n\mu + n\mu^2]$$

$$= \frac{1}{n} \cdot [nE(X_1^2) - n\mu^2] = E(X_1^2) - \mu^2$$

$$= D^2(X_1) = \sigma^2. \qquad \blacksquare$$

Falls der Erwartungswert μ bekannt ist, stellt also $\frac{1}{n} \sum_{i=1}^{n} (X_i - \mu)^2$ (Division durch n) eine erwartungstreue Schätzfunktion für die unbekannte Varianz σ^2 dar. Ist μ nicht bekannt, so wird dieser eine Parameter durch $\overline{x}$ geschätzt. Dann muß allerdings die Quadratsumme

$\sum_{i=1}^{n}(x_i - \bar{x})^2$ durch $n-1$ dividiert werden (Stichprobenumfang minus Anzahl der geschätzten Parameter), um eine erwartungstreue Schätzfunktion für σ^2 zu erhalten. n bzw. $n-1$ heißt auch *Anzahl der Freiheitsgrade*.

5.2 Die allgemeine Theorie der Parameterschätzung

In Abschnitt 5.1 haben wir Spezialfälle des folgenden allgemeinen Schätzproblems behandelt: ϑ sei ein unbekannter Parameter einer Zufallsvariablen, deren Verteilungsfunktion nicht bekannt ist. Die Verteilungsfunktion der Zufallsvariablen hänge also von ϑ ab. Das dazugehörige Zufallsexperiment, deren Ausgänge die verschiedenen Werte der Zufallsvariablen festlegt, möge beliebig oft wiederholbar sein. Dadurch ist man in der Lage, Stichproben $x = (x_1, x_2, \ldots, x_n)$ für das entsprechende Problem zu gewinnen. Aus den n Stichprobenwerten $x_1, x_2, \ldots, x_n$ soll nun durch eine geeignete Formel ein Näherungswert (Schätzwert) $\hat{\vartheta}$ für den unbekannten Parameter ϑ berechnet werden. Dieser Näherungswert ist dann eine Funktion der n Stichprobenwerte $x_1, x_2, \ldots, x_n$. Wir bezeichnen diese Funktion mit t_n, also

$$\hat{\vartheta} = t_n(x_1, x_2, \ldots, x_n). \tag{5.14}$$

Der Index n besagt dabei, daß die Funktion t_n auf n Stichprobenwerten erklärt ist; es handelt sich also um eine Funktion von insgesamt n Veränderlichen. Ein aus einer Stichprobe $x = (x_1, \ldots, x_n)$ berechneter Funktionswert $\hat{\vartheta} = t_n(x_1, \ldots, x_n)$ heißt *Schätzwert* für den Parameter ϑ.

Wir nehmen nun an, die Stichprobe sei einfach. Dann ist der Stichprobenwert x_i Realisierung einer Zufallsvariablen X_i, welche dieselbe (von ϑ abhängende) Verteilungsfunktion wie die Ausgangsvariable besitzt. Daher kann der Funktionswert $t_n(x_1, x_2, \ldots, x_n)$ als Realisierung der Zufallsvariablen

$$T_n = t_n(X_1, X_2, \ldots, X_n) \tag{5.15}$$

angesehen werden. Die Verteilungsfunktion der Zufallsvariablen T_n hängt dann ebenfalls von dem unbekannten Parameter ϑ ab. Die Zufallsvariable T_n nennen wir *Schätzfunktion*. Eine Schätzfunktion ist also eine Funktion t_n der n Zufallsvariablen $X_1, X_2, \ldots, X_n$, also wieder eine Zufallsvariable.

Da Realisierungen einer Schätzfunktion möglichst genaue Näherungswerte für den unbekannten, also zu schätzenden Parameter darstellen sollen, ist es offensichtlich nötig, gewisse weitere Eigenschaften von einer Schätzfunktion zu fordern, worauf im folgenden ausführlich eingegangen wird.

5.2.1 Erwartungstreue Schätzfunktionen

Definition 5.1. Eine Schätzfunktion $T_n = t_n(X_1, \ldots, X_n)$ für den Parameter ϑ heißt *erwartungstreu*, wenn sie den Erwartungswert

$$E(T_n) = E(t_n(X_1, \ldots, X_n)) = \vartheta$$

besitzt. Eine Folge von Schätzfunktionen T_n, n = 1, 2, ... heißt *asymptotisch erwartungstreu*, wenn gilt

$$\lim_{n \to \infty} E(T_n) = \vartheta.$$

Ist $t_n(X_1, ..., X_n)$ eine erwartungstreue Schätzfunktion für den Parameter ϑ, so kann zwar ein aus einer einzelnen einfachen Stichprobe gewonnener Schätzwert $\hat{\vartheta} = t_n(x_1, ..., x_n)$ vom wirklichen Parameter weit entfernt liegen. Werden jedoch viele Schätzwerte aus einzelnen Stichproben gewonnen, so wird im allgemeinen das arithmetische Mittel dieser Schätzwerte in der Nähe des unbekannten Parameters liegen (vgl. das schwache Gesetz der großen Zahlen [2] 3.2).

5.2.2 Konsistente Schätzfunktionen

Es ist sinnvoll, von einer gut approximierenden Schätzfunktion zu verlangen, daß mit wachsendem Stichprobenumfang n die Wahrscheinlichkeit dafür, daß die Schätzwerte in der unmittelbaren Umgebung des wahren Parameters ϑ liegen, gegen Eins strebt. Dazu die

Definition 5.2. Eine Folge $T_n = t_n(X_1, ..., X_n)$, n = 1, 2, ... von Schätzfunktionen für den Parameter ϑ heißt *konsistent*, wenn für jedes $\epsilon > 0$ gilt

$$\lim_{n \to \infty} P(|t_n(X_1, X_2, ..., X_n) - \vartheta| > \epsilon) = 0.$$

Die Wahrscheinlichkeit dafür, daß die Zufallsvariable $T_n = t_n(X_1, X_2, ..., X_n)$ Werte annimmt, die um mehr als ϵ vom Parameter ϑ abweichen, wird somit beliebig klein, wenn nur n hinreichend groß gewählt wird. Ein Konsistenzkriterium liefert der folgende

Satz 5.3: Für jedes n sei T_n eine erwartungstreue Schätzfunktion des Parameters ϑ. Die Varianzen der Zufallsvariablen $T_n = t_n(X_1, ..., X_n)$ sollen ferner die Bedingung

$$\lim_{n \to \infty} D^2(T_n) = \lim_{n \to \infty} E([T_n - \vartheta]^2) = 0$$

erfüllen. Dann ist die Folge T_n, n = 1, 2, ... konsistent.

Beweis: Wegen der vorausgesetzten Erwartungstreue gilt

$E(T_n) = \vartheta$ für alle n.

Folglich erhalten wir nach der Tschebyscheffschen Ungleichung (vgl. [2] 3.1) für jedes $\epsilon > 0$ die Abschätzung

$$P(|T_n - E(T_n)| > \epsilon) = P(|T_n - \vartheta| > \epsilon) \leq \frac{D^2(T_n)}{\epsilon^2}$$

und hieraus unmittelbar die Behauptung

$$\lim_{n \to \infty} P(|T_n - \vartheta| > \epsilon) \leq \lim_{n \to \infty} \frac{D^2(T_n)}{\epsilon^2} = \frac{1}{\epsilon^2} \cdot \lim_{n \to \infty} D^2(T_n) = 0. \qquad \blacksquare$$

5.2.3 Wirksamste (effiziente) Schätzfunktionen

Die einzelnen Realisierungen $t_n(x_1, \ldots, x_n)$ einer erwartungstreuen Schätzfunktion T_n werden umso weniger um den Parameter ϑ streuen, je kleiner die Varianz der Zufallsvariablen T_n ist. Daher wird man unter erwartungstreuen Schätzfunktionen diejenigen mit minimaler Varianz bevorzugen.

Definition 5.3

a) Eine erwartungstreue Schätzfunktion $T'_n = t'_n(X_1, \ldots, X_n)$ für den Parameter ϑ heißt *wirksamste Schätzfunktion* oder *effizient*, wenn es keine andere erwartungstreue Schätzfunktion T_n gibt mit kleinerer Varianz, d.h. mit

$$D^2(T_n) > D^2(T'_n) = D^2(t'_n(X_1, \ldots, X_n)).$$

b) Ist T'_n eine effiziente Schätzfunktion und T_n eine beliebige erwartungstreue Schätzfunktion, so heißt der Quotient

$$e(T_n) = \frac{D^2(T_n)}{D^2(T'_n)}$$

die *Effizienz* oder *Wirksamkeit* der Schätzfunktion T_n.

c) Eine Folge $T_n, n = 1, 2, \ldots$ erwartungstreuer Schätzfunktionen heißt *asymptotisch wirksamst*, wenn gilt

$$\lim_{n \to \infty} e(T_n) = \lim_{n \to \infty} \frac{D^2(T_n)}{D^2(T'_n)} = 1.$$

5.3 Maximum-Likelihood-Schätzungen

In diesem Abschnitt behandeln wir eine von R. A. Fisher vorgeschlagene Methode zur Gewinnung von Schätzfunktionen, die unter bestimmten Voraussetzungen einige der in 5.2 geforderten Eigenschaften erfüllen. Bezüglich der Beweise müssen wir allerdings auf die weiterführende Literatur verweisen. Wir beginnen mit dem elementaren

Beispiel 5.2. Zur Schätzung der unbekannten Wahrscheinlichkeit $p = P(A)$ eines Ereignisses A werde ein entsprechendes Bernoulli-Experiment für das Ereignis A n-mal durchgeführt. Wir notieren die Ergebnisse als n-Tupel, in dem an der i-ten Stelle A oder $\overline{A}$ steht, je nachdem ob beim i-ten Versuch das Ereignis A oder $\overline{A}$ eingetreten ist, $i = 1, 2, \ldots, n$. Das Ereignis A sei in dieser Versuchsreihe insgesamt k_0-mal vorgekommen. Mit dem unbekannten Parameter p ist die Wahrscheinlichkeit dafür, daß diese Versuchsserie in dieser Reihenfolge eintritt, gleich

$$L(p) = p^{k_0}(1-p)^{n-k_0}. \tag{5.16}$$

Wir wählen nun denjenigen Wert $\hat{p}$ als Schätzwert, für den die Funktion $L(p)$, d.h. die Wahrscheinlichkeit für das eingetretene Ereignis, maximal wird. Differentiation nach p liefert dazu die Bedingung

$$\frac{dL(p)}{dp} = k_0 p^{k_0-1}(1-p)^{n-k_0} - (n-k_0)p^{k_0}(1-p)^{n-k_0-1}$$

$$= p^{k_0-1}(1-p)^{n-k_0-1}[k_0(1-p) - (n-k_0)p] = 0.$$

Hieraus folgt

$$k_0 - k_0 p - np + k_0 p = k_0 - np = 0$$

mit der Lösung

$$\hat{p} = \frac{k_0}{n} = r_n(A) \; (= \text{relative Häufigkeit des Ereignisses A}). \tag{5.17}$$

Dieses Prinzip der „maximalen Wahrscheinlichkeit" liefert also gerade die relative Häufigkeit als Schätzwert. ♦

Allgemein betrachten wir nun folgende Problemstellung: Von einer *diskreten Zufallsvariablen* Z sei zwar der Wertevorrat W = $\{z_1, z_2, ...\}$ bekannt, nicht jedoch die Wahrscheinlichkeiten $p_k = P(Z = z_k)$. Setzt man voraus, daß die Einzelwahrscheinlichkeiten p_k nur von m ebenfalls unbekannten Parametern $\vartheta_1, \vartheta_2, ..., \vartheta_m$ abhängen, so schreiben wir dafür

$$P(Z = z_k) = p(z_k, \vartheta_1, \vartheta_2, ..., \vartheta_m). \tag{5.18}$$

Mit den Parametern $\vartheta_1, ..., \vartheta_m$ ist nach (5.18) auch die Verteilung $(z_k, P(Z = z_k))$, k = 1, 2, ... der diskreten Zufallsvariablen Z bekannt. Beispiele für solche Zufallsvariable sind a) die Binomialverteilung mit einem unbekannten Parameter p, b) die Polynomialverteilung (vgl. [2] 1.7.2) mit r − 1 unbekannten Parametern $p_1, p_2, ..., p_{r-1}$ (der r-te Parameter läßt sich aus $p_1 + p_2 + ... + p_r = 1$ berechnen), c) die Poissonverteilung (vgl. [2] 2.3.5) mit dem unbekannten Parameter λ.
Bezüglich der Zufallsvariablen Z werde eine einfache Stichprobe x = $(x_1, x_2, ..., x_n)$ vom Umfang n gezogen. Dann ist die Wahrscheinlichkeit dafür, daß man diese Stichprobe x erhält, gleich

$$\boxed{L(x_1, ..., x_n, \vartheta_1, ..., \vartheta_m) = p(x_1, \vartheta_1, ... \vartheta_m) \cdot p(x_2, \vartheta_1, ... \vartheta_m) \cdot ... \cdot p(x_n, \vartheta_1, ... \vartheta_m).}$$

$$\tag{5.19}$$

Die durch (5.19) definierte Funktion L in den m Veränderlichen $\vartheta_1, ..., \vartheta_m$ (die Werte $x_1, ..., x_n$ sind ja als Stichprobenwerte bekannt) heißt *Likelihood-Funktion für die diskrete Zufallsvariable Z*.

Im stetigen Fall erhalten wir wegen der Approximationsformel (vgl. [2] (2.73))

$$P(z \leq Z \leq z + \Delta z) \approx f(z) \cdot \Delta z,$$

wenn f an der Stelle z stetig ist, als Analogon zur Verteilung einer diskreten Zufallsvariablen die Dichte f. Hängt die Dichte $f(z, \vartheta_1, ..., \vartheta_m)$ einer stetigen Zufallsvariablen Z von den Parametern $\vartheta_1, ..., \vartheta_m$ ab (wie z.B. die Dichte einer normalverteilten Zufallsvariablen von μ und σ^2), so nennen wir bei gegebener einfacher Stichprobe x = $(x_1, x_2, ..., x_n)$ die Funktion

$$\boxed{L(x_1, ..., x_n, \vartheta_1, ..., \vartheta_m) = f(x_1, \vartheta_1, ..., \vartheta_m) \cdot f(x_2, \vartheta_1, ..., \vartheta_m) \cdot ... \cdot f(x_n, \vartheta_1, ..., \vartheta_m)}$$

$$\tag{5.20}$$

Likelihood-Funktion der stetigen Zufallsvariablen Z.
Aus einer Likelihood-Funktion erhalten wir Schätzwerte für die Parameter $\vartheta_1, \ldots, \vartheta_m$ nach dem sog. *Maximum-Likelihood-Prinzip:*

> Man wähle diejenigen Werte $\hat{\vartheta}_1, \ldots, \hat{\vartheta}_m$ als Schätzwerte für die unbekannten Parameter $\vartheta_1, \ldots, \vartheta_m$, für welche die Likelihood-Funktion maximal wird.

Die so gewonnenen Parameter heißen *Maximum-Likelihood-Schätzungen.*

Häufig erhält man die Maxima der Funktion L durch Lösung des Gleichungssystems

$$\frac{\partial L}{\partial \vartheta_1} = 0; \quad \frac{\partial L}{\partial \vartheta_2} = 0; \ldots; \quad \frac{\partial L}{\partial \vartheta_m} = 0, \qquad (5.21)$$

wobei $\frac{\partial L}{\partial \vartheta_k}$ die partielle Ableitung nach der Variablen ϑ_k ist.

Da Wahrscheinlichkeiten und Dichten nicht negativ sind und außerdem der natürliche Logarithmus ln L eine streng monoton wachsende Funktion von L ist, nimmt die Funktion L genau dort ein Maximum an, wo die Funktion ln L maximal wird. Wegen

$$\ln L = \sum_{k=1}^{n} \ln p(x_k, \vartheta_1, \ldots, \vartheta_m) \quad (\text{bzw.} = \sum_{k=1}^{n} \ln f(x_k, \vartheta_1, \ldots, \vartheta_m))$$

ist es häufig rechnerisch einfacher und bequemer, das Gleichungssystem

$$\frac{\partial \ln L}{\partial \vartheta_1} = 0; \quad \frac{\partial \ln L}{\partial \vartheta_2} = 0; \ldots; \quad \frac{\partial \ln L}{\partial \vartheta_m} = 0 \qquad (5.22)$$

zu lösen.

Beispiel 5.3 (Binomialverteilung). Als Maximum-Likelihood-Schätzung für den Parameter $p = P(A)$ eines Ereignisses A erhalten wir nach Beispiel 5.2 die relative Häufigkeit $r_n(A)$ des Ereignisses A in einer unabhängigen Versuchsreihe (Bernoulli-Experiment) vom Umfang n, also

$$\hat{p} = r_n(A) = \frac{\text{Anzahl der Versuche, bei denen A eingetreten ist}}{n} \qquad \blacklozenge$$

Beispiel 5.4 (Polynomialverteilung). Wir betrachten m paarweise unvereinbare Ereignisse $A_1, A_2, \ldots, A_m$, von denen bei jeder Versuchsdurchführung genau eines eintritt $\left(\text{es gelte also } \Omega = \sum_{k=1}^{m} A_k\right)$ mit den unbekannten Wahrscheinlichkeiten $p_k = P(A_k), k = 1, \ldots, m \left(\sum_{k=1}^{m} p_k = 1\right)$. Das dazugehörige Zufallsexperiment werde n-mal unabhängig durchgeführt, wobei h_k die absolute Häufigkeit des Ereignisses A_k bezeichne

5 Parameterschätzung

für k = 1, 2, ..., m. Die Wahrscheinlichkeit für das eingetretene Ereignis (unter Berücksichtigung der Reihenfolge) berechnet sich nach [2] 1.7.2 zu

$$L = p_1^{h_1} \cdot p_2^{h_2} \cdot \ldots \cdot p_m^{h_m}.$$

Daraus folgt

$$\ln L = \sum_{k=1}^{m} h_k \ln p_k. \tag{5.23}$$

Wegen $\sum_{k=1}^{m} p_k = 1$ und $\sum_{k=1}^{m} h_k = n$, d.h.

$$p_m = \sum_{k=1}^{m-1} p_k, \quad h_m = n - \sum_{k=1}^{m-1} h_k$$

erhalten wir aus (5.23) die Beziehung

$$\ln L = h_1 \ln p_1 + \ldots + h_{m-1} \ln p_{m-1} + \left(n - \sum_{k=1}^{m-1} h_k\right) \cdot \ln\left(1 - \sum_{k=1}^{m-1} p_k\right).$$

Somit ist hier L Funktion von insgesamt n − 1 Veränderlichen. Differentiation ergibt

$$\frac{\partial \ln L}{\partial p_i} = \frac{h_i}{p_i} - \frac{n - \sum_{k=1}^{m-1} h_k}{1 - \sum_{k=1}^{m-1} p_k} = \frac{h_i}{p_i} - \frac{h_m}{p_m} = 0 \text{ für } i = 1, 2, \ldots, m-1. \tag{5.24}$$

Diese Gleichung (5.24) gilt trivialerweise auch noch für i = m. Aus ihr folgt

$$h_i p_m = p_i h_m \text{ für } i = 1, 2, \ldots, m$$

und durch Summation über i

$$\sum_{i=1}^{m} h_i p_m = n p_m = \sum_{i=1}^{m} p_i h_m = h_m.$$

Hieraus erhalten wir den Schätzwert $\hat{p}_m = \dfrac{h_m}{n}$. Für die Schätzwerte der übrigen Parameter ergibt sich aus (5.24)

$$\hat{p}_i = h_i \cdot \frac{\hat{p}_m}{h_m} = h_i \cdot \frac{h_m}{n \cdot h_m} = \frac{h_i}{n} \text{ für } i = 1, 2, \ldots, m-1.$$

Maximum-Likelihood-Schätzwerte sind somit die relativen Häufigkeiten, d.h.

$$\boxed{\hat{p}_k = \frac{h_k}{n} = r_n(A_k) \text{ für } k = 1, 2, \ldots, m.}$$ ♦

Beispiel 5.5 (Poisson-Verteilung). Die Wahrscheinlichkeiten einer mit dem Parameter λ Poisson-verteilten Zufallsvariablen Z berechnen sich nach Abschnitt 4.2 als

$$P(Z = k) = \frac{\lambda^k}{k!} e^{-\lambda}, \quad k = 0, 1, 2, \ldots.$$

Mit einer einfachen Stichprobe $x = (x_1, x_2, \ldots, x_n)$ gewinnt man daraus die Likelihood-Funktion

$$L(\lambda) = \frac{\lambda^{x_1}}{x_1!} e^{-\lambda} \frac{\lambda^{x_2}}{x_2!} e^{-\lambda} \ldots \frac{\lambda^{x_n}}{x_n!} e^{-\lambda} = \frac{1}{x_1! \, x_2! \ldots x_n!} \lambda^{n\bar{x}} e^{-n\lambda}.$$

Unter Benutzung des natürlichen Logarithmus folgt hieraus

$$\ln L = n\bar{x} \ln \lambda - n\lambda - \ln(x_1! \, x_2! \ldots x_n!).$$

Differentiation nach λ liefert schließlich die sog. *Maximum-Likelihood-Gleichung*

$$\frac{d \ln L}{d\lambda} = \frac{n\bar{x}}{\lambda} - n = 0$$

mit der Lösung $\boxed{\hat{\lambda} = \bar{x}.}$ ◆

Beispiel 5.6 (Normalverteilung). Ist die Zufallsvariable Z normalverteilt mit dem Erwartungswert μ und der Varianz σ^2, so lautet die dazugehörige Likelihood-Funktion

$$L(x_1, \ldots, x_n, \mu, \sigma^2) = \frac{1}{\sqrt{2\pi}\,\sigma} e^{-\frac{(x_1-\mu)^2}{2\sigma^2}} \ldots \frac{1}{\sqrt{2\pi}\,\sigma} e^{-\frac{(x_n-\mu)^2}{2\sigma^2}}$$

$$= \frac{1}{\sqrt{2\pi}^n} \cdot \frac{1}{(\sigma^2)^{n/2}} e^{-\frac{1}{2\sigma^2} \sum_{i=1}^{n} (x_i-\mu)^2}.$$

$$\ln L = -n \ln \sqrt{2\pi} - \frac{n}{2} \ln \sigma^2 - \frac{1}{2\sigma^2} \sum_{i=1}^{n} (x_i - \mu)^2.$$

Partielle Differentiation nach μ liefert die Gleichung

$$\frac{\partial \ln L}{\partial \mu} = \frac{1}{\sigma^2} \sum_{i=1}^{n} (x_i - \mu) = 0,$$

woraus

$$\sum_{i=1}^{n} (x_i - \mu) = \sum_{i=1}^{n} x_i - n\mu = n\bar{x} - n\mu = 0, \quad \text{also der Schätzwert}$$

$$\hat{\mu} = \bar{x} = \frac{1}{n} \sum_{i=1}^{n} x_i \quad \text{folgt}.$$

5 Parameterschätzung

Differentiation nach σ^2 ergibt mit dem Schätzwert $\hat{\mu} = \bar{x}$ die Gleichung

$$\frac{\partial \ln L}{\partial \sigma^2} = -\frac{n}{2\sigma^2} + \frac{1}{2\sigma^4} \sum_{i=1}^{n} (x_i - \bar{x})^2 = 0.$$

Daraus folgt

$$\hat{\sigma}^2 = \frac{1}{n} \sum_{i=1}^{n} (x_i - \bar{x})^2 = \frac{n-1}{n} s^2.$$

Als Maximum-Likelihood-Schätzwerte erhält man hier also

$$\boxed{\hat{\mu} = \bar{x}; \quad \hat{\sigma}^2 = \frac{1}{n} \sum_{i=1}^{n} (x_i - \bar{x})^2 = \frac{n-1}{n} s^2.}$$

Zu beachten ist, daß die Schätzfunktion, welche $\hat{\sigma}^2$ liefert, nicht mehr erwartungstreu ist. Die entsprechende Funktionenfolge ist jedoch asymptotisch erwartungstreu. ♦

Beispiel 5.7 (Exponentialverteilung). Eine exponentialverteilte Zufallsvariable X besitzt die

$$\text{Verteilungsfunktion } F(x) = \begin{cases} 0 & \text{für } x \leq 0, \\ 1 - e^{-\alpha x} & \text{für } x > 0, \end{cases} \quad \alpha > 0$$

und die

$$\text{Dichte } f(x) = \begin{cases} 0 & \text{für } x \leq 0, \\ \alpha e^{-\alpha x} & \text{für } x > 0 \end{cases}$$

(s. [2], S. 138). Ferner gilt $E(X) = \frac{1}{\alpha}$; $D^2(X) = \frac{1}{\alpha^2}$.

Die Likelihood-Funktion lautet

$$L(x_1, x_2, \ldots, x_n, \alpha) = \alpha^n \cdot e^{-\alpha \sum_{i=1}^{n} x_i} = \alpha^n \cdot e^{-\alpha \cdot n \cdot \bar{x}}.$$

Hieraus folgt

$$\ln L(\alpha) = n \ln \alpha - \alpha \cdot n \cdot \bar{x}.$$

Differentiation nach α liefert die Gleichung

$$\frac{d \ln L(\alpha)}{d\alpha} = \frac{n}{\alpha} - n\bar{x} = 0.$$

Als Maximum-Likelihood-Schätzung erhält man also

$$\boxed{\hat{\alpha} = \frac{1}{\bar{x}}}$$ ♦

6 Konfidenzintervalle (Vertrauensintervalle)

6.1 Allgemeine Theorie der Konfidenzintervalle

Die Schätzwerte aus Abschnitt 5 für einen Parameter ϑ weichen im allgemeinen etwas von ϑ ab. Für große Stichprobenumfänge n werden sie jedoch meistens in der Nähe von ϑ liegen. Daher ist es naheliegend, Intervalle anzugeben, die den unbekannten Parameter ϑ nach Möglichkeit enthalten sollen. Solche Intervalle heißen *Konfidenz- oder Vertrauensintervalle*. Man hofft, daß diese Intervalle den unbekannten Parameter ϑ auch tatsächlich enthalten.

Je nach Problemstellung ist man an einem der nachfolgenden Intervalle interessiert:

$$[\vartheta_u; \vartheta_o] \quad \text{(zweiseitig);}$$
$$(-\infty; \vartheta_o] \quad \text{oder} \quad [\vartheta_o; \infty) \quad \text{(einseitig).} \tag{6.1}$$

Die Behauptung, diese Intervalle würden den unbekannten Parameter auch tatsächlich enthalten, sind äquivalent mit den

Aussagen (Entscheidungen)

$$\begin{aligned} &\vartheta_u \leq \vartheta \leq \vartheta_o; \\ &-\infty < \vartheta \leq \vartheta_o, \text{d.h. } \vartheta \leq \vartheta_o; \\ &\vartheta_u \leq \vartheta < \infty, \text{d.h. } \vartheta \geq \vartheta_u. \end{aligned} \tag{6.2}$$

Eine solche Aussage ist entweder richtig oder falsch.

Die Grenzen ϑ_u und ϑ_o werden aus Stichproben berechnet. Somit sind sie als Stichprobenfunktionen

$$\vartheta_u = g_u(x_1, \ldots, x_n); \vartheta_o = g_o(x_1, \ldots, x_n) \tag{6.3}$$

Realisierungen der Zufallsvariablen

$$G_u = g_u(X_1, \ldots, X_n); G_o = g_o(X_1, \ldots, X_n) \tag{6.4}$$

Für die „Güte" der Aussagen (6.2) sind die Wahrscheinlichkeiten

$$P(G_u \leq \vartheta \leq G_o); P(\vartheta \leq G_o); P(\vartheta \geq G_u) \tag{6.5}$$

maßgebend. Liegen diese Wahrscheinlichkeiten nahe bei Eins, so werden die meisten solcher Aussagen richtig sein. Eine Verkleinerung dieser Wahrscheinlichkeit wird den Anteil der falschen Aussagen erhöhen.

Die aus der Stichprobe gewonnenen Intervalle

$$[g_u, g_o]; (-\infty, g_o]; [g_u, \infty)$$

sind Realisierungen der *Zufallsintervalle*

$$[G_u, G_o]; (-\infty, G_o]; [G_u, \infty).$$

Sie heißen *Konfidenz- oder Vertrauensintervalle*. Man „vertraut" also darauf, daß ein aus der Stichprobe berechnetes Intervall den unbekannten Erwartungswert ϑ auch tatsächlich enthält.

6 Konfidenzintervalle (Vertrauensintervalle)

In der Praxis geht man folgendermaßen vor:
Man gibt sich die Wahrscheinlichkeit

$$\gamma = P(G_u \leq \vartheta \leq G_o) \text{ bzw. } \gamma = P(\vartheta \leq G_o) \text{ bzw. } \gamma = P(\vartheta \geq G_u)$$

vor, z.B. $\gamma = 0{,}95$ oder $\gamma = 0{,}99$. Dazu werden die Zufallsvariablen G_u bzw. G_o bestimmt, deren Realisierungen die Grenzen der Konfidenzintervalle liefern. Zusammenfassend die

Definition 6.1. $G_u = g_u(X_1, \ldots, X_n)$ bzw. $G_o = g_o(X_1, \ldots, X_n)$ seien zwei Zufallsvariable mit

$$P(G_u \leq \vartheta \leq G_o) = \gamma = 1 - \alpha$$

bzw. $P(G_u \leq \vartheta) = \gamma = 1 - \alpha$ (6.6)

bzw. $P(\vartheta \leq G_o) = \gamma = 1 - \alpha$.

g_u und g_o seien Realisierungen von G_u und G_o. Dann heißt $[g_u, g_o]$ ein *zweiseitiges Konfidenzintervall* (Vertrauensintervall) und $(-\infty, g_o]$ sowie $[g_u, \infty)$ *einseitige Konfidenzintervalle* für den (unbekannten) Parameter ϑ zum *Konfidenzniveau (Konfidenzzahl)* γ.

Wird z.B. $\gamma = 0{,}99 (= 99\,\%)$ gewählt, so kann man nach dem Bernoullischen Gesetz der großen Zahlen erwarten, daß bei einer langen Stichprobenserie etwa 99 % der berechneten Intervalle den wirklichen Parameter ϑ tatsächlich enthalten und etwa 1 % ($= 100 \cdot \alpha$) nicht. Damit sind ungefähr 99 % der zugehörigen Aussagen richtig.

Daß es zu einem fest vorgegebenem Konfidenzniveau γ eventuell mehrere zweiseitige Konfidenzintervalle gibt, sei nur erwähnt. Unter diesen wählt man dann sinnvollerweise die Intervalle mit der kleinsten mittleren Länge aus. Die spezielle Wahl der Größe des jeweiligen Konfidenzniveaus γ hängt natürlich von dem Schaden ab, den eine falsche Entscheidung verursacht.

Im stetigen Fall gibt es in (6.6) i.a. zu jedem γ (mindestens) eine Lösung. Bei diskreten Zufallsvariablen verlangt man, daß die Wahrscheinlichkeiten in (6.6) größer oder gleich γ sind. Dabei möchte man natürlich möglichst nahe an γ herankommen.

6.2 Konfidenzintervalle für den Erwartungswert μ einer Zufallsvariablen

Zunächst soll das Problem für Normalverteilungen, danach für beliebige Zufallsvariable behandelt werden.

6.2.1 Normalverteilungen mit bekannter Varianz σ_0^2

Häufig ist die Varianz einer normalverteilten Zufallsvariablen bekannt, der Erwartungswert jedoch nicht. Beschreibt z.B. die Zufallsvariable X ein bestimmtes Merkmal maschinell gefertigter Gegenstände (etwa den Durchmesser von Autokolben oder Gewichte von Zuckerpaketen), so hängt der Erwartungswert $\mu = E(X)$ oft von der speziellen Maschineneinstellung ab, während die Varianz immer gleich bleibt, also nur von der Maschine selbst und nicht von deren Einstellung abhängig ist. Aus Erfahrungswerten sei die Varianz bekannt. Wir bezeichnen sie mit σ_0^2. (Der verwendete Index $_0$ soll andeuten, daß es sich um einen bekannten Zahlenwert handelt.)
Die Zufallsvariablen X_i seien also unabhängig und alle $N(\mu; \sigma_0^2)$-verteilt, wobei die Varianz σ_0^2 bekannt, der Erwartungswert μ jedoch unbekannt ist.

Die Zufallsvariable $\overline{X} = \frac{1}{n} \sum_{i=1}^{n} X_i$ des Stichprobenmittelwertes ist dann $N(\mu; \frac{\sigma_0^2}{n})$-verteilt, ihre Standardisierung

$$Z = \frac{\overline{X} - \mu}{\sigma_0} \cdot \sqrt{n}$$

$N(0; 1)$-verteilt. Zu vorgegebener Konfidenzzahl γ gibt es für

$$P(c_1 \leq Z \leq c_2) = \gamma$$

beliebig viele Lösungen c_1, c_2. Fordert man aber gleichzeitig, daß c_1 und c_2 möglichst nahe beieinander liegen, so gibt es nur eine (symmetrische) Lösung, nämlich

$$P(-c \leq Z \leq c) = \gamma.$$

Aus der Symmetrie der Dichte (s. Bild 6.1) erhält man

$$\gamma = P(-c \leq Z \leq c) = \Phi(c) - \Phi(-c) = \Phi(c) - [1 - \Phi(c)] = 2\Phi(c) - 1,$$

also $\Phi(c) = \frac{1+\gamma}{2}$.

$c = z_{\frac{1+\gamma}{2}}$ ist das $\frac{1+\gamma}{2}$-Quantil der $N(0; 1)$-Verteilung

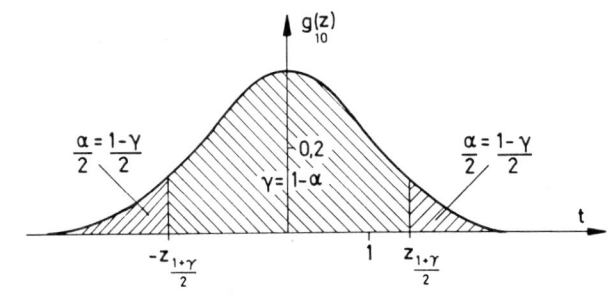

Bild 6.1
Bestimmung der Quantile $c = z_{\frac{1+\gamma}{2}}$ mit $2\Phi(c) - 1 = \gamma$ aus der $N(0; 1)$-Verteilung

Durch elementare Umformung folgt

$$P(-z_{\frac{1+\gamma}{2}} \leq \frac{\overline{X} - \mu}{\sigma_0} \cdot \sqrt{n} \leq z_{\frac{1+\gamma}{2}})$$

$$= P(\underbrace{\overline{X} - \frac{\sigma_0}{\sqrt{n}} \cdot z_{\frac{1+\gamma}{2}}}_{= G_u} \leq \mu \leq \underbrace{\overline{X} + \frac{\sigma_0}{\sqrt{n}} \cdot z_{\frac{1+\gamma}{2}}}_{= G_o}).$$

(6.7)

Für einseitige Konfidenzintervalle gilt

$$P(Z \leq c) = \gamma \quad \text{bzw.} \quad P(Z \geq -c) = \gamma.$$

6 Konfidenzintervalle (Vertrauensintervalle)

Hier ist $c = z_\gamma$ das γ-Quantil der $N(0; 1)$-Verteilung mit

$$P(Z \leq z_\gamma) = P(\mu \geq \overline{X} - z_\gamma \cdot \frac{\sigma_0}{\sqrt{n}});$$

$$P(Z \geq -z_\gamma) = P(\mu \leq \overline{X} + z_\gamma \cdot \frac{\sigma_0}{\sqrt{n}}).$$
(6.8)

Mit dem Stichprobenmittel $\overline{x}$ erhält man also die

Konfidenzintervalle für μ bei bekannter Varianz σ_0^2

zweiseitig $\quad \left[\overline{x} - z_{\frac{1+\gamma}{2}} \cdot \frac{\sigma_0}{\sqrt{n}} \; ; \; \overline{x} + z_{\frac{1+\gamma}{2}} \cdot \frac{\sigma_0}{\sqrt{n}}\right]; \; \Phi(z_{\frac{1+\gamma}{2}}) = \frac{1+\gamma}{2}\;;$

einseitig $\quad \left(-\infty \; ; \; \overline{x} + z_\gamma \cdot \frac{\sigma_0}{\sqrt{n}}\right]; \; \Phi(z_\gamma) = \gamma.$
(6.9)

einseitig $\quad \left[\overline{x} - z_\gamma \cdot \frac{\sigma_0}{\sqrt{n}} \; ; \; \infty\right).$

Setzt man das γ-Quantil $c = z_\gamma$ eines einseitigen Konfidenzintervalls ohne Änderung in die Formel für das zweiseitige ein, so ist

$$\left[\overline{x} - z_\gamma \cdot \frac{\sigma_0}{\sqrt{n}} \; ; \; \overline{x} + z_\gamma \cdot \frac{\sigma_0}{\sqrt{n}}\right]$$

ein zweiseitiges Konfidenzintervall zum Konfidenzniveau

$$1 - 2(1 - \gamma) = 2\gamma - 1 < \gamma.$$

Läßt man im zweiseitigen Konfidenzintervall zum Niveau γ eine Grenze weg (in diesem Beispiel wird sie also durch $-\infty$ bzw. $+\infty$ ersetzt), so erhält man ein einseitiges Konfidenzintervall zum Niveau $\frac{1+\gamma}{2}$. Aus diesem Grund würde es genügen, Programme für zweiseitige Konfidenzintervalle zu erstellen.

Bestimmung einseitiger Konfidenzintervalle aus zweiseitigen

Läßt man in einem zweiseitigen Konfidenzintervall zum Niveau $2\gamma - 1$ eine Grenze weg (Ersetzung durch $-\infty$ bzw. $+\infty$), so erhält man ein einseitiges zum Niveau γ.
Das zweiseitige Konfidenzintervall besitzt die Länge

$$l = 2 \cdot z_{\frac{1+\gamma}{2}} \cdot \frac{\sigma_0}{\sqrt{n}}.$$
(6.10)

Diese Länge ist unabhängig von $\overline{x}$. Bei festem n und γ erhält man also Konfidenzintervalle konstanter Länge. Variabel ist nur der Mittelpunkt $\overline{x}$ der Intervalle, welcher von der Stichprobe (also vom Zufall) abhängig ist.
Wird γ größer gewählt, so vergrößert sich auch $z_{\frac{1+\gamma}{2}}$ und damit l. Bei Vergrößerung von γ wird zwar die Aussage sicherer, sie wird jedoch gleichzeitig unpräziser. Bei festgewähltem

γ kann die Länge l jedoch beliebig klein gemacht werden, wenn der Stichprobenumfang n groß genug gewählt wird. Auch dies ist plausibel, da Stichproben mit großem Umfang „viel Information" liefern.

6.2.2 Normalverteilung mit unbekannter Varianz σ^2

Ist die Varianz σ^2 nicht bekannt, so ist es naheliegend, sie durch die Stichprobenvarianz s^2 als Realisierung der erwartungstreuen Schätzfunktion $S^2 = \dfrac{1}{n-1} \sum\limits_{i=1}^{n} (X_i - \overline{X})^2$ zu ersetzen. Die Zufallsvariable

$$T_{n-1} = \sqrt{n} \cdot \frac{\overline{X} - \mu}{S} \tag{6.11}$$

ist dann allerdings nicht mehr normalverteilt. Sie besitzt eine t-Verteilung mit n − 1 Freiheitsgraden.
Ersetzt man in den Formeln des vorigen Abschnitts die Quantile der Normalverteilung durch die der T_{n-1}-Verteilung und σ_0 durch S bzw. deren Realisierung s, dann erhält man unmittelbar

Konfidenzintervalle für μ bei unbekanntem σ

$$\begin{aligned}
&\text{zweiseitig} \quad \left[\overline{x} - t_{\frac{1+\gamma}{2}} \cdot \frac{s}{\sqrt{n}};\ \overline{x} + t_{\frac{1+\gamma}{2}} \cdot \frac{s}{\sqrt{n}}\right]; \quad F_{n-1}(t_{1+y}) = \frac{1+\gamma}{2}; \\
&\text{einseitig} \quad \left(-\infty;\ \overline{x} + t_\gamma \cdot \frac{s}{\sqrt{n}}\right]; \quad F_{n-1}(t_\gamma) = \gamma; \\
&\text{einseitig} \quad \left[\overline{x} - t_\gamma \cdot \frac{s}{\sqrt{n}};\ \infty\right) \quad \text{t-Verteilung mit n} - 1\ \text{Freiheitsgraden.}
\end{aligned} \tag{6.12}$$

s = Standardabweichung der Stichprobe.

Die Länge

$$l = 2 \cdot t_{\frac{1+\gamma}{2}} \cdot \frac{s}{\sqrt{n}} \tag{6.13}$$

des zweiseitigen Konfidenzintervalls hängt hier von der Stichprobenstreuung s und damit vom Zufall ab; sie ist also auch bei festgewähltem n und γ nicht mehr konstant.

6.2.3 Beliebige Zufallsvariable bei großem Stichprobenumfang

Sind $X_1, X_2, \ldots, X_n$ unabhängige Wiederholungen der Zufallsvariablen X mit $E(X) = \mu$ und $D^2(X) = \sigma^2$, so ist für große n nach dem zentralen Grenzwertsatz

$$\overline{X} = \frac{1}{n} \sum_{i=1}^{n} X_i \quad \text{ungefähr } N(\mu, \frac{\sigma^2}{n})\text{-verteilt.}$$

6 Konfidenzintervalle (Vertrauensintervalle)

Dann können die für Normalverteilungen abgeleiteten Konfidenzintervalle (6.12) unmittelbar übernommen werden, wobei man allerdings nur Näherungswerte erhält, die mit wachsendem Stichprobenumfang n besser werden. Im allgemeinen erhält man bereits ab n = 30 recht brauchbare Approximationen.

Das nachfolgende Programm berechnet zwei- oder einseitige Konfidenzintervalle für den Erwartungswert μ aus dem Mittelwert $\bar{x}$ und der Standardabweichung s der Stichprobe.

Zur Berechnung der Quantile könnte das Programm der t-Verteilung benutzt werden. Da der Rechenteil für die Quantile dort nicht sehr umfangreich ist, wurde dieser Teil unter Streichung einiger überflüssiger Abfragen übernommen. Dazu bietet es sich an, zunächst aus dem Programm der t-Verteilung die nicht benötigten Teile zu streichen und dieses Gerippe zu ergänzen und anschließend umzunumerieren.

Konfidenzintervalle für μ (KONFMY)

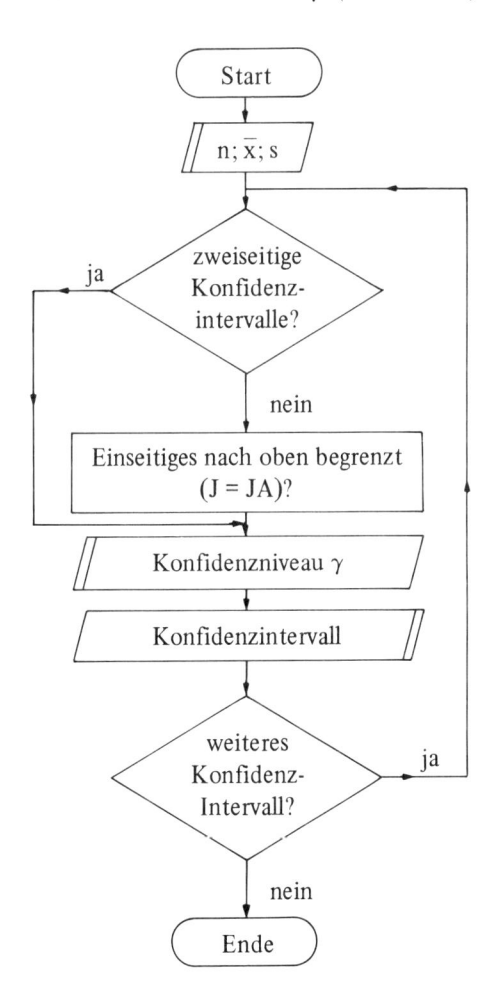

Programm KONFMY

```
10   REM KONFIDENZINTERVALL FUER DEN ERWARTUNGSWERT (KONFMY)
20   REM GRUNDGESAMTHEIT MUSS NORMALVERTEILT SEIN ODER N>=30
30   PRINT "SICHPROBENUMFANG N = ";:INPUT N:F=N-1
40   PRINT
50   PRINT "MITTELWERT DER STICHPROBE M = ";:INPUT M
60   PRINT
70   PRINT "STANDARDABWEICHUNG DER STICHPROBE S = ";:INPUT S:PRINT
80   REM ---------------------------------------------------------
90   PRINT
100  PRINT "ZWEISEITIGES KONFIDENZINTERVALL ? (J=JA)"
110  INPUT E2$:IF E2$="J" THEN 140
120  PRINT "SOLL DAS INTERVALL NACH  OBEN BEGRENZT SEIN ? (J=JA)"
130  INPUT E1$
140  PRINT "KONFIDENZNIVEAU GAMMA = ";:INPUT GA
150  Q=GA: IF E2$="J" THEN Q=(1+GA)/2
160  REM ---------------------------------------------QUANTILE
170  C1=92160%F^4+23040%F^3+2880%F%F-3600%F-945
180  C3=23040%F^3+15360%F%F+4080%F-1920
190  C5=4800%F%F+4560%F+1482
200  C7=720%F+776
210  HQ=Q:IF Q<.5 THEN Q=1-Q
220  T=SQR(-2%LOG(1-Q))
230  ZA=2.515517+T%(.802853+.010328%T)
240  NE=1+T%(1.432788+T%(.189269+.001308%T))
250  ZQ=T-ZA/NE:RG=92160%F^4
260  TQ=ZQ%(C1+ZQ%ZQ%(C3+ZQ%ZQ%(C5+ZQ%ZQ%(C7+79%ZQ%ZQ))))/RG
270  PRINT:IF HQ<.5 THEN TQ=-TQ
280  TA=TQ%S/SQR(N) :PRINT
290  PRINT "KONFIDENZNIVEAU  = ";GA
300  IF E2$="J" THEN 360
310  IF E1$="J" THEN 340
320  PRINT "KONFIDENZINTERVALL    ";M-TA;" <= MY "
330  GOTO 380
340  PRINT "KONFIDENZINTERVALL       MY <= ";M+TA
350  GOTO 380
360  PRINT "KONFIDENZINTERVALL    ";M-TA;" <= MY <= ";M+TA
370  REM ---------------------------------------------------------
380  E1$="WIA":E2$="WIA":E$="WIA":PRINT
390  PRINT "NOCH EIN KONFIDENZINTERVALL BERECHNEN(J=JA)?"
400  INPUT E$:IF E$="J" THEN GOTO 100
410  END
```

Beispiel 6.1. Gemessen wurden die Gewichte (in g) von 100 zufällig ausgewählten Zuckerpaketen mit dem Mittelwert $\bar{x} = 1002{,}5$ g und der Standardabweichung s = 3,24785 g. Für den Erwartungswert μ sind folgende Konfidenzintervalle gesucht:

a) zweiseitig für $\gamma = 0{,}95$

b) einseitig (nach oben unbegrenzt) für $\gamma = 0{,}999$.

Eingabe n = 100; $\bar{x}$ = 1002,5; s = 3,24785.

Ausgabe

a) Konfidenzniveau = .95;
   Konfidenzintervall: $1001{.}86 \leqq 1003{.}14$.

b) Konfidenzniveau = .999;
Konfidenzintervall: $1001.47 \leq \mu$.

Bemerkung: Wegen b) kann folgende Aussage gemacht werden:

Die Zufallsvariable, die bei der Gesamtproduktion das Gewicht beschreibt, besitzt einen Erwartungswert μ, der mindestens gleich 1001,47 g ist. Diese Aussage ist zu 99,9 % abgesichert, d.h. mit einem Verfahren abgeleitet worden, das auf Dauer etwa 99,9 % richtige Aussagen, also nur 0,1 % falsche Aussagen liefert. ♦

6.3 Konfidenzintervalle für die Varianz σ^2 einer normalverteilten Zufallsvariablen

Sind die unabhängigen Zufallsvariablen $X_1, \ldots, X_n$ alle $N(\mu, \sigma^2)$-verteilt, so ist die Zufallsvariable

$$\frac{(n-1) \cdot S^2}{\sigma^2} \qquad (6.14)$$

Chi-Quadrat-verteilt mit $f = n - 1$ Freiheitsgraden.

Mit den Quantilen der Chi-Quadrat-Verteilung gilt

$$\gamma = P\left(\frac{(n-1) \cdot S^2}{\sigma^2} \leq \chi_\gamma^2\right) = P\left(\frac{(n-1) \cdot S^2}{\chi_\gamma^2} \leq \sigma^2\right);$$

$$\gamma = P\left(\frac{(n-1) \cdot S^2}{\sigma^2} \geq \chi_{1-\gamma}^2\right) = P\left(\sigma^2 \leq \frac{(n-1) \cdot S^2}{\chi_{1-\gamma}^2}\right);$$

$$\gamma = P\left(\chi_{\frac{1-\gamma}{2}}^2 \leq \frac{(n-1) \cdot S^2}{\sigma^2} \leq \chi_{\frac{1+\gamma}{2}}^2\right) \qquad (6.15)$$

$$= P\left(\frac{(n-1) \cdot S^2}{\chi_{\frac{1+\gamma}{2}}^2} \leq \sigma^2 \leq \frac{(n-1) \cdot S^2}{\chi_{\frac{1-\gamma}{2}}^2}\right)$$

(s. Bild 6.2).

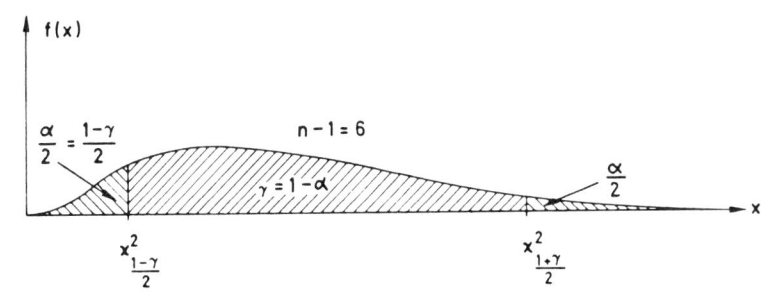

Bild 6.2 Quantile der Chi-Quadrat-Verteilung

Damit erhält man

Konfidenzintervalle für σ^2

$$\begin{array}{ll} \text{zweiseitig} & \left[\dfrac{(n-1)\cdot s^2}{\chi^2_{\frac{1+\gamma}{2}}} \, ; \, \dfrac{(n-1)\cdot s^2}{\chi^2_{\frac{1-\gamma}{2}}} \right] ; \quad \text{Quantile der Chi-Quadrat-Verteilung mit } f = n-1 \text{ Freiheitsgraden.} \\[2ex] \text{einseitig} & \left(0 ; \, \dfrac{(n-1)\cdot s^2}{\chi^2_{1-\gamma}} \right] ; \\[2ex] \text{einseitig} & \left[\dfrac{(n-1)\cdot s^2}{\chi^2_{\gamma}} \, ; \, \infty \right) . \end{array} \qquad (6.16)$$

Das nachfolgende Programm KONFSI ist ähnlich strukturiert wie das aus Abschnitt 6.2 für den Erwartungswert. Dabei wird für die Berechnung der Quantile ein Teil des Programms für die Chi-Quadrat-Verteilung übernommen. Ohne Eingabe des Stichprobenmittels $\bar{x}$ kann das Flußdiagramm für den Erwartungswert direkt übernommen werden.

Programm KONFSI

```
10    REM KONFIDENZINTERVALL FUER DIE VARIANZ  (KONFSI)
20    REM GRUNDGESAMTHEIT MUSS NORMALVERTEILT ODER N>=30 SEIN
30    PRINT "STICHPROBENUMFANG N = ";:INPUT N: F=N-1
40    PRINT "STANDARDABWEICHUNG DER STICHPROBE S = ";:INPUT S :PRINT
50    PRINT " ZWEISEITIGES KONFIDENZINTERVALL   (J=JA)?"
60    INPUT E2$:IF E2$="J" THEN GOTO 90
70    PRINT "EINSEITIGES INTERVALL NACH  O B E N  BEGRENZT  (J=JA)?"
80    INPUT E1$
90    PRINT "KONFIDENZNIVEAU GAMMA = ";:INPUT GA: HI=(N-1)*S*S
100   REM ---------------------------------------------------------
110   IF E2$="J" THEN GOTO 170
120   IF E1$="J" THEN GOTO 150
130   Q=GA: GOSUB 330
140   GU=HI/XQ:GOTO 210
150   Q=1-GA:GOSUB 330
160   GT=HI/XQ:GOTO 210
170   Q=(1+GA)/2:GOSUB 330
180   GU=HI/XQ:Q=(1-GA)/2:GOSUB 330
190   GT=HI/XQ
200   REM ---------------------------------------------AUSGABE
210   PRINT:PRINT "KONFIDENANIVEAU    = ";GA :PRINT
220   IF E2$="J" THEN GOTO 250
230   IF E1$="J" THEN GOTO 260
240   PRINT "KONFIDENZINTERVALL     ";GU;" <= VAR":GOTO 280
250   PRINT "KONFIDENZINTERVALL ";GU;" <= VAR <= ";GT:GOTO 280
260   PRINT "KONFIDENZINTERVALL          VAR <= "; GT
270   REM -------------------------WEITERE KONFIDENZINTERVALLE
280   E1$="WIA":E2$="WIA":E$="WIA":PRINT
290   PRINT "BERECHNUNG EINES WEITERER    KONFIDENZINTERVALLS(J=JA)?"
300   INPUT E$:IF E$="J" THEN GOTO 50
310   END
320   REM -------UNTERPROGRAMM----BERECHNUNG DER QUANTILE
330   H=Q:IF Q<.5 THEN Q=1-Q
```

6 Konfidenzintervalle (Vertrauensintervalle)

```
340    T=SQR(-2%LOG(1-Q))
350    ZA=2.515517+T%(.802853+.010328%T)
360    NE=1+T%(1.43279+T%(.189269+.001308%T))
370    ZQ=T-ZA/NE: PRINT
380    IF H<.5 THEN ZQ=-ZQ
390    RT=SQR(2/(9%F))%ZQ+1-2/(9%F)
400    XQ=F%T%RT%RT
410    RETURN
```

Beispiel 6.2. Die Zufallsvariable, welche die Gewichte in Beispiel 6.1 beschreibt, sei normalverteilt. Für die Varianz σ^2 sollen folgende Konfidenzintervalle berechnet werden:

a) zweiseitig mit $\gamma = 0{,}95$;
b) einseitig $\sigma^2 \leq K$ mit $\gamma = 0{,}99$ (nach oben begrenzt);
c) einseitig $\sigma^2 \geq u$ mit $\gamma = 0{,}975$ (nach unten begrenzt);

Eingabe $n = 100$; $s = 3{,}24785$; $\gamma = .95$.

Ausgabe

a) $\gamma = .95$; Konfidenzintervall: $8{,}13118 \leq \sigma^2 \leq 14{,}2372$;
b) $\gamma = .99$; Konfidenzintervall: $\sigma^2 \leq 15{,}089$;
c) $\gamma = .975$; Konfidenzintervall: $8{,}13118 \leq \sigma^2$.

Wegen der Wahl der Konfidenzwahrscheinlichkeiten müssen die Grenzen in a) und c) übereinstimmen. ♦

6.4 Konfidenzintervalle für eine unbekannte Wahrscheinlichkeit p

6.4.1 Approximation durch die Normalverteilung für np (1 − p) > 9

Zur Konstruktion eines Konfidenzintervalles für eine unbekannte Wahrscheinlichkeit $p = P(A)$ gehen wir von der binomialverteilten Zufallsvariablen X aus, die in einem Bernoulli-Experiment vom Umfang n die Anzahl derjenigen Versuche beschreibt, bei denen das Ereignis A eintritt. Dabei gilt $E(X) = np$ und $D^2(X) = np(1 − p)$. Für große n (es genügt bereits $np(1 − p) > 9$) kann die standardisierte Zufallsvariable $\dfrac{X - np}{\sqrt{np(1-p)}}$ durch eine $N(0;1)$-verteilte mit der Verteilungsfunktion Φ approximiert werden. Dann gilt

$$P\left(\frac{X - np}{\sqrt{np(1-p)}} \leq z\right) \approx \Phi(z).$$

Für jedes $c > 0$ gilt

$$\gamma = 2\Phi(c) - 1 = P\left(-c \leq \frac{X - np}{\sqrt{np(1-p)}} \leq c\right) \tag{6.17}$$

$$= P\left[\frac{(X - np)^2}{np(1-p)} \leq c^2\right]$$

$$= P(X^2 - 2npX + n^2p^2 - c^2 np(1-p) \leq 0). \tag{6.18}$$

Über die Nullstellen der quadratischen Gleichung in (6.18) erhält man mit der Zufallsvariablen $\overline{X} = \dfrac{X}{n}$ der relativen Häufigkeit des Ereignisses A die Lösungen

$$G_{u,o} = \dfrac{1}{n+c^2} \cdot \left(X + \dfrac{c^2}{2} \mp c \cdot \sqrt{\dfrac{X(n-X)}{n} + \dfrac{c^2}{4}} \right)$$

$$= \dfrac{n}{n+c^2} \cdot \left(\overline{X} + \dfrac{c^2}{2n} \mp c \cdot \sqrt{\dfrac{\overline{X}(1-\overline{X})}{n} + \dfrac{c^2}{4n^2}} \right).$$

Damit gilt

$$P\left(-c \leq \dfrac{X - np}{\sqrt{np(1-p)}} \leq c \right) = P(G_u \leq p \leq G_o). \qquad (6.19)$$

Zum Konfidenzniveau γ erhält man aus (6.17) – (6.19) mit der relativen Häufigkeit r_n des Ereignisses A und dem $\dfrac{1+\gamma}{2}$-Quantil $z_{\frac{1+\gamma}{2}}$ der N(0; 1)-Verteilung die Grenzen des zweiseitigen Konfidenzintervalls für p als

$$p_{u,o} = \dfrac{n}{n + z^2_{\frac{1+\gamma}{2}}} \cdot \left(r_n + \dfrac{z^2_{\frac{1+\gamma}{2}}}{2n} \mp z_{\frac{1+\gamma}{2}} \cdot \sqrt{\dfrac{r_n(1-r_n)}{n} + \dfrac{z^2_{\frac{1+\gamma}{2}}}{4n^2}} \right). \qquad (6.20)$$

Aus der Symmetrie des Ansatzes (6.17) folgt

$$P(p \leq G_u) = P(p \geq G_o) = \dfrac{1-\gamma}{2}$$

und hieraus

$$P(p \leq G_o) = P(G_u \leq p \leq G_o) + P(p \leq G_u) = \gamma + \dfrac{1-\gamma}{2} = \dfrac{1+\gamma}{2};$$

$$P(p \geq G_u) = P(G_u \leq p \leq G_o) + P(p \geq G_o) = \dfrac{1+\gamma}{2}. \qquad (6.21)$$

Ersetzt man die $\dfrac{1+\gamma}{2}$-Quantile $z_{\frac{1+\gamma}{2}}$ durch die γ-Quantile z_γ, so erhält man aus (6.21) unmittelbar die Grenzen für die einseitigen Konfidenzintervalle.

Konfidenzintervalle für p zum Konfidenzniveau γ (für $np(1-p) > 9$)

zweiseitig $p_u \leq p \leq p_o$ mit $p_{u,o} = \dfrac{n}{n + z^2_{\frac{1+\gamma}{2}}} \cdot \left(r_n + \dfrac{z^2_{\frac{1+\gamma}{2}}}{2n} \mp z_{\frac{1+\gamma}{2}} \cdot \sqrt{\dfrac{r_n \cdot (1-r_n)}{n} + \dfrac{z^2_{\frac{1+\gamma}{2}}}{4n^2}} \right);$

einseitig $p \leq p_o = \dfrac{n}{n + z^2_{\frac{1+\gamma}{2}}} \cdot \left(r_n + \dfrac{z^2_\gamma}{2n} + z_\gamma \cdot \sqrt{\dfrac{r_n(1-r_n)}{n} + \dfrac{z^2_\gamma}{4n^2}} \right);$

einseitig $\quad p \geq p_u = \dfrac{n}{n + z_{\frac{1+\gamma}{2}}^2} \cdot \left(r_n + \dfrac{z_\gamma^2}{2n} - z_\gamma \cdot \sqrt{\dfrac{r_n(1 - r_n)}{n} + \dfrac{z_\gamma^2}{4n^2}} \right)$

mit $\Phi(z_{\frac{1+\gamma}{2}}) = \dfrac{1+\gamma}{2}$; $\Phi(z_\gamma) = \gamma$, Φ = Verteilungsfunktion der N(0; 1)-Verteilung

Das zweiseitige Konfidenzintervall besitzt die Länge

$$l = \dfrac{2 \cdot z_{\frac{1+\gamma}{2}}}{n + z_{\frac{1+\gamma}{2}}^2} \cdot \sqrt{nr_n(1-r_n) + \dfrac{z_{\frac{1+\gamma}{2}}^2}{4}}. \tag{6.22}$$

Diese Länge hängt von der realtiven Häufigkeit r_n des Ereignisses A ab. Mit wachsendem n konvergiert l gegen 0.
Die Funktion $f(x) = x \cdot (1 - x)$ stellt eine nach unten geöffnete Parabel dar (s. Bild 6.3). Für $0 \leq x \leq 1$ nimmt sie an der Stelle $x = 1/2$ das Maximum $f(1/2) = 1/4$ an. Da die relativen Häufigkeiten zwischen 0 und 1 liegen, gilt allgemein $0 \leq r_n \cdot (1 - r_n) \leq 1/4$.

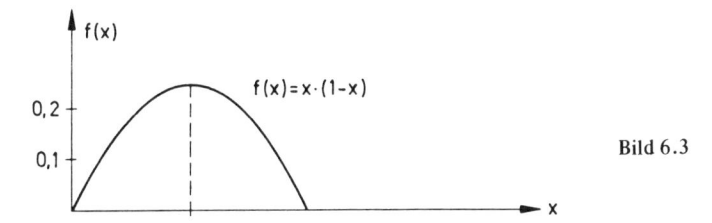

Bild 6.3

Die obere Schranke 1/4 läßt sich manchmal durch Vorausinformationen verkleinern. Falls z.B. $r_n \leq 0{,}1$ vorausgesetzt werden kann, gilt $r_n \cdot (1 - r_n) \leq 0{,}1 \cdot 0{,}9 = 0{,}09$.
Allgemein gelte in dem zulässigen Bereich

$$r_n \cdot (1 - r_n) \leq d.$$

Dann erhält man mit $c = z_{\frac{1+\gamma}{2}}$ die Abschätzung

$$l \leq \dfrac{2c}{n + c^2} \cdot \sqrt{n \cdot d + \dfrac{c^2}{4}} \; ; \; c = z_{\frac{1+\gamma}{2}}. \tag{6.23}$$

Gibt man sich vor Versuchsbeginn eine obere Grenze ϵ für die Länge l vor, so läßt sich der minimale Stichprobenumfang n bestimmen aus

$$\dfrac{2c}{n + c^2} \cdot \sqrt{nd + \dfrac{c^2}{4}} \leq \epsilon^2.$$

Durch Quadrieren erhält man

$$4c^2 \cdot (nd + \dfrac{c^2}{4}) \leq \epsilon^2 \cdot (n^2 + 2nc^2 + c^4).$$

Über die Lösung der zugehörigen Gleichung findet man

$$n \geq c^2 \cdot \left(\frac{2d}{\epsilon^2} - 1\right) + c^2 \cdot \sqrt{\left(\frac{1}{\epsilon^2} - 1\right) + \left(\frac{2d}{\epsilon^2} - 1\right)^2} \; ; \; c = z_{\frac{1+\gamma}{2}}. \tag{6.24}$$

Für alle n, welche (6.24) erfüllen, gilt $l \leq \epsilon$, unabhängig, welche relative Häufigkeit r_n mit $r_n \cdot (1 - r_n) \leq d$ die Stichprobe liefert.
Ohne Vorausinformation muß d = 1/4 gesetzt werden.

Konfidenzintervalle für p bei großem Stichprobenumfang (KONFP-N)

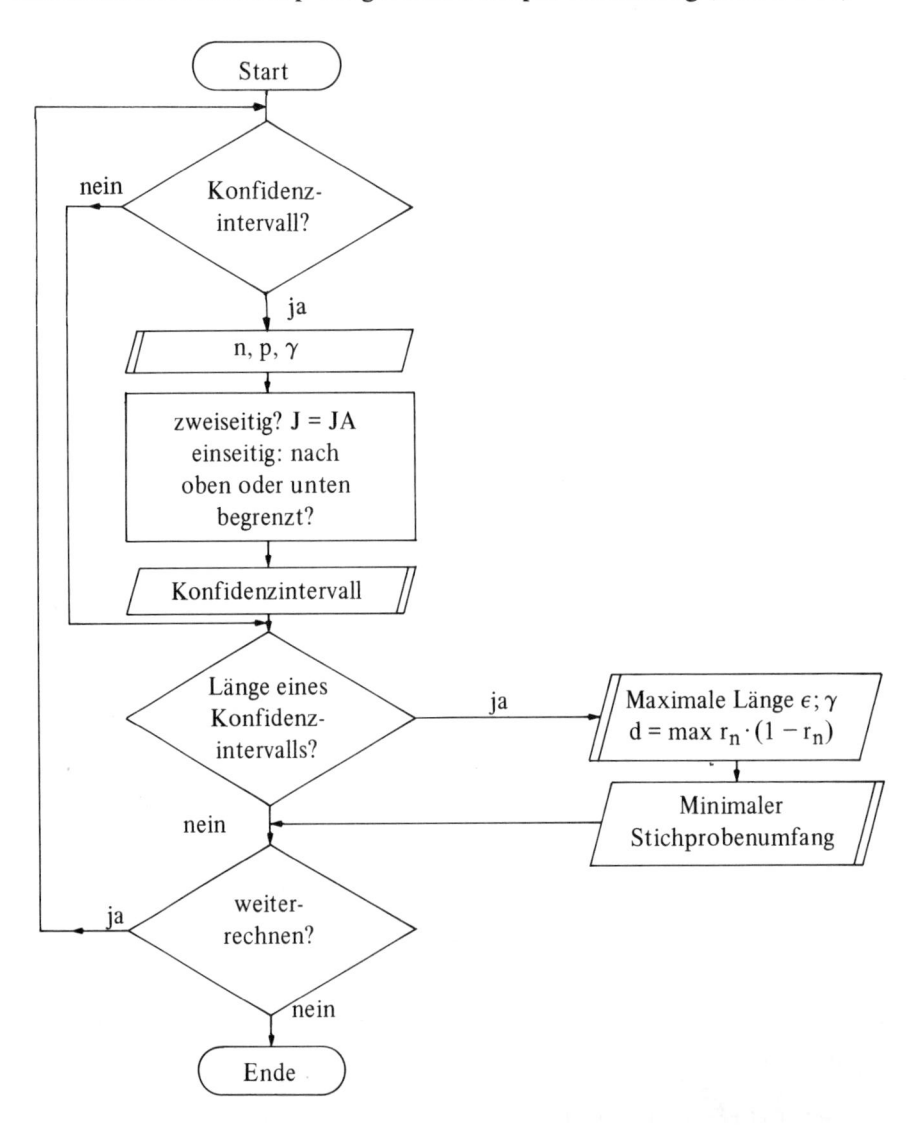

6 Konfidenzintervalle (Vertrauensintervalle)

Programm KONFP-N

```
10   REM   KONFIDENZINTERVALL FUER EINE WAHRSCHEINLICHKEIT (KONFP-N)
20   REM   ODER    BESTIMMUNG DES MINIMALEN STICHPROBENUMFANGS
30   REM   APPROXIMATION DURCH DIE NORMALVERTEILUNG  N%P%(1-P)>9
40   REM ----------------------------------KONFIDENZINTERVALLE
50   PRINT "SOLL EIN KONFIDENZINTERVALL BERECHNET WERDEN (J=JA)"
60   INPUT E$:IF E$<>"J" THEN 390
70   PRINT "STICHPROBENUMFANG N = ";:INPUT N: E$="WIA"
80   PRINT "ABSOLUTE HAEUFIGKEIT DES EREIGNISSES A  H(A)=?"
90   INPUT H:R=H/N:PRINT
100  PRINT "KONFIDENZNIVEAU GAMMA = ";:INPUT GA
110  PRINT "ZWEISEITIGES KONFIDENZINTERVALL (J=JA)?"
120  INPUT E2$:IF E2$="J" THEN GOTO 150
130  PRINT "SOLL DAS INTERVALL NACH  OBEN BEGRENZT SEIN (J=JA)?"
140  INPUT E1$
150  IF E2$="J" THEN GOTO 230
160  IF E1$="J" THEN GOTO 200
170  Q=GA: GOSUB 560
180  GOSUB 630
190  PU=N%(R+ZQ%ZQ/(2%N)-HI)/(N+ZQ%ZQ):GOTO 280
200  Q=GA:GOSUB 560
210  GOSUB 630
220  PO= N%(R+ZQ%ZQ/(2%N)+HI)/(N+ZQ%ZQ):GOTO 280
230  Q=(1+GA)/2:GOSUB 560
240  GOSUB 630
250  PU=N%(R+ZQ%ZQ/(2%N)-HI)/(N+ZQ%ZQ)
260  PO=N%(R+ZQ%ZQ/(2%N)+HI)/(N+ZQ%ZQ)
270  REM ----------------------AUSGABE DES KONFIDENZINTERVALLS
280  PRINT:PRINT "KONFIDENZNIVEAU   = ";GA :PRINT
290  IF E2$="J" THEN GOTO 330
300  IF E1$="J" THEN GOTO 320
310  PRINT "KONFIDENZINTERVALL      ";PU;" <= P <= 1":GOTO 340
320  PRINT "KONFIDENZINTERVALL     0 <= P <= ";PO:GOTO 340
330  PRINT "KONFIDENZINTERVALL      ";PU;" <= P <= ";PO
340  E1$="WIA":E2$="WIA":E$="WIA":PRINT
350  PRINT "NOCH EIN KONFIDENZINTERVALL BERECHNEN(J=JA)"
360  INPUT E$:IF E$="J" THEN GOTO 100
370  REM-----------------------------------------------------
380  REM --------------BERECHNUNG DES MINIMALEN STICHPROBENUMFANGS
390  PRINT "BERECHNUNG EINES  MINIMALEN STICHPROBENUMFANGS (J=JA)?
400  INPUT E$: IF E$<>"J" THEN GOTO 510
410  PRINT "MAXIMALE LAENGE E DES KONFIDENZINTERVALLS =?":INPUT E
420  PRINT "MAXIMALER WERT FUER D =R%(1-R) BEKANNT (J=JA)?"
430  INPUT EM$:IF EM$="J" THEN GOTO 450
440  D=.25:GOTO 460
450  PRINT "WIE LAUTET DIESE OBERE GRENZE D = ";:INPUT D
460  PRINT "KONFIDENZNIVEAU GA =?":INPUT GA: Q=(1+GA)/2: GOSUB 560
470  TI=2%D/(E%E)-1:NM=ZQ%ZQ%(TI+SQR(TI%TI+1/(E%E)-1)):PRINT
480  PRINT:PRINT
490  PRINT "MINIMALER STICHPROBENUMGANG "
500  PRINT: PRINT "NMIN. = ";INT(NM+1):PRINT:PRINT
510  W$="WIA":E$="WIA":E1$="WIA":E2$="WIA":EM$="WIA"
520  PRINT "WEITERRECHNEN (J=JA)?"
530  INPUT W$:IF W$="J" THEN GOTO 50
540  END
550  REM ---UNTERPROGRAMM----QUANTILE DER NORMALVERTEILUNG
560  H=Q:IF Q<.5 THEN Q=1-Q
```

```
570   T=SQR(-2ILOG(1-Q))
580   ZA=2.515517+TI(.802853+.010328IT)
590   NE=1+TI(1.43279+TI(.189269+.001308IT)):ZQ=T-ZA/NE
600   IF H<.5 THEN ZQ=-XQ
610   RETURN
620   REM ---------------------------------------UNTERPROGRAMM
630   HI=SQR(RI(1-R)/N+ZQIZQ/(4ININ))IZQ
640   RETURN
```

Beispiel 6.3. Unter den n = 624557 Lebendgeborenen im Jahre 1981 in der Bundesrepublik Deutschland waren h = 320633 Knaben.

a) Gesucht sind zweiseitige Konfidenzintervalle für die Wahrscheinlichkeit p einer Knabengeburt für a) $\gamma = 0{,}99$; β) $\gamma = 0{,}999$.

b) Kann mit einer Sicherheit von 0,999999 die Aussage p > 0,51 gemacht werden? Diese Aussage kann gemacht werden, falls die untere Grenze p_u des einseitigen Konfidenzintervalls größer als 0,51 ist.

Ausgabe

a) $\gamma = .99$: $.511747 \leq p \leq .515006$;
   $\gamma = .999$: $.511295 \leq p \leq .515458$.

b) $\gamma = 0.999999$: $.510370 \leq p \leq 1$.
   Antwort ja. ◆

Beispiel 6.4. Kurz vor einer Bundestagswahl möchte ein Meinungsforschungsinstitut eine Prognose über den prozentualen Stimmenanteil abgeben, den eine Partei in dieser Wahl erreichen wird. Wieviele zufällig ausgewählte Wahlberechtigte müssen mindestens befragt werden, um für den prozentualen Stimmenanteil ein empirisches Konfidenzintervall zum Niveau 0,95 zu erhalten, dessen Länge höchstens 2 (%) ist?

Wegen der großen Anzahl der Wahlberechtigten können wir hier die Binomialverteilung verwenden. Ist p der relative Stimmenanteil für die entsprechende Partei, so darf die Länge des empirischen Konfidenzintervalles für p nicht größer als 0,02 sein.

Eingabe $\epsilon = 0{,}02$; d = max $r_n \cdot (1 - r_n) = .25$; $\gamma = .95$.

Ausgabe   minimaler Stichprobenumfang n = 9605. ◆

Beispiel 6.5. Bei einer Wahlumfrage für eine kleine Partei kann angenommen werden, daß sie höchstens 10 % der Stimmen enthält. Gesucht ist hierfür der minimale Stichprobenumfang für das in Beispiel 6.4 gestellte Prognoseproblem.

Es gelte also d = max $r_n \cdot (1 - r_n) = 0{,}1 \cdot 0{,}9 = 0{,}09$.

Eingabe $\epsilon = .02$; d = .09; $\gamma = .95$.

Ausgabe   minimaler Stichprobenumfang n = 3462. ◆

6.4.2 Approximation durch die F-Verteilung

Damit die Approximation der Binomialverteilung durch die Normalverteilung brauchbare Ergebnisse liefert, muß np (1 − p) > 9 sein. Falls p (1 − p) sehr klein ist, müßte n entsprechend groß gewählt werden. Dies ist dann der Fall, wenn p entweder sehr klein oder sehr groß ist.

6 Konfidenzintervalle (Vertrauensintervalle)

Bei der Durchführung des Zufallsexperiments tritt als Realisierung der Zufallsvariablen X ein Wert m = $h_n(A)$ für die absolute Häufigkeit des Ereignisses A ein. Aus dieser Realisierung m sollen die Grenzen p_u bzw. p_o der Konfidenzintervalle für p berechnet werden. Die Grenzen p_u und p_o werden aus der absoluten Häufigkeit m so bestimmt, daß gilt

$$f(p) = P(X \geq m) = \sum_{k=m}^{n} \binom{n}{k} p^k (1-p)^{n-k} \leq \hat{\alpha}_1 \quad \text{für} \quad p \leq p_u;$$

$$g(p) = P(X \leq m) = \sum_{k=0}^{m} \binom{n}{k} p^k (1-p)^{n-k} \leq \hat{\alpha}_2 \quad \text{für} \quad p \geq p_o.$$

(6.25)

Da die Funktion f(p) monoton wachsend und g(p) monoton fallend ist, genügt die Berechnung von

$$\sum_{k=m}^{n} \binom{n}{k} p_u^k (1-p_u)^{n-k} = \hat{\alpha}_1;$$

(6.26)

$$\sum_{k=0}^{m} \binom{n}{k} p_o^k (1-p_o)^{n-k} = \hat{\alpha}_2.$$

(6.27)

Mit der F-Verteilung mit den Freiheitsgraden (2m + 2; 2n − 2m) gilt

$$\sum_{k=0}^{m} \binom{n}{k} p^k (1-p)^{n-k} = 1 - F_{2m+2; 2n-2m}\left(\frac{n-m}{m+1} \cdot \frac{p}{1-p}\right)$$

(s. Heinold-Gaede [21] S. 223).

Damit erhält man die Lösungen von (6.26) u. (6.27) mit den Quantilen der entsprechenden F-Verteilungen nach elementarer Rechnung als

$$p_u = \frac{m \cdot c_u}{n - m + 1 + m \cdot c_u}; \quad c_u = \hat{\alpha}_1\text{-Quantil der } F[2m; 2(n-m+1)]\text{-Verteilung;}$$

$$p_o = \frac{(m+1) \cdot c_o}{n - m + (m+1) \cdot c_o}; \quad c_o = (1-\hat{\alpha}_2)\text{-Quantil der } F[2(m+1); 2(n-m)]\text{-Verteilung;}$$

m = $h_n(A)$ = absolute Häufigkeit. (6.28)

Aus (6.26) – (6.28) erhält man die

Konfidenzintervalle für p zum Konfidenzniveau γ

$[p_u, 1] : p_u \leq p \leq 1$ mit $\hat{\alpha}_1 = 1 - \gamma$ (einseitig);

$[0, p_o] : 0 \leq p \leq p_o$ mit $\hat{\alpha}_2 = 1 - \gamma$ (einseitig);

$[p_u, p_o] : p_u \leq p \leq p_o$ mit $\hat{\alpha}_1 = \hat{\alpha}_2 = \dfrac{1-\gamma}{2}$ (zweiseitig), p_u, p_o aus (6.28).

Im nachfolgenden Programm werden Konfidenzintervalle für p berechnet.

Konfidenzintervalle für p mit Hilfe der F-Verteilung (KONFP-F)

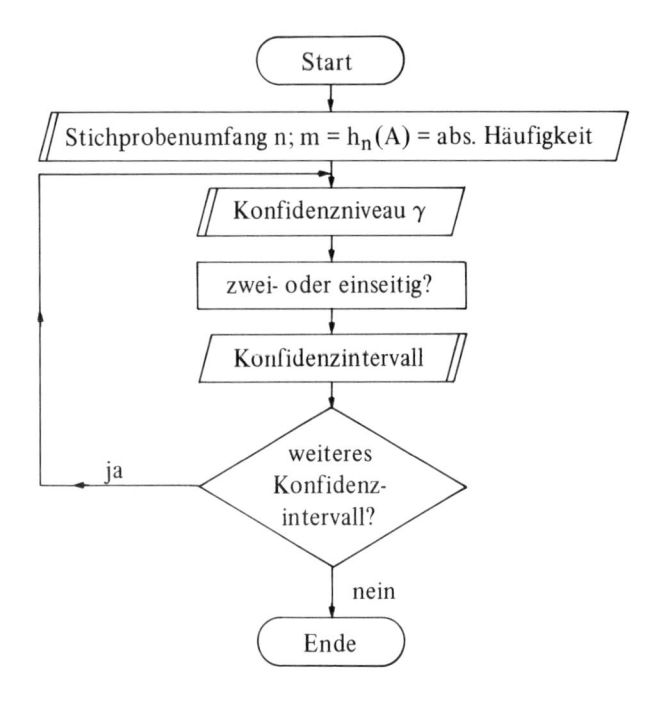

```
                    ┌─────────┐
                    │  Start  │
                    └─────────┘
                         │
   ┌─────────────────────────────────────────────────┐
  //  Stichprobenumfang n; m = h_n(A) = abs. Häufigkeit //
   └─────────────────────────────────────────────────┘
                         │
          ┌──────────────┴───────────────┐
          │                              │
          │         ┌──────────────────┐
          │        //  Konfidenzniveau γ //
          │         └──────────────────┘
          │                  │
          │         ┌──────────────────┐
          │         │ zwei- oder einseitig? │
          │         └──────────────────┘
          │                  │
          │         ┌──────────────────┐
          │        // Konfidenzintervall //
          │         └──────────────────┘
          │                  │
          │              ╱ weiteres ╲
          │   ja        ╱ Konfidenz- ╲
          └────────────╲  intervall? ╱
                        ╲           ╱
                             │ nein
                    ┌─────────┐
                    │  Ende   │
                    └─────────┘
```

Programm   KONFP-F

```
10    REM KONFIDENZINTERVALL FUER EINE WAHRSCHEINLICHKEIT (KONFP-F)
20    REM BERECHNUNG MIT F-VERTEILUNG BEI KLEINEM STICHPROBENUMFANG
30    PRINT "STICHPROBENUMFANG N = ";:INPUT N
40    PRINT
50    PRINT "ABSOLUTE HAEUFIGKEIT M DES EREIGNISSES A  = ";:INPUT M
60    PRINT
70    PRINT "KONFIDENZNIVEAU GAMMA = ";: INPUT GA:PRINT
80    PRINT "ZWEISEITIGES KONFIDENZINTERVALL (J=JA)?"
90    INPUT E2$:IF E2$="J" THEN 170
100   PRINT "SOLL DAS INTERVALL NACH  O B E N BEGRENZT SEIN(J=JA)?"
110   INPUT E1$
120   IF E1$="J" THEN GOTO 150
130   Q=1-GA:F1=2*M:F2=2*(N-M+1):GOSUB 330
140   PU=M*ET/(N-M+1+M*ET):GOTO 220
150   Q=GA:F1=2*(M+1):F2=2*(N-M):GOSUB 330
160   PO=(M+1)*ET/(N-M+(M+1)*ET):GOTO 220
170   Q=(1-GA)/2:F1=2*M:F2=2*(N-M+1): GOSUB 330
180   PU=M*ET/(N-M+1+M*ET):GOSUB 330
190   Q=(1+GA)/2:F1=2*(M+1):F2=2*(N-M):GOSUB 330
200   PO=(M+1)*ET/(N-M+(M+1)*ET)
210   REM ------------------------------AUSGABE
220   PRINT:PRINT "KONFIDENZNIVEAU   = ";GA :PRINT
230   IF E2$="J" THEN GOTO 270
```

6 Konfidenzintervalle (Vertrauensintervalle) 107

```
240    IF E1$="J" THEN GOTO 260
250    PRINT "KONFIDENZINTERVALL        ";PU;" <= P <= 1" : GOTO 290
260    PRINT "KONFIDENZINTERVALL        0 <= P <= ";PO :GOTO 290
270    PRINT "KONFIDENZINTERVALL        ";PU;" <= P <= ";PO
280    REM -------------------------WEITERE KONFIDENZINTERVALLE
290    E1$="WIA":E2$="WIA":E$="WIA":PRINT
300    PRINT "NOCH EIN KONFIDENZINTERVALL BERECHNEN (J=JA)?"
310    INPUT E$:IF E$="J" THEN GOTO  70
320    END
330    REM -----------------BERECHNUNG DER QUANTILE
340    H=Q:IF Q >=.5 THEN GOTO 360
350    Q=1-Q:UI=F1:F1=F2:F2=UI
360    T=SQR(-2*LOG(1-Q))
370    ZA=2.515517+T*(.802853+.010328*T)
380    NE=1+T*(1.43279+T*(.189269+.001308*T))
390    ZQ=T-ZA/NE
400    A=2*ZQ*ZQ/(9*F2)-(1-2/(9*F2))^2
410    B=2*(1-2/(9*F1))*(1-2/(9*F2))
420    C=2*ZQ*ZQ/(9*F1)-(1-2/(9*F1))^2
430    HI=B*B/(4*A*A)-C/A
440    IF HI<=0 THEN HI=0
450    ET=SQR(HI)-B/(2*A)
460    IF H>=.5 THEN GOTO 480
470    UI=F1:F1=F2:F2=UI:ET=1/ET
480    ET=ET*ET*ET
490    RETURN
```

Beispiel 6.6. Von 200 zufällig ausgewählten Werkstücken waren 6 unbrauchbar. Für die Ausschußwahrscheinlichkeit p sind folgende Konfidenzintervalle gesucht:

a) zweiseitig mit $\gamma = 0{,}95$;

b) einseitig $p < c$ mit $\gamma = 0{,}95$.

Eingabe   Stichprobenumfang $n = 200$.   Abs. Häufigkeit $m = 6$.

Ausgabe

a) $\gamma = 0.95$ Konfidenzintervall: $.0110313 \leq p \leq .0641588$

b) $\gamma = 0.95$ Konfidenzintervall: $0 \leq p \leq .0583304$.   ♦

IV Testtheorie

7 Parametertests

Im Abschnitt 6 wurden mit Konfidenzintervallen Aussagen über unbekannte Parameter gemacht. Mit Hilfe von Parametertests sollen in diesem Abschnitt ähnliche Aussagen abgeleitet werden. Dabei werden die sog. *Irrtumswahrscheinlichkeiten* bei den möglichen Aussagen im Vordergrund stehen.
Zunächst wird ein einfaches Beispiel behandelt, bei dem die Problematik bereits erkennbar wird.

7.1 Ein einfacher Alternativtest (H_0: $p = p_0$ gegen H_1: $p = p_1$ mit $p_1 \neq p_0$)

Ausgangspunkt unserer Betrachtungen sind die folgenden beiden Problemstellungen:

Beispiel 7.1. Ein Falschspieler besitzt zwei äußerlich nicht unterscheidbare Würfel, einen idealen Laplace-Würfel mit $P(\{k\}) = \frac{1}{6}$ für $k = 1, 2, \ldots, 6$ und einen verfälschten Würfel mit $P(\{6\}) = 0{,}3$. Es soll festgestellt werden, welcher von den beiden Würfeln der verfälschte ist.
Um zu einer Entscheidung zu gelangen, wird man mit einem der beiden Würfel wiederholt werfen. Die Auswertung dieser Versuchsreihe und die danach zu treffende Entscheidung wird aus den Überlegungen im Anschluß an Beispiel 7.2 ersichtlich. ♦

Beispiel 7.2. Die von einer bestimmten Maschine M_0 produzierten Werkstücke seien jeweils mit Wahrscheinlichkeit p_0 fehlerhaft, die von einer zweiten Maschine M_1 mit Wahrscheinlichkeit p_1. Die Größen p_0 und p_1 seien dabei bekannt. In einer Qualitätskontrolle soll festgestellt werden, von welcher der beiden Maschinen M_i ($i = 1, 2$) ein Posten hergestellt wurde. Dabei sei bekannt, daß sämtliche Stücke von ein und derselben Maschine angefertigt wurden. ♦

Zur Beantwortung dieser beiden Problemstellungen werden folgende Überlegungen angestellt:
Allgemein nehmen wir an, daß als mögliche Werte für eine (unbekannte) Wahrscheinlichkeit $p = P(A)$ nur die beiden (bekannten) Werte p_0 und p_1 mit $p_0 < p_1$ in Betracht kommen. Um zu einer Entscheidung für einen der beiden Werte p_0 oder p_1 zu gelangen, stellen wir zunächst die sog.

Nullhypothese H_0: $p = p_0$ (7.1)

auf, die richtig oder falsch sein kann. Die sog. *Alternativhypothese* H_1 lautet dann $p = p_1$. Wegen $p_0 < p_1$ ist es sinnvoll, mit Hilfe einer noch zu bestimmenden kritischen Zahl c und der aus einem Bernoulli-Experiment vom Umfang n erhaltenen absoluten Häufigkeit $h_n(A)$ für das betrachtete Ereignis A folgende **Testentscheidung** vorzunehmen:

$h_n(A) > c \Rightarrow$ Entscheidung für H_1 ;

$h_n(A) \leqq c \Rightarrow$ Entscheidung für H_0 .

Bei einer solchen Testentscheidung können zwei Fehler gemacht werden: Eine Entscheidung für H_1, obwohl H_0 richtig ist, heißt *Fehler 1. Art*, eine Entscheidung für H_0, obwohl H_1 richtig ist, dagegen *Fehler 2. Art*. Die Wahrscheinlichkeit dafür, daß bei einer Entscheidung ein Fehler 1. Art gemacht wird, bezeichnen wir mit α, die Wahrscheinlichkeit für einen Fehler 2. Art mit β. In Tabelle 7.1 sind alle 4 möglichen Situationen zusammengestellt, die bei einer solchen Testentscheidung auftreten können.

Tabelle 7.1. Entscheidungen bei einem Alternativtest

Entscheidung richtiger Parameter	Entscheidung für H_0	Entscheidung für H_1
H_0 ist richtig	richtige Entscheidung	Fehler 1. Art Fehlerwahrscheinlichkeit α
H_1 ist richtig	Fehler 2. Art Fehlerwahrscheinlichkeit β	richtige Entscheidung

Die Zufallsvariable X, welche die absolute Häufigkeit des Ereignisses A in der Serie vom Umfang n beschreibt, ist binomialverteilt mit den Parametern n und $p = p_0$, falls H_0 richtig ist bzw. $p = p_1$, falls H_1 richtig ist. Die beiden *Fehler-* oder *Irrtums*wahrscheinlichkeiten α und β hängen von der Grenze c ab. Es gilt

$$P(X > c | p = p_0) = \sum_{k > c} \binom{n}{k} \cdot p_0^k \cdot (1 - p_0)^{n-k} = \alpha; \qquad (7.2)$$

$$P(X \leqq c | p = p_1) = \sum_{k \leqq c} \binom{n}{k} \cdot p_1^k \cdot (1 - p_1)^{n-k} = \beta. \qquad (7.3)$$

In der Praxis gibt man sich i.a. die Irrtumswahrscheinlichkeit 1. Art, also α vor und versucht, daraus die kritische Grenze c zu berechnen. Da die Zufallsvariable X diskret ist, gibt es in (7.2) nicht zu jedem α eine Lösung c. In einem solchen Fall wird eine obere Grenze α^* für die Irrtumswahrscheinlichkeit 1. Art vorgegeben und das minimale c aus

$$\sum_{k > c} \binom{n}{k} \cdot p_0^k \cdot (1 - p_0)^{n-k} \leqq \alpha^* \qquad (7.4)$$

bestimmt. (7.4) ist gleichwertig mit

$$\sum_{k \leqq c} \binom{n}{k} \cdot p_0^k \cdot (1 - p_0)^{n-k} \geqq 1 - \alpha^* \qquad (7.5)$$

(c minimal).

$$\alpha = 1 - \sum_{k \leq c} \binom{n}{k} \cdot p_0^k \cdot (1-p_0)^{n-k} \leq \alpha^*$$ ist dann die tatsächliche Irrtumswahrscheinlichkeit 1. Art. Aus (7.3) erhält man schließlich β.

Beispiel 7.3 (vgl. Beispiel 7.1). Von den beiden Würfeln aus Beispiel 7.1 werde einer zufällig ausgewählt. Zum Test der Nullhypothese

$$H_0: \quad p = P(\{6\}) = \frac{1}{6} \quad \text{gegen}$$

$$H_1: \quad p = P(\{6\}) = 0{,}3$$

mit $\alpha^* = 0{,}05$ werde mit diesem Würfel 100 mal geworfen.
Aus (7.4) erhält man

$$\sum_{k=0}^{c} \binom{100}{k} \cdot \left(\frac{1}{6}\right)^k \cdot \left(\frac{5}{6}\right)^{100-k} = 1 - \sum_{k=c+1}^{n} \binom{100}{k} \cdot \left(\frac{1}{6}\right)^k \cdot \left(\frac{5}{6}\right)^{100-k} \geq 1 - \alpha^* = 0{,}95,$$

c minimal.

Mit dem Programm der Binomialverteilung aus Abschnitt 4.1 erhält man mit n = 100 und p = 1/6 für das 0,95-Quantil die Ausgabe

.962141-Quantil = 23.

Damit wird folgende Testentscheidung getroffen

$$h_{100}(\{6\}) > 23 \Rightarrow \text{Ablehnung von } H_0.$$

Man behauptet dann, der Würfel sei verfälscht. Die tatsächliche Irrtumswahrscheinlichkeit 1. Art ist $\alpha = 0{,}038$.
Die Irrtumswahrscheinlichkeit 2. Art erhält man nach (7.3) als Wert der Verteilungsfunktion der b(100; 0,3)-Verteilung an der Stelle 23 als

$$\beta = F(23) = .0755319. \qquad \blacklozenge$$

Im Falle $n \cdot p_0 \cdot (1 - p_0) > 36$ kann die kritische Grenze c aus der Approximation durch die Normalverteilung berechnet werden:

$$1 - \alpha = P(X \leq c \mid p = p_0) \approx \Phi\left(\frac{c + 0{,}5 - np_0}{\sqrt{np_0(1-p_0)}}\right). \tag{7.6}$$

$\dfrac{c + 0{,}5 - np_0}{\sqrt{np_0(1-p_0)}} = z_{1-\alpha}$ ist also das $(1-\alpha)$-Quantil der N(0; 1)-Verteilung.

7.2 Der Aufbau eines Parametertests

Unter einer *Parameterhypothese* versteht man eine Annahme über den wahren Wert eines unbekannten Parameters ϑ.

7 Parametertests

Im folgenden werden wir uns nur mit sog. *Nullhypothesen* befassen, das sind Hypothesen der Gestalt

$$\boxed{\text{a) } \vartheta = \vartheta_0;\quad \text{b) } \vartheta \leq \vartheta_0;\quad \text{c) } \vartheta \geq \vartheta_0;}\qquad (7.7)$$

wobei ϑ_0 ein durch ein spezielles Testproblem bestimmter Parameterwert ist. Eine Nullhypotohese bezeichnen wir allgemein mit H_0, die Gegen- oder *Alternativhypothese* mit H_1, sie wird auch *Alternative* genannt. Den Nullhypothesen aus (7.7) entsprechen folgende Alternativen:

	H_0 (Nullhypothese)	H_1 (Alternative)
a)	$\vartheta = \vartheta_0$	$\vartheta \neq \vartheta_0$ (im allgemeinen zweiseitig)
b)	$\vartheta \leq \vartheta_0$	$\vartheta > \vartheta_0$ (einseitig)
c)	$\vartheta \geq \vartheta_0$	$\vartheta < \vartheta_0$ (einseitig)

Dabei betrachtet man natürlich jeweils nur solche (zulässige) Parameter ϑ, die in der vorgegebenen Parametermenge Θ enthalten sind. Hypothesen der Gestalt b) oder c) werden z.B. dann aufgestellt, wenn ein neues Medikament auf den Markt kommt, von dem behauptet wird, es besitze eine bessere Heilungswahrscheinlichkeit als ein herkömmliches Medikament.

Die Durchführung des Tests erfolgt wie die Bestimmung der Konfidenzintervalle über Zahlenwerte $v = v(x_1, x_2, \ldots, x_n)$, die aus einer Stichprobe berechnet werden. Diese Zahlenwerte sind Realisierungen der Zufallsvariablen

$$V = v(X_1, X_2, \ldots, X_n),$$

die auch *Testfunktionen* heißen. Die Verteilung von V muß dabei durch den wahren Parameter θ bestimmt sein. In der Regel geht man folgendermaßen vor:
Der Wertvorrat (Menge aller möglichen Realisierungen) von V wird in zwei disjunkte Bereiche zerlegt. Der eine Bereich K ist der sog. *Ablehnungsbereich* von H_0 (*kritischer Bereich*), die Komplementärmenge $\overline{K}$ der Nichtablehnungsbereich. Mit einer solchen Zerlegung trifft man die

Testentscheidung

$v \in K \Rightarrow$ *Ablehnung* der Nullhypothese H_0, d.h. Annahme der Alternative H_1;

$v \notin K \Rightarrow$ *keine Ablehnung* von H_0.

Für die einzelnen Tests besitzt der Ablehnungsbereich K im allgemeinen folgende Gestalt:

Nullhypothese H_0	Alternative H_1	Ablehnungsbereich
$\vartheta \leq \vartheta_0$	$\vartheta > \vartheta_0$	$\{v \mid v > c_o\}$
$\vartheta \geq \vartheta_0$	$\vartheta < \vartheta_0$	$\{v \mid v < c_u\}$
$\vartheta = \vartheta_0$	$\vartheta \neq \vartheta_0$	$\{v \mid v < c_u\} \cup \{v \mid v > c_o\}$

(7.8)

Bei solchen Testentscheidungen sind zwei Fehler möglich:

Fehler 1. Art: Die Nullhypothese wird abgelehnt, obwohl sie richtig ist. Ein solcher Fehler wird gemacht, wenn die Realisierung v in den Ablehnungsbereich K fällt und gleichzeitig der wahre Parameter aus dem Nullhypothesenbereich stammt, wir schreiben dafür $\vartheta \in H_0$; die Mengen H_0 und H_1 werden also mit den Parametermengen aus den entsprechenden Hypothesen identifiziert. Die Wahrscheinlichkeit, einen solchen Fehler 1. Art zu machen, bezeichnen wir mit α. Sie heißt Irrtumswahrscheinlichkeit 1. Art und hängt vom Ablehnungsbereich K und vom wahren Parameter $\vartheta \in H_0$ ab, also

$$\alpha(\vartheta) = P(V \in K | \vartheta); \quad \vartheta \in H_0. \tag{7.9}$$

Bei den üblichen Tests wird die maximale Irrtumswahrscheinlichkeit 1. Art $\alpha = \max_{\vartheta \in H_0} \alpha(\vartheta)$ meistens an der Grenzstelle ϑ_0 erreicht. $1 - \alpha$ heißt die *Sicherheitswahrscheinlichkeit* oder das *Signifikanzniveau* des Tests.

Fehler 2. Art: Die Nullhypothese H_0 wird nicht abgelehnt, obwohl sie falsch ist. Diese *Irrtumswahrscheinlichkeit 2. Art* hängt ebenfalls vom Ablehnungsbereich K und dem wirklichen Parameter $\vartheta \in H_1$ ab, d.h.

$$\beta(\vartheta) = P(V \in \overline{K} | \vartheta) = 1 - P(V \in K | \vartheta); \quad \vartheta \in H_1. \tag{7.10}$$

Beide Irrtumswahrscheinlichkeiten in Abhängigkeit vom wahren Parameter ϑ können durch die sog.

$$\textit{Gütefunktion} \quad g(\vartheta) = P(V \in K | \vartheta); \quad \vartheta \in \Theta \tag{7.11}$$

des Tests beschrieben werden. Aus (7.9) – (7.11) folgt

$$\begin{aligned} \alpha(\vartheta) &= g(\vartheta) & \text{für } \vartheta \in H_0; \\ \beta(\vartheta) &= 1 - g(\vartheta) & \text{für } \vartheta \in H_1. \end{aligned} \tag{7.12}$$

Die Funktion $L(\vartheta) = 1 - g(\vartheta)$ heißt die *Operationscharakteristik* des Tests.

Beim einfachen Alternativtest von $H_0: p = p_0$ gegen $H_1: p = p_1$ aus Abschnitt 7.1 können beide Irrtumswahrscheinlichkeiten gleichzeitig klein gemacht werden, wenn nur der Stichprobenumfang n groß genug ist. Diese Eigenschaft ist darauf zurückzuführen, daß die beiden möglichen Parameterwerte p_0 und p_1 auseinander liegen. Falls jedoch die beiden Mengen H_0 und H_1 kontinuierlich ineinander übergehen, erhält man für jeden Parameterwert $\vartheta \in H_1$ mit $\vartheta \approx \vartheta_0$ aus (7.9) – (7.11) die Irrtumswahrscheinlichkeit 2. Art

$$\beta(\vartheta) \approx 1 - \alpha(\vartheta_0) = 1 - \alpha. \tag{7.13}$$

Während die Irrtumswahrscheinlichkeit 1. Art höchstens gleich der vorgegebenen Höchstgrenze α^* ist, kann die *Irrtumswahrscheinlichkeit 2. Art sehr groß* werden. Im Falle einer Nichtablehnung darf aus diesem Grund die Nullhypothese nicht ohne weiteres angenommen werden. In einem solchen Falle sollte ein Konfidenzintervall bestimmt werden. Diese Asymmetrie ist wichtig für die

Wahl der Nullhypothese. Verwirft man die Nullhypothese, so kann man sich mit einer Sicherheitswahrscheinlichkeit von mindestens $1 - \alpha$ für die jeweilige Alternative entscheiden. Falls H_0 nicht abgelehnt wird, kann die entsprechende Irrtumswahrscheinlichkeit

7 Parametertests   113

sehr groß sein. Diese Tatsache sollte man sich bei der Formulierung der Hypothesen stets vor Augen halten. Möchte man sich z.B. gern für $\vartheta < \vartheta_0$ entscheiden, so ist es sinnvoll, als Nullhypothese $H_0 : \vartheta \geq \vartheta_0$ zu wählen. Falls man $\vartheta > \vartheta_0$ vermutet, sollte $H_0 : \vartheta \leq \vartheta_0$ gesetzt werden.

In den nachfolgenden Abschnitten werden einige spezielle Tests behandelt.

7.3 Test des Erwartungswertes

Für den Erwartungswert μ einer Zufallsvariablen (Grundgesamtheit) sollen mit einem vorgegebenen Grenzwert μ_0 folgende Hypothesen getestet werden:

a) $H_0 : \mu = \mu_0$; $H_1 : \mu \neq \mu_0$ (zweiseitig);

b) $H_0 : \mu \leq \mu_0$; $H_1 : \mu > \mu_0$ (einseitig);   (7.14)

c) $H_0 : \mu \geq \mu_0$; $H_1 : \mu < \mu_0$ (einseitig).

1. Die Varianz σ_0^2 sei bekannt

Die Varianz σ_0^2 der Zufallsvariablen X sei bekannt.

Voraussetzung: Die Zufallsvariable X sei normalverteilt. Andernfalls sei der Stichprobenumfang n mindestens 30. Dann ist die Testfunktion

$$V = \frac{\overline{X} - \mu}{\sigma_0} \cdot \sqrt{n}$$

(ungefähr) $N(0; 1)$-verteilt, falls μ der wahre Erwartungswert ist.

Da bei solchen Tests das Signifikanzniveau an der Grenzstelle angenommen wird, können die Ablehnungsgrenzen berechnet werden aus

a) $\alpha = P\left(-c < \frac{\overline{X} - \mu_0}{\sigma_0} \cdot \sqrt{n} < c\right) \Rightarrow c = z_{1-\alpha/2}$;

b) $\alpha = P\left(\frac{\overline{X} - \mu_0}{\sigma_0} \cdot \sqrt{n} > c\right) \quad \Rightarrow c = z_{1-\alpha}$;   (7.15)

c) $\alpha = P\left(\frac{\overline{X} - \mu_0}{\sigma_0} \cdot \sqrt{n} < -c\right) \quad \Rightarrow c = -z_{1-\alpha}$.

Die Lösungen dieser Gleichungen sind also Quantile z der $N(0; 1)$-Verteilung (s. Bild 7.1)

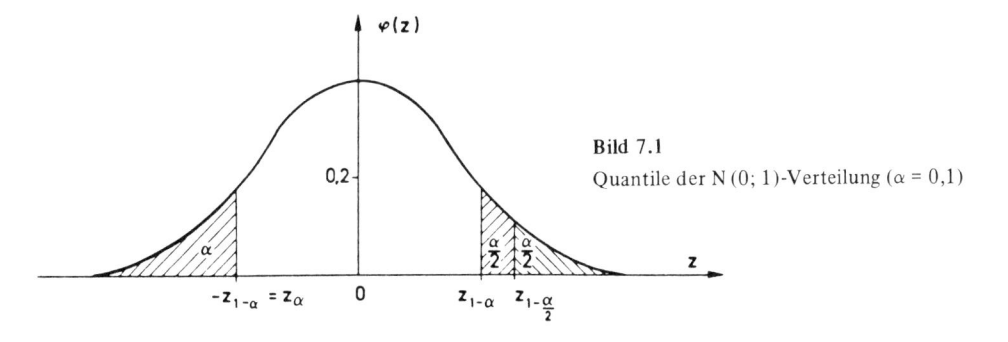

Bild 7.1
Quantile der $N(0; 1)$-Verteilung ($\alpha = 0{,}1$)

Zum Signifikanzniveau $1 - \alpha$ erhält man folgende
Testentscheidungen

Nullhypothese H_0	Alternative H_1	Ablehnungsbereich von H_0	
$\mu = \mu_0$	$\mu \neq \mu_0$	$\left\lvert \dfrac{\bar{x} - \mu_0}{\sigma_0} \sqrt{n} \right\rvert > z_{1-\alpha/2}$	
$\mu \leq \mu_0$	$\mu > \mu_0$	$\dfrac{\bar{x} - \mu_0}{\sigma_0} \sqrt{n} > z_{1-\alpha}$	(7.16)
$\mu \geq \mu_0$	$\mu < \mu_0$	$\dfrac{\bar{x} - \mu_0}{\sigma_0} \sqrt{n} < -z_{1-\alpha}$	

Aus (7.16) lassen sich die Ablehnungsbereiche für den Stichprobenmittelwert $\bar{x}$ berechnen als

a) $K = \left\{ \bar{x} \mid \lvert \bar{x} - \mu_0 \rvert > z_{1-\alpha/2} \cdot \dfrac{\sigma_0}{\sqrt{n}} \right\}$;

b) $K = \left\{ \bar{x} \mid \bar{x} > \mu_0 + z_{1-\alpha} \cdot \dfrac{\sigma_0}{\sqrt{n}} \right\}$;

c) $K = \left\{ \bar{x} \mid \bar{x} < \mu_0 - z_{1-\alpha} \cdot \dfrac{\sigma_0}{\sqrt{n}} \right\}$.

Mit wachsendem Stichprobenumfang n konvergieren diese Grenzen gegen μ_0. Falls viele solche Tests durchgeführt werden sollen, ist es sinnvoll, diese Bereiche K zu vorgegebener Irrtumswahrscheinlichkeit α zu bestimmen. Dann lautet für eine spezielle Versuchsdurchführung die

Testentscheidung

$\bar{x} \in K \Rightarrow H_0$ ablehnen;

$\bar{x} \notin K \Rightarrow H_0$ nicht ablehnen. (7.17)

Falls die Testgröße $v = \dfrac{\bar{x} - \mu_0}{\sigma_0} \cdot \sqrt{n}$ im Ablehnungsbereich K liegt, folgt aus (7.15) mit der Verteilungsfunktion Φ der $N(0; 1)$-Verteilung

a) $\Phi(v) < \alpha/2$ oder $\Phi(v) > 1 - \alpha/2$;

b) $\Phi(v) > 1 - \alpha$; (7.18)

c) $\Phi(v) < \alpha$.

Die Testentscheidung kann also auch mit Hilfe dieser sog. *Überschreitungswahrscheinlichkeit* $\Phi(v)$ durchgeführt werden. $\Phi(v)$ bzw. $1 - \Phi(v)$ muß dabei mit der vorgegebenen Irrtumswahrscheinlichkeit α verglichen werden. Sie stellt jedoch *nicht*, wie leider vielfach angenommen wird, die Irrtumswahrscheinlichkeit α dar. Bei einer solchen Interpretation würde aus dem berechneten Wert v das minimale α aus (7.15) berechnet werden. Diese

7 Parametertests

Vorgehensweise ist nicht zulässig, da der Ablehnungsbereich K *vor* Versuchsauswertung festgelegt sein muß, weil zur Testentscheidung die *absolute Wahrscheinlichkeit* $P(V \in K)$ verwendet werden muß und nicht eine bedingte Wahrscheinlichkeit, die mit Hilfe von zusätzlichen Informationen aus der Stichprobe berechnet würde.

Die Quantile wurden aus der Standardisierung der $N(\mu_0, \sigma^2)$-Verteilung gewonnen. Diese ändern sich, wenn nicht μ_0, sondern ein anderer Wert μ der wahre Parameter ist. Für die Gütefunktion $g(\mu)$ erhält man aus (7.9) – (7.11) die Darstellung

a) $g(\mu) = 1 - P\left(-z_{1-\alpha/2} < \dfrac{\overline{X} - \mu + (\mu - \mu_0)}{\sigma_0} \cdot \sqrt{n} < z_{1-\alpha/2}\right)$

$= 1 - P\left(-z_{1-\alpha/2} - \dfrac{\mu - \mu_0}{\sigma_0} \cdot \sqrt{n} < \dfrac{\overline{X} - \mu}{\sigma_0} \cdot \sqrt{n} < z_{1-\alpha/2} - \dfrac{\mu - \mu_0}{\sigma_0} \cdot \sqrt{n}\right)$

$= 1 - \Phi\left(z_{1-\alpha/2} - \dfrac{\mu - \mu_0}{\sigma_0} \cdot \sqrt{n}\right) + \Phi\left(-z_{1-\alpha/2} - \dfrac{\mu - \mu_0}{\sigma_0} \cdot \sqrt{n}\right);$

b) $g(\mu) = P\left(\dfrac{\overline{X} - \mu + (\mu - \mu_0)}{\sigma_0} \cdot \sqrt{n} > z_{1-\alpha}\right)$

$= 1 - \Phi\left(z_{1-\alpha} - \dfrac{\mu - \mu_0}{\sigma_0} \cdot \sqrt{n}\right);$

c) $g(\mu) = P\left(\dfrac{\overline{X} - \mu + (\mu - \mu_0)}{\sigma_0} \cdot \sqrt{n} < -z_{1-\alpha}\right)$

$= \Phi\left(-z_{1-\alpha} - \dfrac{\mu - \mu_0}{\sigma_0} \cdot \sqrt{n}\right).$[1]

Für $\mu \in H_0$ ist $g(\mu)$ die Irrtumswahrscheinlichkeit 1. Art, während für $\mu \in H_1$ die Irrtumswahrscheinlichkeit 2. Art durch $1 - g(\mu)$ dargestellt wird.

Beispiel 7.4. Die Zufallsvariable, welche die Durchmesser der von einer bestimmten Maschine produzierten Autokolben beschreibt, sei normalverteilt. Dabei hänge der Erwartungswert μ von der Maschineneinstellung ab, während die Varianz $\sigma_0^2 = 0{,}01$ [mm²] eine feste, von der Einstellung unabhängige Maschinengröße sei. Der Sollwert für die Kolbendurchmesser sei 70 mm. Zur Nachprüfung, ob die Maschine richtig eingestellt ist, werden 100 Kolben zufällig ausgewählt und gemessen.

a) Welche Bedingungen muß der Mittelwert $\overline{x}$ erfüllen, so daß mit einer Fehlerwahrscheinlichkeit $\alpha = 0{,}05$ die Nullhypothese $H_0: \mu = 70$ abgelehnt werden kann?
b) Wie lautet die Gütefunktion des Tests?

Aus $\alpha = 0{,}05$ folgt $z_{1-\alpha/2} = 1{,}960$.

a) (7.16) ergibt den Ablehnungsbereich
   $|\overline{x} - 70| > 0{,}0196$, also $\overline{x} > 70{,}0196$ oder $\overline{x} < 69{,}9804$.

b) $g(\mu) = 1 - \left[\Phi\left(1{,}96 - \frac{\mu-70}{0{,}1} \cdot 10\right) + \Phi\left(-1{,}96 - \frac{\mu-70}{0{,}1} \cdot 10\right)\right]$

$= 1 - \Phi(100 \cdot (70{,}0196 - \mu)) + \Phi(100 \cdot (69{,}9804 - \mu))$.

Die Funktion $g(\mu)$ ist symmetrisch zu $\mu = 70$ und ist in Bild 7.2 graphisch dargestellt. ♦

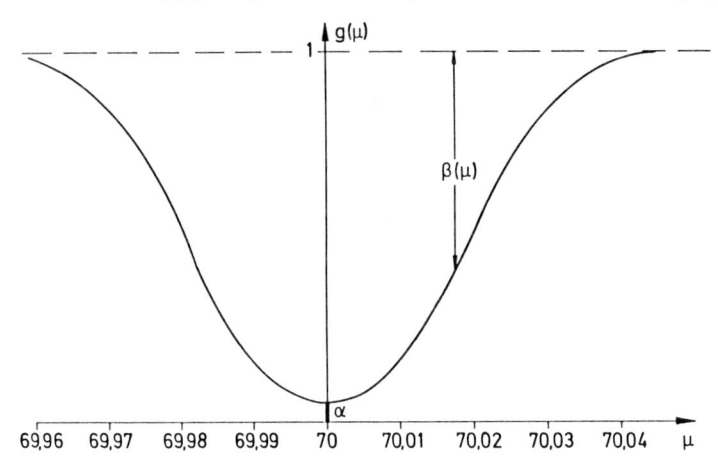

Bild 7.2 Gütefunktion eines zweiseitigen Tests (Beispiel 7.4).

2. Die Varianz σ^2 sei unbekannt

Falls die Varianz σ^2 nicht bekannt ist, so ist unter der Voraussetzung in 1. die Testfunktion

$$V = \frac{\overline{X} - \mu}{S} \cdot \sqrt{n}$$

(wenigstens näherungsweise) t-verteilt mit $n - 1$ Freiheitsgraden, falls μ der Erwartungswert der Zufallsvariablen ist. Ersetzt man die Quantile z der N(0; 1)-Verteilung aus 1. durch die entsprechenden Quantile der t-Verteilung mit $n - 1$ Freiheitsgraden, so gewinnt man zu vorgegebenem α folgende

Testentscheidungen

Nullhypothese H_0	Alternative H_1	Ablehnungsbereich von H_0
a) $\mu = \mu_0$	$\mu \neq \mu_0$	$\left\|\frac{\overline{x} - \mu_0}{s} \cdot \sqrt{n}\right\| > t_{1-\alpha/2}^{(n-1)}$
b) $\mu \leq \mu_0$	$\mu > \mu_0$	$\frac{\overline{x} - \mu_0}{s} \cdot \sqrt{n} > t_{1-\alpha}^{(n-1)}$
c) $\mu \geq \mu_0$	$\mu < \mu_0$	$\frac{\overline{x} - \mu_0}{s} \cdot \sqrt{n} < -t_{1-\alpha}^{(n-1)}$

(t-Verteilung mit $n - 1$ Freiheitsgraden).

7 Parametertests

Mit der Verteilungsfunktion F_{n-1} der zugehörigen t-Verteilung erhält man mit Hilfe der Überschreitungswahrscheinlichkeit die äquivalenten

Testentscheidungen

$$v = \frac{\overline{x} - \mu_0}{s} \cdot \sqrt{n}$$

a) $F_{n-1}(v) < \alpha/2$ oder $F_{n-1}(v) > 1 - \alpha/2 \Rightarrow H_0$ ablehnen;

b) $F_{n-1}(v) > 1 - \alpha \Rightarrow H_0$ ablehnen; (7.20)

c) $F_{n-1}(v) < \alpha \Rightarrow H_0$ ablehnen.

Beispiel 7.5. Der Hersteller eines bestimmten PKW-Typs behauptet, der durchschnittliche Benzinverbrauch pro 100 km betrage höchstens 8,1 l. Eine Automobilzeitschrift führte einen Test mit 30 PKW's durch und erhielt die Werte $\overline{x}$ = 8,2 l, s = 0,214 l. Kann mit einer Irrtumswahrscheinlichkeit von höchstens 0,05 die Behauptung aufgestellt werden, die Angaben des Herstellers seien falsch?

Getestet werden soll $H_0 : \mu \leq 8$ gegen $H_1 : \mu > 8$.

Testgröße $v = \dfrac{\overline{x} - \mu_0}{s} \cdot \sqrt{n} = \dfrac{8,2 - 8,1}{0,214} \cdot \sqrt{30} = 2,56$.

Das 0,95-Quantil der t-Verteilung mit 29 Freiheitsgraden lautet $t_{0,95} = 1,79$.

Wegen $v > t_{0,95}$ wird H_0 abgelehnt, also die Behauptung aufgestellt, die Angaben des Herstellers seien falsch.

Mit der Verteilungsfunktion F_{29} der t-Verteilung aus Abschnitt 4.6 erhält man die Überschreitungswahrscheinlichkeit

$$F_{29}(v) = F_{29}(2,56) = .99203.$$

Wegen $F_{29}(v) > 1 - \alpha$ gelangt man hiermit zur gleichen Testentscheidung (Ablehnung von H_0). ♦

7.4 Test der Varianz σ^2 einer Normalverteilung

Ist σ^2 der wahre Parameter, so ist die Testfunktion

$$\boxed{V = \frac{(n-1) \cdot S^2}{\sigma^2}}$$

Chi-Quadrat-verteilt mit n − 1 Freiheitsgraden. Mit der entsprechenden Verteilungsfunktion F_{n-1} ergeben sich mit $F_{n-1}(\chi^2_{\frac{\alpha}{2}}) = \dfrac{\alpha}{2}$, $F_{n-1}(\chi^2_{1-\frac{\alpha}{2}}) = 1 - \dfrac{\alpha}{2}$, $F_{n-1}(\chi^2_{1-\alpha}) = 1 - \alpha$, $F_{n-1}(\chi^2_{\alpha}) = \alpha$ (Bild 7.3) folgende

Testentscheidungen

Nullhypothese H_0	Alternative H_1	Ablehnungsbereich von H_0
a) $\sigma^2 = \sigma_0^2$	$\sigma^2 \neq \sigma_0^2$	$\dfrac{(n-1)\cdot s^2}{\sigma_0^2} < \chi^2_{\frac{\alpha}{2}}$ oder $\dfrac{(n-1)\cdot s^2}{\sigma_0^2} > \chi^2_{1-\frac{\alpha}{2}}$
b) $\sigma^2 \leq \sigma_0^2$	$\sigma^2 > \sigma_0^2$	$\dfrac{(n-1)\cdot s^2}{\sigma_0^2} > \chi^2_{1-\alpha}$
c) $\sigma^2 \geq \sigma_0^2$	$\sigma^2 < \sigma_0^2$	$\dfrac{(n-1)\cdot s^2}{\sigma_0^2} < \chi^2_{\alpha}$

(7.21)

(Chi-Quadrat-Verteilung mit $n-1$ Freiheitsgraden).

Auch hier kann die Testentscheidung mit der Verteilungsfunktion F_{n-1} der Chi-Quadrat-Verteilung durchgeführt werden.

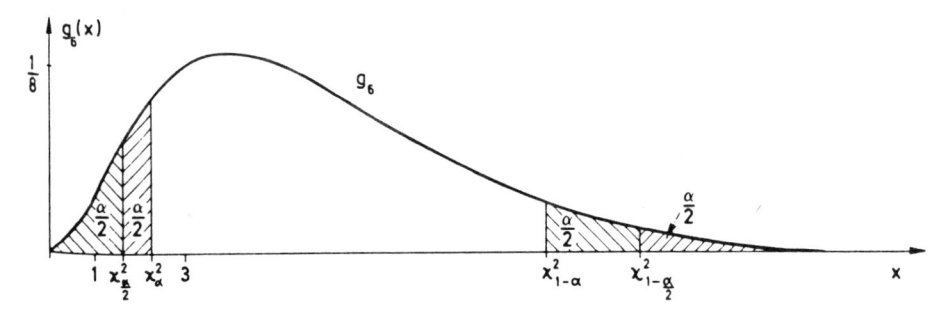

Bild 7.3 Quantile der Chi-Quadrat-Verteilung mit 6 Freiheitsgraden ($\alpha = 0{,}1$)

Beispiel 7.6. Zum Test der Hypothese $H_0 : \sigma^2 \leq 10$ gegen die Alternative $H_1 : \sigma^2 > 10$ erhielt man aus einer Stichprobe vom Umfang $n = 150$ die Varianz $s^2 = 12{,}1$. Kann H_0 mit einer Irrtumswahrscheinlichkeit

a) $\alpha = 0{,}95$, b) $\alpha = 0{,}99$ zugunsten von H_1 abgelehnt werden?

Testgröße $v = \dfrac{(n-1)\cdot s^2}{\sigma_0^2} = \dfrac{149 \cdot 12{,}1}{10} = 180{,}29$.

Die Überschreitungswahrscheinlichkeiten $F_{149}(v)$ erhalten wir aus dem Programm der Chi-Quadrat-Verteilung mit 149 Freiheitsgraden aus Abschnitt 4.4 als

$F_{149}(180.29) = .958831$.

a) Wegen $F_{149}(v) > 0{,}95$ kann H_0 mit einer Irrtumswahrscheinlichkeit von 0,05 abgelehnt werden.

b) Wegen $F_{149}(v) < 0{,}99$ kann mit einer Irrtumswahrscheinlichkeit von 0,01 keine Ablehnung erfolgen. ♦

7.5 Test einer beliebigen Wahrscheinlichkeit

Zum Test einer beliebigen Wahrscheinlichkeit $p = P(A)$ wird hier die $b(n, p)$-binomialverteilte Zufallsvariable X als Testgröße benutzt, welche die absolute Häufigkeit $h_n(A)$ des Ereignisses A beschreibt. Mit dem Programm der *Binomialverteilung* lassen sich über die Quantile die *Ablehnungsgrenzen* berechnen aus

$$\sum_{k > c_o} \binom{n}{k} \cdot p_0^k \cdot (1 - p_0)^{n-k} \leq \hat{\alpha}_o, c_o \text{ minimal, d.h.}$$

$$\sum_{k=0}^{c_o} \binom{n}{k} \cdot p_0^k \cdot (1 - p_0)^{n-k} \geq 1 - \hat{\alpha}_o, c_o \text{ minimal;} \qquad (7.22)$$

$$\sum_{k < c_u} \binom{n}{k} \cdot p_0^k \cdot (1 - p_0)^{n-k} = \sum_{k=0}^{c_u - 1} \binom{n}{k} \cdot p_0^k \cdot (1 - p_0)^{n-k} \leq \hat{\alpha}_u, c_u \text{ maximal.}$$

Hieraus erhält man mit den absoluten Häufigkeiten h_n die

Testentscheidungen

Nullhypothese H_0	Alternative H_1	Ablehnungsbereich von H_0
$p = p_0$	$p \neq p_0$	$h_n < c_u\left(\frac{\alpha}{2}\right)$ oder $h_n > c_o\left(\frac{\alpha}{2}\right)$
		$\left(\hat{\alpha}_o = \hat{\alpha}_u = \frac{\alpha}{2}\right)$
$p \leq p_0$	$p > p_0$	$h_n > c_o(\alpha) \quad (\hat{\alpha}_o = \alpha)$
$p \geq p_0$	$p < p_u$	$h_n < c_u(\alpha) \quad (\hat{\alpha}_u = \alpha).$

(7.23)

Beispiel 7.7. Eine Maschine besitze eine Ausschußwahrscheinlichkeit von mindestens 0,12. Die Umstellung auf eine neue Maschine soll nur dann vorgenommen werden, wenn mit einer Sicherheitswahrscheinlichkeit von 0,95 nachgewiesen wird, daß die Ausschußwahrscheinlichkeit der neuen Maschine kleiner als 0,12 ist. Zur Testdurchführung werden 80 von der neuen Maschine gefertigte Werkstücke untersucht.

a) Bei höchstens wieviel fehlerhaften Stücken kann die Umstellung noch vorgenommen werden?
b) Wie groß ist die tatsächliche Irrtumswahrscheinlichkeit α?
c) Die Gütefunktion soll skizziert werden.

Hier soll $H_0 : p \geq 0{,}12$ gegen $H_1 : p < 0{,}12$ getestet werden.

a) Aus dem Programm der Binomialverteilung erhält man mit $n = 80$ und $p = 0{,}12$ für das 0,05-Quantil den Ausdruck .0298901-Quantil = 4 = $c_u - 1$.
   Bei höchstens 4 fehlerhaften Werkstücken kann die Umstellung vorgenommen werden.

b) $\alpha = .0298901$.

c) Die Gütefunktion lautet

$$g(p) = \sum_{k=0}^{4} \binom{80}{k} \cdot p^k \cdot (1-p)^{80-k}.$$

Diese Gütefunktion ist in Bild 7.4 skizziert, die Werte $g(p)$ sind die Funktionswerte der Verteilungsfunktion der $b(80, p)$-Verteilung an der Stelle $x = 4$.

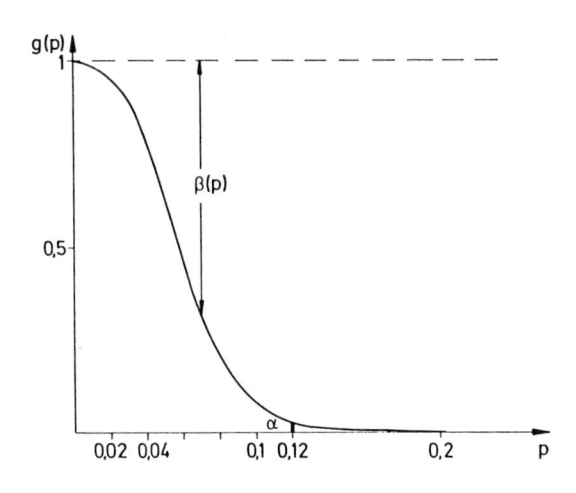

Bild 7.4
Gütefunktion eines einseitigen Tests

Approximation durch die Normalverteilung

Für $np_0(1-p_0) > 9$ ist die Testfunktion

$$V = \frac{X - np_0}{\sqrt{np_0(1-p_0)}},$$

ungefähr standardnormalverteilt. Mit den Quantilen der $N(0; 1)$-Verteilung erhält man die

Testentscheidungen

Nullhypothese H_0	Alternative H_1	Ablehnungsbereich von H_0	
$p = p_0$	$p \neq p_0$	$\left\lvert \dfrac{h_n - np_0}{\sqrt{np_0(1-p_0)}} \right\rvert > z_{1-\frac{\alpha}{2}}$	
$p \leq p_0$	$p > p_0$	$\dfrac{h_n - np_0}{\sqrt{np_0(1-p_0)}} > z_{1-\alpha}$	(7.24)
$p \geq p_0$	$p < p_0$	$\dfrac{h_n - np_0}{\sqrt{np_0(1-p_0)}} < -z_{1-\alpha}$	

7 Parametertests 121

Beispiel 7.8. Die Heilungswahrscheinlichkeit eines herkömmlichen Medikaments sei 0,7. Ein neues Medikament werde 500 Patienten verabreicht, wovon 369 durch das Medikament geheilt werden. Kann mit $\alpha = 0{,}05$ behauptet werden, die Heilungswahrscheinlichkeit des neuen Medikaments sei größer als 0,7?

Testgröße $v = \dfrac{369 - 500 \cdot 0{,}7}{\sqrt{500 \cdot 0{,}7 \cdot 0{,}3}} = 1{,}8542$.

Aus dem Programm der Normalverteilung (Abschnitt 4.3) mit $\mu = 0$, $\sigma = 1$ erhält man die Überschreitungswahrscheinlichkeit $\Phi(v) = .968145$.

Testentscheidung: $\Phi(v) > 1 - \alpha \Rightarrow$ Die Heilungswahrscheinlichkeit ist größer als 0,7. ♦

7.6 Test auf Gleichheit zweier Erwartungswerte (t-Test)

Gegeben seien zwei Zufallsvariable X und Y mit den Erwartungswerten

$$\mu_1 = E(X); \quad \mu_2 = E(Y).$$

Für diese beiden Parameter sollen folgende Nullhypothesen getestet werden:

a) $H_0: \mu_1 = \mu_2; \quad H_1: \mu_1 \neq \mu_2;$
b) $H_0: \mu_1 \leq \mu_2; \quad H_1: \mu_1 > \mu_2;$ (7.25)
c) $H_0: \mu_1 \geq \mu_2; \quad H_1: \mu_1 < \mu_2.$

Auch hier sei wie in Abschnitt 7.3 vorausgesetzt, daß die beiden Zufallsvariablen X und Y normalverteilt sind oder beide Stichprobenumfänge mindestens gleich 30 sind.
Für die Testdurchführung sollen zwei Fälle unterschieden werden.

7.6.1 Verbundene Stichproben

Die Realisierungen der Zufallsvariablen X und Y sollen jeweils zwei Meßwerte x_i, y_i am gleichen Individuum liefern. Bei einer solchen Zuordnung ist es naheliegend, die Differenzen $d_i = x_i - y_i$ dieser Stichprobenwerte für den Test zu benutzen. Die Stichprobe der Differenzen

$$d = (d_1, d_2, \ldots, d_n) = (x_1 - y_1, x_2 - y_2, \ldots, x_n - y_n)$$

besitze den Mittelwert

$$\bar{d} = \frac{1}{n}\sum_{i=1}^{n} d_i = \frac{1}{n}\sum_{i=1}^{n}(x_i - y_i) = \bar{x} - \bar{y}$$

und die Varianz

$$s_d^2 = \frac{1}{n-1}\sum_{i=1}^{n}(d_i - \bar{d})^2 = \frac{1}{n-1}\sum_{i=1}^{n}(x_i - y_i - \bar{x} - \bar{y})^2.$$

Als Testfunktion dient die Zufallsvariable

$$V = \frac{\overline{D} - (\mu_1 - \mu_2)}{S_D} \cdot \sqrt{n} = \frac{\overline{X} - \overline{Y} - (\mu_1 - \mu_2)}{S_D} \cdot \sqrt{n},$$

die unter der obigen Voraussetzung (wenigstens annähernd) t-verteilt ist mit $n-1$ Freiheitsgraden, falls μ_1 und μ_2 die wahren Parameter sind. Damit erhält man folgende *Testentscheidungen*

Nullhypothese H_0	Alternative H_1	Ablehnungsbereich von H_0	
$\mu_1 = \mu_2$	$\mu_1 \neq \mu_2$	$\left\| \dfrac{\overline{d}}{s_d} \cdot \sqrt{n} \right\| > t^{(n-1)}_{1-\alpha/2}$	
$\mu_1 \leq \mu_2$	$\mu_1 > \mu_2$	$\dfrac{\overline{d}}{s_d} \cdot \sqrt{n} > t^{(n-1)}_{1-\alpha}$	(7.26)
$\mu_1 \geq \mu_2$	$\mu_1 < \mu_2$	$\dfrac{\overline{d}}{s_d} \cdot \sqrt{n} < -t^{(n-1)}_{1-\alpha}$	

$d = x - y$
(t-Verteilung mit $n-1$
Freiheitsgraden).

Beispiel 7.9. Um zwei Methoden zur Stärkegehaltsbestimmung miteinander zu vergleichen, wurden 30 Kartoffeln halbiert und jeweils auf die beiden Hälften die beiden verschiedenen Methoden angewandt. Es ergaben sich folgende Unterschiede des Stärkegehalts (in $^0/_{00}$) zwischen den beiden Hälften:

0,1; −0,2; 1,3; 2,4; −1,5; −1,2; 0,2; 0,9; −0,4; −0,7; 0,4; 0,8; 1,4; −1,2; −0,8; −1,9; −2,5; 1,9; 3,4; −1,7; 0,3; 2,5; −0,6; 0,9; 1,5; −0,4; −0,2; 1,3; 1,8; −3,2.

Mit $\alpha = 0,1$ soll $H_0 : \mu_1 = \mu_2$ gegen $H_1 : \mu_1 \neq \mu_2$ getestet werden.
Mit dem Statistikprogramm BESCHR12 aus Abschnitt 1.3 erhält man $\overline{d} = .153333$; $s_d = 1.55225$ und hieraus die Testgröße

$$v = \frac{\overline{d}}{s_d} \cdot \sqrt{30} = 0{,}541046.$$

Aus dem Programm der t-Verteilung mit 29 Freiheitsgraden ergibt sich die Überschreitungswahrscheinlichkeit als $F_{29}(v) = .703696$. Wegen $0{,}1 < F_{29}(v) < 0{,}9$ kann die Nullhypothese $H_0 : \mu_1 = \mu_2$ mit $\alpha = 0{,}1$ nicht abgelehnt werden. ♦

7.6.2 Nichtverbundene Stichproben

Falls zwischen den Meßwerten der Zufallsvariablen X und denen von Y keine Bindung besteht, dürfen die Stichprobenumfänge n_1 und n_2 der beiden Stichproben $x = (x_1, \ldots, x_{n_1})$ und $y = (y_1, \ldots, y_{n_2})$ verschieden sein. Die Meßwerte dürfen also von verschiedenen

7 Parametertests

Individuen stammen. Neben der Unabhängigkeit muß noch vorausgesetzt werden, daß beide Zufallsvariable die *gleiche Varianz* besitzen, die nicht bekannt sein muß. Im Falle der Normalverteilung oder für $n_1, n_2 \geq 30$ erhält man mit den Varianzen

$$s_x^2 = \frac{1}{n_1 - 1} \cdot \sum_{i=1}^{n_1} (x_i - \bar{x})^2; \quad s_y^2 = \frac{1}{n_2 - 1} \cdot \sum_{j=1}^{n_2} (y_j - \bar{y})^2$$

die Testgröße

$$t_{ber.} = \frac{\bar{x} - \bar{y}}{\sqrt{\frac{(n_1 - 1) \cdot s_x^2 + (n_2 - 1) \cdot s_y^2}{n_1 + n_2 - 2}}} \cdot \sqrt{\frac{n_1 \cdot n_2}{n_1 + n_2}},$$

die Realisierung einer t-verteilten Zufallsvariablen mit $n_1 + n_2 - 2$ Freiheitsgraden ist. Damit ergeben sich mit den Quantilen dieser $t^{(n_1+n_2-2)}$-Verteilung die

Testentscheidungen

Nullhypothese H_0	Alternative H_1	Ablehnungsbereich von H_0
$\mu_1 = \mu_2$	$\mu_1 \neq \mu_2$	$\lvert t_{ber.} \rvert > t_{1-\alpha/2}^{(n_1+n_2-2)}$
$\mu_1 \leq \mu_2$	$\mu_1 > \mu_2$	$t_{ber.} > t_{1-\alpha}^{(n_1+n_2-2)}$
$\mu_1 \geq \mu_2$	$\mu_1 < \mu_2$	$t_{ber.} < -t_{1-\alpha}^{(n_1+n_2-2)}$

(7.27)

$$t_{ber.} = \frac{\bar{x} - \bar{y}}{\sqrt{\frac{(n_1 - 1) \cdot s_x^2 + (n_2 - 1) \cdot s_y^2}{n_1 + n_2 - 2}}} \cdot \sqrt{\frac{n_1 \cdot n_2}{n_1 + n_2}}$$

Für $n_1 = n_2 = n$ erhält man die einfachere Formel

$$t_{ber.} = \frac{\bar{x} - \bar{y}}{\sqrt{s_x^2 + s_y^2}} \cdot \sqrt{n}.$$

Beispiel 7.10. Von einer Maschine werden Fruchtsäfte in Flaschen abgefüllt. Zum Test, ob durch eine bestimmte technische Veränderung die mittlere Abfüllmenge nicht verändert wird, werden vor und nach dieser Veränderung zwei Stichproben gezogen mit:

x: Stichprobenumfang 100; $\bar{x} = 981$; $s_x^2 = 8{,}347$;
y: Stichprobenumfang 120; $\bar{y} = 981{,}9$; $s_y^2 = 8{,}125$.
Kann die Nullhypothese $H_0: \mu_1 = \mu_2$ mit $\alpha = 0{,}05$ abgelehnt werden?

$$\text{Testgröße } t_{ber.} = \frac{981 - 981{,}9}{\sqrt{\frac{99 \cdot 8{,}347 + 119 \cdot 8{,}125}{100 + 120 - 2}}} \cdot \sqrt{\frac{100 \cdot 120}{100 + 120}} = -2{,}31757.$$

Mit dem Programm der t-Verteilung mit 218 Freiheitsgraden erhält man die Überschreitungswahrscheinlichkeit (Verteilungsfunktion an der Stelle $|t_{ber.}|$)

$$F_{218}(|t_{ber.}|) = F_{218}(2.31757) = .9893.$$

Wegen $F_{218}(|t_{ber.}|) > 0{,}975$ kann die Nullhypothese H_0 abgelehnt werden. Die technische Veränderung erhöht also die mittlere Abfüllmenge signifikant. ♦

7.7 Vergleich zweier Varianzen bei Normalverteilungen

Sind σ_1^2 und σ_2^2 die (unbekannten) Varianzen der beiden normalverteilten Grundgesamtheiten, so ist die Testfunktion

$$\boxed{T = \frac{S_1^2/\sigma_1^2}{S_2^2/\sigma_2^2}}$$

$F_{(n_1-1, n_2-1)}$-verteilt, d.h. *Fisher-verteilt mit* $(n_1 - 1, n_2 - 1)$ *Freiheitsgraden.*
Mit den Quantilen dieser F-Verteilung erhält man die

Testentscheidungen

Nullhypothese H_0	Alternative H_1	Ablehnungsbereich von H_0	
$\sigma_1^2 = \sigma_2^2$	$\sigma_1^2 \neq \sigma_2^2$	$\dfrac{s_1^2}{s_2^2} < f_{\alpha/2}^{(n_1-1, n_2-1)}$ oder $\dfrac{s_1^2}{s_2^2} > f_{1-\alpha/2}^{(n_1-1, n_2-1)}$	(7.28)
$\sigma_1^2 \leq \sigma_2^2$	$\sigma_1^2 > \sigma_2^2$	$\dfrac{s_1^2}{s_2^2} > f_{1-\alpha}^{(n_1-1, n_2-1)}$	
$\sigma_1^2 \geq \sigma_2^2$	$\sigma_1^2 < \sigma_2^2$	$\dfrac{s_1^2}{s_2^2} < f_{\alpha}^{(n_1-1, n_2-1)}$	

Beispiel 7.11. Der Hersteller eines Zusatzgerätes behauptet, die Varianz der Abfüllmengen einer Maschine werde durch den Einbau dieses Gerätes verkleinert. Zum Test der Behauptung wurden vor und nach dem Einbau jeweils 100 von der Maschine abgepackte Pakete gewogen mit den Varianzen

$$s_1^2 = 9{,}875; \quad s_2^2 = 8{,}425.$$

Kann aus diesem Ergebnis mit $\alpha = 0{,}05$ geschlossen werden, die Behauptung des Herstellers sei richtig?
Hier ist $H_0 : \sigma_1^2 \leq \sigma_2^2$ gegen $H_1 : \sigma_1^2 > \sigma_2^2$ zu testen.

Testgröße $v = \dfrac{s_1^2}{s_2^2} = 1{,}17211$

Mit Hilfe der $F[99; 99]$-Verteilung aus Abschnitt 4.5 erhält man die Überschreitungswahrscheinlichkeit $F(1.17211) = .784547 < 0{,}95$. Die Nullhypothese $H_0 : \sigma_2^2 \geq \sigma_1^2$ kann also nicht abgelehnt, die Behauptung des Herstellers somit nicht angenommen werden. ♦

8 Chi-Quadrat-Anpassungstest

Bei den Parametertests in Abschnitt 7 und der Theorie der Konfidenzintervalle in Abschnitt 6 wurde vorausgesetzt, daß alle Wahrscheinlichkeiten bzw. die Verteilungsfunktion durch die entsprechenden Parameter bestimmt sind. So wurde bei vielen Problemen auf Grund des zentralen Grenzwertsatzes eine Normalverteilung vorausgesetzt, so daß nur noch Erwartungswert μ und Varianz σ^2 zu schätzen oder zu testen waren. Ob die Grundgesamtheit tatsächlich normalverteilt war, wurde nicht getestet.

Bei nichtparametrischen Methoden geht man z.B. von einer bestimmten Verteilungsfunktion F_0 aus und stellt dazu die

nichtparametrische Nullhypothese H_0: Die zugrunde liegende Zufallsvariable besitzt die Verteilungsfunktion F_0 (8.1)

auf. Ein Verfahren zur Überprüfung einer solchen nichtparametrischen Hypothese wird *Anpassungstest* genannt.

Bei den Chi-Quadrat-Anpassungstests werden Klasseneinteilungen durchgeführt und aus einer Stichprobe die Klassenhäufigkeiten mit den Klassenwahrscheinlichkeiten bzw. den erwarteten Klassenhäufigkeiten verglichen.

Wie bei den Parametertests, so muß auch hier darauf hingewiesen werden, daß die zu testende Verteilungsfunktion F_0 nicht aus einer Stichprobe abgeleitet werden darf, die schon zur Testdurchführung benutzt wird. Etwa $F_0 = \widetilde{F}$ zu setzen und dann mit $\widetilde{F}$ die Hypothese zu testen, ist nicht zulässig, da mit einem solchen Vorgehen die Nullhypothese (8.1) wohl nie abgelehnt werden kann. Wird zur Festsetzung von F_0 eine Stichprobe verwendet, so muß der Test mit einer anderen Stichprobe durchgeführt werden.

Wir beginnen mit einer sehr einfachen Klasse von Anpassungstests.

8.1 Der Chi-Quadrat-Anpassungstest für die Wahrscheinlichkeiten $p_1, p_2, \ldots, p_r$ einer Polynomialverteilung

Es sei $A_1, A_2, \ldots, A_r$ eine vollständige Ereignisdisjunktion, also paarweise unvereinbare Ereignisse, von denen bei jeder Versuchsdurchführung genau eines eintreten muß. Mit fest vorgegebenen Wahrscheinlichkeiten $p_1, p_2, \ldots, p_r$ mit $p_i > 0$ für alle i und $p_1 + p_2 + \ldots + p_r = 1$ betrachten wir die

Nullhypothese $H_0: P(A_1) = p_1; P(A_2) = p_2; \ldots; P(A_r) = p_r$. (8.2)

Wegen $\sum_{i=1}^{r} p_i = 1$ sind nicht r, sondern nur r − 1 Wahrscheinlichkeiten gleichzeitig zu testen.

Die Zufallsvariable Y_i beschreibe die Anzahl derjenigen Versuche, bei denen das Ereignis A_i in einem Bernoulli-Experiment vom Umfang n eintritt. Ist die Nullhypothese H_0 richtig, so ist die Zufallsvariable Y_i binomialverteilt mit den Parametern

$$E(Y_i) = np_i \text{ und } D^2(Y_i) = np_i(1 - p_i), i = 1, 2, \ldots, r. \tag{8.3}$$

Da insgesamt n Versuche durchgeführt werden, gilt die Beziehung

$$\sum_{i=1}^{r} Y_i = n.$$

Wegen $\sum_{i=1}^{r} p_i = 1$ folgt hieraus $\sum_{i=1}^{r} (Y_i - np_i) = 0$.

Die Zufallsvariable

$$\chi^2 = \sum_{i=1}^{r} \frac{(Y_i - np_i)^2}{np_i} \qquad (8.4)$$

heißt *Pearsonsche Testfunktion*. Sie ist für große n näherungsweise *Chi-Quadrat-verteilt mit r − 1 Freiheitsgraden*. Dabei ist die Approximation bereits dann brauchbar, wenn für sämtliche erwarteten Häufigkeiten $E(Y_i) = np_i$ gilt

$np_i \geq 5$ für $i = 1, 2, \ldots, r$.

Ist diese Bedingung verletzt, so müssen von den Ereignissen A_i bestimmte zu einem neuen Ereignis vereinigt werden, bis schließlich die auf diese Weise gewonnene Ereignisdisjunktion die entsprechende Bedingung erfüllt.
Es seien $h_1, h_2, \ldots, h_r$ die absoluten Häufigkeiten der betrachteten Ereignisse $A_1, A_2, \ldots, A_r$. Dann erhalten wir als Realisierung der Zufallsvariablen χ^2 den Zahlenwert

$$\chi^2_{\text{ber.}} = \sum_{i=1}^{r} \frac{(h_i - np_i)^2}{np_i} = \frac{1}{n} \sum_{i=1}^{r} \frac{h_i^2}{p_i} - n. \qquad (8.5)$$

Bei richtiger Nullhypothese H_0 wird wegen $h_i \approx np_i$ der Zahlenwert $\chi^2_{\text{ber.}}$ i.a. klein sein. Ist H_0 falsch, so werden häufig größere Abweichungen auftreten.
Zu einer vorgegebenen Irrtumswahrscheinlichkeit α bestimmen wir das $(1 - \alpha)$-Quantil $\chi^2_{1-\alpha}$ der Chi-Quadrat-Verteilung mit $r - 1$ Freiheitsgraden und gelangen damit zur

Testentscheidung

$\chi^2_{\text{ber.}} > \chi^2_{1-\alpha} \Rightarrow H_0$ ablehnen;

$\chi^2_{\text{ber.}} \leq \chi^2_{1-\alpha} \Rightarrow H_0$ nicht ablehnen

(Chi-Quadrat-Verteilung mit $r - 1$ Freiheitsgraden).

In dem nachfolgenden Programm (CHITEST1 wird die Testgröße $\chi^2_{\text{ber.}}$ berechnet, ohne daß die Daten gespeichert werden.

8 Chi-Quadrat-Anpassungstest   127

Chi-Quadrat-Anpassungstest für eine Polynomialverteilung (CHITEST 1)

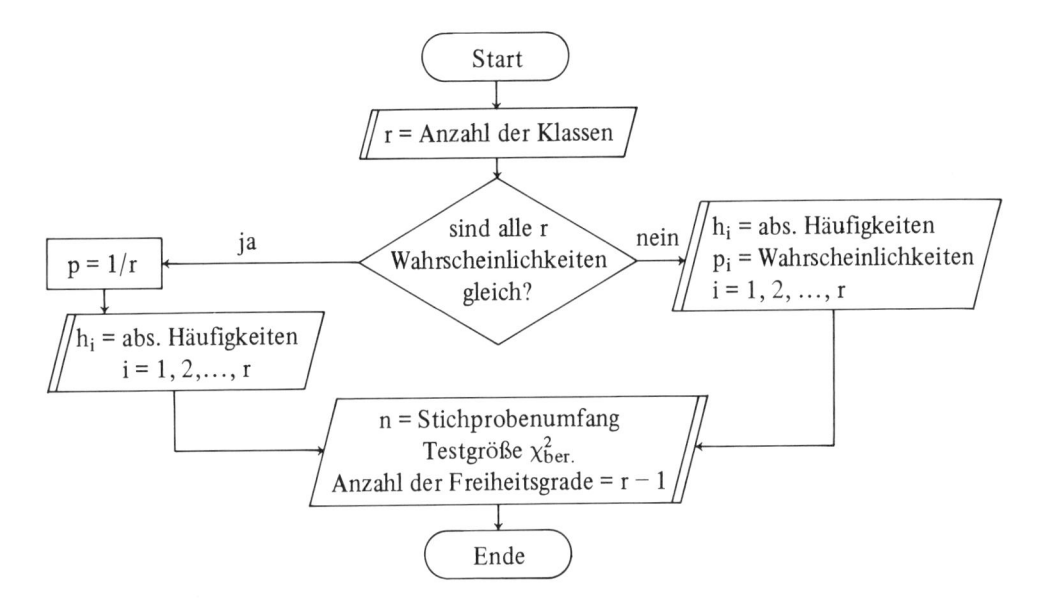

```
                    ┌───────┐
                    │ Start │
                    └───┬───┘
                        ▼
            ┌─────────────────────────┐
            │ r = Anzahl der Klassen  │
            └───────────┬─────────────┘
                        ▼
                  ╱─────────────╲
            ja   ╱ sind alle r   ╲  nein
         ┌─────< Wahrscheinlich- >─────┐
         │      ╲  keiten gleich?╱     │
    ┌────▼────┐  ╲─────────────╱   ┌───▼──────────────────────┐
    │ p = 1/r │                    │ $h_i$ = abs. Häufigkeiten │
    └────┬────┘                    │ $p_i$ = Wahrscheinlichkeiten│
         │                         │ i = 1, 2, ..., r         │
  ┌──────▼──────────────┐          └───┬──────────────────────┘
  │ $h_i$ = abs. Häufigkeiten│             │
  │ i = 1, 2, ..., r    │              │
  └──────┬──────────────┘              │
         │     ┌───────────────────────┘
         ▼     ▼
  ┌─────────────────────────────────────┐
  │ n = Stichprobenumfang               │
  │ Testgröße $\chi^2_{ber.}$           │
  │ Anzahl der Freiheitsgrade = r − 1   │
  └─────────────────┬───────────────────┘
                    ▼
                ┌───────┐
                │ Ende  │
                └───────┘
```

Programm   CHITEST1

```
10      REM CHI-QUADRAT-ANPASSUNGSTEST FUER R WAHRSCH.(CHITEST1)
20      REM -GLEICHZEITIGES TESTEN VON R WAHRSCHEINLICHKEITEN
30      PRINT "ANZAHL DER KLASSEN R = ";:INPUT R:S=0:N=0
40      PRINT
50      PRINT "SIND ALLE WAHRSCHEINLICHKEITEN GLEICH (J=JA)?"
60      INPUT E$:IF E$<>"J" THEN 80
70      P=1/R
80      FOR I=1 TO R
90      PRINT "HAEUFIGKEIT           DER ";I;". KLASSE   = ";
100     INPUT H:IF E$ = "J" THEN GOTO 120
110     PRINT "WAHRSCHEINLICHKEIT DER ";I;". KLASSE   = ";: INPUT P
120     PRINT:N=N+H:S=S+H*H/P
130     NEXT I
140     PRINT:PRINT:PRINT:PRINT
150     PRINT "STICHPROBENUMFANG             = ";N
160     PRINT
170     PRINT "TESTGROESSE CHIQUADRAT        = ";S/N-N
180     PRINT
190     PRINT "ANZAHL DER FREIHEITSGRADE     = " ;R-1
200     END
```

Beispiel 8.1. Beim Werfen eines Würfels ergaben sich die folgenden Häufigkeiten:

Augenzahl	1	2	3	4	5	6
Häufigkeiten	132	158	151	163	159	190

Mit $\alpha = 0{,}05$ soll getestet werden, ob es sich um einen idealen Würfel handelt. Die Hypothese lautet hier

$$H_0: p_1 = p_2 = \ldots = p_6 = \frac{1}{6}.$$

Mit dem Programm CHITEST 1 erhält man die Ausgabe

Stichprobenumfang n = 953
Testgröße Chiquadrat = 11.149
Anzahl der Freiheitsgrade 5.

Das Programm der Chi-Quadrat-Verteilung aus Abschnitt 4.4 liefert die Überschreitungswahrscheinlichkeit

$$F_5(11.149) = .951496.$$

Wegen $F > 1 - \alpha$ wird die Nullhypothese abgelehnt. Die Behauptung, der Würfel sei verfälscht, ist also mit einer Sicherheitswahrscheinlichkeit 0,95 richtig. ♦

8.2 Der Chi-Quadrat-Anpassungstest für vollständig vorgegebene Wahrscheinlichkeiten einer diskreten Zufallsvariablen

Y sei eine diskrete Zufallsvariable mit dem höchstens abzählbar unendlichen Wertevorrat $W = \{y_1, y_2, \ldots\}$. Der Wertevorrat sei bekannt, nicht jedoch die einzelnen Wahrscheinlichkeiten $P(Y = y_j), j = 1, 2, \ldots$. Aufgrund früherer Versuchsergebnisse oder infolge anderer naheliegender Vermutungen werde die

$$\textit{Nullhypothese } H_0: P(Y = y_j) = q_j, j = 1, 2, \ldots \qquad (8.6)$$

aufgestellt, wobei die Werte q_j fest vorgegebene Wahrscheinlichkeiten sind mit $\sum_j q_j = 1$.

Ist der Wertevorrat W endlich, so kann mit den Ereignissen $A_j = (Y = y_j)$ und den Wahrscheinlichkeiten $P(A_j) = q_j$ unmittelbar der in Abschnitt 8.1 beschriebene Anpassungstest übernommen werden, wobei im Falle $nq_j < 5$ gewisse Ereignisse (wie oben erwähnt) zusammenzufassen sind.

Bei abzählbar unendlichem Wertevorrat teilt man W in r disjunkte Klassen $W_1, W_2, \ldots, W_r$ derart ein, daß gilt

$$W = W_1 \cup W_2 \cup \ldots \cup W_r, \quad W_i \cap W_j = \phi \text{ für } i \neq j; \qquad (8.7)$$

$$P(Y \in W_i) = \sum_{j: y_j \in W_i} P(Y = y_j) = \sum_{j: y_j \in W_i} q_j = p_i \text{ mit } np_i \geq 5, i = 1, \ldots, r.$$

Hierbei ist n der Umfang der Stichprobe, mit der die Hypothese (8.6) getestet werden soll.

8 Chi-Quadrat-Anpassungstest 129

Durch diese Einteilung kann vermöge $A_i = (Y \in W_i)$, $P(A_i) = p_i$ für $i = 1, 2, \ldots, r$ wieder unmittelbar der in Abschnitt 8.1 beschriebene Test übernommen werden.

8.3 Der Chi-Quadrat-Anpassungstest für eine Verteilungsfunktion F_0 einer beliebigen Zufallsvariablen

Für eine beliebige Zufallsvariable Y soll die

Nullhypothese $H_0 : P(Y \leq y) = F(y) = F_0(y), y \in \mathbb{R}$ (8.8)

getestet werden, wobei die Verteilungsfunktion F_0 bekannt, also nicht von unbekannten Parametern abhängig ist.

Um den in Abschnitt 8.1 beschriebenen Test auch für dieses Problem anwenden zu können, ist eine Unterteilung der reellen Achse $\mathbb{R}$ in r Teilintervalle naheliegend. Durch $r - 1$ Punkte $a_1, a_2, \ldots, a_{r-1}$ mit $a_1 < a_2 < \ldots < a_{r-1}$ (Bild 8.1) entstehen die r Teilintervalle

$$R_1 = (-\infty; a_1]; \quad R_2 = (a_1, a_2], \ldots; \quad R_{r-1} = (a_{r-2}, a_{r-1}]; \quad R_r = (a_{r-1}, +\infty).$$

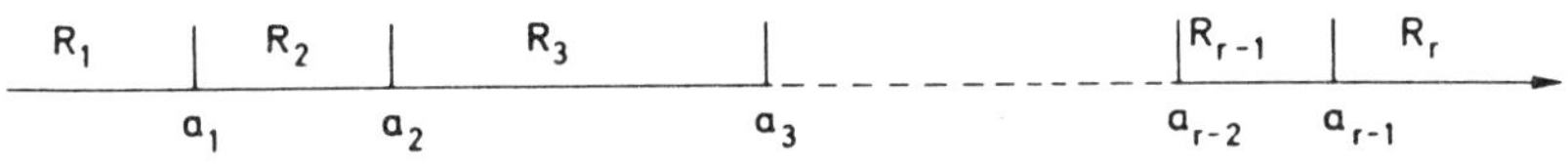

Bild 8.1 Klasseneinteilung für den Chi-Quadrat-Test

Dabei ist die Einteilung so vorzunehmen, daß mit

$$p_1 = P(Y \in R_1) = P(Y \leq a_1) = F(a_1); \quad p_2 = P(Y \in R_2) = F(a_2) - F(a_1), \ldots$$
$$\ldots, p_{r-1} = P(Y \in R_{r-1}) = F(a_{r-1}) - F(a_{r-2}); \quad (8.9)$$
$$p_r = P(Y \in R_r) = P(Y > a_{r-1}) = 1 - F(a_{r-1})$$

gilt $np_i \geq 5$ für $i = 1, 2, \ldots r$.

Mit diesen Klassenwahrscheinlichkeiten wird die Nullhypothese

$$H_0^* : P(Y \in R_i) = p_i \quad \text{für } i = 1, 2, \ldots, r \quad (8.10)$$

mit $(Y_i \in R_i) = A_i$ nach 8.1 getestet.

Im Falle der Ablehnung von H_0^* kann auch H_0 abgelehnt werden, da mit H_0 auch H_0^* richtig wäre. Im Falle der Nichtablehnung sollte wegen der möglicherweise großen Irrtumswahrscheinlichkeit 2. Art H_0^* nicht angenommen werden. Hier wird man davon ausgehen, daß die Näherungen

$$P(Y \in R_i) \approx p_i \quad \text{für } i = 1, 2, \ldots, r \quad (8.11)$$

gelten. Falls H_0^* (wenigstens näherungsweise) richtig ist, muß H_0 nicht richtig sein. Die Verteilungsfunktion F könnte ja von F_0 stärker abweichen und trotzdem die gleichen Klassenwahrscheinlichkeiten p_i liefern, insbesondere, wenn die Klassenanzahl r klein ist.

Bei sehr feiner Klasseneinteilung wird man jedoch aus der Nichtablehnung von H_0^* die Aussage

$$F(y) \approx F_0(y) \tag{8.12}$$

wagen können. Besser wäre jedoch eine Aussage der Gestalt: Das Ergebnis steht nicht im Widerspruch zu Nullhypothese H_0.

Beispiel 8.2 (Test des Zufallszahlengenerators).D
Die üblichen Zufallszahlengeneratoren erzeugen Zufallszahlen zwischen 0 und 1. Zum Test auf gleichmäßige Verteilung wird das Intervall in K gleichbreite Intervalle der Länge 1/K eingeteilt.

Falls es sich um Zufallszahlen handelt, besitzt jede Klasse die Klassenwahrscheinlichkeit

$$p_i = \frac{1}{K} \text{ für } i = 1, 2, \ldots, K.$$

Die Zufallszahl r gehört zur Klasse mit der Nummer

$$\text{INT}[K \cdot r] + 1.$$

Das nachfolgende Programm ZUFTEST erzeugt n Zufallszahlen, berechnet die Klassenhäufigkeiten h_i sowie die Testgröße $\chi^2_{\text{ber.}}$.

Programm ZUFTEST

```
10    REM TEST DES ZUFALLSZAHLENGENERATORS (ZUFTEST)
20    REM K GLEICHWAHRSCHEINLICHE KLASSEN
30    PRINT "ANZAHL DER KLASSEN        K = ";:INPUT K
40    PRINT "ANZAHL DER ZUFALLSZAHLEN N = ";:INPUT N
50    A=1:S=0:EN=0:DIM H(K+1)
60    FOR I=1 TO N
70    R=RND(A):J=INT(K*R)+1:H(J)=H(J)+1
80    NEXT I
90    FOR J=1 TO K
100   EN=EN+H(J):S=S+H(J)*H(J)
110   NEXT J
120   S=K*S/EN - EN
130   PRINT:PRINT:PRINT
140   PRINT "ANZAHL DER ZUFALLSZAHLEN = ";N
150   PRINT
160   PRINT "ANZAHL DER KLASSEN       = ";K
170   PRINT
180   PRINT "TESTGROESSE CHIQUADRAT   = ";S
190   PRINT
200   PRINT "ANZAHL DER FREIHEITSGRADE = ";K-1
210   END
```

8 Chi-Quadrat-Anpassungstest

Zahlenbeispiel K = 100; N = 100 000; α = 0,1.

Ausgabe $\chi^2_{ber.}$ = 94.8359.

Das 0,90-Quantil der Chi-Quadrat-Verteilung mit 99 Freiheitsgraden beträgt $\chi^2_{0,90}$ = 117,404.

Wegen $\chi^2_{ber.} < \chi^2_{0,90}$ kann die Nullhypothese der gleichmäßigen Verteilung der Zufallszahlen nicht abgelehnt werden. ♦

Test einer Verteilungsfunktion (CHITEST 2)

> Vor Beginn muß ab 540 das *Unterprogramm zur Berechnung der Verteilungsfunktion* eingegeben werden in der Form
> FW = F(Y)
> Argument steht in Y, Funktionswert in FW
> Programm muß mit RETURN abschließen

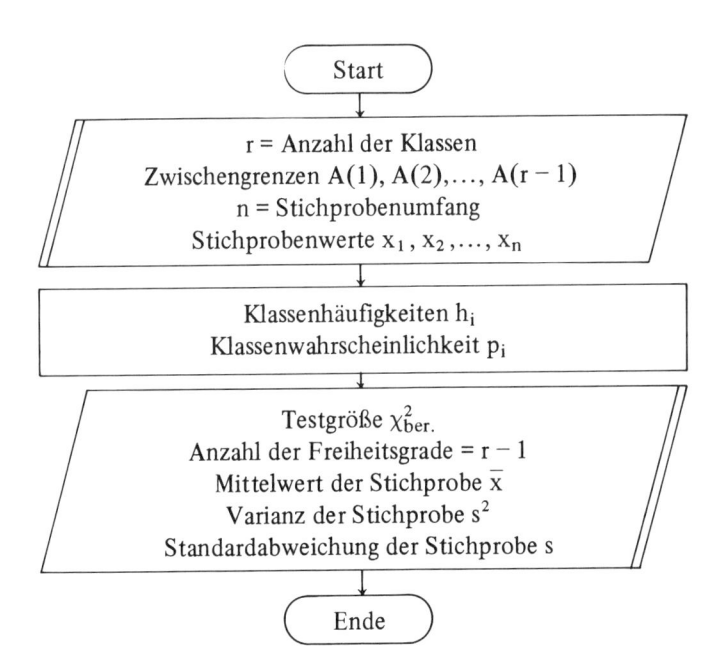

```
                    ( Start )
                       │
   ┌───────────────────▼───────────────────┐
  /  r = Anzahl der Klassen                /
 /   Zwischengrenzen A(1), A(2),..., A(r-1)/
/    n = Stichprobenumfang                /
/    Stichprobenwerte x₁, x₂,..., xₙ     /
   └───────────────────┬───────────────────┘
                       ▼
   ┌───────────────────────────────────────┐
   │  Klassenhäufigkeiten hᵢ               │
   │  Klassenwahrscheinlichkeit pᵢ         │
   └───────────────────┬───────────────────┘
                       ▼
   ┌───────────────────────────────────────┐
  /  Testgröße χ²ber.                      /
 /   Anzahl der Freiheitsgrade = r - 1    /
/    Mittelwert der Stichprobe x̄         /
/    Varianz der Stichprobe s²           /
/    Standardabweichung der Stichprobe s /
   └───────────────────┬───────────────────┘
                    ( Ende )
```

Programm CHITEST2

```
10    REM CHI-QUADRAT-ANPASSUNGSTEST (CHITEST2)
20    REM UNTERPROGRAMM VERTEILUNGSFUNKTION FW=F(Y) AB 540 EINGEBEN
30    PRINT "IST DAS UNTERPROGRAMM F(Y)=FW AB 540 EINGEBEN (J=JA)?"
40    INPUT E$:IF E$="J" THEN GOTO 60
50    PRINT "DAS MUSS VORHER EINGEGEBEN WERDEN":END
60    PRINT "ANZAHL R DER KLASSEN = ";
70    INPUT R:DIM A(R-1),H(R),P(R)
80    FOR I=1 TO R-1
90    PRINT I;". ZWISCHENGRENZE A(";I;") = ";:INPUT A(I)
100   NEXT I:PRINT:PRINT
110   REM --------------------------EINGABE DER STICHPROBENWERTE
120   PRINT "ANZAHL DER STICHPROBENWERTE  = ";: INPUT N
130   S1=0: S2=0
140   PRINT "GEBEN SIE DER REIHE NACH DIE STICHPROBENWERTE EIN!"
150   FOR I=1 TO N
160   PRINT I;".STICHPROBENWERT = ";: INPUT X
170   S1=S1+X: S2=S2+X*X
180   J=1
190   IF X<=A(J) THEN GOTO 230
200   IF J=R-1 THEN GOTO 220
210   J=J+1:GOTO 190
220   H(R)=H(R)+1:GOTO 240
230   H(J)=H(J)+1
240   NEXT I
250   M=S1/N:VX=(S2-N*M*M)/(N-1) :S=SQR(VX)
260   REM --------BERECHNUNG DER KLASSENWAHRSCHEINLICHKEITEN
270   TW=0:J=1:Y=A(1):GOSUB 500
280   P(1)=FW
290   IF R<=2 THEN GOTO 340
300   FOR J=2 TO R-1
310   TW=FW:Y=A(J):GOSUB 500
320   P(J)=FW-TW
330   NEXT J
340   P(R)=1-FW:SU=0
350   REM ---------------------TESTGROESSE
360   FOR I=1 TO R
370   Z=H(I)-N*P(I):SU=SU+Z*Z/(N*P(I))
380   NEXT I
390   REM----------------------AUSGABE
400   PRINT:PRINT:PRINT:PRINT
410   PRINT "TESTGROESSE              = "; SU
420   PRINT
430   PRINT "ANZAHL DER FREIHEITSGRADE = "; R-1:PRINT
440   PRINT "MITTELWERT DER STICHPROBE = ";M
450   PRINT
460   PRINT "VARIANZ    DER STICHPROBE = ";VX
470   PRINT
480   PRINT "STANDARDABWEICHUNG       = ";S
490   END
500   REM -----------------------------------------------------
510   REM ---BERECHNUNG DER  V E R T E I L U N G S-FUNKTION FW=F(Y)
520   REM ARGUMENT MUSS IN Y STEHEN,FUNKTIONSWERT IN FW
530   REM PROGRAMM MUSS MIT  R E T U R N  ENDEN
```

8 Chi-Quadrat-Anpassungstest

Beispiel 8.3 (Test auf gleichmäßige Verteilung).

Man teste mit $\alpha = 0{,}05$ ob die 50 nachfolgenden Stichprobenwerte Realisierungen einer im Intervall [0; 100] gleichmäßig verteilten Zufallsvariablen sind:

24,5	30,5	31,1	51,5	5,8	78,8	49,7	36,3	98,4	90,1
72,7	0,6	96,9	0,1	95,6	4	89,6	66	55,4	81,8
90,7	85,8	86,8	50,6	58,3	44,8	86,7	3,3	60,3	77,8
28,6	78,4	13,7	22,6	21,5	87,6	85,7	56,7	36,4	3,3
87,6	76,3	20,1	60,8	37,3	22,5	74,5	25,7	93	45,3

Die hypothetische Verteilungsfunktion lautet

$$F(y) = 0{,}01 \cdot y.$$

Im Programm CHITEST2 ist also vor Beginn folgender Befehl einzugeben

```
540  FW = 0.01 * Y
550  RETURN
```

Der Test soll mit 5 Klassen durchgeführt werden mit den Zwischengrenzen 20; 40; 60; 80; Das Programm liefert die

Ausgabe

Testgröße $\chi^2_{\text{ber.}} = 3.4$

Anzahl der Freiheitsgrade $= 4$

Mittelwert der Stichprobe $\bar{x} = 53.642$

Varianz der Stichprobe $s^2 = 969.151$

Standardabweichung der Stichprobe $s = 31.1312$.

Das Programm der Chi-Quadrat-Verteilung liefert die Überschreitungswahrscheinlichkeit

$$F_4(3.4) = .506754.$$

Wegen $F < 0{,}95$ kann die Nullhypothese der gleichmäßigen Verteilung nicht abgelehnt werden. ♦

8.4 Der Chi-Quadrat-Anpassungstest für eine von unbekannten Parametern abhängige Verteilungsfunktion F_0

Häufig interessiert man sich zunächst gar nicht für die exakte Form der Verteilungsfunktion, vielmehr möchte man oftmals nur wissen, ob eine (unbekannte) Verteilungsfunktion zu einer bestimmten, von Parametern abhängigen Klasse gehört. Um die Parametertests anwenden zu können, soll z.B. erst die Grundgesamtheit auf Normalverteilung geprüft werden. Die Verteilungsfunktion F_0 ist in diesem Beispiel nicht vollständig vorgegeben, sie hängt von den beiden noch unbekannten Parametern μ und σ^2 ab. Mit μ und σ^2 ist schließlich auch F_0 vollständig bekannt. Ein weiteres Beispiel ist der Test auf Binomialverteilung, wo die Wahrscheinlichkeitsverteilung bei festem n durch den Parameter p vollständig bestimmt ist oder der Test auf Poissonverteilung mit dem einzigen Parameter λ.

Wir nehmen an, eine zu testende Verteilungsfunktion F_0 hänge von m unbekannten Parametern $\vartheta_1, \vartheta_2, \ldots, \vartheta_m$ ab:

$$P(Y \leq y) = F_0(y) = F_0(y, \vartheta_1, \ldots, \vartheta_m). \tag{8.13}$$

Dabei sei die Verteilungsfunktion durch die m Parameter vollständig bestimmt. Die Nullhypothese H_0 lautet:

H_0: Es gibt m Parameter $\vartheta_1, \vartheta_2, \ldots, \vartheta_m$ (die nicht bekannt sein müssen) mit $P(Y \leq y) = F(y) = F_0(y, \vartheta_1, \ldots, \vartheta_m)$.

Für dieses Testproblem gilt der

Satz 8.1: Sind $\hat{\vartheta}_1, \hat{\vartheta}_2, \ldots, \hat{\vartheta}_m$ aus einer einfachen Stichprobe x gewonnene Maximum-Likelihood-Schätzungen für die unbekannten Parameter $\vartheta_1, \vartheta_2, \ldots, \vartheta_m$, so ist die aus der Verteilungsfunktion $F_0(\hat{\vartheta}_1, \hat{\vartheta}_2, \ldots, \hat{\vartheta}_m)$ ermittelte Pearsonsche Testfunktion (8.5) asymptotisch Chi-Quadrat-verteilt mit r-m-1 Freiheitsgraden. Die Anzahl der Freiheitsgrade verringert sich also um die Anzahl der zu schätzenden Parameter.

Wegen des Beweises sei auf die weiterführende Literatur verwiesen, z. B. Chernoff/Lehmann [15].

Aus Abschnitt 5.3 stellen wir kurz einige Maximum-Likelihood-Schätzungen in Tabelle 8.2 zusammen.

Tabelle 8.2 Maximum-Likelihood-Schätzungen

Verteilung	unbekannte Parameter	Anzahl m	Maximum-Likelihood-Schätzungen
Binomialverteilung	$p = P(A)$	1	$\hat{p} = r_n(A)$ (relative Häufigkeit)
Polynomialverteilung	$p_i = P(A_i), i = 1, \ldots, l$	$l-1$ wegen $\sum_{i=1}^{l} p_i = 1$	$\hat{p}_i = r_n(A_i), i = 1, 2, \ldots, l$
Poisson-Verteilung	λ	1	$\hat{\lambda} = \bar{x}$
Normalverteilung	μ, σ^2	2	$\hat{\mu} = \bar{x}; \hat{\sigma}^2 = \frac{1}{n}\sum_{i=1}^{n}(x_i - \bar{x})^2 = \frac{n-1}{n}s^2$
Exponentialverteilung	α	1	$\hat{\alpha} = \frac{1}{\bar{x}}$

Im folgenden sollen einige spezielle Tests behandelt werden.

8.4.1 Test auf Binomialverteilung

Eine Zufallsvariable Y besitze den Wertevorrat $W = \{0, 1, 2, \ldots, n_0\}$, wobei n_0 bekannt sei. Falls Y binomialverteilt ist, gilt

$$p_i = P(Y = i) = \binom{n_0}{i} \cdot p^i \cdot (1-p)^{n_0-i}, \quad i = 0, 1, \ldots, n_0.$$

Zum Test der Nullhypothese

$$H_0 : Y \text{ ist binomialverteilt} \tag{8.14}$$

wird eine Stichprobe (Häufigkeitstabelle) bezüglich der Zufallsvariablen Y benutzt:

Werte von Y	0	1	2	...	n_0
Häufigkeiten h_i	h_0	h_1	h_2	...	h_{n_0}

Da Y die Anzahl der Versuche in der Serie vom Umfang n_0 beschreibt, bei denen das interessierende Ereignis A eintritt, sind insgesamt $n_0 \cdot (h_0 + h_1 + \ldots + h_{n_0})$ Versuche durchgeführt worden, wobei A genau $\sum_{i=1}^{n_0} i \cdot h_i$-mal eingetreten ist. Damit erhält man für den Parameter p als Maximum-Likelihood-Schätzung die relative Häufigkeit

$$\hat{p} = \frac{\sum_{i=1}^{n_0} i \cdot h_i}{n_0 \cdot \left(\sum_{i=0}^{n_0} h_i\right)}. \tag{8.15}$$

Die Testdurchführung erfolgt nun nach 8.1 mit den $n_0 + 1$ Wahrscheinlichkeiten

$$p_i = \binom{n_0}{i} \cdot \hat{p}^i \cdot (1-\hat{p})^{n_0-i}, \quad i = 0, 1, \ldots, n_0$$

und den zugehörigen Häufigkeiten h_i, $i = 0, 1, \ldots, n_0$.

Dabei ist $n = \sum_{i=0}^{n_0} h_i$.

Das nachfolgende Programm BINTEST führt eine Klasseneinteilung durch, so daß sämtliche erwartete Klassenhäufigkeiten mindestens gleich 5 sind. Falls die Einzelwahrscheinlichkeit p eingegeben wird, hat die Testgröße $r - 1$ Freiheitsgrade, sonst $r - 2$. Dabei stellt r die Anzahl der Klassen dar.

Test auf Binomialverteilung mit Klassenbildung (BINTEST)

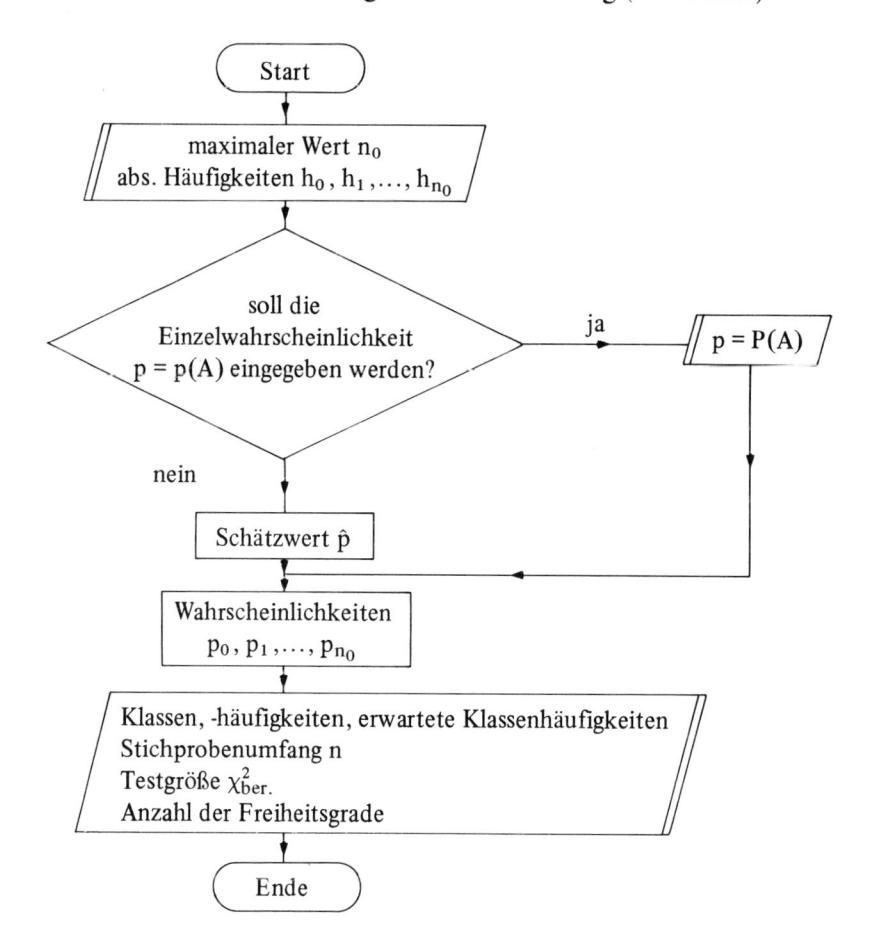

```
Start
  ↓
maximaler Wert n₀
abs. Häufigkeiten h₀, h₁,..., h_{n₀}
  ↓
soll die Einzelwahrscheinlichkeit
p = p(A) eingegeben werden?  --ja--> p = P(A)
  ↓ nein
Schätzwert p̂
  ↓
Wahrscheinlichkeiten
p₀, p₁,..., p_{n₀}
  ↓
Klassen, -häufigkeiten, erwartete Klassenhäufigkeiten
Stichprobenumfang n
Testgröße χ²_ber.
Anzahl der Freiheitsgrade
  ↓
Ende
```

Flussdiagramm: Entscheidungsraute "soll die Einzelwahrscheinlichkeit $p = p(A)$ eingegeben werden?" mit Zweig "ja" zu $p = P(A)$, Zweig "nein" zu Schätzwert $\hat{p}$. Ausgabe: Testgröße $\chi^2_{ber.}$.

Programm	BINTEST

```
10   REM TEST AUF BINOMIALVERTEILUNG  (BINTEST)
20   REM  WAHRSCH. P=P(A) KANN EINGEGEBEN ODER GESCHAETZT WERDEN
30   REM KLASSENEINTEILUNG WIRD AUTOMATISCH DURCHGEFUEHRT
40   PRINT "GROESSTER WERT DER BINOMIALVERTEILUNG N0 = ";:INPUT N0
50   DIM H(N0+1),P(N0+1):N=0:HI=0:SCH=1:PRINT
60   FOR I=1 TO N0+1
70   PRINT "ABS. HAEUFIGKEIT DES MERKMALWERTES ";I-1;" ";
80   INPUT H(I):N=N+H(I):HI=HI+(I-1)*H(I)
90   NEXT I
100  REM--------------------BERECHNUNG DER WAHRSCHEINLICHKEITEN
110  PRINT
120  PRINT "WIRD DIE WAHRSCHEINLICHKEIT P=P(A) EINGEGEBEN (J=JA)?"
130  INPUT EP$:IF EP$<>"J" THEN GOTO 160
140  PRINT "WAHRSCHEINLICHKEIT P=P(A) = ";
```

8 Chi-Quadrat-Anpassungstest

```
150    INPUT P: SCH=SCH-1:PS=P:GOTO 170
160    PRINT:PS=HI/(N*N0)
170    FA=PS/(1-PS)
180    P(1)=(1-PS)^N0
190    FOR I=0 TO N0-1
200    P(I+2)=(N0-I)*FA*P(I+1)/(I+1)
210    NEXT I:PRINT:PRINT
220    REM-----------------------------------KLASSENEINTEILUNG
230    PRINT "KLASSE";TAB(14);"ABSOL. ERWARTETE HAEUFIGK."
240    PRINT "-----------------------------------"
250    I=0:SU=0:SM=0:K=0
260    S1=0:S2=0:KU=I:KO=I
270    S1=S1+H(I+1):S2=S2+P(I+1)
280    IF N*S2>=5 THEN GOTO 300
290    I=I+1:KO=KO+1:GOTO 270
300    SU=SU+S2
310    IF (1-SU)*N<5 THEN GOTO 350
320    GOSUB 520
330    I=I+1:GOTO 260
340    IF I=N0 THEN GOTO 380
350    FOR J=I+1 TO N0
360    S1=S1+H(J+1):S2=S2+P(J+1):KO=KO+1
370    NEXT J
380    GOSUB 520
390    REM -------------------------TESTGROESSE
400    PRINT
410    PRINT "SOLL DIE TESTGROESSE AUSGEGEBEN WERDEN (J=JA)?"
420    INPUT ENT$:IF ENT$<>"J" THEN GOTO 510
430    PRINT "STICHPROBENUMGANG      N = ";N
440    IF EP$<>"J" THEN GOTO 470
450    PRINT "EINZELWAHRSCHEINLICHKEIT P = ";P
460    GOTO 480
470    PRINT "SCHAETZWERT F.D.WAHRSCH.   = ";PS
480    PRINT "TESTGROESSE CHI-QUADRAT    = ";SM
490    PRINT "ANZAHL DER KLASSEN         = ";K
500    PRINT "ANZAHL DER FREIHEITSGRADE F = ";K-1-SCH
510    END
520    REM ------UNTERPROGRAMM-----DRUCK DER KLASSENPARAMETER
530    G=N*S2:IF KU<KO THEN GOTO 550
540    PRINT KU;TAB(14);S1;TAB(22);G:GOTO 560
550    PRINT KU;"<=K<=";KO;TAB(14);S1;TAB(22);G
560    SM=SM+(S1-G)*(S1-G)/G:K=K+1
570    RETURN
```

Beispiel 8.4. Ein Tennisspieler spielte während einer Saison 500 Spiele, wobei jedes Spiel aus 3 Einzelsätzen bestand. Die Anzahl der gewonnenen Sätze pro Spiel sind in der nachfolgenden Tabelle zusammengestellt.

Anzahl der gewonnenen Sätze pro Spiel	0	1	2	3 ($= n_0$)
Häufigkeiten	62	105	180	153

Der Test auf Binomialverteilung soll mit $\alpha = 0{,}01$ durchgeführt werden. Eine Binomialverteilung liegt genau dann vor, wenn die Gewinnwahrscheinlichkeit für jeden einzelnen Satz eines jeden Spiels konstant p ist unabhängig von den Ausgängen der vorausgegangenen Sätze. Die Einzelwahrscheinlichkeit p muß im Programm geschätzt werden.

Mit dem obigen Programm erhält man die Ausgabe

Klasse	abs. Häufigkeit	erwartete Häufigkeit
0	62	28.3116
1	105	136.249
2	180	218.567
3	153	116.872

Stichprobenumfang n = 500
Schätzwert $\hat{p}$ = .616
Testgröße $\chi^2_{ber.}$ = 65.2266
Anzahl der Klassen = 4
Anzahl der Freiheitsgrade f = 2.

Das Programm der Chi-Quadrat-Verteilung liefert die Überschreitungswahrscheinlichkeit

$P = F_2 (65.2266) = 1.$

Wegen $P > 1 - \alpha$ wird die Nullhypothese der Binomialverteilung abgelehnt. ♦

Beispiel 8.5. Glühbirnen einer bestimmten Sorte werden in einer Großhandlung in Zehnerpackungen verkauft. Bei der Überprüfung von 500 Packungen erhielt man die Anzahl der fehlerhaften Stücke je Packung:

Anzahl defekter Stücke je Packung	0	1	2	3	4	5	6	7	8	9	10(= n_0)
abs. Häufigkeit	296	157	36	5	2	1	0	1	0	1	1

Mit α = 0,05 soll folgende Nullhypothese getestet werden:
H_0: die Anzahl der fehlerhaften Stücke pro Zehnerpackung ist binomialverteilt.
Das Programm BINTEST liefert die Ausgabe

Klasse	abs. Häufigkeit	erwartete Häufigkeit
0	296	279.209
1	157	167.513
2	36	45.2254
$3 \leq k \leq 10$	11	8.05275

Stichprobenumfang n = 500
Schätzwert $\hat{p}$ = .0566
Testgröße $\chi^2_{ber.}$ = 4.63018
Anzahl der Klassen = 4
Anzahl der Freiheitsgrade f = 2.

8 Chi-Quadrat-Anpassungstest

Das Programm der Chi-Quadrat-Verteilung liefert die Überschreitungswahrscheinlichkeit

$$P = F_2(4.63018) = .901243.$$

Wegen $P < 1 - \alpha = 0{,}95$ kann die Nullhypothese nicht abgelehnt werden. ♦

Beispiel 8.6. Falls bei Familien mit 6 Kindern jedes der 6 Kinder unabhängig vom Geschlecht der übrigen mit gleicher Wahrscheinlichkeit ein Knabe ist, ist die Zufallsvariable X, welche die Anzahl der Knaben unter den 6 Kindern beschreibt, binomialverteilt mit dem Parameter n = 6.

Zum Test ($\alpha = 0{,}05$), ob diese Zufallsvariable X wirklich binomialverteilt ist, wurden 40 Familien mit 6 Kindern befragt mit dem Ergebnis

Anzahl der Knaben	0	1	2	3	4	5	6
abs. Häufigkeiten	3	3	7	11	7	5	4

Das Programm BINTEST liefert die

Ausgabe

Klasse	absolute Häufigkeit	erwartete Häufigkeit
$0 \leq k \leq 2$	13	11.6310
3	11	12.3728
4	7	10.4293
$5 \leq k \leq 6$	9	5.56682

Stichprobenumfang n = 40
Schätzwert $\hat{p} = .529167$
Testgröße $\chi^2_{ber.} = 3.55837$
Anzahl der Klassen = 4
Anzahl der Freiheitsgrade f = 2.

Da die Überschreitungswahrscheinlichkeit $P = F_2(3.55837) = .831224$ kleiner als 0,95 ist, kann die Hypothese der Binomialverteilung nicht abgelehnt werden. ♦

8.4.2 Test auf Poisson-Verteilung

Falls Y Poisson-verteilt ist, gilt

$$P(Y = k) = \frac{\lambda^k}{k!} \cdot e^{-\lambda}, k = 0, 1, 2, \ldots .$$

Zum Test auf Poissonverteilung wird die Stichprobe x

Werte k	0	1	2	...	k	...
Häufigkeiten	h_0	h_1	h_2	...	h_k	...

vom Umfang $n = \sum_i h_i$ benutzt. Die Maximum-Likelihood-Schätzung für λ ist der Mittelwert

$$\hat{\lambda} = \bar{x}. \tag{8.16}$$

Mit $q_i = \dfrac{\lambda^i}{i!} e^{-\lambda}$, $i = 0, 1, 2, \ldots$ und den absoluten Häufigkeiten h_i aus der Stichprobe wird der Test nach Abschnitt 8.2 durchgeführt, wobei Zusammenfassungen von Wahrscheinlichkeiten q_i mit $n \cdot q_i < 5$ notwendig sind. Von einem bestimmten Index k_0 an, müssen alle restlichen Wahrscheinlichkeiten zusammengefaßt werden.

Das nachfolgende Programm POISTEST ist ähnlich aufgebaut wie das beim Test auf Binomialverteilung. Es führt ebenfalls eine Klasseneinteilung durch. Falls der Parameter λ nicht eingegeben wird, berechnet das Programm den Schätzwert $\hat{\lambda} = \bar{x}$.

Programm   POISTEST

```
10    REM TEST AUF POISSONVERTEILUNG MIT KLASSENBILDUNG   (POISTEST)
20    REM DER PARAMETER KANN EINGEGEBEN ODER GESCHAETZT WERDEN
30    PRINT "GROESSTER WERT DER STICHPROBE N0 = ";
40    INPUT N0:DIM H(N0+1),P(N0+1)
50    N=0: HI=0: SCH=1 :PRINT
60    FOR I=1 TO N0+1
70    PRINT "ABS. HAEUFIGKEIT DES MERKMALWERTES";I-1;"  ";
80    INPUT H(I):N=N+H(I):HI=HI+(I-1)*H(I)
90    NEXT I
100   REM----------------------BERECHNUNG DER WAHRSCHEINLICHKEITEN
110   PRINT
120   PRINT "SOLL DER PARAMETER LAMBDA EINGEGEBEN WERDEN (J=JA)?"
130   INPUT EL$:IF EL$<>"J" THEN GOTO 160
140   PRINT "WIE LAUTET DER PARAMETER LAMBDA = ";
150   INPUT L:SCH=SCH-1: GOTO 170
160   L=HI/N
170   P(1)=EXP(-L):S0=P(1)
180   FOR I=0 TO N0-1
190   P(I+2)=P(I+1)*L/(I+1):S0=S0+P(I+2)
200   NEXT I
210   P(N0+1)=P(N0+1)+1-S0
220   REM ----------------------------------------KLASSENEINTEILUNG
230   PRINT "KLASSE";TAB(12);"ABSOL. ERWARTETE HAEUFIGK."
240   PRINT "-----------------------------------"
250   I=0:SU=0:SM=0:K=0
260   S1=0:S2=0:KU=I:KO=I
270   S1=S1+H(I+1):S2=S2+P(I+1)
280   IF N*S2>=5 THEN 300
290   I=I+1:KO=KO+1:GOTO 270
300   SU=SU+S2
310   IF (1-SU)*N<5 THEN GOTO 340
320   GOSUB 520
330   I=I+1:GOTO 260
340   IF I=N0 THEN GOTO 380
350   FOR J=I+1 TO N0
360   S1=S1+H(J+1):S2=S2+P(J+1)
370   NEXT J
380   G=N*S2:GOSUB 580
```

8 Chi-Quadrat-Anpassungstest

```
390   REM ------------------------------TESTGROESSE
400   PRINT:PRINT
410   PRINT "SOLL DIE TESTGROESSE AUSGEGEBEN WERDEN (J=JA)?"
420   INPUT ENT$:IF ENT$<>"J" THEN END
430   PRINT
440   PRINT "STICHPROBENUMGANG      N   = ";N
450   IF EL$<>"J" THEN GOTO 470
460   PRINT "PARAMETER LAMBDA           = ";L:GOTO 480
470   PRINT "SCHAETZWERT FUER LAMBDA    = ";L
480   PRINT "TESTGROESSE CHI-QUADRAT    = ";SM
490   PRINT "ANZAHL DER KLASSEN         = ";K
500   PRINT "ANZAHL DER FREIHEITSGRADE F= ";K-1-SCH
510   END
520   REM ------UNTERPROGRAMM--DRUCK DER KLASSENPARAMETER
530   G=N*S2:IF KU<KO THEN GOTO 550
540   PRINT KU;TAB(14);S1;TAB(20);G :GOTO 560
550   PRINT KU;"<=K<=";KO;TAB(14);S1;TAB(20);G
560   SM=SM+(S1-G)*(S1-G)/G:K=K+1
570   RETURN
580   PRINT KU;"<=K";TAB(14);S1;TAB(20);G:GOSUB 560
590   RETURN
```

Beispiel 8.7 (Fußball-Bundesliga).

a) In der nachstehenden Tabelle ist die Gesamtanzahl der Tore pro Spiel der Fußballbundesliga in der Spielzeit 83/84 zusammengestellt:

Anzahl der Tore	0	1	2	3	4	5	6	7	8	9	10
absolute Häufigkeiten	20	24	53	55	63	37	28	18	3	3	2

Mit $\alpha = 0{,}01$ soll getestet werden, ob die zugehörige Zufallsvariable Poissonverteilt ist. Das obige Programm liefert die Ausgabe:

Klasse	abs. Häufigkeit	erwartete Häufigkeit
0	20	8.48770
1	24	30.4281
2	53	54.5419
3	55	65.1770
4	63	58.4143
5	37	41.8827
6	28	25.0247
7	18	12.8161
$8 \leq k$	8	9.22748

Stichprobenumfang n = 306
Schätzwert $\hat{\lambda} = 3{,}58497$
Testgröße $\chi^2_{ber.} = 22{,}1484$
Anzahl der Klassen = 9
Anzahl der Freiheitsgrade f = 7.

Aus dem Programm der Chi-Quadrat-Verteilung erhält man die Überschreitungswahrscheinlichkeit $P = F_7 (22.1484) = .997605$. Wegen $P > 1 - \alpha = 0,99$ wird die Nullhypothese der Poissonverteilung abgelehnt.

b) In Spielzeit 81/82 wurden pro Spiel folgende Tore geschossen:

Tore	0	1	2	3	4	5	6	7	8	9	10	11
Häufigkeiten	12	27	62	60	56	40	28	13	7	0	0	1

Hier erhält man folgende Ausgabe

Klasse	abs. Häufigkeit	erwartete Häufigkeit
0	12	8.94331
1	27	31.5938
2	62	55.8055
3	60	65.7143
4	56	58.0369
5	40	41.0051
6	28	24.1430
7	13	12.1842
$8 \leq k$	8	8.57393

Stichprobenumfang n = 306
Schätzwert $\hat{\lambda} = 3.53268$
Testgröße $\chi^2_{ber.} = 3.70254$
Anzahl der Klassen = 9
Anzahl der Freiheitsgrade f = 7.
Die Überschreitungswahrscheinlichkeit lautet

$$P = F_7 (3.70254) = .186670.$$

Wegen $P < 0,9$ kann in dieser Saison die Nullhypothese der Poissonverteilung mit $\alpha = 0,1$ *nicht* abgelehnt werden. ♦

Beispiel 8.8 (s. Beispiel 8.5).
Mit den Daten aus Beispiel 8.5 erhält man beim Test auf Poissonverteilung ($\alpha = 0,05$) die Ausgabe

Klasse	abs. Häufigkeit	erwartete Häufigkeit
0	296	283.896
1	157	160.685
2	36	45.4739
$3 \leq k$	11	9.94491

Stichprobenumfang n = 500   Anzahl der Klassen = 4
Schätzwert $\hat{\lambda} = .566$ Anzahl der Freiheitsgrade f = 2.
Testgröße $\chi^2_{ber.} = 2.68627$

8 Chi-Quadrat-Anpassungstest

Hier erhält man die Überschreitungswahrscheinlichkeit

$$P = F_2(2.68627) = .738974.$$

Wegen $P < 1 - \alpha$ kann die Nullhypothese der Poissonverteilung nicht abgelehnt werden.

Bemerkung: Das Zahlenmaterial widerspricht weder einer Binomial- noch einer Poissonverteilung. Dies ist nicht verwunderlich, da für kleine p die Binomialverteilung durch eine Poissonverteilung approximiert werden kann. Um eine Ablehnung einer der beiden Verteilungen zu erhalten, müßte der Stichprobenumfang n viel größer sein. ♦

Beispiel 8.9. Zum Test mit $\alpha = 0{,}05$, ob die Anzahl der Telefonanrufe pro halbe Stunde bei einer Behörde Poissonverteilt ist, wurde die Anzahl der Anrufe in 55 Zeitintervallen von jeweils einer halben Stunde registriert. Dabei erhielt man das Ergebnis

Anzahl der Anrufe	0	1	2	3	4	5	6	7	8	9	10	11	>11
Anzahl der Intervalle	2	5	8	10	11	6	3	4	1	2	2	1	0

Das Programm POISTEST liefert mit $n_0 = 11$ die

Ausgabe

Klasse	absolute Häufigkeit	erwartete Häufigkeit
$0 \leq k \leq 2$	15	11.9656
3	10	10.3414
4	11	10.7175
5	6	8.88575
6	3	6.13925
$7 \leq k$	10	6.95055

Stichprobenumfang $n = 55$
Schätzwert $\hat{\lambda} = 4.14545$
Testgröße $\chi^2_{ber.} = 4.66855$
Anzahl der Klassen = 6
Anzahl der Freiheitsgrade $f = 4$.

Aus dem Programm der Chi-Quadrat-Verteilung erhält man die Überschreitungswahrscheinlichkeit

$$P = F_7(4.66855) = .676973.$$

Wegen $P < 0{,}95$ wird die Nullhypothese der Poissonverteilung nicht abgelehnt. ♦

8.4.3 Test auf Normalverteilung

Zum Test auf Normalverteilung wird eine Stichprobe x vom Umfang n benutzt. Die n Stichprobenwerte werden im nachfolgenden Programm gespeichert. Für μ und σ^2 können die Werte eingegeben werden, falls sie bekannt sind, sonst werden die Maximum-Likelihood-Schätzungen

$$\hat{\mu} = \bar{x}; \quad \hat{\sigma}^2 = \frac{(n-1)}{n} \cdot s^2$$

berechnet. Das nachfolgende Programm läßt zwei Möglichkeiten zu:

a) Eingabe der $r - 1$ Zwischengrenzen;
b) Bestimmung von r Klassen mit gleichen Klassenwahrscheinlichkeiten.

Anschließend werden die Grenzen, die Klassenhäufigkeiten und die erwarteten Häufigkeiten sowie die Testgröße und die Anzahl der Freiheitsgrade ausgegeben. Damit die erwarteten Klassenhäufigkeiten mindestens 5 sind, muß für b) die Bedingung

$$\frac{n}{r} \geq 5, \text{ also } r \leq \frac{n}{5} \text{ gelten.} \tag{8.17}$$

Allerdings sollte man mit r nicht zu nahe an $\frac{n}{5}$ herangehen. Als Faustregel schlägt Pfanzagl [27] vor, daß keine Gruppe mehr als $\sqrt{n}$ Werte enthält, also

$$r \approx \sqrt{n}. \tag{8.18}$$

8 Chi-Quadrat-Anpassungstest   145

Test auf Normalverteilung (NORMTEST)

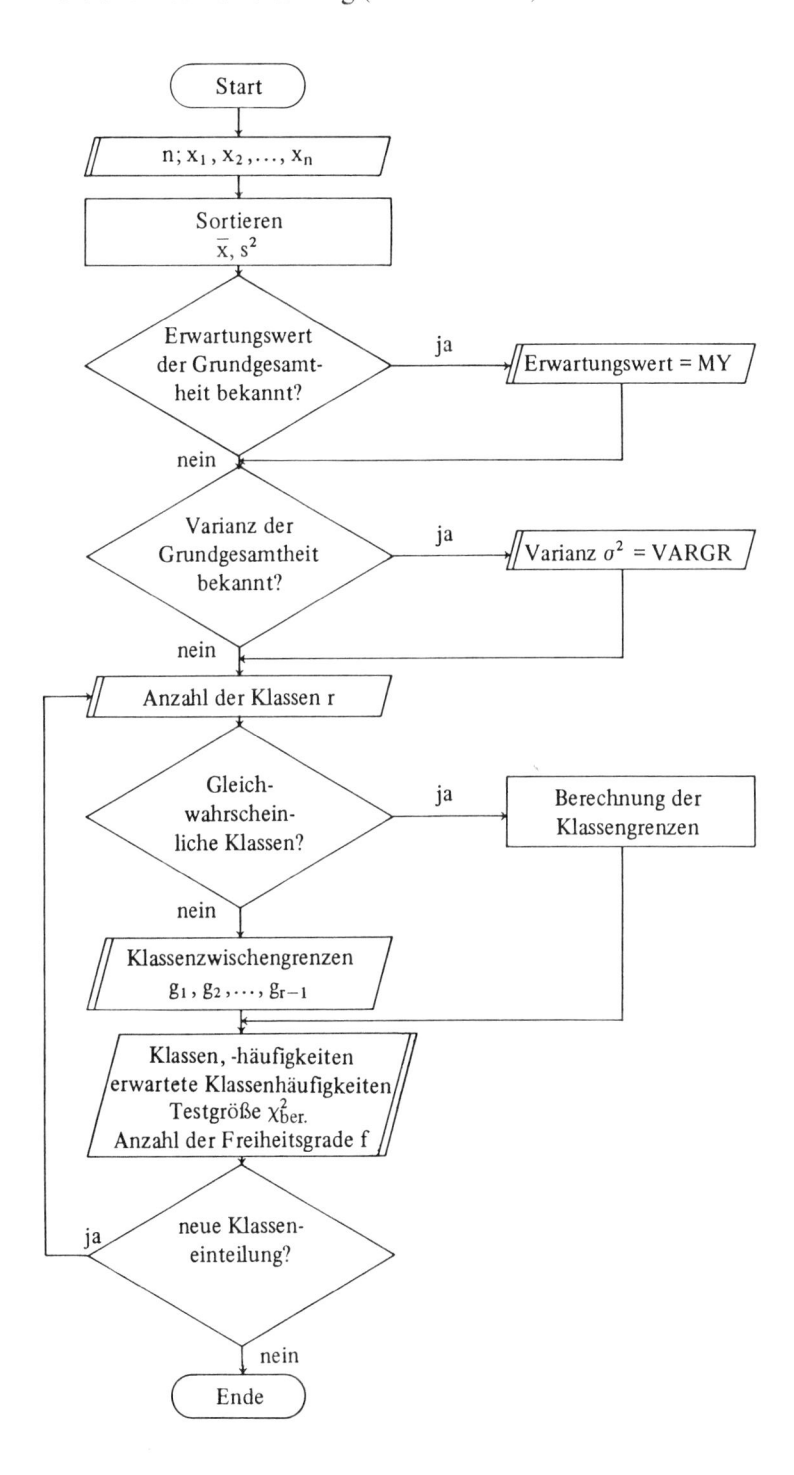

```
                    ┌─────────┐
                    │  Start  │
                    └────┬────┘
                 ╱ n; x₁, x₂,..., xₙ ╱
                ┌──────────────────┐
                │   Sortieren      │
                │   x̄, s²          │
                └────────┬─────────┘
                        │
                   ╱ Erwartungswert ╲         ja
                  ╱ der Grundgesamt- ╲──────────→ ╱ Erwartungswert = MY ╱
                  ╲ heit bekannt?    ╱
                   ╲                ╱
                         │ nein
                         ↓
                   ╱ Varianz der    ╲         ja
                  ╱  Grundgesamtheit ╲──────────→ ╱ Varianz σ² = VARGR ╱
                  ╲  bekannt?        ╱
                   ╲                ╱
                         │ nein
                         ↓
            ╱ Anzahl der Klassen r ╱
                         │
                   ╱ Gleich-        ╲         ja       ┌──────────────────┐
                  ╱  wahrschein-     ╲──────────→      │ Berechnung der   │
                  ╲  liche Klassen?  ╱                 │ Klassengrenzen   │
                   ╲                ╱                  └──────────────────┘
                         │ nein
                         ↓
            ╱ Klassenzwischengrenzen ╱
            ╱   g₁, g₂,..., g_{r-1}   ╱
                         │
            ╱ Klassen, -häufigkeiten           ╱
            ╱ erwartete Klassenhäufigkeiten    ╱
            ╱ Testgröße χ²_ber.                ╱
            ╱ Anzahl der Freiheitsgrade f      ╱
                         │
                   ╱ neue Klassen- ╲    ja
                  ╱  einteilung?    ╲─────→ (zurück zu Anzahl der Klassen r)
                   ╲                ╱
                         │ nein
                         ↓
                    ┌─────────┐
                    │  Ende   │
                    └─────────┘
```

Programm	NORMTEST

```
10      REM TEST AUF NORMALVERTEILUNG (NORMTEST)
20      REM PARAMETER KOENNEN EINGEGEBEN ODER BERECHNET WERDEN
30      REM ANZAHL DER KLASSEN AUF 50 BEGRENZT,SONST 100 AENDERN
40      PRINT "STICHPROBENUMFANG N = ";
50      INPUT N: DIM X(N): PRINT
60      PRINT "STICHPROBENWERTE EINGEBEN"
70      FOR I=1 TO N
80      INPUT X(I)
90      A=A+X(I):B=B+X(I)XX(I)
100     NEXT I
110     M=A/N:VS=(B-NXMXM)/(N-1)
120     DIM H(50),P(50),G(49)
130     REM ------------------------SORTIEREN
140     FOR I=1 TO N
150     FOR J=1 TO N-I
160     IF X(J+1)>X(J) THEN GOTO 180
170     A=X(J):X(J)=X(J+1):X(J+1)=A
180     NEXT J
190     NEXT I
200     REM------------------------------------------------
210     PRINT:PRINT
220     SCH=2:EM$="WIA":ES$="WIA"
230     PRINT "IST DER ERWARTUNGSWERT BEKANNT (J=JA)?"
240     INPUT EM$:IF EM$<>"J" THEN GOTO 270
250     PRINT "ERWARTUNGSWERT GRUNDGESAMTHEIT = ";
260     INPUT MY:SCH=SCH-1:PRINT
270     PRINT "IST DIE VARIANZ DER GRUNDGESAMTHEIT BEKANNT(J=JA)?"
280     INPUT ES$:IF ES$<>"J" THEN GOTO 310
290     PRINT "GEBEN SIE DIE VARIANZ DER GRUNGGESAMTHEIT EIN"
300     INPUT VG: SCH=SCH-1:PRINT
310     REM -------------------------------------------------
320     PRINT:PRINT:PRINT:PRINT
330     PRINT "MITTELWERT DER STICHPROBE              = ";M
340     PRINT
350     IF EM$<>"J" THEN GOTO 380
360     PRINT "ERWARTUNGSWERT DER GRUNDGESAMTHEIT MY  =   "; MY
370     PRINT
380     PRINT "VARIANZ DER STICHPROBE                 = ";VS
390     PRINT
400     PRINT "STANDARDABWEICHUNG DER STICHPROBE      = ";SQR(VS)
410     PRINT
420     IF ES$<>"J" THEN 450
430     PRINT "VARIANZ DER GRUNDGESAMTHEIT            = ";  VG
440     GOTO 470
450     HT=VSX(N-1)/N: IF EM$="J" THEN HT=(B-2XAXMY+NXMYXMY)/N
460     PRINT "SCHAETZWERT F.VARIANZ GRUNDGESAMTHEIT  = ";HT
470     MM=M: IF EM$="J" THEN MM=MY
480     SI=SQR(HT): IF ES$="J" THEN SI = SQR(VG)
490     PRINT:PRINT
500     REM ----------------------------------------KLASSENGRENZEN
510     PRINT "ANZAHL R DER KLASSEN = ";:INPUT R
520     IF N/R >=5 THEN GOTO 540
530     PRINT "ANZAHL DER KLASSEN ZU GROSS": GOTO 490
540     PRINT "SOLLEN ALLE KLASSEN GLEICHWAHRSCHEINLICH SEIN (J=JA)?"
550     INPUT EK$:IF EK$="J" THEN GOTO 680
560     PRINT "GEBEN SIE DER REIHE NACH DIE ZWISCHENGRENZEN EIN"
570     FOR J=1 TO R-1
580     PRINT  J;". ZWISCHENGRENZE = ";:INPUT G(J)
590     Z=(G(J)-MM)/SI:GOSUB 1150
```

8 Chi-Quadrat-Anpassungstest 147

```
600   P(J)=F
610   NEXT J
620   P(R)=1
630   FOR J=R TO 2 STEP -1
640   P(J)=P(J)-P(J-1)
650   NEXT J
660   GOTO 760
670   REM----------KLASSENEINTEILUNG BEI GLEICHEN WAHRSCH.
680   FOR J=1 TO R-1
690   Q=J/R:GOSUB 1080
700   G(J)=SI%ZQ+MM: H(J)=0
710   NEXT J
720   FOR J=1 TO R
730   P(J)=1/R
740   NEXT J
750   REM --------KLASSENEINTEILUNG BEI VORGEG. GRENZEN
760   FOR I=1 TO N
770   J=1
780   IF X(I)<=G(J) THEN 820
790   J=J+1
800   IF J<R THEN 780
810   H(R)=H(R)+1:GOTO 830
820   H(J)=H(J)+1
830   NEXT I
840   SM=0
850   FOR J=1 TO R
860   SM=SM+(H(J)-N%P(J))%(H(J)-N%P(J))/(N%P(J))
870   NEXT J
880   PRINT:PRINT:PRINT
890   REM ---------------------------------------------------AUSGABE
900   PRINT "KLASSENGRENZEN";TAB(23);" ABS.  ERW.HAEUFIGKEITEN"
910   PRINT "-----------------------------------------------"
920   PRINT "   X<=";TAB(13);G(1);TAB(25);H(1);TAB(31);N%P(1)
930   IF R<3 THEN GOTO 970
940   FOR J=2 TO R-1
950   PRINT G(J-1);TAB(11);"; ";G(J);TAB(25);H(J);TAB(31);N%P(J)
960   NEXT J
970   PRINT G(R-1);" <X";TAB(25);H(R);TAB(31);N%P(R)
980   PRINT:PRINT: EN$="WIA":EK$="EN$:ES$=EN$
990   PRINT "TESTGROESSE CHIQUADRAT    = ";SM
1000  PRINT "ANZAHL DER FREIHEITSGRADE = ";R-SCH-1
1010  PRINT:PRINT: EN$ = "WIA"
1020  PRINT "IST EINE ANDERE KLASSENEINTEILUNG GEWUENSCHT (J=JA)?"
1030  INPUT EN$:IF EN$="J" THEN GOTO 1050
1040  END
1050  FOR J=1 TO R : H(J)=0: NEXT J
1060  GOTO 500
1070  REM ---------------QUANTILE DER N(0;1)-VERTEILUNG
1080  H=Q: IF Q<.5 THEN Q=1-Q
1090  T=SQR(-2%LOG(1-Q))
1100  ZA= 2.515517+T%(.802853+.010328%T)
1110  NE=1+T%(1.432788+T%(.189269+.001308%T))
1120  ZQ=T-ZA/NE
1130  IF H<.5 THEN ZQ=-ZQ
1140  RETURN
1150  REM ------------VERTEILUNGSFUNKTION DER N(0;1)-VERTEILUNG
1160  B=ABS(Z):Y=EXP(-Z%Z/2)/2.506628275
1170  T=1/(1+.2316419%B):KL=-1.821255978:VU=1.330274429
1180  F=1-Y%T%(.31938153+T%(-.356563782+T%(1.781477937+T%(KL+VU%T))))
1190  IF Z<B THEN F=1-F
1200  RETURN
```

Beispiel 8.10. Bei der Prüfung der Reißfestigkeit einer bestimmten Drahtsorte ergaben sich folgende 100 Meßwerte [in kg].

128	119,3	108,2	124,6	119,5	120,2	120	120,4	118	115
118,2	119,9	121,7	120,6	115	112,1	130,1	113,8	118,8	121,5
117,4	114,2	127,1	123,9	120,6	111,4	124,6	120,2	122,7	122,9
115,1	133,5	121,1	114,8	122,4	129,7	109,9	118,9	112,4	119,7
112,2	126	121,6	119,6	119,9	112,9	125,4	117,8	120,3	118,2
117,1	112,2	122,9	116	120,7	124,1	121,3	121,5	118,7	122,3
121,4	117,3	115	122,7	120,9	121,7	121,5	126,4	117,4	127,1
120,2	112,9	121,1	119,8	118,1	129,7	136,6	118,8	117,2	122,8
125,1	124,3	124,2	118,7	120,3	116,5	117,1	116,7	122,8	126,2
126,6	128,5	116,6	123,7	123,4	113,2	108	111,4	134,3	125,9.

Zum Test auf Normalverteilung mit $\alpha = 0{,}05$ sollen 10 gleichwahrscheinliche Klassen gebildet werden.

Ausgabe
Mittelwert der Stichprobe $\bar{x} = 120.302$
Varianz der Stichprobe $s^2 = 29.1989$
Standardabweichung der Stichprobe $s = 5.40361$
Schätzwert für Varianz Grundgesamtheit $\hat{\sigma}^2 = 28.9070$

Klasse	Häufigkeit	erwartete Häufigkeit
$x \leq 113.411$	12	10
$113.411 < x \leq 115.778$	7	10
$115.788 < x \leq 117.485$	10	10
$117.485 < x \leq 118.942$	10	10
$118.942 < x \leq 120.302$	13	10
$120.302 < x \leq 121.662$	13	10
$121.662 < x \leq 123.119$	10	10
$123.119 < x \leq 124.826$	8	10
$124.826 < x \leq 127.193$	9	10
$127.193 < x$	8	10

Testgröße $\chi^2_{ber.} = 4$
Anzahl der Freiheitsgrade 7.
Aus dem Programm der Chi-Quadrat-Verteilung erhält man die Überschreitungswahrscheinlichkeit

$$F_7(4) = .220222.$$

Wegen $F_7(4) < 1 - \alpha = 0{,}95$ kann die Nullhypothese der Normalverteilung nicht abgelehnt werden. ♦

8 Chi-Quadrat-Anpassungstest

8.4.4 Test auf Exponentialverteilung

Zum Test auf Exponentialverteilung wird in die Verteilungsfunktion

$$P(X \leq x) = F(x) = 1 - e^{-\alpha x} \quad \text{für} \quad x \geq 0$$

die Maximum-Likelihood-Schätzung $\hat{\alpha} = \frac{1}{\bar{x}}$ eingesetzt. Die q-Quantile x_q erhält man aus

$$F(x_q) = 1 - e^{-\alpha x_q} = q$$

als

$$x_q = -\frac{\ln(1-q)}{\alpha} . \tag{8.19}$$

Das nachfolgende Programm EXPTEST ist ähnlich aufgebaut wie das vorangehende. Es läßt allerdings nur r gleichwahrscheinliche Klassen zu. Dabei ist $r \approx \sqrt{n}$ zu wählen. Der Parameter α kann eingegeben werden, falls er bekannt ist, sonst wird er geschätzt.

Programm EXPTEST

```
10    REM TEST AUF EXPONENTIALVERTEILUNG (EXPTEST)
20    REM EINGABE ODER SCHAETZEN DES PARAMETERS IST MOEGLICH
30    REM ANZAHL DER KLASSEN AUF 50 BEGRENZT.
40    REM ANDERENFALLS ZEILE 110 AENDERN.
50    PRINT "STICHPROBENUMFANG N = ";
60    INPUT N : DIM X(N) : PRINT
70    PRINT "GEBEN SIE DIE STICHPROBENWERTE DER REIHE NACH EIN!"
80    FOR I=1 TO N
90    INPUT X(I)
100   NEXT I
110   DIM H(50),P(50),G(49)
120   REM ---------------------SORTIEREN
130   FOR I=1 TO N
140   FOR J=1 TO N-I
150   IF X(J+1)>X(J) THEN 170
160   A=X(J):X(J)=X(J+1):X(J+1)=A
170   NEXT J
180   NEXT I
190   REM ------------MITTELWERT U. STANDARDABWEICHUNG
200   A=0:B=0:PRINT:PRINT
210   FOR I=1 TO N
220   A=A+X(I):B=B+X(I)XX(I)
230   NEXT I
240   M=A/N:VS=(B-N*M*M)/(N-1)
250   SCH=1 : EA$="WIA"
260   PRINT "IST DER PARAMETER ALPHA BEKANNT (J=JA)?"
270   INPUT EA$:IF EA$<>"J" THEN GOTO 300
280   PRINT "GEBEN SIE DEN PARAMETER ALPFA EIN!"
290   INPUT ALPHA:MM=1/ALPHA:SCH=SCH-1:GOTO 310
300   MM=M
310   REM ------------ AUSGABE DER STICHPROBENPARAMETER
320   PRINT : PRINT
330   PRINT "MITTELWERT DER STICHPROBE    = ";M
340   PRINT
350   PRINT "VARIANZ DER STICHPROBE       = ";VS
360   PRINT
```

```
370     PRINT "STANDARDSABWEICHUNG         = ";SQR(VS)
380     IF EA$<>"J" THEN GOTO 410
390     PRINT : PRINT "PARAMETER ALPHA        = ";ALPHA:GOTO 420
400     GOTO 420
410     PRINT : PRINT "SCHAETZWERT FUER DEN PAR.A = ";1/M
420     PRINT : PRINT
430     REM ------------------------KLASSENGRENZEN
440     PRINT "ANZAHL R DER KLASSEN = ";: INPUT R : PRINT
450     IF N/R>=5 THEN GOTO 470
460     PRINT "ANZAHL DER KLASSEN IST ZU GROSS" : GOTO 420
470     PRINT "ALLE KLASSEN GLEICHWAHRSCHEINLICH (J=JA)?"
480     INPUT EK$ : IF EK$="J" THEN GOTO 600
490     PRINT "EINGABE DER ZWISCHENGRENZEN DER GROESSE NACH"
500     FOR J=1 TO R-1
510     PRINT J;".ZWISCHENGRENZE = "; : INPUT G(J)
520     P(J)=1-EXP(-(1/MM)XG(J))
530     NEXT J
540     P(R)=1
550     FOR J=R TO 2 STEP -1
560     P(J)=P(J)-P(J-1)
570     NEXT J
580     GOTO 660
590     REM -------------------------
600     FOR J=1 TO R-1
610     G(J)=-LOG(1-J/R)XMM
620     NEXT J
630     FOR J=1 TO R
640     P(J)=1/R
650     NEXT J
660     REM -----------KLASSENHAEUFIGKEITEN
670     FOR I=1 TO N
680     J=1
690     IF X(I)<=G(J) THEN 730
700     J=J+1
710     IF J<R THEN 690
720     H(R)=H(R)+1:GOTO 740
730     H(J)=H(J)+1
740     NEXT I
750     SM=0
760     FOR J=1 TO R
770     SM=SM+(H(J)-NXP(J))X(H(J)-NXP(J))/(NXP(J))
780     NEXT J
790     REM --------------------AUSGABE
800     PRINT : PRINT
810     PRINT "KLASSENGRENZEN"; TAB(26);"ABS. ERW. HAEUFIGKEIT"
820     PRINT "---------------------------------------------"
830     PRINT "X<=";TAB(14);G(1);TAB(26);H(1);TAB(32);NXP(1)
840     IF R<3 THEN GOTO 880
850     FOR J=2 TO R-1
860     PRINT G(J-1);TAB(12);" ";G(J);TAB(26);H(J);TAB(32);NXP(J)
870     NEXT J
880     PRINT G(R-1);"<X";TAB(26);H(R);TAB(32);NXP(R)
890     PRINT : EN$="WIA" : EK$="WIA" : ES$="WIA"
900     PRINT "TESTGROESSE CHIQUADRAT    = ";SM
910     PRINT "ANZAHL DER FREIHEITSGRADE = ";R-SCH-1
920     PRINT
930     PRINT "ANDERE KLASSENEINTEILUNG (J=JA)?"
940     INPUT EN$: IF EN$<>"J" THEN GOTO 990
950     FOR J=1 TO R
960     H(J)=0
970     NEXT J
980     GOTO 430
990     END
```

Beispiel 8.11. Es wird vermutet, daß die Lebensdauer eines bestimmten Geräts exponentialverteilt ist. Zum Test auf Exponentialverteilung wurde die Betriebsdauer (in Stunden) von 50 Geräten festgestellt:

255	291	299	579	48	1244	550	362	3336	1855
1040	5	2790	1	2503	33	1815	864	647	1366
1902	1562	1625	566	702	476	1618	27	740	1207
270	1228	118	206	194	1675	1558	671	363	27
1673	1153	180	750	374	205	1095	238	2128	483

Das Programm EXPTEST liefert die Ausgabe
Mittelwert der Stichprobe $\bar{x} = 897.94$
Varianz der Stichprobe $s^2 = 633550$
Standardabweichung $s = 795.959$
Schätzwert für den Parameter $\hat{\alpha} = .00111366$
Zum Test mit $\alpha = 0{,}10$ sollen 7 gleichwahrscheinliche Klassen benutzt werden. Dabei erhält man folgendes Ergebnis:

Klasse	abs. Häufigkeit	erwartete Häufigkeit
$x \leq 138.418$	7	7.14286
$138.418 < x \leq 302.132$	9	7.14286
$302.132 < x \leq 502.501$	5	7.14286
$502.501 < x \leq 760.823$	8	7.14286
$760.823 < x \leq 1124.91$	3	7.14286
$1124.91 < x \leq 1747.31$	11	7.14286
$1747.31 < x$	7	7.14286

Testgröße $\chi^2_{ber.} = 5.72$
Anzahl der Freiheitsgrade $f = 5$.
Die Chi-Quadrat-Verteilung liefert die Überschreitungswahrscheinlichkeit

$$P = F_5(5.72) = .665576$$

Wegen $P < 1 - \alpha$ kann die Hypothese, daß eine Exponentialverteilung vorliegt, nicht abgelehnt werden. ♦

9 Chi-Quadrat-Unabhängigkeits- und Homogenitätstests (Kontingenztafeln)

In diesem Abschnitt sollen zwei Tests behandelt werden: Ein Unabhängigkeitstest und ein Test auf Gleichheit mehrerer Wahrscheinlichkeitsverteilungen. Dabei stellt sich heraus, daß beide Tests mit der gleichen Testgröße durchgeführt werden können.

9.1 Der Chi-Quadrat-Unabhängigkeitstest

Wir betrachten gleichzeitig zwei Zufallsvariable X und Y, also ein Paar von Merkmalen. Getestet werden soll folgende

Hypothese H_0: Die beiden Zufallsvariablen X und Y sind (stochastisch) unabhängig.

Ist $(x, y) = ((x_1, y_1), (x_2, y_2), \ldots, (x_n, y_n))$ eine einfache Stichprobe bezüglich der zweidimensionalen Zufallsvariablen (X, Y), so teilen wir den Wertevorrat der Zufallsvariablen X in m disjunkte Klassen $S_1, S_2, \ldots, S_m$ und den Wertevorrat von Y in r disjunkte Klassen $G_1, G_2, \ldots, G_r$ ein und zwar derart, daß die Anzahl h_{ik} derjenigen Stichprobenelemente, deren x-Wert zur Klasse S_i und deren y-Wert zur Klasse G_k gehört, für jedes Paar i, k mindestens gleich 5 ist. Die entsprechenden absoluten Häufigkeiten fassen wir in einer Häufigkeitstabelle übersichtlich zusammen, der sog. *Kontingenztafel* (Tabelle 9.1).

Tabelle 9.1 Kontingenztafel

Y \ X	G_1	G_2	...	G_k	...	G_r	Zeilensummen $h_{i.}$
S_1	h_{11}	h_{12}	...	h_{1k}	...	h_{1r}	$h_{1.}$
S_2	h_{21}	h_{22}	...	h_{2k}	...	h_{2r}	$h_{2.}$
⋮							
S_i	h_{i1}	h_{i2}	...	h_{ik}	...	h_{ir}	$h_{i.}$
⋮							
S_m	h_{m1}	h_{m2}	...	h_{mk}	...	h_{mr}	$h_{m.}$
Spaltensummen $h_{.k}$	$h_{.1}$	$h_{.2}$	...	$h_{.k}$	...	$h_{.r}$	$h_{..} = n$

Die gemeinsamen Wahrscheinlichkeiten bezeichnen wir mit

$$p_{ik} = P(X \in S_i;\ Y \in G_k), \quad \begin{array}{l} i = 1, 2, \ldots, m; \\ k = 1, 2, \ldots, r. \end{array}$$

Durch Summenbildung erhält man die Randwahrscheinlichkeiten

$$P(X \in S_i) = p_{i.} = \sum_{k=1}^{r} p_{ik}; \quad i = 1, 2, \ldots, m;$$

$$P(Y \in G_k) = p_{.k} = \sum_{i=1}^{m} p_{ik}; \quad k = 1, 2, \ldots, r.$$

9 Chi-Quadrat-Unabhängigkeits- und Homogenitätstests

Falls die Nullhypothese richtig ist, gilt für alle gemeinsamen Wahrscheinlichkeiten die Produktdarstellung

$$p_{ik} = P(X \in S_i; Y \in G_k) = P(X \in S_i) \cdot P(Y \in G_k) = p_{i.} \cdot p_{.k} \tag{9.1}$$

für $i = 1, 2, \ldots, m$ und $k = 1, 2, \ldots, r$.

Die Wahrscheinlichkeiten $p_{i.}$ und $p_{.k}$ sind nicht bekannt. Um den Chi-Quadrat-Test aus Abschnitt 8.4 anwenden zu können, müssen diese Parameter nach dem Maximum-Likelihood-Prinzip geschätzt werden. Wegen

$$\sum_{i=1}^{m} p_{i.} = \sum_{k=1}^{r} p_{.k} = 1$$

sind nicht $m + r$, sondern nur $m + r - 2$ Parameter zu schätzen.
Nach Beispiel 3.4. liefern die relativen Häufigkeiten die Maximum-Likelihood-Schätzungen, also

$$\hat{p}_{i.} = \frac{h_{i.}}{n}; \quad \hat{p}_{.k} = \frac{h_{.k}}{n}; \quad i = 1, 2, \ldots, m; \quad k = 1, 2, \ldots, r.$$

Wir nehmen nun an, die Nullhypothese H_0 sei richtig. Dann besitzen die $m \cdot r$ Ereignisse

$$A_{ik} = (X \in S_i; Y \in G_k), \quad i = 1, 2, \ldots, m; \quad k = 1, 2, \ldots, r$$

die Wahrscheinlichkeiten

$$P(A_{ik}) = p_{ik} = p_{i.} \cdot p_{.k}.$$

Die Zufallsvariable Z_{ik} beschreibe in einem Bernoulli-Experiment vom Umfang n die absolute Häufigkeit des Ereignisses A_{ik}. Sie besitzt den Erwartungswert

$$\mu_{ik} = E(Z_{ik}) = n p_{i.} \cdot p_{.k}$$

mit der Maximum-Likelihood-Schätzung

$$\hat{\mu}_{ik} = n \cdot \frac{h_{i.}}{n} \cdot \frac{h_{.k}}{n} = \frac{h_{i.} \cdot h_{.k}}{n}$$

für $i = 1, 2, \ldots, m; k = 1, 2, \ldots, r$.
Da $m + r - 2$ Parameter geschätzt wurden, ist die Testfunktion

$$\chi^2 = \sum_{i=1}^{m} \sum_{k=1}^{r} \frac{\left(Z_{ik} - \frac{h_{i.} \cdot h_{.k}}{n}\right)^2}{\frac{h_{i.} \cdot h_{.k}}{n}}.$$

nach Satz 8.1 Chi-Quadrat-verteilt mit

$$mr - (m + r - 2) - 1 = mr - m - r + 1 = (m-1) \cdot (r-1)$$

Freiheitsgraden.

In einer Stichprobe (x, y) mit den absoluten Häufigkeiten h_{ik} des Ereignisses A_{ik} besitzt die Zufallsvariable χ^2 die Realisierung

$$\chi^2_{\text{ber.}} = \sum_{i=1}^{m} \sum_{k=1}^{r} \frac{\left(h_{ik} - \frac{h_{i.} \cdot h_{.k}}{n}\right)^2}{\frac{h_{i.} \cdot h_{.k}}{n}} \,.$$
(9.2)

Damit erhalten wir die

Testentscheidung

$\chi^2_{\text{ber.}} > \chi^2_{1-\alpha} \rightarrow H_0$ ablehnen;

$\chi^2_{\text{ber.}} \leq \chi^2_{1-\alpha} \rightarrow H_0$ nicht ablehnen

(Chi-Quadrat-Verteilung mit $(m-1) \cdot (r-1)$ Freiheitsgraden).

Für $m = r = 2$ folgt aus (9.2) durch elementare Rechnung die sehr einfache Darstellung

$$\chi^2_{\text{ber.}} = \frac{n \cdot (h_{11} h_{22} - h_{12} h_{21})^2}{h_{1.} \cdot h_{2.} \cdot h_{.1} \cdot h_{.2}} \,.$$
(9.3)

Die zur Testdurchführung benutzte Kontingenztafel heißt in diesem Fall *Vierfeldertafel*. Die Anzahl der Freiheitsgrade ist hier gleich 1.

Im nachfolgenden Programm wird nach Eingabe der Kontingenztafel die Testgröße $\chi^2_{\text{ber.}}$ und die Anzahl der Freiheitsgrade ausgegeben.

Kontingenztafeln (KONTING)

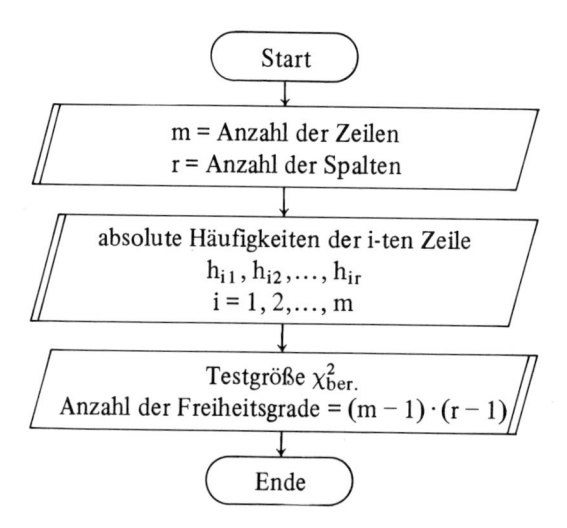

```
              ( Start )
                 │
                 ▼
        ┌──────────────────────┐
        │ m = Anzahl der Zeilen│
        │ r = Anzahl der Spalten│
        └──────────────────────┘
                 │
                 ▼
    ┌────────────────────────────────┐
    │ absolute Häufigkeiten der i-ten Zeile │
    │   h_{i1}, h_{i2},..., h_{ir}    │
    │        i = 1, 2,..., m          │
    └────────────────────────────────┘
                 │
                 ▼
    ┌────────────────────────────────┐
    │        Testgröße χ²_ber.        │
    │ Anzahl der Freiheitsgrade = (m−1)·(r−1) │
    └────────────────────────────────┘
                 │
                 ▼
              ( Ende )
```

9 Chi-Quadrat-Unabhängigkeits- und Homogenitätstests

Programm	KONTING

```
10   REM--- KONTINGENZTAFELN  (KONTING)
20   REM------------UNABHAENGIGKEITS- U. HOMOGENITAETSTEST
30   PRINT "ANZAHL DER ZEILEN (GRUNDGESAMTHEITEN) M = ";:INPUT M
40   PRINT "ANZAHL DER SPALTEN     (GRUPPEN)         R = ";:INPUT R
50   DIM H(M,R),HZ(M),HS(R):S=0:PRINT
60   FOR I=1 TO M
70    PRINT "EINGABE HAEUFIGK.H(I,K) DER ";I;".ZEILE DER REIHE NACH"
80    FOR K=1 TO R
90     INPUT H(I,K): HZ(I)=HZ(I)+H(I,K)
100   NEXT K:PRINT
110  NEXT I
120  REM --------------------BERECHNUNG
130  FOR K=1 TO R
140   FOR I=1 TO M
150    HS(K)=HS(K)+H(I,K)
160   NEXT I
170   N=N+HS(K)
180  NEXT K
190  FOR I=1 TO M
200   AB=0
210   FOR K=1 TO R
220    SUM=HZ(I)XHS(K)/N
230    AB=AB +(H(I,K)-SUM)X(H(I,K)-SUM)/SUM
240   NEXT K
250   S=S+AB
260  NEXT I
270  REM ------------------------AUSGABE
280  PRINT:PRINT
290  PRINT "TESTGROESSE CHI-QUADRAT    = "; S
300  PRINT
310  PRINT "ANZAHL DER FREIHEITSGRADE =";(M-1)X(R-1)
320  END
```

Beispiel 9.1. Zum Test mit $\alpha = 0{,}05$ ob zwischen dem Bestehen der Statistik- und der Mathematikklausur ein Zusammenhang besteht, wurden die Prüfergebnisse von allen Studenten, die an beiden Klausuren teilnahmen, zusammengestellt.

Mathematik / Statistik	bestanden	nicht bestanden
bestanden	245	76
nicht bestanden	85	42

Für diese Kontingenztafel erhält man das Ergebnis

Testgröße $\chi^2_{\text{ber.}} = 4{,}13972$
Anzahl der Freiheitsgrade 1.

Das Programm der Chi-Quadrat-Verteilung liefert die Überschreitungswahrscheinlichkeit

$P = F_1(4{,}13972) = .958112$.

Wegen P > 0,95 wird die Nullhypothese der Unabhängigkeit abgelehnt (es besteht also ein Zusammenhang). ♦

Beispiel 9.2. Bei einer Untersuchung, ob zwischen dem Alter (X) von Autofahrern und der Anzahl der Unfälle (Y), in die sie verwickelt sind, ein Zusammenhang besteht, erhielt man die Kontingenztafel

Y \ X	0	1	2	mehr als 2
18–30	748	74	31	9
31–40	821	60	25	10
41–50	786	51	22	6
51–60	720	66	16	5
über 60	672	50	15	7

Kann mit $\alpha = 0{,}05$ die Unabhängigkeit von X und Y abgelehnt werden?

Mit m = 5 und r = 4 erhält man aus dem Programm KONTING die

Ausgabe

$\chi^2_{ber.} = 14.3953$

Anzahl der Freiheitsgrade = 12.

Hier lautet die Überschreitungswahrscheinlichkeit

$P = F_{12}(14.3953) = .72382.$

Wegen P < 0,95 kann die Hypothese der Unabhängigkeit nicht abgelehnt werden. ♦

9.2 Homogenitätstest

In einem sog. Homogenitätstest soll getestet werden, ob m Zufallsvariable $X_1, X_2, \ldots, X_m$ (Grundgesamtheiten) die *gleiche Wahrscheinlichkeitsverteilung* besitzen. Dabei muß selbstverständlich vorausgesetzt werden, daß die Wertebereiche von allen m Zufallsvariablen identisch sind. Dieser gemeinsame Wertebereich wird in r disjunkte Klassen $G_1, G_2, \ldots, G_r$ eingeteilt.

Mit dieser Klasseneinteilung soll getestet werden, ob für alle m Zufallsvariable die Klassenwahrscheinlichkeiten gleich sind, also die

Nullhypothese $H_0: p_{ik} = P(X_i \in G_k) = p_k$ $\quad$ für $i = 1, 2, \ldots, m;$ $\quad k = 1, 2, \ldots, r.$ $\quad$ (9.4)

Zur Testdurchführung wird aus jeder der Grundgesamtheiten eine einfache Stichprobe gezogen. Die Anzahl der Werte der i-ten Stichprobe, die in der Klasse G_k liegen, bezeichnen wir mit h_{ik}. Diese Häufigkeiten werden in die Kontingenztafel 9.1 eingetragen, wobei die Zeilensumme $h_{i.} = n_i$ der Umfang der i-ten Stichprobe ist.

Wir nehmen nun an, die Nullhypothese sei richtig. Dann ist die Testgröße

$$v_i = \sum_{k=1}^{r} \frac{\left(h_{ik} - h_{i.} \cdot p_k\right)^2}{h_{i.} p_k} \qquad (9.5)$$

9 Chi-Quadrat-Unabhängigkeits- und Homogenitätstests

Realisierung einer Zufallsvariablen, die asymptotisch Chi-Quadrat-verteilt ist. Wegen $\sum_{k=1}^{r} p_k = 1$ ist die Anzahl der Freiheitsgrade gleich $r - 1$.

Wegen der Unabhängigkeit der einzelnen Stichproben ist die Zufallsvariable der Summe

$$v = v_. = \sum_{i=1}^{m} v_i = \sum_{i=1}^{m} \sum_{k=1}^{r} \frac{\left(h_{ik} - h_{i.} \cdot p_k\right)^2}{h_{i.} \cdot p_k} \tag{9.6}$$

asymptotisch Chi-Quadrat-verteilt mit $m \cdot (r - 1)$ Freiheitsgraden.

Die Wahrscheinlichkeiten p_k werden nach der Maximum-Likelihood-Methode aus der gesamten Stichprobe geschätzt. Man erhält die Schätzwerte

$$\hat{p}_k = \frac{h_{.k}}{n} \quad \text{für} \quad k = 1, 2, \ldots, r.$$

Da $r - 1$ Parameter geschätzt werden, ist

$$v = \chi^2_{\text{ber.}} = \sum_{i=1}^{m} \sum_{k=1}^{r} \frac{\left(h_{ik} - \dfrac{h_{i.} \cdot h_{.k}}{n}\right)^2}{\dfrac{h_{i.} \cdot h_{.k}}{n}} \tag{9.7}$$

Realisierung einer asymptotisch Chi-Quadrat-verteilten Zufallsvariablen mit $m \cdot (r - 1) - (r - 1) = (m - 1) \cdot (r - 1)$ Freiheitsgraden.

Die Testgröße dieses Homogenitätstests stimmt mit der Testgröße aus dem Unabhängigkeitstest überein. Dieser Sachverhalt scheint zunächst etwas verwunderlich. Aus der i-ten Grundgesamtheit wurden $n_i = h_{i.}$ Stichprobenwerte ausgewählt. Die Auswahl einer Grundgesamtheit zur Entnahme eines Stichprobenwertes ist zwar deterministisch, sie kann jedoch als deterministische Zufallsvariable interpretiert werden. Mit dieser Interpretation wird der Zusammenhang zwischen den beiden Modellen plausibel.

Beispiel 9.3. Vier Wochen vor einer Wahl wurden 2000 zufällig ausgewählte Personen befragt, welche der vier kandidierenden Parteien sie wählen würden. Kurz vor der Wahl wurden nochmals 1000 Personen befragt. Dabei ergaben sich folgenden Werte

Partei	A	B	C	D	Rest	keine Teilnahme an der Wahl
1. Umfrage	820	695	95	107	73	210
2. Umfrage	401	360	51	65	26	97

Mit $\alpha = 0{,}05$ soll getestet werden, ob sich das Wählerverhalten in der Zwischenzeit geändert hat. Das Programm liefert die Ausgabe

  Testgröße $\chi^2_{\text{ber.}} = 4.7787$
  Anzahl der Freiheitsgrade 5.

Wegen $F_5(4.7787) = .556519 < 0{,}95$ kann nicht behauptet werden, das Wählerverhalten habe sich geändert. ♦

Beispiel 9.4 (Test auf Gleichheit zweier Wahrscheinlichkeiten).
Zum Test mit $\alpha = 0{,}05$, ob zwei Ereignisse A und B die gleiche Wahrscheinlichkeit besitzen, wurden zwei unabhängige Versuchsreihen durchgeführt mit dem Ergebnis

	Häufigkeit der Ereignisse	Häufigkeit des Komplements
1. Serie (A)	235	105
2. Serie (B)	138	95

Das Programm liefert die Ausgabe

Testgröße $\chi^2_{ber.} = 5.95195$
Anzahl der Freiheitsgrade 1.

Wegen $F_1(5.95195) = .985299 > 0{,}95$ wird die Nullhypothese $H_0 : P(A) = P(B)$ abgelehnt.♦

Bemerkung: Im Falle einer Nichtablehnung darf die Nullhypothese H_0 nicht ohne weiteres angenommen werden. Wie bei den Chi-Quadrat-Anpassungstests tritt bei stetig verteilten Grundgesamtheiten neben der Irrtumswahrscheinlichkeit 2. Art das Problem der Klasseneinteilung auf. Die Richtigkeit der Nullhypothese würde nur bedeuten, daß die Klassenwahrscheinlichkeiten für alle Grundgesamtheiten gleich sind. Daraus folgt jedoch noch nicht, daß alle Verteilungsfunktionen übereinstimmen — insbesondere wenn wenig Klassen benutzt werden.

V Varianzanalyse

10 Varianzanalyse

In der Varianzanalyse soll untersucht werden, ob ein oder mehrere Faktoren Einfluß auf ein betrachtetes Merkmal haben. Als Beispiele seien erwähnt: Die Wirkung verschiedener Unterrichtsmethoden auf die Leistung eines Schülers, die Auswirkung verschiedener Futtermittel auf die Gewichtszunahme von Tieren, der Einfluß verschiedener Düngemittel oder der Bodenbeschaffenheit auf den Ertrag sowie die Reparaturanfälligkeit eines Autos in Abhängigkeit vom Produktionstag.

In der einfachen Varianzanalyse wird nur der Einfluß *eines* Faktors untersucht, in der mehrfachen Varianzanalyse gleichzeitig der Einfluß *mehrerer* Faktoren. Wir werden uns in diesem Rahmen auf die einfache und die doppelte Varianzanalyse beschränken. Allgemein benötigen wir dazu folgende

> *Voraussetzung:* Sämtliche Stichprobenwerte sind Realisierungen (wenigstens annähernd) normalverteilter Zufallsvariabler, die alle dieselbe (unbekannte) Varianz σ^2 besitzen, deren Erwartungswerte jedoch verschieden sein dürfen.

Wegen des zentralen Grenzwertsatzes kann bei vielen Zufallsvariablen davon ausgegangen werden, daß sie (wenigstens näherungsweise) normalverteilt sind. Beschreiben die Zufallsvariablen etwa Größen oder Gewichte von Produktionsgegenständen, so sind deren Erwartungswerte von der Maschineneinstellung abhängig, während die Varianzen meistens davon unabhängig und sogar für mehrere Maschinen gleich sind. Bei vielen zufälligen Prozessen werden durch einen zusätzlichen Faktor zwar die Merkmalwerte, nicht jedoch deren Varianzen verändert. Einen Test auf Gleichheit zweier Varianzen haben wir bereits in Abschnitt 7.7 kennengelernt. Tests auf Gleichheit mehrerer Varianzen und Hinweise auf solche Tests sind in der weiterführenden Literatur zu finden. Kann mit einem solchen Test die Nullhypothese $H_0: \sigma_1^2 = \sigma_2^2 = \ldots = \sigma_m^2$ abgelehnt werden, so sind die Verfahren dieses Abschnitts nicht anwendbar. Falls die Nullhypothese nicht abgelehnt werden kann, darf sie nicht ohne weiteres angenommen werden, da ja die entsprechende Irrtumswahrscheinlichkeit 2.Art sehr groß sein kann. Allerdings werden in einem solchen Fall die Varianzen $\sigma_1^2, \ldots, \sigma_m^2$ im allgemeinen alle ungefähr gleich groß sein. Dann liefern die Formeln der folgenden beiden Abschnitte eine einigermaßen brauchbare Näherung.

In den nachfolgenden Abschnitten sind zur Testdurchführung Modellannahmen bezüglich der Erwartungswerte notwendig, z.B. die additive Überlagerung der beiden Einflüsse in Abschnitt 10.2.

10.1 Einfache Varianzanalyse

Wir beginnen mit einem Beispiel, in dem bereits die hier behandelte Problemstellung deutlich wird.

Beispiel 10.1. (Problemstellung). Ein Arzt in einer Klinik meint bezüglich einer bestimmten Art von Schmerzen folgendes herausgefunden zu haben: Die mittlere Zeitdauer, die sich ein Patient nach Einnahme einer Tablette schmerzfrei fühlt, hängt nicht vom Wirkstoff ab, den eine Tablette enthält, sondern nur von der Tatsache, daß dem Patienten eine Tablette verabreicht wird. Um diese Behauptung zu prüfen gibt er einer Anzahl von Patienten, die an solchen Schmerzen leiden, entweder ein sog. Placebo (Tablette ohne Wirkstoff) oder eines von zwei schmerzstillenden Mitteln. Er notiert dann, für wie viele Stunden sich der Patient schmerzfrei fühlt (Meßwerte in Stunden):

Placebo	2,2	0,3	1,1	2,0	3,4		$N(\mu_1; \sigma^2)$-Verteilung;
Droge A	2,8	1,4	1,7	4,3			$N(\mu_2; \sigma^2)$-Verteilung
Droge B	1,1	4,2	3,8	2,6	0,5	4,3	$N(\mu_3; \sigma^2)$-Verteilung

Die zugrunde liegenden Zufallsvariablen seien – wenigsten annähernd – $N(\mu_i; \sigma^2)$-verteilt, wobei die Varianz σ^2 für alle drei Zufallsvariablen gleich sei. Der Arzt behauptet also, die

$$\text{Nullhypothese } H_0: \mu_1 = \mu_2 = \mu_3$$

sei richtig. Nach den folgenden allgemeinen Überlegungen werden wir anschließend auf dieses Beispiel zurückkommen. ♦

Von m (stochastisch) unabhängigen Zufallsvariablen $X_1, X_2, \ldots, X_m$ sei bekannt, daß sie (wenigstens näherungsweise) $N(\mu_i; \sigma^2)$-verteilt sind. Alle m Zufallsvariablen mögen dieselbe Varianz besitzen, während ihre Erwartungswerte auch verschieden sein dürfen. Mit $X_i = \mu_i + E_i$, $i = 1, 2, \ldots, m$ erhält man Zufallsvariable $E_1, E_2, \ldots, E_m$, die ebenfalls voneinander unabhängig und alle $N(0, \sigma^2)$-verteilt sind. Damit formulieren wir die

Modellannahme

Für m Zufallsvariable (Grundgesamtheiten) gelte die Darstellung

$$X_i = \mu_i + E_i, \; i = 1, 2, \ldots, m,$$

wobei die Zufallsvariablen E_i voneinander unabhängig und alle $N(0, \sigma^2)$-verteilt sind.

Die Realisierungen der Zufallsvariablen X_i schwanken also zufällig mit der gleichen Streuung um den *festen „Effekt"* μ_i.

Unter dieser Modellvoraussetzung soll nun die Nullhypothese

$$H_0: \mu_1 = \mu_2 = \ldots = \mu_m \text{ (Gleichheit aller Erwartungswerte)}$$

getestet werden.

Zur Testdurchführung wird für jede Zufallsvariable X_i eine unabhängige Stichprobe vom Umfang n_i gezogen. Die n_i Werte x_{ik}, $k = 1, 2, \ldots, n_i$ der Stichprobe

$$x_i = (x_{i1}, x_{i2}, \ldots, x_{in_i})$$

10 Varianzanalyse

sind somit Realisierungen von unabhängigen Zufallsvariablen X_{ik}, die alle die gleiche Verteilung wie X_i besitzen (unabhängige Wiederholungen von X_i) mit

$$E(X_{ik}) = \mu_i, \quad D^2(X_{ik}) = \sigma^2 \quad \text{für} \quad \begin{array}{l} k = 1, 2, \ldots, n_i, \\ i = 1, 2, \ldots, m. \end{array} \tag{10.1}$$

Diese m Stichproben sind in Tabelle 10.1 als sog. Beobachtungsgruppen übersichtlich dargestellt.

Tabelle 10.1 Darstellung der Stichprobengruppen für die einfache Varianzanalyse

Gruppe i	Stichprobenwerte	Summen
1. Gruppe	$x_{11}\ x_{12}\ x_{13}\ \ldots x_{1n_1}$	$x_1.$
2. Gruppe	$x_{21}\ x_{22}\ x_{23}\ \ldots x_{2n_2}$	$x_2.$
$\vdots$	$\ldots\ldots\ldots\ldots\ldots\ldots$	$\vdots$
i-te Gruppe	$x_{i1}\ x_{i2}\ x_{i3}\ \ldots x_{in_i}$	$x_i.$
$\vdots$	$\ldots\ldots\ldots\ldots\ldots\ldots$	$\vdots$
m-te Gruppe	$x_{m1}\ x_{m2}\ x_{m3}\ \ldots x_{mn_m}$	$x_m.$
		$x..$

In Beispiel 10.1 ist $m = 3$; $n_1 = 5$ (1. Gruppe), $n_2 = 4$ und $n_3 = 6$.
Die Summen der einzelnen Gruppenwerte bezeichnen wir der Reihe nach mit

$$x_1. = \sum_{k=1}^{n_1} x_{1k} \ ; \ x_2. = \sum_{k=1}^{n_2} x_{2k} \ ; \ldots ; \ x_m. = \sum_{k=1}^{n_m} x_{mk} ,$$

woraus wir die einzelnen Gruppenmittel erhalten als

$$\bar{x}_1. = \frac{x_1.}{n_1} \ ; \ \bar{x}_2. = \frac{x_2.}{n_2} \ ; \ldots ; \ \bar{x}_m. = \frac{x_m.}{n_m} .$$

Die einzelnen *Gruppenvarianzen* lauten

$$s_i^2 = \frac{1}{n_i - 1} \sum_{k=1}^{n_i} (x_{ik} - \bar{x}_i.)^2 \quad \text{für } i = 1, 2, \ldots, m.$$

Das Gruppenmittel $\bar{x}_i.$ ist ein erwartungstreuer Schätzwert für μ_i und s_i^2 ein solcher für die Varianz σ^2 der Zufallsvariablen X_i. Für die zugehörigen Zufallsvariablen gilt also

$$E(\bar{X}_i.) = \mu_i; \ E\left(\frac{1}{n_i - 1} \sum_{k=1}^{n_1} (X_{ik} - \bar{X}_i.)^2\right) = \sigma^2. \tag{10.2}$$

Die m Einzelstichproben werden nun zur Gesamtstichprobe

$$x = (x_1, x_2, \ldots, x_m) = (x_{11}, \ldots x_{1n_1}; \ x_{21}, \ldots x_{2n_2}; \ldots; x_{m1}, \ldots x_{mn_m})$$

vom Umfang $n = n. = \sum_{i=1}^{m} n_i$ zusammengefaßt mit dem Gesamtmittel

$$\bar{x} = \frac{1}{n} \sum_{i=1}^{m} x_{i.} = \frac{x_{..}}{n} = \sum_{i=1}^{m} \frac{n_i}{n} \cdot \bar{x}_{i.} . \quad (10.3)$$

Wegen (10.3) kann das Gesamtmittel $\bar{x}$ als *gewichtetes Mittel* der m Gruppenmittelwerte $\bar{x}_{i.}$ aufgefaßt werden.

Für die Summe $q_{ges.}$ der Abweichungsquadrate aller Stichprobenwerte vom Gesamtmittel $\bar{x}$ bilden wir folgende Umformung:

$$q_{ges.} = \sum_{i=1}^{m} \sum_{k=1}^{n_i} (x_{ik} - \bar{x})^2 = \sum_{i=1}^{m} \sum_{k=1}^{n_i} [(x_{ik} - \bar{x}_{i.}) + \underbrace{(\bar{x}_{i.} - \bar{x})}_{=0}]^2$$

$$= \sum_{i=1}^{m} \sum_{k=1}^{n_i} (x_{ik} - \bar{x}_{i.})^2 + \sum_{i=1}^{m} \sum_{k=1}^{n_i} (\bar{x}_{i.} - \bar{x})^2 + 2 \sum_{i=1}^{m} \sum_{k=1}^{n_i} (x_{ik} - \bar{x}_{i.}) \cdot (\bar{x}_{i.} - \bar{x}).$$

Der letzte Summand darin verschwindet wegen

$$\sum_{i=1}^{m} \sum_{k=1}^{n_i} (x_{ik} - \bar{x}_{i.}) \cdot (\bar{x}_{i.} - \bar{x}) = \sum_{i=1}^{m} (\bar{x}_{i.} - \bar{x}) \cdot \sum_{k=1}^{n_i} (x_{ik} - \bar{x}_{i.})$$

$$= \sum_{i=1}^{m} (\bar{x}_{i.} - \bar{x}) \cdot \left[\sum_{k=1}^{n_i} x_{ik} - n_i \bar{x}_{i.} \right] = \sum_{i=1}^{m} (\bar{x}_{i.} - \bar{x}) \cdot (n_i \bar{x}_{i.} - n_i \bar{x}_{i.}) = 0.$$

Hiermit und wegen $\sum_{k=1}^{n_i} (\bar{x}_{i.} - \bar{x})^2 = n_i \cdot (\bar{x}_{i.} - \bar{x})^2$ folgt durch Vertauschung der Summanden

$$\boxed{\begin{array}{c} q_{ges.} = \sum_{i=1}^{m} \sum_{k=1}^{n_i} (x_{ik} - \bar{x})^2 = \sum_{i=1}^{m} n_i \cdot (\bar{x}_{i.} - \bar{x})^2 + \sum_{i=1}^{m} \sum_{k=1}^{n_i} (x_{ik} - \bar{x}_{i.})^2 \\ = \qquad q_{zw} \qquad + \qquad q_{in} \end{array}} \quad (10.4)$$

Damit ist die gesamte Quadratsumme

$$q_{ges.} = \sum_{i=1}^{m} \sum_{k=1}^{n_i} (x_{ik} - \bar{x})^2 = \sum_{i=1}^{m} \sum_{k=1}^{n_i} x_{ik}^2 - \frac{x_{..}^2}{n} \quad (10.5)$$

zerlegbar in die *Summe der Abstandsquadrate der Gruppenmittel von ihrem gewichteten Mittel* (Abweichungen zwischen den Gruppen)

$$q_{zw} = \sum_{i=1}^{m} n_i \cdot (\bar{x}_{i.} - \bar{x})^2 = \sum_{i=1}^{m} \frac{x_{i.}^2}{n_i} - \frac{x_{..}^2}{n} \quad (10.6)$$

und die
Summe der Abstandsquadrate der einzelnen Werte von den Gruppenmitteln (Abweichungen innerhalb der Gruppen)

$$q_{in} = \sum_{i=1}^{m} \sum_{k=1}^{n_i} (x_{ik} - \bar{x}_{i.})^2 = \sum_{i=1}^{m} \sum_{k=1}^{n_i} x_{ik}^2 - \sum_{i=1}^{m} \frac{x_{i.}^2}{n_i}. \tag{10.7}$$

Für die Durchführung ist es sinnvoll, $q_{ges.}$ und q_{zw} direkt zu berechnen und daraus die Differenz

$$q_{in} = q_{ges.} - q_{zw}.$$

Zusammen mit (10.1) und den Eigenschaften des Erwartungswertes und der Varianz bei Summen unabhängiger Zufallsvariabler erhält man unmittelbar folgende Erwartungswerte und Varianzen

$$E(X_{ik}) = \mu_i; \quad D^2(X_{ik}) = \sigma^2;$$
$$E(X_{i.}) = n_i \mu_i; \quad D^2(X_{i.}) = n_i \sigma^2; \tag{10.8}$$
$$E(X..) = \sum_{i=1}^{m} n_i \mu_i; \quad D^2(X..) = \sum_{i=1}^{m} n_i \sigma^2 = n\sigma^2.$$

Für jede beliebige Zufallsvariable Z gilt

$$E(Z^2) = D^2(Z) + [E(Z)]^2.$$

Wendet man diese Formel auf die obigen Zufallsvariablen an, so erhält man

$$E(X_{ik}^2) = \sigma^2 + \mu_i^2; \quad E(X_{i.}^2) = n_i \sigma^2 + n_i^2 \mu_i^2; \tag{10.9}$$
$$E(X_{..}^2) = n\sigma^2 + \left(\sum_{i=1}^{m} n_i \mu_i\right)^2.$$

Wir setzen

$$\bar{\bar{\mu}} = \sum_{i=1}^{m} \frac{n_i}{n} \mu_i \quad \text{(gewichtetes Mittel)}. \tag{10.10}$$

Aus (10.5) – (10.7) und (10.9) – (10.10) erhält man für die zugehörigen Zufallsvariablen die Erwartungswerte

$$E(Q_{ges.}) = \sum_{i=1}^{m} \sum_{k=1}^{n_i} (\sigma^2 + \mu_i^2) - \sigma^2 - \frac{1}{n}\left(\sum_{i=1}^{m} n_i \mu_i\right)^2$$

$$= (n-1)\sigma^2 + \sum_{i=1}^{m} n_i \mu_i^2 - n\left(\sum_{i=1}^{m} \frac{n_i}{n} \mu_i\right)^2$$

$$= (n-1)\sigma^2 + \sum_{i=1}^{m} n_i (\mu_i - \bar{\bar{\mu}})^2;$$

$$E(Q_{zw}) = \sum_{i=1}^{m}(\sigma^2 + n_i\mu_i^2) - \sigma^2 - \frac{1}{n}\left(\sum_{i=1}^{m}n_i\mu_i\right)^2$$

$$= (m-1)\sigma^2 + \sum_{i=1}^{m}n_i(\mu_i - \bar{\bar{\mu}})^2.$$

$$E(Q_{in}) = \sum_{i=1}^{m}\sum_{k=1}^{n_i}(\sigma^2 + \mu_i^2) - \sum_{i=1}^{m}(\sigma^2 + n_i\mu_i^2)$$

$$= (n-m)\sigma^2.$$

Damit gilt

$$E\left(\frac{Q_{zw}}{m-1}\right) = \sigma^2 + \frac{\sum_{i=1}^{m}n_i(\mu_i - \bar{\bar{\mu}})^2}{m-1};$$

$$E\left(\frac{Q_{in}}{n-m}\right) = \sigma^2; \quad (10.11)$$

$$E\left(\frac{Q_{ges.}}{n-1}\right) = \sigma^2 + \frac{\sum_{i=1}^{m}n_i(\mu_i - \bar{\bar{\mu}})^2}{n-1}$$

mit

$$\bar{\bar{\mu}} = \sum_{i=1}^{m}\frac{n_i}{n}\mu_i = \frac{1}{n}\sum_{i=1}^{m}n_i\mu_i \quad \text{(gewichtetes Mittel)}.$$

Die Zufallsvariable $\frac{Q_{in}}{n-m}$ ist in diesem Modell *immer eine erwartungstreue Schätzfunktion* für σ^2, auch wenn die Nullhypothese H_0 nicht richtig ist. Ferner ist $\frac{Q_{in}}{\sigma^2}$ Chi-Quadrat-verteilt mit $n-m$ Freiheitsgraden.

Die beiden anderen Zufallsvariablen $\frac{Q_{zw}}{m-1}$ und $\frac{Q_{ges.}}{n-1}$ sind nur dann erwartungstreu für σ^2, wenn die Nullhypothese H_0 richtig ist. Sonst sind deren Varianzen größer als σ^2.

Falls H_0 richtig ist, ist $\frac{Q_{zw}}{\sigma^2}$ Chi-Quadrat-verteilt mit $m-1$ Freiheitsgraden und von $\frac{Q_{in}}{\sigma^2}$ unabhängig.

Dann ist der Quotient

$$V = \frac{Q_{zw}/((m-1)\cdot\sigma^2)}{Q_{in}/((n-m)\cdot\sigma^2)} = \frac{Q_{zw}/(m-1)}{Q_{in}/(n-m)} \quad (10.12)$$

Fisher verteilt mit $(m-1, n-m)$ Freiheitsgraden.

10 Varianzanalyse

Falls die Nullhypothese nicht richtig ist, wird V meistens größere Werte annehmen. Daher erhält man mit dem $(1-\alpha)$-Quantil $f_{1-\alpha}$ der $F[m-1;(n-m)]$-Verteilung die

Testentscheidung

$$v_{ber.} = \frac{q_{zw}/(m-1)}{q_{in}/(n-m)} > f_{1-\alpha} \Rightarrow H_0: \mu_1 = \ldots = \mu_m \text{ ablehnen.}$$

Mit Hilfe der Überschreitungswahrscheinlichkeit

$$P = P(Y \leqq v_{ber.}) = F(v_{ber.}) \quad \text{(F-Verteilung)}$$

erhält man die

äquivalente Testentscheidung

$$F(v_{ber.}) > 1 - \alpha \Rightarrow H_0 \text{ ablehnen.}$$

In der Tabelle 10.2 sind die Testgrößen nochmals zusammengestellt.

Tabelle 10.2 Einfache Varianzanalyse

	Summe der Abweichungsquadrate	Anzahl d. Freiheitsgrade	gemittelte Summe	Erwartungswert
zwischen den Gruppenmittel	$q_{zw} = \sum_{i=1}^{m} n_i(\bar{x}_{i.} - \bar{x})^2$	$m-1$	$\dfrac{q_{zw}}{m-1}$	$\sigma^2 + \dfrac{\sum_{i=1}^{m} n_i(\mu_i - \bar{\bar{\mu}})^2}{m-1}$
innerhalb der Gruppen (Rest)	$q_{in} = \sum_i \sum_k (x_{ik} - \bar{x}_{i.})^2$ $= q_{ges.} - q_{zw}$	$n-m$	$\dfrac{q_{in}}{n-m}$	$\boxed{\sigma^2}$
Gesamt	$q_{ges.} = \sum_i \sum_k (x_{ik} - \bar{x})^2$	$n-1$	$\dfrac{q_{ges.}}{n-1}$	$\sigma^2 + \dfrac{\sum_{i=1}^{m} n_i(\mu_i - \bar{\bar{\mu}})^2}{n-1}$

Testgröße $v_{ber.} = \dfrac{q_{zw}/(m-1)}{q_{in}/(n-m)}$ ist $F[m-1, n-m]$-verteilt.

Bemerkung: Die Modellannahme

$$X_i = \mu_i + E_i$$

kann mit $\mu = \bar{\bar{\mu}} = \sum_{i=1}^{m} \frac{n_i}{n} \mu_i$ (gewogenes Mittel) und $\alpha_i = \mu_i - \mu$ umgeschrieben werden als

$$X_i = \mu + \alpha_i + E_i \qquad (10.13)$$

mit $\bar{\bar{\alpha}} = \sum_{i=1}^{m} \frac{n_i}{n} \alpha_i = 0.$

α_i kann dabei interpretiert werden als zusätzlicher Einfluß der i-ten Stufe des Einflußfaktors. Für dieses Modell lautet die entsprechende Nullhypothese

$$H_0: \alpha_1 = \alpha_2 = \ldots = \alpha_m = 0.$$

Falls alle Gruppenumfänge gleich l sind ($n_i = l$), ist $\mu = \frac{1}{m} \sum_{i=1}^{m} \mu_i$ das arithmetische Mittel der Erwartungswerte der Einzeleinflüsse.

Einfache Varianzanalyse (VAREINFA)

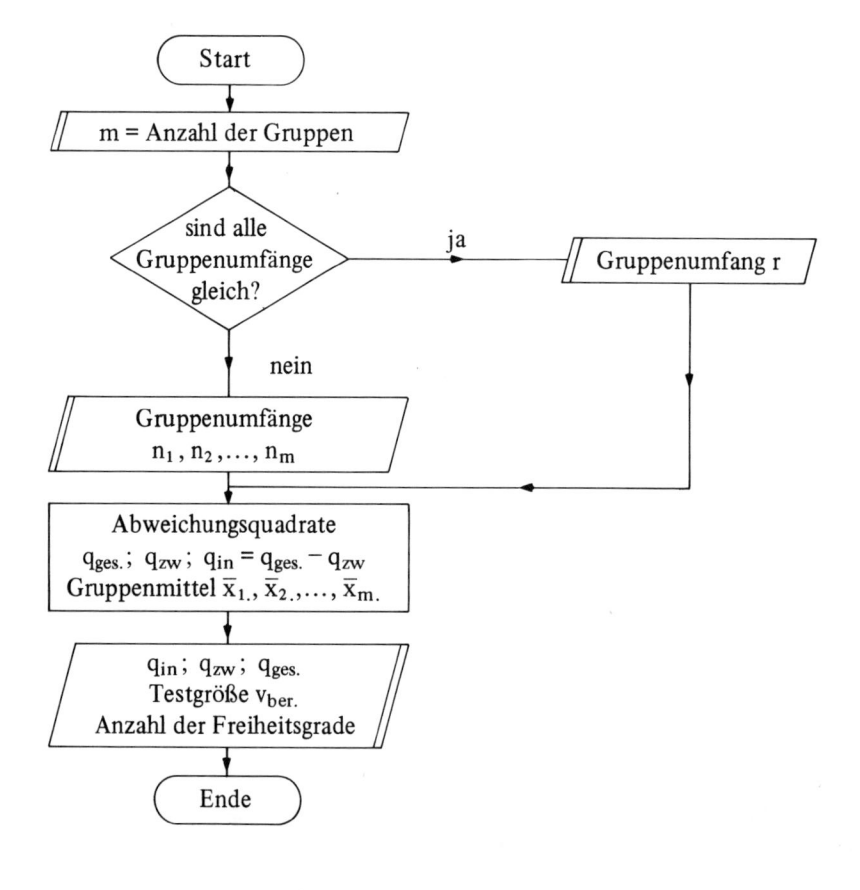

```
                    ( Start )
                       │
        ══ m = Anzahl der Gruppen ══
                       │
                  ╱ sind alle ╲      ja
                 ╱ Gruppenumfänge ╲─────▶ ══ Gruppenumfang r ══
                 ╲    gleich?    ╱                │
                  ╲            ╱                  │
                       │ nein                     │
                       ▼                          │
              ══ Gruppenumfänge ══                │
                 n₁, n₂,..., nₘ                   │
                       │◀─────────────────────────┘
                       ▼
         ┌─────────────────────────────┐
         │   Abweichungsquadrate       │
         │ q_ges.; q_zw; q_in = q_ges. − q_zw │
         │ Gruppenmittel x̄₁., x̄₂.,..., x̄ₘ. │
         └─────────────────────────────┘
                       │
                       ▼
              ══ q_in; q_zw; q_ges. ══
                 Testgröße v_ber.
                 Anzahl der Freiheitsgrade
                       │
                   ( Ende )
```

Programm VAREINFA

```
10   REM - EINFACHE VARIANZANALYSE    (VAREINFA)
20   REM KEINE DATENSPEICHERUNG
30   PRINT "ANZAHL DER GRUPPEN (ZEILEN) =";:INPUT M:PRINT
40   PRINT "SIND ALLE GRUPPENLAENGEN GLEICH ?(J=JA)?"
50   INPUT E$:IF E$<>"J" THEN GOTO 70
60   PRINT "KONSTANTE GRUPPENLAENGE R = ";:INPUT R:PRINT
70   DIM H(M),S(M): PRINT
80   FOR I=1 TO M
90   PRINT: S(I)=0
100  IF E$ <>"J" THEN GOTO 120
110  H(I)=R:GOTO 140
120  PRINT "UMFANG DER ";I". GRUPPE =";
130  INPUT H(I):PRINT
140  PRINT "WERTE DER ";I".GRUPPE DER REIHE NACH EINGEBEN!"
150  FOR J=1 TO H(I)
160  INPUT Z
170  S(I)=S(I)+Z:Q=Q+Z%Z
180  NEXT J
190  S=S+S(I):N=N+H(I)
200  Q1=Q1+S(I)%S(I)/H(I)
210  NEXT I
220  Q1=Q1-S%S/N:Q=Q-S%S/N:Q2=Q-Q1:V=Q1%(N-M)/(Q2%(M-1))
230  REM ------------------------------------------AUSGABE
240  PRINT:PRINT:PRINT
250  PRINT TAB(4);"SUMME AB-";TAB(18);"FREIHE.";TAB(28);"GEMITTELTE"
260  PRINT TAB(4);"STANDSQUADR.";TAB(18);"GRADE";
270  PRINT TAB(28);"QUADRATSUMMEN"
280  PRINT "-------------------------------------"
290  PRINT "ZWISCHEN DEN GRUPPEN"
300  D1=Q1:D2=M-1:GOSUB 410
310  PRINT:PRINT"INNERHALB DER GRUPPEN"
320  D1=Q2:D2=N-M:GOSUB 410
330  PRINT "-------------------------------------"
340  PRINT "GESAMT"
350  D1=Q:D2=N-1:GOSUB 410
360  PRINT:PRINT
370  PRINT "TESTGROESSE         = ";V
380  PRINT
390  PRINT"FREIHEITSGRADE  F1 (ZAEHLER)=";M-1;"; F2 (NENNER)=";N-M
400  END
410  REM--------------------------------DRUCKPROGRAMM
420  PRINT TAB(4);D1;TAB(18);D2;TAB(28);D1/D2
430  RETURN
```

Beispiel 10.2 (vgl. Beispiel 10.1).
Für das Beispiel 10.1 soll der Test mit α = 0.05 durchgeführt werden. Mit den Daten aus Beispiel 10.1 erhält man die Ausgabe

	Summe der Abweichungsquadrate	Anzahl der Freiheitsgrade	Gemittelte Quadratsummen
Zwischen den Gruppen	2.619	2	1.3095
Innerhalb der Gruppen	24.085	12	2.00708 ≈ σ^2
Gesamt	26.704	14	1.90743

Wert der Testgröße $v_{ber.}$ = .652439.
Anzahl der Freiheitsgrade f_1 (Zähler) = 2; f_2 (Nenner) = 12.
Das Programm der F-Verteilung liefert die Überschreitungswahrscheinlichkeit

P = F(.652439) = .461703.

Wegen P < 0,95 kann die Nullhypothese der Gleichheit der Erwartungswerte mit α = 0,05 nicht abgelehnt werden.
Als Schätzwert für die Varianz erhält man $\hat{\sigma}^2$ = 2.00708. ♦

Beispiel 10.3. Für ein Experiment werden 40 Versuchspersonen zufällig in 5 Gruppen zu je 8 Personen eingeteilt. Mit jeder dieser Gruppen wird derselbe Test durchgeführt, aber jeweils unter verschiedenen äußeren Bedingungen. Die von den einzelnen Personen im Test erzielte Punktzahl ist in der nachfolgenden Tabelle zusammengestellt. Die Zufallsvariablen, welche die in den 5 Gruppen erhaltenen Punktzahlen beschreiben, seien normalverteilt und besitzen alle die gleiche Varianz. Mit einer Irrtumswahrscheinlichkeit α = 0,05 soll geprüft werden, ob allgemein die mittleren Testergebnisse durch diese verschiedenen Bedingungen unterschiedlich beeinflußt werden. Die Ergebnisse sind in der nachfolgenden Tabelle zusammengestellt:

	Punktezahlen x_{ik}							
Bedingung A	48	50	37	51	55	54	61	56
Bedingung B	48	53	52	53	58	54	56	59
Bedingung C	68	53	60	63	49	37	48	50
Bedingung D	41	59	38	57	50	47	57	50
Bedingung E	46	58	60	75	46	52	54	65

10 Varianzanalyse

Das Programm liefert die Ausgabe

	Summe der Abweichungsquadrate	Anzahl der Freiheitsgrade	Gemittelte Quadratsumme
Zwischen den Gruppen	234.65	4	58.6625
Innerhalb der Gruppen	2205.75	35	63.0214
Gesamt	2440.4	39	62.5745

Wert der Testgröße $v_{ber.} = .930834$

Anzahl der Freiheitsgrade $f_1 = 4$; $f_2 = 35$.

Das Programm der F-Verteilung liefert die Überschreitungswahrscheinlichkeit

$P = F(.930834) = .542666$.

Wegen $P < 0,95$ kann mit $\alpha = 0,05$ nicht behauptet werden, daß die verschiedenen Bedingungen Einfluß auf die mittleren Leistungen haben. ♦

Beispiel 10.4. Auf einem Versuchsfeld wurden 8 Sorten Weizen auf ihren Ertrag getestet. Dazu wurden die Erträge von je 5 jeweils 50 m langen Reihen dieser Sorten gewogen. Dabei ergaben sich folgende Gewichte (in Kilogramm pro Reihe):

Sorte \ Reihe	1	2	3	4	5
1	3,0	3,6	3,4	3,4	3,5
2	4,1	4,0	4,4	3,5	3,3
3	4,4	3,4	4,3	3,3	3,0
4	3,1	3,2	3,2	2,7	2,5
5	4,7	4,1	4,5	4,9	4,0
6	3,5	3,5	3,6	3,1	3,1
7	3,3	3,4	3,6	3,6	2,3
8	4,9	3,8	4,1	3,4	3,3

Unter der Modellannahme soll mit $\alpha = 0,01$ getestet werden, ob sich die Erträge der Sorten signifikant unterscheiden. Ferner ist ein Schätzwert für die gemeinsame Varianz gesucht.

Das Programm liefert die Ausgabe

	Summe der Abweichungsquadrate	Anzahl der Freiheitsgrade	Gemittelte Quadratsumme
Zwischen den Gruppen	7.704	7	1.10057
Innerhalb der Gruppen	6.676	32	.208625
Gesamt	14.38	39	.368718

Wert der Testgröße $v_{ber.} = 5.27536$
Anzahl der Freiheitsgrade f_1 (Zähler) = 7; f_2 (Nenner) = 32.
Die Überschreitungswahrscheinlichkeit lautet

$$P = F(5.27536) = .999557.$$

Testentscheidung: $P > 1 - \alpha \Rightarrow$ Ablehnung von H_0.
Die Sorte hat Einfluß auf den mittleren Ertrag.
Auch im Fall der Ablehnung der Nullhypothese ist

$$\frac{q_2}{n-m} = 0{,}208625$$

eine erwartungstreue Schätzung für σ^2. ◆

10.2 Zweifache Varianzanalyse bei einfachen Klassenbesetzungen – zwei Einflußfaktoren ohne Wechselwirkung

In der zweifachen Varianzanalyse soll gleichzeitig der Einfluß zweier Faktoren auf ein betrachtetes Merkmal untersucht werden. Dazu müssen Stichprobenwerte bezüglich eines Faktors A und eines Faktors B in Gruppen eingeteilt werden. In diesem Abschnitt beschränken wir uns auf den Fall, daß in jeder der so entstandenen Gruppen genau ein Stichprobenwert enthalten ist. Zunächst betrachten wir das

Beispiel 10.5. In der nachfolgenden Tabelle sind die Weizenerträge in Abhängigkeit von der Sorte und dem Anbauort gemessen worden:

Sorte	Anbauort			
	I	II	III	IV
S_1	15	16	15	19
S_2	12	14	18	21
S_3	13	15	20	20
S_4	14	18	17	24
S_5	17	13	19	22

Es soll mit α = 0,05 geprüft werden, ob die Sorte (Faktor A) oder der Anbauort (Faktor B) einen signifikanten Einfluß auf den mittleren Ertrag haben.
Nach der allgemeinen Theorie kommen wir auf dieses Beispiel zurück. ♦

Allgemein gehen wir davon aus, daß eine Stichprobe x bezüglich des Faktors A in m Teilstichproben eingeteilt ist und daß jede der m Teilstichproben genau l Stichprobenelemente enthält, die bezüglich des Faktors B gruppiert sind (im Beispiel 5.5 ist m = 5 und l = 4). Die gesamte Stichprobe x besteht somit aus m · l Elementen

$$x_{ij}, \quad i = 1, 2, \ldots, m; \quad j = 1, 2, \ldots, l.$$

Die Stichprobenwerte werden in dem Schema der Tabelle 10.3 übersichtlich dargestellt, wobei das Element x_{ij} in der i-ten Zeile und zugleich in der j-ten Spalte des inneren Blockes steht.

Tabelle 10.3 Doppelte Varianzanalyse mit einfachen Besetzungen

A Zeilennummer \ B Spaltennummer	1	2	.....	j	...l	Zeilensummen
1	x_{11}	x_{12}	.....	x_{1j}	... x_{1l}	$x_{1.}$
2	x_{21}	x_{22}	.....	x_{2j}	... x_{2l}	$x_{2.}$
⋮						⋮
i	x_{i1}	x_{i2}	.....	x_{ij}	... x_{il}	$x_{i.}$
⋮						
m	x_{m1}	x_{m2}		x_{mj}	... x_{ml}	$x_{m.}$
Spaltensummen	$x_{.1}$	$x_{.2}$	.....	$x_{.j}$	... $x_{.l}$	$x_{..}$

Insgesamt gibt es n = m · l Klassen, von denen jede *einfach besetzt* sei. Damit ist n = m · l der gesamte Stichprobenumfang.
In diesem Abschnitt gehen wir davon aus, daß sich die *Effekte* der beiden Faktoren A und B *additiv überlagern*. Dabei sollen *keine Wechselwirkungseffekte* auftreten, d.h. nur die beiden Einzelstufen von A und B, nicht aber deren spezielle Kombinationen sollen additiv den Gesamteffekt bestimmen.
Zunächst wäre der Überlagerungsansatz

$$X_{ij} = \hat{\alpha}_i + \hat{\beta}_j + E_{ij}; \quad \begin{matrix} i = 1, 2, \ldots, m; \\ j = 1, 2, \ldots, l. \end{matrix}$$

naheliegend. Da bei Einfachbesetzungen mit diesem Ansatz bei der Berechnung Probleme auftreten würden, werden wie in der Bemerkung am Ende von Abschnitt 10.1 ($n_j = l$ für alle j) die Durchschnittseffekte

$$\bar{\alpha} = \frac{1}{m} \sum_{i=1}^{m} \hat{\alpha}_i ; \quad \bar{\beta} = \frac{1}{l} \sum_{j=1}^{l} \hat{\beta}_j$$

abgespalten in der Form

$$X_{ij} = \underbrace{\bar{\alpha} + \bar{\beta}}_{\mu} + \underbrace{(\hat{\alpha}_i - \bar{\alpha})}_{\alpha_i} + \underbrace{(\hat{\beta}_j - \bar{\beta})}_{\beta_j} + E_{ij}$$
$$= \mu + \alpha_i + \beta_j + E_{ij}.$$

Für die Summen gilt hier

$$\alpha. = \sum_{i=1}^{m} \alpha_i = 0 \text{ und } \beta. = \sum_{j=1}^{l} \beta_j = 0.$$

Aus diesem Grund machen wir die

Modellvoraussetzung

$$X_{ij} = \mu + \alpha_i + \beta_j + E_{ij}, \quad \begin{array}{l} i = 1, 2, \ldots, m; \\ j = 1, 2, \ldots, l. \end{array}$$

Dabei seien die E_{ij} unabhängige $N(0; \sigma^2)$-verteilte Zufallsvariable.

Für die Parameter gelte

$$\alpha. = \sum_{i=1}^{m} \alpha_i = 0; \quad \beta. = \sum_{j=1}^{l} \beta_j = 0.$$

Die beiden Hypothesen, daß der Faktor A, bzw. der Faktor B keinen unterschiedlichen Einfluß auf den Erwartungswert besitzt, nehmen wegen dieser Zentrierung die einfache Form an

$$H_A : \alpha_1 = \alpha_2 = \cdots = \alpha_m = 0;$$
$$H_B : \beta_1 = \beta_2 = \cdots = \beta_l = 0.$$
(10.14)

Aus der Tabelle 10.3 erhält man folgende Mittelwerte

Mittelwert der i-ten Stufe des Faktors A:

$$\bar{x}_{i.} = \frac{x_{i.}}{l} = \frac{1}{l} \sum_{j=1}^{l} x_{ij} \text{ für } i = 1, 2, \ldots, m.$$

Mittelwert der j-ten Stufe des Faktors B:

$$\bar{x}_{.j} = \frac{x_{.j}}{m} = \frac{1}{m} \sum_{i=1}^{m} x_{ij} \text{ für } j = 1, 2, \ldots, l.$$

10 Varianzanalyse

Wegen $\alpha_. = \beta_. = 0$ erhält man aus der Modellvoraussetzung $X_{ij} = \mu + \alpha_i + \beta_j + E_{ij}$ folgende Darstellungen

$$X_{i.} = l(\mu + \alpha_i) + E_{i.}; \quad X_{.j} = m(\mu + \beta_j) + E_{.j};$$
$$X_{..} = ml\mu + E_{..};$$
$$X_{ij}^2 = (\mu + \alpha_i + \beta_j)^2 + 2(\mu + \alpha_i + \beta_j) E_{ij} + E_{ij}^2;$$
$$X_{i.}^2 = l^2(\mu + \alpha_i)^2 + E_{i.}^2 + 2l(\mu + \alpha_i) E_{i.};$$
$$X_{.j}^2 = m^2(\mu + \beta_j)^2 + E_{.j}^2 + 2m(\mu + \beta_j) E_{.j};$$
$$X_{..}^2 = m^2 l^2 \mu^2 + 2ml\mu E_{..} + E_{..}^2.$$
(10.15)

Da die Zufallsvariablen E_{ij} unabhängig und $N(0; \sigma^2)$-verteilt sind, gilt

$$E(E_{ij}) = E(E_{i.}) = E(E_{.j}) = E(E_{..}) = 0;$$
$$E(E_{ij}^2) = D^2(E_{ij}) = \sigma^2;$$
$$E(E_{i.}^2) = l\sigma^2; \quad E(E_{.j}^2) = m\sigma^2; \quad E(E_{..}^2) = ml\sigma^2;$$
(10.16)

Hiermit erhält man aus (10.15)

$$E(X_{ij}) = \mu + \alpha_i + \beta_j; \quad E(X_{ij}^2) = (\mu + \alpha_i + \beta_j)^2 + \sigma^2;$$
$$E(X_{i.}) = l(\mu + \alpha_i); \quad E(X_{i.}^2) = l^2(\mu + \alpha_i)^2 + l\sigma^2;$$
$$E(X_{.j}) = m(\mu + \beta_j); \quad E(X_{.j}^2) = m^2(\mu + \beta_j)^2 + m\sigma^2;$$
$$E(X_{..}) = ml\mu; \quad E(X_{..}^2) = m^2 l^2 \mu^2 + ml\sigma^2.$$
(10.17)

Wegen

$$E(\bar{X}_{i.}) = \mu + \alpha_i; \quad E(\bar{X}_{.j}) = \mu + \beta_j; \quad E(\bar{X}) = \mu$$
(10.18)

ist der Gesamtmittelwert $\bar{x}$ ein erwartungstreuer Schätzwert für μ; die Differenz $\bar{x} - \bar{x}_{i.}$ sind erwartungstreue Schätzwerte für α_i und $\bar{x} - \bar{x}_{.j}$ solche für β_j.

Wir zerlegen nun die Summe der Abweichungsquadrate folgendermaßen:

$$q_{ges.} = \sum_{i=1}^{m} \sum_{j=1}^{l} (x_{ij} - \bar{x})^2 = \sum_{i=1}^{m} \sum_{j=1}^{l} [(\bar{x}_{i.} - \bar{x}) + (\bar{x}_{.j} - \bar{x}) + (x_{ij} - \bar{x}_{i.} - \bar{x}_{.j} + \bar{x})]^2$$

$$= \sum_{i=1}^{m} \sum_{j=1}^{l} (\bar{x}_{i.} - \bar{x})^2 + \sum_{i=1}^{m} \sum_{j=1}^{l} (\bar{x}_{.j} - \bar{x})^2 + \sum_{i=1}^{m} \sum_{j=1}^{l} (x_{ij} - \bar{x}_{i.} - \bar{x}_{.j} + \bar{x})^2 + R$$

$$= l \sum_{i=1}^{m} (\bar{x}_{i.} - \bar{x})^2 + m \sum_{j=1}^{l} (\bar{x}_{.j} - \bar{x})^2 + \sum_{i=1}^{m} \sum_{j=1}^{l} (x_{ij} - \bar{x}_{i.} - \bar{x}_{.j} + \bar{x})^2 + \underbrace{R}_{=0}$$

$$= q_A + q_B + q_{Rest}.$$

Wie bei der einfachen Varianzanalyse läßt sich zeigen, daß R verschwindet.

Für die einzelnen Quadratsummen erhält man nach elementarer Umformung folgende Darstellungen

Mittelwerte der Stufe A vom Gesamtmittel:

$$q_A = l \cdot \sum_{i=1}^{m} (\bar{x}_{i.} - \bar{x})^2 = \frac{1}{l} \cdot \sum_{i=1}^{m} x_{i.}^2 - \frac{x_{..}^2}{m \cdot l} \; ;$$

Mittelwerte der Stufe B vom Gesamtmittel:

$$q_B = m \cdot \sum_{j=1}^{l} (\bar{x}_{.j} - \bar{x})^2 = \frac{1}{m} \cdot \sum_{j=1}^{l} x_{.j}^2 - \frac{x_{..}^2}{m \cdot l} \; ; \qquad (10.19)$$

Gesamt:

$$q_{ges.} = \sum_{i=1}^{m} \sum_{j=1}^{l} (x_{ij} - \bar{x})^2 = \sum_{i=1}^{m} \sum_{j=1}^{l} x_{ij}^2 - \frac{x_{..}^2}{m \cdot l} \; ;$$

Rest (Fehlerabweichung):

$$q_{Rest} = q_{ges} - q_A - q_B \; .$$

Aus $\displaystyle\sum_{i=1}^{m} \alpha_i = \sum_{j=1}^{l} \beta_j = 0$ folgt

$$\sum_{i=1}^{m} (\mu + \alpha_i)^2 = m\mu^2 + \sum_{i=1}^{m} \alpha_i^2 \; ; \quad \sum_{j=1}^{l} (\mu + \beta_j)^2 = l\mu^2 + \sum_{j=1}^{l} \beta_j^2 \; ;$$

$$\sum_{i=1}^{m} \sum_{j=1}^{l} (\mu + \alpha_i + \beta_j)^2 = ml\mu^2 + l \sum_{i=1}^{m} \alpha_i^2 + m \sum_{j=1}^{l} \beta_j^2 \; .$$

Mit diesen Eigenschaften erhält man aus (10.15) – (10.19) für die zugehörigen Zufallsvariablen

$$E(Q_A) = \frac{1}{l} \cdot \sum_{i=1}^{m} l^2 (\mu + \alpha_i)^2 + m\sigma^2 - ml\mu^2 - \sigma^2$$

$$= (m-1) \sigma^2 + lm\mu^2 + l \cdot \sum_{i=1}^{m} \alpha_i^2 - ml\mu^2$$

$$= (m-1) \sigma^2 + l \cdot \sum_{i=1}^{m} \alpha_i^2 \; ;$$

(analog)

$$E(Q_B) = (l-1)\sigma^2 + m \cdot \sum_{j=1}^{l} \beta_j^2 \ ;$$

$$E(Q_{ges.}) = \sum_{i=1}^{m}\sum_{j=1}^{l} (\mu + \alpha_i + \beta_j)^2 + ml\sigma^2 - ml\mu^2 - \sigma^2$$

$$= ml\mu^2 + l \cdot \sum_{i=1}^{m} \alpha_i^2 + m \cdot \sum_{j=1}^{l} \beta_j^2 + ml\sigma^2 - ml\mu^2 - \sigma^2$$

$$= (ml-1)\sigma^2 + l \cdot \sum_{i=1}^{m} \alpha_i^2 + m \cdot \sum_{j=1}^{l} \beta_j^2 \ ;$$

$$E(Q_{Rest}) = E(Q_{ges}) - E(Q_A) - E(Q_B)$$
$$= (ml - 1 - m + 1 - l + 1)\sigma^2 = (m-1)\cdot(l-1)\cdot\sigma^2 \ .$$

Division durch die jeweilige Anzahl der Freiheitsgrade ergibt

$$E\left(\frac{Q_A}{m-1}\right) = \sigma^2 + \frac{l}{m-1} \cdot \sum_{i=1}^{m} \alpha_i^2 \geq \sigma^2 \ ;$$

$$E\left(\frac{Q_B}{l-1}\right) = \sigma^2 + \frac{m}{l-1} \cdot \sum_{j=1}^{l} \beta_j^2 \geq \sigma^2 \ ;$$

$$E\left(\frac{Q_{Rest}}{(m-1)\cdot(l-1)}\right) = \sigma^2 \ ; \tag{10.20}$$

$$E\left(\frac{Q_{ges.}}{n-1}\right) = \sigma^2 + \frac{l}{n-1} \cdot \sum_{i=1}^{m} \alpha_i^2 + \frac{m}{n-1} \cdot \sum_{j=1}^{l} \beta_j^2 \ .$$

$\dfrac{Q_{Rest}}{(m-1)\cdot(l-1)}$ ist immer eine *erwartungstreue Schätzfunktion* für σ^2, auch wenn nicht beide Nullhypothesen richtig sind. Ferner ist $\dfrac{Q_{Rest}}{\sigma^2}$ Chi-Quadrat-verteilt mit $(m-1)\cdot(l-1)$ Freiheitsgraden.

$\dfrac{Q_A}{m-1}$ ist nur dann erwartungstreu für σ^2, falls die Nullhypothese $H_A: \alpha_1 = \ldots = \alpha_m = 0$ richtig ist. Dann ist $\dfrac{Q_A}{\sigma^2}$ Chi-Quadrat-verteilt mit $m-1$ Freiheitsgraden und vom Q_{Rest} unabhängig und der Quotient

$$V_A = \frac{Q_A/(m-1)}{Q_{Rest}/(m-1)\cdot(l-1)}$$

$F[m-1;(m-1)\cdot(l-1)]$-verteilt.

Falls $H_B : \beta_1 = \beta_2 = \ldots = \beta_l = 0$ richtig ist, gilt

$$E\left(\frac{Q_B}{l-1}\right) = \sigma^2.$$

Auch hier sind dann $\frac{Q_B}{\sigma^2}$ und $\frac{Q_{Rest}}{\sigma^2}$ unabhängige Chi-quadrat-verteilte Zufallsvariable, so daß der Quotient

$$V_B = \frac{Q_B/(l-1)}{Q_{Rest}/(m-1)\cdot(l-1)}$$

$F[l-1;(m-1)\cdot(l-1)]$-verteilt ist.

Die über die Freiheitsgrade gemittelten Summen $\frac{q_A}{m-1}$, $\frac{q_B}{l-1}$ und $\frac{q_{Rest}}{(m-1)\cdot(l-1)}$ sind dann wie die Gesamtvarianz $s^2 = \frac{q}{m\cdot l - 1}$ erwartungstreue Schätzwerte für σ^2.

Mit dem $(1-\alpha)$-Quantil $f_{1-\alpha}^{(A)}$ der $F_{[m-1,(m-1)\cdot(l-1)]}$-Verteilung, bzw. dem $(1-\alpha)$-Quantil $f_{1-\alpha}^{(B)}$ der $F_{[l-1,(m-1)\cdot(l-1)]}$-Verteilung ergibt sich somit die

Testentscheidung

1) $v_A = \dfrac{q_A/(m-1)}{q_{Rest}/(m-1)\cdot(l-1)} > f_{1-\alpha}^{(A)} \Rightarrow H_A$ ablehnen;

2) $v_B = \dfrac{q_B/(l-1)}{q_{Rest}/(m-1)\cdot(l-1)} > f_{1-\alpha}^{(B)} \Rightarrow H_B$ ablehnen.

Diese Testentscheidung kann wieder mit den entsprechenden Überschreitungswahrscheinlichkeiten durchgeführt werden.

Diese Ergebnisse werden in Tabelle 10.4 nochmals zusammengestellt

Tabelle 10.4 Varianzanalyse bei der Zweifachklassifikation mit einfachen Besetzungen

	Summe der Abweichungsquadrate	Anzahl der Freiheitsgrade	Gemittelte Quadratsummen	Erwartungswerte
Mittelwerte des Faktors A vom Gesamtmittel	$q_A = l \cdot \sum_{i=1}^{m}(\bar{x}_{i.} - \bar{x})^2$	$m-1$	$\dfrac{q_A}{m-1}$	$\sigma^2 + \dfrac{l}{m-1}\sum_{i=1}^{m}\alpha_i^2$
Mittelwerte des Faktors B vom Gesamtmittel	$q_B = m \cdot \sum_{j=1}^{l}(\bar{x}_{.j} - \bar{x})^2$	$l-1$	$\dfrac{q_B}{l-1}$	$\sigma^2 + \dfrac{m}{l-1}\cdot\sum_{j=1}^{l}\beta_j^2$
Rest	$q_{Rest} = q_{ges} - q_A - q_B$	$(m-1)\cdot(l-1)$	$\dfrac{q_{Rest}}{(m-1)\cdot(l-1)}$	σ^2
Gesamt	$q_{ges.} = \sum_{i=1}^{m}\sum_{j=1}^{l}(x_{ij}-\bar{x})^2$	$m\cdot l - 1$	$\dfrac{q}{m\cdot l - 1}$	$\sigma^2 + \dfrac{l}{n-1}\cdot\sum_{i=1}^{m}\alpha_i^2 + \dfrac{m}{l-1}\sum_{j=1}^{l}\beta_j^2$

10 Varianzanalyse

Testgrößen

$$v_A = \frac{q_A \cdot (l-1)}{q_{Rest}} \quad \text{ist } F[m-1;\ (m-1)\cdot(l-1)]\text{-verteilt;}$$

$$v_B = \frac{q_B \cdot (m-1)}{q_{Rest}} \quad \text{ist } F[l-1;\ (m-1)\cdot(l-1)]\text{-verteilt.}$$

Das nachfolgende Programm VARDOPEB ist ähnlich strukturiert wie das Programm der einfachen Varianzanalyse. Es berechnet die in Tab. 10.4 zusammengestellten Größen und gibt sie anschließend aus.

Doppelte Varianzanalyse – einfache Klassenbesetzung (VARDOPEB)

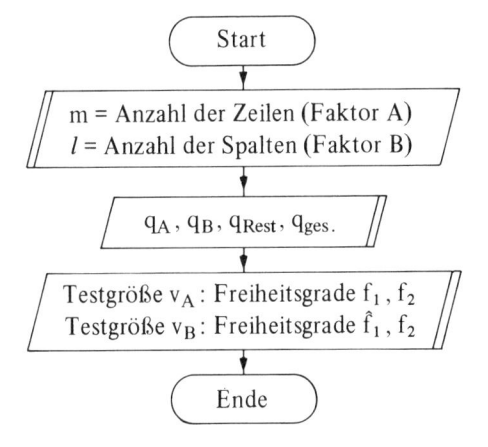

```
Start
  ↓
m = Anzahl der Zeilen (Faktor A)
l = Anzahl der Spalten (Faktor B)
  ↓
qA, qB, qRest, qges.
  ↓
Testgröße vA: Freiheitsgrade f1, f2
Testgröße vB: Freiheitsgrade f̂1, f2
  ↓
Ende
```

Programm   VARDOPEB

```
10    REM  DOPPELTE VARIANZANALYSE MIT EINFACHEN BESETZGN. (VARDOPEB)
20    PRINT "ANZAHL DER ZEILEN  = ";: INPUT M
30    PRINT "ANZAHL DER SPALTEN = ";:INPUT L
40    DIM SZ(M),SS(L),X(M,L)
50    FOR I=1 TO M
60    PRINT I;". ZEILE DER REIHE NACH EINGEBEN!"
70    FOR J=1 TO L
80    INPUT X(I,J)
90    NEXT J
100   PRINT
110   NEXT I
120   REM ---------------------BERECHNUNG
130   S=0:Q=0:QA=0:QB=0
140   FOR I=1 TO M
150   SZ(I)=0
160   FOR J=1 TO L
170   SZ(I)=SZ(I)+X(I,J):Q=Q+X(I,J)*X(I,J):S=S+X(I,J)
180   NEXT J
```

```
190     NEXT I
200     FOR J=1 TO L
210     SS(J)=0
220     FOR I=1 TO M
230     SS(J)=SS(J)+X(I,J)
240     NEXT I
250     NEXT J
260     N=MXL:D=(M-1)X(L-1)
270     FOR I=1 TO M
280     QA=QA+SZ(I)XSZ(I)
290     NEXT I
300     QA=QA/L-SXS/N
310     FOR J=1 TO L
320     QB=QB+SS(J)XSS(J)
330     NEXT J
340     QB=QB/M-SXS/N:Q=Q-SXS/N:QREST=Q-QA-QB
350     VA=QAXD/(QRESTX(M 1)):VB=QBXD/(QRESTX(L-1))
360     REM ---------------------------------------AUSGABE
370     PRINT:PRINT:PRINT
380     PRINT TAB(7);"SUMME AB-";TAB(21);"FREIH.-";TAB(28);"GEMITTELTE"
390     PRINT TAB(7);"STANDSQUADR.";TAB(21);"GRADE";TAB(28);"QUADRATS."
400     PRINT "-------------------------------------"
410     PRINT "ZW.D.":PRINT "ZEILEN";
420     D1=QA:D2=M-1 : GOSUB 580
430     PRINT "ZW.D.":PRINT"SPALTEN";
440     D1=QB:D2=L-1:GOSUB 580
450     PRINT:PRINT "REST";
460     D1= QREST:D2=(M-1)X(L-1): GOSUB 580
470     PRINT "-------------------------------------"
480     PRINT "GESAMT";
490     D1=Q:D2=N-1: GOSUB 580
500     PRINT
510     PRINT "TESTGROESSEN"
520     PRINT "ZEILENEINFLUSS     VA = ";VA
530     PRINT "FREIHEITSGRADE F1 (ZAEHLER)=";M-1;"   ; F2 (NENNER)=";D
540     PRINT
550     PRINT "SPALTENEINFLUSS    VB = ";VB
560     PRINT "FREIHEITSGRADE F1 (ZAEHLER)=";L-1;"   ; F2 (NENNER)=";D
570     END
580     REM-------------------DRUCKPROGRAMM
590     PRINT TAB(11);D1;TAB(24);D2;TAB(28);D1/D2
600     RETURN
```

Beispiel 10.6 (s. Beispiel 10.5).

Mit den Daten aus Beispiel 10.5 erhält man die Ausgabe

	Summe der Abweichungsquadrate	Anzahl der Freiheitsgrade	Gemittelte Quadratsumme
Zwischen den Zeilen	12.8	4	3.2
Zwischen den Spalten	146.6	3	48.8667
Rest	46.4	12	$3.86667 \approx \sigma^2$
Gesamt	205.8	19	10.8316

Zeileneinfluß:
Testgröße $v_A = .827586$
Freiheitsgrade $f_1 = 4; f_2 = 12$
Spalteneinfluß:
Testgröße $v_B = 12.6379$
Freiheitsgrade $f_1 = 3; f_2 = 12$

Aus dem Programm der F-Verteilung erhält man die Überschreitungswahrscheinlichkeiten
Zeileneinfluß $P_A = F_{4,12}(.827586) = .467408$
Spalteneinfluß $P_B = F_{3,12}(12.6379) = .999496$.
Testentscheidung
$P_A < 0,95 \Rightarrow$ Einfluß der Sorte kann nicht festgestellt werden.
$P_B > 0,95 \Rightarrow$ Anbauort hat Einfluß auf den Ertrag.
Als Schätzwert für die Varianz σ^2 in diesem Modell erhält man $\sigma^2 \approx 3.8667$. ♦

10.3 Zweifache Varianzanalyse bei mehrfacher Klassenbesetzung – zwei Einflußfaktoren mit Wechselwirkung

Wir nehmen nun an, daß aus jeder der $m \cdot l$ Klassen aus Abschnitt 10.2 mehrere Stichprobenwerte vorliegen. Der Einfachheit halber soll jede solche Zelle mit $r > 1$ Stichprobenwerten besetzt sein.

Dann werden die $n = m \cdot l \cdot r$ Versuchsergebnisse in folgender Tabelle angeordnet, wobei in jede Zelle die r Ergebnisse eingetragen werden.

Tabelle 10.5 Mehrfache Klassenbesetzungen ($r = 6$)

A \ B	1	2		l
1	... ...	... ...		... ...
2	... ...	... ...		... ...
m	... ...	... ...		... ...

Neben dem Zeilen- und Spalteneffekt wird noch eine *Wechselwirkung* zugelassen, die von den gemeinsamen Kombinationen der Stufen der einzelnen Faktoren herrühren kann. Alle drei Effekte seien wieder *additiv*.

Damit gilt folgende

Modellvoraussetzung

$$X_{ij} = \mu + \alpha_i + \beta_j + \gamma_{ij} + E_{ij}, \quad \begin{matrix} i = 1, 2, \ldots, m, \\ j = 1, 2, \ldots, l, \end{matrix}$$

$$\text{mit} \quad \alpha_\cdot = \sum_{i=1}^{m} \alpha_i = 0; \quad \beta_\cdot = \sum_{j=1}^{l} \beta_j = 0,$$

$$\gamma_{i\cdot} = \sum_{j=1}^{l} \gamma_{ij} = 0 \quad \text{für alle } i,$$

$$\gamma_{\cdot j} = \sum_{i=1}^{m} \gamma_{ij} = 0 \quad \text{für alle } j.$$

Die Zufallsvariablen E_{ij} seien dabei unabhängig und identisch $N(0; \sigma^2)$-verteilt.
Der Parameter μ stellt also das Gesamtmittel aller Effekte dar.
Die r Stichprobenwerte x_{ijk}, $k = 1, 2, \ldots, r$ aus der Zelle (i, j) sind Realisierungen der Zufallsvariablen

$$X_{ijk} = \mu + a_i + \beta_j + \gamma_{ij} + E_{ijk}, \quad k = 1, 2, \ldots, r. \tag{10.21}$$

Bei diesem Modell werden folgende Nullhypothesen getestet

$$H_A: \alpha_1 = \alpha_2 = \cdots = \alpha_m = 0 \quad \text{(konstanter Einfluß von A)}; \tag{10.22}$$

$$H_B: \beta_1 = \beta_2 = \cdots = \beta_l = 0 \quad \text{(konstanter Einfluß von B)};$$

$$H_{AB}: \gamma_{ij} = 0 \quad \text{für alle } i, j \quad \text{(keine Wechselwirkung)}.$$

Wir betrachten folgende Mittelwerte

Mittelwert der Gruppe (i, j) $\quad \bar{x}_{ij\cdot} = \dfrac{x_{ij\cdot}}{r} = \dfrac{1}{r} \cdot \sum_{k=1}^{r} x_{ijk}$;

Mittelwert der i-ten Stufe des Faktors A:

$$\bar{x}_{i\cdot\cdot} = \frac{x_{i\cdot\cdot}}{lr} = \frac{1}{lr} \cdot \sum_{j=1}^{l} \sum_{k=1}^{r} x_{ijk} ;$$

Mittelwert der j-ten Stufe des Faktors B:

$$\bar{x}_{\cdot j\cdot} = \frac{x_{\cdot j\cdot}}{mr} = \frac{1}{mr} \cdot \sum_{i=1}^{m} \sum_{k=1}^{r} x_{ijk} ;$$

Gesamtmittelwert:

$$\bar{x} = \bar{x}_{\cdot\cdot\cdot} = \frac{x_{\cdot\cdot\cdot}}{mlr} = \frac{1}{mlr} \cdot \sum_{i=1}^{m} \sum_{j=1}^{l} \sum_{k=1}^{r} x_{ijk} .$$

10 Varianzanalyse

Wegen der gleichen Besetzungszahlen ist der Gesamtmittelwert $\bar{x}$ arithmetisches Mittel der m Zeilenmittel $\bar{x}_{i..}$ und gleichzeitig arithmetisches Mittel der l Spaltenmittel $\bar{x}_{.j.}$ also

$$\bar{x}_{...} = \bar{x} = \frac{1}{m} \cdot \sum_{i=1}^{m} \bar{x}_{i..} = \frac{1}{l} \cdot \sum_{j=1}^{l} \bar{x}_{.j.} \quad (10.23)$$

Aus der Modellvoraussetzung folgt

$$E(X_{ijk}) = \mu + \alpha_i + \beta_j + \gamma_{ij};$$
$$E(X_{ij.}) = r(\mu + \alpha_i + \beta_j + \gamma_{ij});$$
$$E(X_{i..}) = rl(\mu + \alpha_i); \quad (10.24)$$
$$E(X_{.j.}) = rm(\mu + \beta_j);$$
$$E(X_{...}) = n \cdot \mu \quad (n = m \cdot l \cdot r = \text{Gesamtstichprobenumfang}).$$

Hier ergibt sich:

$$E(\bar{X}_{...}) = \mu; \quad E(\bar{X}_{ij.}) = r(\mu + \alpha_i + \beta_j + \gamma_{ij});$$
$$E(\bar{X}_{i..}) = \mu + \alpha_i; \quad E(\bar{X}_{.j.}) = \mu + \beta_j.$$

Mit

$$(x_{ijk} - \bar{x})^2 = [(\bar{x}_{i..} - \bar{x}) + (\bar{x}_{.j.} - \bar{x}) + (\bar{x} + \bar{x}_{ij.} - \bar{x}_{i..} - \bar{x}_{.j.}) + (x_{ijk} - \bar{x}_{ij.})]^2$$

erhält man die Quadratsummenzerlegung

$$q_{ges.} = \sum_i \sum_j \sum_k (x_{ijk} - \bar{x})^2$$

$$= \underbrace{\sum_i \sum_j \sum_k (\bar{x}_{i..} - \bar{x})^2}_{q_A} + \underbrace{\sum_i \sum_j \sum_k (\bar{x}_{.j.} - \bar{x})^2}_{q_B} + \underbrace{\sum_i \sum_j \sum_k (\bar{x} + \bar{x}_{ij.} - \bar{x}_{i..} - \bar{x}_{.j.})^2}_{q_{AB}}$$

$$+ \underbrace{\sum_i \sum_j \sum_k (x_{ijk} - \bar{x}_{ij.})^2}_{q_{in}} + \underbrace{R.}_{= 0}$$

Dabei verschwinden die Summen der gemischten Produkte.
Für die einzelnen Summen erhält man durch elementare Rechnung

zwischen den Mittelwerten des Faktors A $\quad q_A = lr \sum_{i=1}^{m} (\bar{x}_{i..} - \bar{x})^2;$

zwischen den Mittelwerten des Faktors B $\quad q_B = mr \sum_{j=1}^{l} (\bar{x}_{.j.} - \bar{x})^2;$

innerhalb der Gruppen $\quad q_{in} = \sum_i \sum_j \sum_k x_{ijk}^2 - r \sum_{i=1}^{m} \sum_{j=1}^{l} \bar{x}_{ij.}^2$;

gesamt $\quad q_{ges.} = \sum_i \sum_j \sum_k x_{ijk}^2 - mlr\bar{x}^2$;

Wechselwirkung $\quad q_{AB} = q - q_A - q_B - q_{in}$.

In Analogie zu den Ausführungen in Abschnitt 10.2 erhält man die Varianztabelle 10.6 (wegen der exakten Beweise sei auf die weiterführende Literatur, z. B. Schach-Schäfer [29] verwiesen).

Tabelle 10.6 Varianzanalyse bei der Zweifachklassifikation mit r > 1 Besetzungen pro Zelle

	Summe der Abweichungsquadrate	Freiheitsgrade	Gemittelte Summe	Erwartungswert
Mittelwerte des Faktors A vom Gesamtmittel	$q_A = lr \cdot \sum_{i=1}^{m} (\bar{x}_{i..} - \bar{x})^2$	$m - 1$	$q_A/(m-1)$	$\sigma^2 + \dfrac{l \cdot r}{m-1} \sum_{i=1}^{m} \alpha_i^2$
Mittelwerte des Faktors B vom Gesamtmittel	$q_B = mr \cdot \sum_{j=1}^{l} (\bar{x}_{.j.} - \bar{x})^2$	$l - 1$	$q_B/(l-1)$	$\sigma^2 + \dfrac{m \cdot r}{l-1} \sum_{j=1}^{l} \beta_j^2$
Wechselwirkung AB	$q_{AB} = q_{ges.} - q_A - q_B - q_{in R}$	$(m-1)\cdot(l-1)$	$q_{AB}/(m-1)\cdot(l-1)$	$\sigma^2 + \dfrac{r}{(m-1)\cdot(l-1)} \sum_i \sum_j \gamma_{ij}^2$
Innerhalb der Faktorkombinationen	$q_{in} = \sum_{i=1}^{m} \sum_{j=1}^{l} \sum_{k=1}^{r} (x_{ijk} - \bar{x})^2$	$m \cdot l \cdot (r-1)$	$\dfrac{q_{in}}{m \cdot l \cdot (r-1)}$	$\boxed{\sigma^2}$
Gesamt	$q_{ges.} = \sum_i \sum_j \sum_k (x_{ijk} - \bar{x})^2$	$m \cdot l \cdot r - 1$	$\dfrac{q}{mlr - 1}$	—

Nullhypothese	Testgröße	Freiheitsgrade der F-Verteilung
H_A	$v_A = \dfrac{q_A/(m-1)}{q_{in}/m \cdot l \cdot (r-1)}$	$m-1$; $m \cdot l \cdot (r-1)$
H_B	$v_B = \dfrac{q_B/(l-1)}{q_{in}/m \cdot l \cdot (r-1)}$	$l-1$; $m \cdot l \cdot (r-1)$
H_{AB}	$v_{AB} = \dfrac{q_{AB}/(m-1)\cdot(l-1)}{q_{in}/m \cdot l \cdot (r-1)}$	$(m-1)\cdot(l-1)$; $m \cdot l \cdot (r-1)$

Im nachfolgenden Programm VARDOPMB werden die in Tabelle 10.6 zusammengestellten Größen berechnet.

10 Varianzanalyse

Doppelte Varianzanalyse — mehrfache Klassenbesetzung-Wechselwirkung (VARDOPMB)

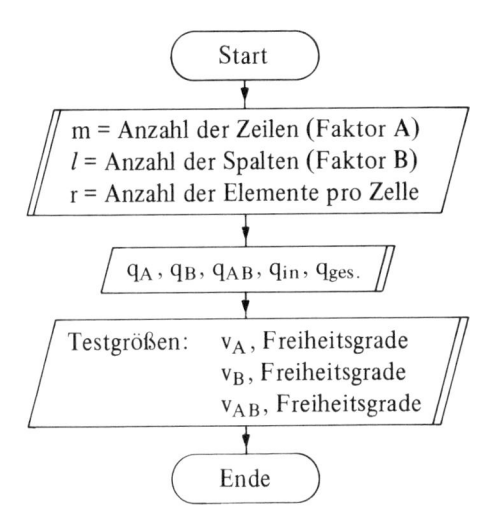

```
         ┌─────────┐
         │  Start  │
         └─────────┘
              │
  ┌───────────────────────────────────┐
 ╱ m = Anzahl der Zeilen (Faktor A)  ╱
╱  l = Anzahl der Spalten (Faktor B)╱
  r = Anzahl der Elemente pro Zelle
  └───────────────────────────────────┘
              │
      ┌──────────────────────┐
     ╱ qA, qB, qAB, qin, qges╱
      └──────────────────────┘
              │
   ┌──────────────────────────────┐
  ╱ Testgrößen:  vA, Freiheitsgrade╱
 ╱               vB, Freiheitsgrade╱
╱                vAB, Freiheitsgrade
   └──────────────────────────────┘
              │
         ┌─────────┐
         │  Ende   │
         └─────────┘
```

Programm   VARDOPMB

```
10    REM ZWEIFACHE VARIANZANAL.MEHRFACHBES.-WECHSELWIRK.(VARDOPMB)
20    REM GLEICHE ZELLENBESETZUNG
30    PRINT"ANZAHL DER GRUPPEN FUER DEN ZEILENEFFEKT A   : M =";
40    INPUT M:PRINT
50    PRINT"ANZAHL DER GRUPPEN FUER DER SPALTENEFFEKT B  : L =";
60    INPUT L:PRINT
70    PRINT "ANZAHL DER STICHPROBENWERTE IN JEDER GRUPPE : R =";
80    INPUT R:PRINT
90    DIM G1(M,L), G2(M,L),SA(M),SB(L)
100   FOR I=1 TO M
110   FOR J=1 TO L
120   PRINT "STICHPROBENWERTE DER GRUPPE (";I;J")?"
130   FOR K=1 TO R
140   INPUT Z
150   G1(I,J)=G1(I,J)+Z:G2(I,J)=G2(I,J)+Z%Z
160   NEXT K:PRINT
170   NEXT J
180   NEXT I
190   REM --------------------BERECHNUNG
200   QS=0: QI=0: ZS=0
210   FOR I=1 TO M
220   FOR J=1 TO L
230   SA(I)=SA(I)+G1(I,J):QS=QS+G2(I,J)
240   QI=QI+G1(I,J)%G1(I,J)
```

```
250     NEXT J
260     NEXT I
270     FOR J=1 TO L
280     FOR I=1 TO M
290     SB(J)=SB(J)+G1(I,J)
300     NEXT I
310     NEXT J
320     SM=0
330     FOR I=1 TO M
340     SM=SM+SA(I)
350     NEXT I
360     MT=SM/(MXLXR)
370     FOR I=1 TO M
380     ZS=ZS+(SA(I)/(LXR)-MT)X(SA(I)/(LXR)-MT)
390     NEXT I
400     QA=LXRXZS
410     ZS=0:PRINT:PRINT
420     FOR J=1 TO L
430     ZS=ZS+(SB(J)/(MXR)-MT)X(SB(J)/(MXR)-MT)
440     NEXT J
450     HL=(M-1)X(L-1):E1=MXLX(R-1)
460     QB=MXRXZS:QT=QS-QI/R:Q=QS-MXLXRXMTXMT
470     AB=Q-QA-QB-QT:W=QT/E1:TF=Q/(MXLXR-1)
480     VA=QA/(WX(M-1)):VB=QB/(WX(L-1)):GM=AB/(WXHL)
490     REM ---------------------------------------------AUSGABE
500     PRINT TAB(7);"SUMME AB-";TAB(21);"FREIH.";TAB(28);"GEMITTELTE"
510     PRINT TAB(7);"STANDSQUADR.";TAB(21);"GRADE";TAB(28);"QUADRATSUM."
520     PRINT"-------------------------------------"
530     PRINT"FAKTOR A";
540     D1=QA:D2=M-1:GOSUB 730
550     PRINT "FAKTOR B";
560     D1=QB:D2=L-1:GOSUB 730
570     PRINT "WECHSELW.";
580     D1=AB:D2=(M-1)X(L-1):GOSUB 730
590     PRINT "REST";
600     D1=QT:D2=MXLX(R-1):GOSUB 730
610     PRINT "-------------------------------------"
620     PRINT "GESAMT";
630     D1=Q:D2=MXLXR-1 : GOSUB 730
640     PRINT
650     PRINT "T E S T G R O E S S E N"
660     PRINT "EINFLUSS DES FAKTORS A  "
670     PRINT "TESTGR.VA= ";VA;TAB(24);"F1 = ";M-1;" F2 = ";E1
680     PRINT "EINFLUSS DES FAKTORS B "
690     PRINT "TESTGR.VB= ";VB;TAB(24);"F1 = ";L-1;" F2 = ";E1
700     PRINT "WECHSELWIRKUNG "
710     PRINT "TESTGR.VAB=";GM;TAB(24);"F1 = ";HL;" F2 = ";E1
720     END
730     REM--------------------DRUCKPROGRAMM
740     PRINT TAB(11);D1;TAB(24);D2;TAB(28);D1/D2
750     RETURN
```

10 Varianzanalyse

Beispiel 10.7.

Faktor A	Faktor B			
	1		2	
1	52.1 57.2 52 51 45.1 58.7 52 52 47.8 53.3		51.5 48.6 49.1 43.3 50.1 57.3 57.1 49.8 43.0 59	
2	58.2 58 59.9 64 55 56.3 55.4 57.4 54.2 58.9		51.3 46.1 56.6 50.1 59.1 56.6 41.2 53.3 51.5 57.3	

$m = l = 2$; $r = 10$, $\alpha = 0.05$

Das Programm VARDOPMB liefert die Ausgabe

	Summe der Abstandsquadrate	Anzahl der Freiheitsgrade	Gemittelte Summe
Mittelwerte Faktor A	123.904	1	123.904
Mittelwerte Faktor B	110.889	1	110.889
Wechselwirkung	43.6809	1	43.6809
Rest	766.182	36	21.2828
Gesamt	1044.66	39	26.786

Testgrößen
Einfluß des Faktors A
Testgröße $v_A = 5.82178$
Anzahl der Freiheitsgrade $f_1 = 1$; $f_2 = 36$

Einfluß des Faktors B
Testgröße $v_B = 5.21026$
Anzahl der Freiheitsgrade $f_1 = 1$; $f_2 = 36$

Wechselwirkung
Testgröße $v_{AB} = 2.0524$
Anzahl der Freiheitsgrade $f_1 = 1$; $f_2 = 36$.

Das Programm der F-Verteilung liefert die Überschreitungswahrscheinlichkeit

$P_A = F(5.82178) = .978952$

$P_B = F(5.21026) = .971535$

$P_{AB} = F(2.0524) = .839406.$

Testentscheidung:

$P_A > 0{,}95 \quad \Rightarrow \quad$ Zeileneffekt hat verschiedenen Einfluß

$P_B > 0{,}95 \quad \Rightarrow \quad$ Spalteneffekt hat verschiedenen Einfluß

$P_{AB} \leqq 0{,}95 \quad \Rightarrow \quad$ Wechselwirkung kann nicht festgestellt werden.

Falls die Modellvoraussetzungen erfüllt sind, erhält man in

$\hat{\sigma}^2 = 21{,}2828$

einen erwartungstreuen Schätzwert für σ^2. ♦

VI Korrelationsanalyse

11 Tests und Konfidenzintervalle für den Korrelationskoeffizienten

In Abschnitt 2.2 wurde die (empirische) Kovarianz s_{xy} und der Korrelationskoeffizient r für zweidimensionale Stichproben definiert. Diese Begriffe sollen in diesem Abschnitt auf zweidimensionale Zufallsvariable (Grundgesamtheiten) übertragen werden. Anschließend werden Schätzwerte und Tests für den Korrelationskoeffizienten behandelt.

11.1 Kovarianz und Korrelationskoeffizient zweier Zufallsvariabler

Der Korrelationskoeffizient gibt einen gewissen Aufschluß über den Abhängigkeitsgrad zweier Zufallsvariabler. Wir beginnen mit der

Definition 11.1. Sind X und Y zwei Zufallsvariable mit den Erwartungswerten $\mu_X = E(X)$ und $\mu_Y = E(Y)$, so heißt im Falle der Existenz der Zahlenwert

$$\sigma_{XY} = \text{Cov}(X, Y) = E[(X - \mu_X) \cdot (Y - \mu_Y)] \qquad (11.1)$$

die *Kovarianz* von X und Y.

Für $\sigma_X^2 = D^2(X) \neq 0$, $\sigma_Y^2 = D^2(Y) \neq 0$ heißt

$$\rho = \rho(X, Y) = \frac{E[(X - \mu_X) \cdot (Y - \mu_Y)]}{\sigma_X \cdot \sigma_Y} \qquad (11.2)$$

der *Korrelationskoeffizient* von X und Y.

Zwei Zufallsvariable, deren Kovarianz verschwindet, nennt man *unkorreliert*.

Bemerkung: Aus der Linearität des Erwartungswertes folgt

$$\sigma_{XY} = E[X \cdot Y - \mu_X \cdot Y - \mu_Y \cdot X + \mu_X \cdot \mu_Y]$$
$$= E(X \cdot Y) - \mu_X \cdot E(Y) - \mu_Y \cdot E(X) + \mu_X \cdot \mu_Y = E(X \cdot Y) - \mu_X \cdot \mu_Y.$$

Somit gelten die für die praktische Rechnung nützlichen Formeln

$$\boxed{\sigma_{XY} = E(X \cdot Y) - E(X) \cdot E(Y); \quad \rho(X, Y) = \frac{E(X \cdot Y) - E(X) \cdot E(Y)}{\sigma_X \cdot \sigma_Y}} \qquad (11.3)$$

In Analogie zu Satz 2.2 gilt hier der

Satz 11.1: Sind X und Y zwei beliebige Zufallsvariable, deren Korrelationskoeffizient $\rho(X, Y)$ existiert, so gilt

$$-1 \leq \rho(X, Y) \leq 1.$$

Genau dann gilt $|\rho(X, Y)| = 1$, wenn mit Wahrscheinlichkeit 1 eine lineare Beziehung

$$Y = aX + b, \quad a, b \in \mathbb{R}, \quad a \neq 0,$$

besteht. Für $a > 0$ ist $\rho(X, Y) = 1$, während aus $a < 0$ die Gleichung $\rho(X, Y) = -1$ folgt.

Der Beweis dieses Satzes ist in [12], S. 131 zu finden.

Der Korrelationskoeffizient ρ ist also ein *Maß für den linearen Zusammenhang* zweier Zufallsvariabler.

Falls zwei Zufallsvariable X und Y (stochastisch) *unabhängig* sind, gilt $E(X \cdot Y) = E(X) \cdot E(Y)$. Wegen (11.3) sind die beiden Zufallsvariablen dann auch unkorreliert. *Aus der Unabhängigkeit folgt also auch die Unkorreliertheit.* Die Umkehrung gilt im allgemeinen nicht, wie folgendes Beispiel zeigt.

Beispiel 11.1. Die gemeinsame Verteilung der beiden Zufallsvariablen X und Y sei in folgender Tabelle angegeben:

x_i \ y_j	1	2	3	$P(X) = x_i$
1	0	0,25	0	0,25
2	0,25	0	0,25	0,5
3	0	0,25	0	0,25
$P(Y = y_j)$	0,25	0,5	0,25	1

Wegen $P(X = 1, Y = 1) = 0 \neq P(X = 1) \cdot P(Y = 1) = 0,25 \cdot 0,25$ sind X und Y *nicht* stochastisch unabhängig.

Für die Erwartungswerte gilt

$$E(X) = E(Y) = 1 \cdot 0,25 + 2 \cdot 0,5 + 3 \cdot 0,25 = 2; \quad E(X) \cdot E(Y) = 4;$$

$$E(X \cdot Y) = 2 \cdot 0,25 + 2 \cdot 0,25 + 6 \cdot 0,25 + 6 \cdot 0,25 = 4 = E(X) \cdot E(Y).$$

Die beiden Zufallsvariablen sind also unkorreliert, obwohl sie nicht (stochastisch) unabhängig sind. ♦

Die Unkorreliertheit ist also eine schwächere Forderung als die Unabhängigkeit.

Für die Varianz einer Summe gilt allgemein

$$D^2(X + Y) = D^2(X) + D^2(Y) + 2 \operatorname{Cov}(X, Y). \tag{11.4}$$

Die Varianz ist also genau dann additiv, wenn die Zufallsvariablen unkorreliert sind.

11 Tests und Konfidenzintervalle für den Korrelationskoeffizienten

Definition 11.2. Eine zweidimensionale Zufallsvariable (X,Y) heißt *normalverteilt*, wenn sie eine Dichte folgender Gestalt besitzt:

$$f(x, y) = \frac{1}{2\pi \sigma_X \sigma_Y \sqrt{1-\rho^2}} e^{-\frac{1}{2(1-\rho^2)} \left[\frac{(x-\mu_X)^2}{\sigma_X^2} - 2\frac{\rho(x-\mu_X)(y-\mu_Y)}{\sigma_X \sigma_Y} + \frac{(y-\mu_Y)^2}{\sigma_Y^2} \right]}, \quad (11.5)$$

dabei sei $|\rho| < 1$.

Durch elementares Nachrechnen erhält man für die Zufallsvariablen X und Y in Definition 11.2 die Aussagen:

a) Die Zufallsvariable X ist $N(\mu_X; \sigma_X^2)$-verteilt.
b) Die Zufallsvariable Y ist $N(\mu_Y; \sigma_Y^2)$-verteilt.
c) Der Parameter ρ stellt den Korrelationskoeffizienten von X und Y dar.

Mit $\rho = 0$ geht (11.5) über in

$$f(x,y) = \frac{1}{\sqrt{2\pi}\sigma_X} e^{-\frac{(x-\mu_X)^2}{2\sigma_X^2}} \cdot \frac{1}{\sqrt{2\pi}\sigma_Y} e^{-\frac{(y-\mu_Y)^2}{2\sigma_Y^2}} = f_1(x) \cdot f_2(y). \quad (11.6)$$

Wegen dieser Produktdarstellung sind dann die Zufallsvariablen X und Y (stochastisch) unabhängig. Damit gilt für Normalverteilungen der wichtige

Satz 11.2: Zwei normalverteilte Zufallsvariable X und Y sind genau dann (stochastisch) unabhängig, wenn sie unkorreliert sind.

Bei Normalverteilungen sind also die Eigenschaften der Unkorreliertheit und der stochastischen Unabhängigkeit gleichwertig.

11.2 Schätzfunktionen für die Kovarianz und den Korrelationskoeffizienten zweier Zufallsvariablen

Bevor geeignete Schätzfunktionen für die Kovarianz σ_{XY} bzw. für den Korrelationskoeffizienten $\rho(X, Y)$ zweier Zufallsvariabler angegeben werden können, muß zunächst erklärt werden, was unter der (stochastischen) Unabhängigkeit von n zweidimensionalen Zufallsvariablen zu verstehen ist. Wir bringen dazu die

Definition 11.3. Die zweidimensionalen Zufallsvariablen $(X_1, Y_1), (X_2, Y_2), \ldots, (X_n, Y_n)$ heißen *(stochastisch) unabhängig*, wenn für beliebige reelle Zahlenpaare (c_i, d_i), $i = 1, 2, \ldots, n$, gilt

$$\begin{aligned} & P(X_1 \leq c_1, Y_1 \leq d_1; X_2 \leq c_2, Y_2 \leq d_2; \ldots; X_n \leq c_n, Y_n \leq d_n) \\ & = P(X_1 \leq c_1, Y_1 \leq d_1) \cdot P(X_2 \leq c_2, Y_2 \leq d_2) \ldots \cdot P(X_n \leq c_n, Y_n \leq d_n). \end{aligned} \quad (11.7)$$

Bemerkung: Die jeweiligen Paare (X_i, Y_i) können dabei für jedes i voneinander (stochastisch) abhängig sein (siehe rechte Seite von (11.7)).

Sind $F_i(x, y) = P(X_i \leq x, Y_i \leq y)$ die zweidimensionalen Verteilungsfunktionen von (X_i, Y_i), so geht (11.7) über in

$$P(X_1 \leq c_1, Y_1 \leq d_1; \ldots; X_n \leq c_n, Y_n \leq d_n) = \prod_{i=1}^{n} F_i(c_i, d_i). \qquad (11.8)$$

Allgemein gilt der

Satz 11.3: Die zweidimensionalen Zufallsvariablen (X_i, Y_i), $i = 1, 2, \ldots, n$, seien (stochastisch) unabhängig und mögen alle die gleiche zweidimensionale Verteilungsfunktion F besitzen. Ferner sollen die Kovarianzen $\mathrm{Cov}(X_i, Y_i)$, $i = 1, 2, \ldots, n$, existieren und für alle i übereinstimmen. Dann gilt

$$E\left[\frac{1}{n-1} \sum_{i=1}^{n} (X_i - \overline{X}) \cdot (Y_i - \overline{Y})\right] = \mathrm{Cov}(X_1, Y_1) = \sigma_{X_1 Y_1}. \qquad (11.9)$$

(Beweis s. [12], S. 139).

Die Schätzfunktion $\dfrac{1}{n-1} \sum\limits_{i=1}^{n} (X_i - \overline{X})(Y_i - \overline{Y})$ ist nach Satz 11.3 erwartungstreu für die Kovarianz σ_{XY}, falls die Paare (X_i, Y_i), $i = 1, \ldots, n$ (stochastisch) unabhängig und identisch verteilt sind. Ist $((x_1, y_1), \ldots, (x_n, y_n))$ eine einfache Stichprobe, d. h. sind die Zahlenpaare (x_i, y_i) Realisierungen (stochastisch) unabhängiger, identisch verteilter zweidimensionaler Zufallsvariabler mit der Kovarianz σ_{XY}, so ist deren (empirische) Kovarianz s_{xy} ein erwartungstreuer Schätzwert für σ_{XY}. Im Mittel erhält man also vermöge

$$s_{xy} \approx \sigma_{XY} \qquad (11.10)$$

eine brauchbare Näherung.

Für den Korrelationskoeffizienten ρ sind die Zufallsvariablen

$$R_n = R_n(X, Y) = \frac{\sum\limits_{i=1}^{n}(X_i - \overline{X}) \cdot (Y_i - \overline{Y})}{\sqrt{\sum\limits_{i=1}^{n}(X_i - \overline{X})^2 \cdot \sum\limits_{i=1}^{n}(Y_i - \overline{Y})^2}}, \quad n = 1, 2, \ldots \qquad (11.11)$$

keine erwartungstreuen Schätzfunktionen, auch wenn es sich um unabhängige, identisch verteilte Paare (X_i, Y_i), $i = 1, 2, \ldots, n$ handelt. Die Folge R_n, $n = 1, 2, \ldots$ ist jedoch konsistent für ρ. Dazu sei folgender Satz zitiert, dessen Beweis z.B in [36] zu finden ist.

Satz 11.4: Für jede natürliche Zahl n seien die zweidimensionalen Zufallsvariablen (X_i, Y_i), $i = 1, 2, \ldots, n$ (stochastisch) unabhängig und identisch verteilt mit dem Korrelationskoeffizienten ρ. Ferner sollen die Erwartungswerte $E(X_i^4)$ und $E(Y_i^4)$ für $i = 1, 2, \ldots$ existieren. Dann ist $R_n(X, Y), n = 1, 2, \ldots$ konsistent für den Parameter ρ, d.h. es gilt für jedes $\epsilon > 0$

$$\lim_{n \to \infty} P(|R_n(X, Y) - \rho| > \epsilon) = 0.$$

11 Tests und Konfidenzintervalle für den Korrelationskoeffizienten

Ist n groß, so erhält man wegen Satz 11.4 in

$$r(x, y) \approx \rho \qquad (11.12)$$

i.a. eine brauchbare Näherung, falls (x, y) eine einfache Stichprobe für zwei Zufallsvariable mit dem Korrelationskoeffizienten ρ ist.

11.3 Konfidenzintervalle für den Korrelationskoeffizienten ρ bei Normalverteilungen

In diesem, wie auch in den beiden nächsten Abschnitten wird die zweidimensionale Zufallsvariable (X, Y) also normalverteilt mit dem Korrelationskoeffizienten ρ vorausgesetzt (s. Definition 11.2).
R. Fisher hat gezeigt, daß für beliebiges ρ die Zufallsvariable

$$U_n = \frac{1}{2} \ln \frac{1 + R_n}{1 - R_n} \qquad (11.13)$$

asymptotisch $N\left(\frac{1}{2} \ln \frac{1 + \rho}{1 - \rho}; \frac{1}{n-3}\right)$-verteilt ist, wobei bereits für kleine Werte n eine brauchbare Näherung vorliegt.

Die Zufallsvariable $U_n = \frac{1}{2} \ln \frac{1 + R_n}{1 - R_n}$ ist also näherungsweise $N\left(\frac{1}{2} \ln \frac{1 + \rho}{1 - \rho}; \frac{1}{n-3}\right)$-verteilt. Somit ist ihre Standardisierung

$$U_n^* = \sqrt{n - 3} \cdot \left(U_n - \frac{1}{2} \ln \frac{1 + \rho}{1 - \rho}\right)$$

ungefähr N(0; 1)-verteilt.

Für jedes z gilt dann

$$\Phi(z) \approx P\left(\sqrt{n - 3} \cdot \left(U_n - \frac{1}{2} \ln \frac{1 + \rho}{1 - \rho}\right) \leq z\right)$$

$$= P\left(2 \cdot \left(U_n - \frac{z}{\sqrt{n-3}}\right) \leq \frac{1 + \rho}{1 - \rho}\right)$$

$$= P\left(e^{2\left(U_n - \frac{z}{\sqrt{n-3}}\right)} \leq \frac{1 + \rho}{1 - \rho}\right) \qquad (11.14)$$

$$= P\left(\frac{e^{2\left(U_n - \frac{z}{\sqrt{n-3}}\right)} - 1}{e^{2\left(U_n - \frac{z}{\sqrt{n-3}}\right)} + 1} \leq \rho\right).$$

Entsprechend erhält man

$$1 - \Phi(z) \approx P\left(\sqrt{n-3} \cdot \left(U_n - \frac{1}{2}\ln\frac{1+\rho}{1-\rho}\right) \geq -z\right) = P\left(\rho \leq \frac{e^{2\left(U_n + \frac{z}{\sqrt{n-3}}\right)} - 1}{e^{2\left(U_n + \frac{z}{\sqrt{n-3}}\right)} + 1}\right).$$

(11.15)

Die Zufallsvariable U_n besitzt die Realisierung $\frac{1}{2}\ln\frac{1+r}{1-r}$.

Wegen $-1 \leq \rho \leq 1$ erhält man zur Konfidenzzahl γ aus (11.14) und (11.15) mit den Quantilen z der N(0, 1)-Verteilung die

Konfidenzintervalle für ρ

zweiseitig: $\left[\frac{e^a - 1}{e^a + 1}; \frac{e^b - 1}{e^b + 1}\right]$ mit $\begin{cases} a = \ln\frac{1+r}{1-r} - \frac{2}{\sqrt{n-3}} \cdot z_{\frac{1+\gamma}{2}} ; \\ b = \ln\frac{1+r}{1-r} + \frac{2}{\sqrt{n-3}} \cdot z_{\frac{1+\gamma}{2}} ; \end{cases}$

einseitig: $\left[-1; \frac{e^b - 1}{e^b + 1}\right]$ mit $b = \ln\frac{1+r}{1-r} + \frac{2}{\sqrt{n-3}} \cdot z_\gamma ;$

einseitig: $\left[\frac{e^a - 1}{e^a + 1}; 1\right]$ mit $a = \ln\frac{1+r}{1-r} - \frac{2}{\sqrt{n-3}} \cdot z_\gamma ;$

(z = Quantile der N(0; 1)-Verteilung).

Das nachfolgende Programm KONFRHO berechnet je nach Bedarf eines oder mehrere dieser Konfidenzintervalle.

11 Tests und Konfidenzintervalle für den Korrelationskoeffizienten

Konfidenzintervalle für den Korrelationskoeffizienten (KONFRHO)

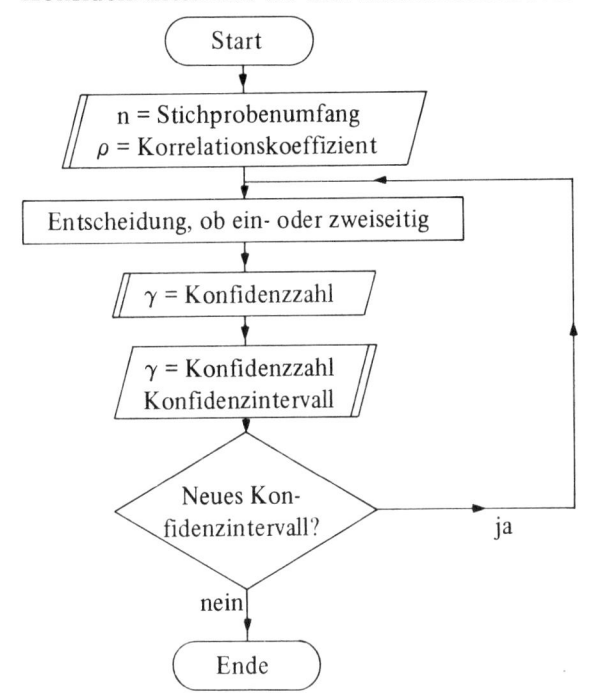

```
Start
  ↓
n = Stichprobenumfang
ρ = Korrelationskoeffizient
  ↓
Entscheidung, ob ein- oder zweiseitig
  ↓
γ = Konfidenzzahl
  ↓
γ = Konfidenzzahl
Konfidenzintervall
  ↓
Neues Kon-
fidenzintervall?  → ja →
  ↓ nein
Ende
```

Programm KONFRHO

```
10    REM KONFIDENZINTERVALL FUER D.KORRELATIONSKOEFF. (KONFRHO)
20    PRINT "STICHPROBENUMFANG N = ";:INPUT N
30    PRINT "KORRELATIONSKOEFFIZIENT R = ";:INPUT R
40    IF ABS(R)<=1 THEN GOTO 60
50    PRINT "DER KORRELATIONSKOEFFIZIENT IST FALSCH":GOTO 30
60    PRINT "ZWEISEITIGES KONFIDENZINTERVALL (J=JA)?"
70    INPUT E2$:IF E2$="J" THEN GOTO 100
80    PRINT "SOLL DIE UNTERE GRENZE GLEICH -1 SEIN (J=JA)?"
90    INPUT E1$
100   PRINT "KONFIDENZNIVEAU GAMMA = ";:INPUT GA
110   REM --------------------------------BERECHNUNG
120   UH=LOG((1+R)/(1-R))
130   Q=GA:IF E2$="J" THEN Q=(1+GA)/2
140   H=Q:IF Q<.5 THEN Q=1-Q
150   T=SQR(-2*LOG(1-Q))
160   ZA= 2.515517+T*(.802853+.010328*T)
170   NE=1+T*(1.432788+T*(.189269+.001308*T))
180   ZQ=T-ZA/NE:PRINT
190   IF H<.5 THEN ZQ=-ZQ
200   B=ZQ*2/SQR(N-3):A=UH-B:B=UH+B
210   EA=EXP(A): EB=EXP(B):LI=(EA-1)/(EA+1):RE=(EB-1)/(EB+1)
220   REM ------------------------------------------AUSGABE
230   PRINT:PRINT:PRINT
240   PRINT "KONFIDENZNIVEAU  = ";GA
250   IF E2$="J" THEN GOTO 310
260   IF E1$="J" THEN GOTO 290
```

```
270    PRINT "KONFIDENZINTERVALL ";LI;" <= RHO <= 1"
280    GOTO 330
290    PRINT "KONFIDENZINTERVALL -1 <= RHO <= ";RE
300    GOTO 330
310    PRINT"KONFIDENZINTERVALL ";LI;" <= RHO <= ";RE
320    REM -------------------------NEUES KONFIDENZINTERVALL
330    E1$="WIA":E2$="WIA":E3$="WIA":PRINT
340    PRINT "BERECHNUNG EINES NEUEN KONFIDENZINTERVALLS (J=JA)?"
350    INPUT E3$:IF E3$="J" THEN GOTO  60
360    END
```

Beispiel 11.2. Eine zweidimensionale Stichprobe vom Umfang n = 500 aus einer normalverteilten Grundgesamtheit besitze den Korrelationskoeffizienten r = 0,874. Gesucht sind folgende Konfidenzintervalle:

a) zweiseitig mit $\gamma = 0{,}95$;

b) einseitig $\rho_u \leq \rho \leq 1$ mit $\gamma = 0{,}95$.

Mit dem obigen Programm erhält man die Ausgabe

a) Konfidenzniveau =   .95
   Konfidenzintervall $.85157 \leq \rho \leq .893236$;

b) Konfidenzniveau =   .95
   Konfidenzintervall $.855409 \leq \rho \leq 1$. ◆

11.4 Test des Korrelationskoeffizienten bei Normalverteilungen

1. Test der Nullhypothesen $H_0: \rho = 0;\ H_0: \rho \leq 0;\ H_0: \rho \geq 0$.

Für dieses Testproblem eignet sich die Testfunktion

$$T_{n-2} = \sqrt{n-2} \cdot \frac{R_n}{\sqrt{1-R_n^2}}, \qquad (11.16)$$

welche t-verteilt ist mit n − 2 Freiheitsgraden, falls die zweidimensionale Grundgesamtheit normalverteilt ist mit $\rho = 0$.

Mit dem (empirischen) Korrelationskoeffizienten r aus einer einfachen Stichprobe vom Umfang n und den Quantilen der t-Verteilung mit n − 2 Freiheitsgraden gelangt man zu den

Testentscheidungen

Nullhypothese H_0	Alternative H_1	Ablehnungsbereich von H_0	
$\rho = 0$	$\rho \neq 0$	$\sqrt{n-2} \cdot \dfrac{\lvert r \rvert}{\sqrt{1-r^2}} > t^{(n-2)}_{1-\alpha/2}$	
$\rho \leq 0$	$\rho > 0$	$\sqrt{n-2} \cdot \dfrac{r}{\sqrt{1-r^2}} > t^{(n-2)}_{1-\alpha}$	(11.17)
$\rho \geq 0$	$\rho < 0$	$\sqrt{n-2} \cdot \dfrac{r}{\sqrt{1-r^2}} < - t^{(n-2)}_{1-\alpha}$	
		(t-Verteilung mit n − 2 Freiheitsgraden).	

11 Tests und Konfidenzintervalle für den Korrelationskoeffizienten 195

Beispiel 11.3. Wie groß muß der Betrag $|r|$ des (empirischen) Korrelationskoeffizienten einer einfachen Stichprobe vom Umfang n = 100 mindestens sein, damit die Nullhypothese $H_0 : \rho = 0$ mit einer Irrtumswahrscheinlichkeit $\alpha = 0.05$ abgelehnt werden kann?

Mit dem Quantil $t^{(98)}_{1-\alpha/2} = t^{(98)}_{0,975} = 1,98$ erhält man die Bedingung

$$\frac{|r|}{\sqrt{1-r^2}} \geq \frac{t^{(98)}_{1-\alpha/2}}{\sqrt{n-2}} = \frac{1,98}{\sqrt{98}}.$$

Quadrieren ergibt

$$\frac{r^2}{1-r^2} \geq \frac{1,98^2}{98} = 0,04 \Rightarrow r^2 \geq 0,04 - 0,04\,r^2$$

$$\Rightarrow r^2 \geq \frac{0,04}{1,04} \Rightarrow |r| \geq 0,1961. \quad \blacklozenge$$

2. Test der Nullhypothesen $H_0 : \rho = \rho_0$; $H_0 : \rho \leq \rho_0$; $H_0 : \rho \geq \rho_0$ mit $\rho_0 \neq 0$.

Die Testfunktion $U_n = \frac{1}{2}\ln\frac{1+R_n}{1-R_n}$ ist ungefähr $N\left(\frac{1}{2}\ln\frac{1+\rho_0}{1-\rho_0}\,;\,\frac{1}{n-3}\right)$-verteilt, falls ρ_0 der wahre Parameter ist.

Mit den Quantilen z der N(0; 1)-Verteilung und dem (empirischen) Korrelationskoeffizienten r einer einfachen Stichprobe vom Umfang n erhält man über die Standardisierung unmittelbar die

Testentscheidungen

Nullhypothese H_0	Alternative H_1	Ablehnungsbereich von H_0
$\rho = \rho_0$	$\rho \neq \rho_0$	$\left\|\ln\frac{1+r}{1-r} - \ln\frac{1+\rho_0}{1-\rho_0}\right\| > \frac{2z_{1-\alpha/2}}{\sqrt{n-3}}$
$\rho \leq \rho_0$	$\rho > \rho_0$	$\ln\frac{1+r}{1-r} > \ln\frac{1+\rho_0}{1-\rho_0} + \frac{2z_{1-\alpha}}{\sqrt{n-3}}$
$\rho \geq \rho_0$	$\rho < \rho_0$	$\ln\frac{1+r}{1-r} < \ln\frac{1+\rho_0}{1-\rho_0} - \frac{2z_{1-\alpha}}{\sqrt{n-3}}$

(11.18)

(N(0; 1)-Verteilung)

Beispiel 11.4. Der (empirische) Korrelationskoeffizient einer einfachen Stichprobe vom Umfang n = 100 sei 0,7. Man teste mit $\alpha = 0,05$ die Nullhypothese $H_0 : \rho \leq 0,6$ gegen $H_1 : \rho > 0,6$.

Mit dem 0,95-Quantil der N(0; 1)-Verteilung folgt

$$\ln\frac{1+\rho_0}{1-\rho_0} + \frac{2z_{1-\alpha}}{\sqrt{n-3}} = \ln\frac{1,6}{0,4} + \frac{2\cdot 1,645}{\sqrt{97}} = 1,7203 = c.$$

Wegen $\ln \dfrac{1+r}{1-r} = \ln \dfrac{1,7}{0,3} = 1,7346 > c$ kann mit einer Irrtumswahrscheinlichkeit 0,05 die Nullhypothese $H_0: \rho_1 \leq 0,6$ abgelehnt, die Alternative $H_1: \rho > 0,6$ also angenommen werden. ♦

11.5 Test auf Gleichheit zweier Korrelationskoeffizienten bei Normalverteilungen

$(X^{(1)}, Y^{(1)})$ und $(X^{(2)}, Y^{(2)})$ seien zwei normalverteilte zweidimensionale Zufallsvariable mit den Korrelationskoeffizienten ρ_1 und ρ_2. Falls die Zufallsvariablen

$$R^{(1)}_{n_1} = R^{(1)}_{n_1}(X^{(1)}, Y^{(1)}) = \frac{\sum_{i=1}^{n_1}(X^{(1)}_i - \overline{X^{(1)}})(Y^{(1)}_i - \overline{Y^{(1)}})}{\sqrt{\sum_{i=1}^{n_1}(X^{(1)}_i - \overline{X^{(1)}})^2 \sum_{i=1}^{n_1}(Y^{(1)}_i - \overline{Y^{(1)}})^2}}$$

$$R^{(2)}_{n_2} = R^{(2)}_{n_2}(X^{(2)}, Y^{(2)}) = \frac{\sum_{i=1}^{n_2}(X^{(2)}_i - \overline{X^{(2)}})(Y^{(2)}_i - \overline{Y^{(2)}})}{\sqrt{\sum_{i=1}^{n_2}(X^{(2)}_i - \overline{X^{(2)}})^2 \sum_{i=1}^{n_2}(Y^{(2)}_i - \overline{Y^{(2)}})^2}}$$

(stochastisch) unabhängig sind und die zweidimensionalen Zufallsvariablen $(X^{(1)}_1, Y^{(1)}_1), \dots, (X^{(1)}_{n_1}, Y^{(1)}_{n_1})$ bzw. $(X^{(2)}_1, Y^{(2)}_1), \dots, (X^{(2)}_{n_2}, Y^{(2)}_{n_2})$ unabhängig und identisch verteilt sind mit den Korrelationskoeffizienten ρ_1 bzw. ρ_2, so ist die Differenz

$$U^{(1)}_{n_1} - U^{(2)}_{n_2} = \frac{1}{2}\ln\frac{1+R^{(1)}_{n_1}}{1-R^{(1)}_{n_1}} - \frac{1}{2}\ln\frac{1+R^{(2)}_{n_2}}{1-R^{(2)}_{n_2}} \qquad (11.19)$$

asymptotisch $N\left(\dfrac{1}{2}\ln\dfrac{1+\rho_1}{1-\rho_1} - \dfrac{1}{2}\ln\dfrac{1+\rho_2}{1-\rho_2}; \dfrac{1}{n_1-3} + \dfrac{1}{n_2-3}\right)$-verteilt.

Im Falle $\rho_1 = \rho_2$ ist $U^{(1)}_{n_1} - U^{(2)}_{n_2}$ asymptotisch $N\left(0; \dfrac{1}{n_1-3} + \dfrac{1}{n_2-3}\right)$-verteilt.

Sind r_1 und r_2 die (empirischen) Korrelationskoeffizienten einfacher Stichproben vom Umfang n_1 für $(X^{(1)}, Y^{(1)})$ bzw. vom Umfang n_2 für $(X^{(2)}, Y^{(2)})$, dann erhält man zu einer vorgegebenen Irrtumswahrscheinlichkeit α mit den Quantilen $z_{1-\alpha/2}$, $z_{1-\alpha}$ der $N(0; 1)$-Verteilung folgende

11 Tests und Konfidenzintervalle für den Korrelationskoeffizienten

Testentscheidungen

Nullhypothese H_0	Alternative H_1	Ablehnungsbereich von H_0
$\rho_1 = \rho_2$	$\rho_1 \neq \rho_2$	$\left\| \ln\dfrac{1+r_1}{1-r_1} - \ln\dfrac{1+r_2}{1-r_2} \right\| > 2z_{1-\alpha/2} \sqrt{\dfrac{1}{n_1-3} + \dfrac{1}{n_2-3}}$
$\rho_1 \leq \rho_2$	$\rho_1 > \rho_2$	$\ln\dfrac{1+r_1}{1-r_1} > \ln\dfrac{1+r_2}{1-r_2} + 2z_{1-\alpha} \sqrt{\dfrac{1}{n_1-3} + \dfrac{1}{n_2-3}}$
$\rho_1 \geq \rho_2$	$\rho_1 < \rho_2$	$\ln\dfrac{1+r_1}{1-r_1} < \ln\dfrac{1+r_2}{1-r_2} - 2z_{1-\alpha} \sqrt{\dfrac{1}{n_1-3} + \dfrac{1}{n_2-3}}$
		($N(0; 1)$-Verteilung) (11.20)

Beispiel 11.5. Mit $\alpha = 0{,}05$ teste man die Hypothese $H_0: \rho_1 = \rho_2$ gegen die Alternative $H_1: \rho_1 \neq \rho_2$. Dazu seien aus zwei Stichproben vom Umfang 80 bzw. 110 die (empirischen) Korrelationskoeffizienten berechnet als $r_1 = 0{,}6$ bzw. $r_2 = 0{,}5$.

Aus den gegebenen Werten folgt

$$2z_{1-\alpha/2} \sqrt{\dfrac{1}{n_1-3} + \dfrac{1}{n_2-3}} = 2 \cdot 1{,}645 \sqrt{\dfrac{1}{77} + \dfrac{1}{107}} = 0{,}49 = c;$$

$\left| \ln\dfrac{1+r_1}{1-r_1} - \ln\dfrac{1+r_2}{1-r_2} \right| = \ln\dfrac{1{,}6}{0{,}4} - \ln\dfrac{1{,}5}{0{,}5} = \ln 4 - \ln 3 = 0{,}29 = v_{\text{ber.}}$. Wegen $v_{\text{ber.}} < c$ kann

die Nullhypothese $\rho_1 = \rho_2$ mit einer Irrtumswahrscheinlichkeit von 0,05 nicht abgelehnt werden. ♦

VII Regressionsanalyse

12 Das allgemeine Regressionsmodell

Bei der *Korrelationsrechnung* (s. Abschnitt 11) werden die beiden untersuchten Merkmale X und Y gleichrangig (symmetrisch) behandelt, wobei als Maß für den (linearen) Zusammenhang der Korrelationskoeffizient ρ der zweidimensionalen Grundgesamtheit dient. In der *Regressionsanalyse* dagegen möchte man von einem Merkmal auf ein anderes schließen. Dazu wird i.a. ein Merkmalwert – meistens x – als unabhängige Variable vorgegeben. Mit Hilfe dieses Wertes x sollen dann Aussagen (Prognosen) über den zweiten Merkmalwert y gemacht werden. Der Idealfall wäre ein funktionaler Zusammenhang y = f(x). Da es sich jedoch um ein Zufallsexperiment handelt, kann nicht erwartet werden, daß zwischen den beiden Merkmalen eine vollständige funktionale Abhängigkeit in der Form y = f(x) existiert.

Für ein fest vorgegebenes x erhält man die *bedingte Zufallsvariable*

$$Y(x) = Y|(X = x) \tag{12.1}$$

mit dem *bedingten Erwartungswert*

$$E(Y(x)) = E(Y|X = x) = f(x).$$

Die Werte der Zufallsvariablen Y(x) schwanken also zufällig um den Erwartungswert f(x). Die Funktion f(x) heißt *Regressionsfunktion* der Grundgesamtheit. Aufgabe der Regressionsanalyse ist es, die i.a. unbekannte Regressionsfunktion f(x) zu schätzen bzw. zu testen.

Bei vielen Problemstellungen kann man davon ausgehen, daß alle Zufallsvariablen Y(x) normalverteilt sind mit konstanter, also von x unabhängiger Varianz σ^2. Sämtliche Zufallsvariablen Y(x) schwanken also mit gleicher Varianz um f(x). Aus diesem Grund machen wir für die weiteren Untersuchungen folgende

Modellvoraussetzung

Für jedes feste x ist die (bedingte) Zufallsvariable Y(x) = Y/(X = x) normalverteilt mit einem von x abhängigen Erwartungswert $\mu(x)$ und einer von x unabhängigen Varianz σ^2. Y(x) ist also $N(f(x); \sigma^2)$-verteilt.

Diese Voraussetzung ist äquivalent mit

$$\boxed{Y(x) = f(x) + E,} \tag{12.2}$$

wobei E eine $N(0; \sigma^2)$-verteilte Zufallsvariable ist. Die Zufallsvariable E wird häufig als zufällige Fehlervariable bezeichnet, mit der Y(x) um den „Idealwert" f(x) schwankt.

12 Das allgemeine Regressionsmodell

Falls $f(x) = \alpha + \beta x$ eine Gerade (lineare Funktion) darstellt, spricht man von *linearer Regression*.
Dann ist $Y(x)$ eine $N(\alpha + \beta x, \sigma^2)$-verteilte Zufallsvariable (s. Bild 12.1).

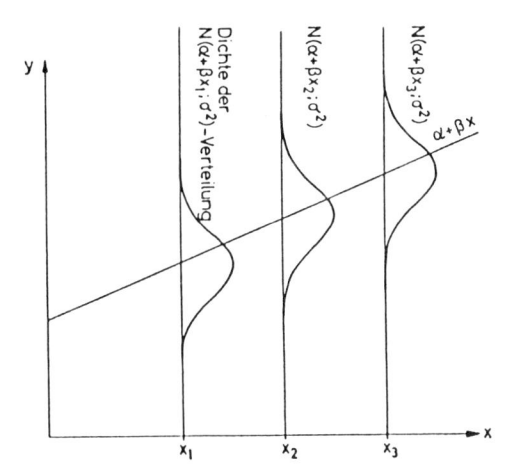

Bild 12.1
Lineares Regressionsmodell

Bei der Regressionsanalyse werden i.a. zu fest vorgegebenen Werten $x_1, x_2, \ldots, x_n$ eine (oder auch mehrere) unabhängige Realisierungen y_i der Zufallsvariablen

$$Y_i = Y(x_i) = f(x_i) + E_i \tag{12.3}$$

bestimmt. Dann hängen die y-Werte vom Zufall ab, während die x-Werte deterministisch sind. Trotzdem kann $\bar{x}$ und s_x^2 berechnet werden. Aus diesen Stichprobenwerten (x_i, y_i) sollen für spezielle Modelle Aussagen über die Funktion $f(x)$ sowie die Varianz σ^2 gemacht werden.

13 Lineare Regression

13.1 Die empirische Regressionsgerade

Durch die Punktwolke einer zweidimensionalen Stichprobe

$$((x_1, y_1), (x_2, y_2), \ldots, (x_n, y_n))$$

soll eine sog. *Ausgleichsgerade*

$$\hat{y} = a + bx \tag{13.1}$$

gelegt werden. Diese sog. (empirische) *Regressionsgerade* soll aus dem Merkmalwert x einen Schätzwert $\hat{y} = a + bx$ für das zweite Merkmal liefern. Die Realisierung (x_i, y_i) wird also geschätzt durch $(x_i, a + bx_i)$. Der Fehler, der bei dieser Schätzung für den

Merkmalwert y_i gemacht wird, ist gleich dem vertikalen Abstand des Punktes (x_i, y_i) von der Regressionsgeraden, also

$$d_i = |y_i - (a + bx_i)|. \tag{13.2}$$

Zur Konstruktion der Regressionsgeraden (d.h. der optimalen Koeffizienten a und b) wird das *Gauß'sche Prinzip der kleinsten Quadrate* benutzt:

> Die Ausgleichsgerade wird aus einer Stichprobe so bestimmt, daß die Summe der vertikalen Abstandsquadrate aller n Stichprobenpunkte von dieser Geraden, also die Summe
> $$q = q(a, b) = \sum_{i=1}^{n} (y_i - (a + bx_i))^2 \tag{13.3}$$
> minimal ist.

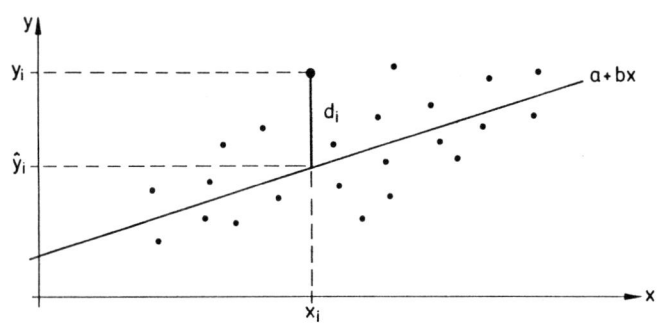

Bild 13.1 Prinzip der kleinsten Quadrate

Das Minimum von $q(a, b)$ erhält man, indem die partiellen Ableitungen von $q(a, b)$ nach a und b gleich Null gesetzt werden:

$$\frac{\partial q(a, b)}{\partial a} = -2\sum_{i}(y_i - a - bx_i) = 0;$$

$$\frac{\partial q(a, b)}{\partial b} = -2\sum_{i}(y_i - a - bx_i)x_i = 0, \text{ d.h.} \tag{13.4}$$

$$\sum_{i}(y_i - a - bx_i) = \sum_{i}y_i - na - b\sum_{i}x_i = n\bar{y} - na - bn\bar{x} = 0;$$

$$\sum_{i}(y_i - a - bx_i)x_i = \sum_{i}x_iy_i - a\sum_{i}x_i - b\sum_{i}x_i^2 = 0.$$

Hieraus ergeben sich für die Unbekannten a und b die beiden linearen Gleichungen

$$\begin{aligned} a + \bar{x}b &= \bar{y} \\ n\bar{x}a + \left(\sum_{i}x_i^2\right)b &= \sum_{i}x_iy_i. \end{aligned} \tag{13.5}$$

13 Lineare Regression

Multiplikation der ersten Gleichung mit $n\bar{x}$ und Subtraktion der zweiten Gleichung davon liefert die Lösung von (13.5) als

$$\boxed{b = \frac{\sum_i x_i y_i - n\bar{x}\bar{y}}{\sum_i x_i^2 - n\bar{x}^2} = \frac{\sum_i (x_i - \bar{x})\cdot(y_i - \bar{y})}{\sum_i (x_i - \bar{x})^2} = \frac{s_{xy}}{s_x^2} \; ; \qquad a = \bar{y} - b\bar{x}.}$$ (13.6)

Damit lautet die Regressionsgerade von y bezüglich x

$$\boxed{\hat{y} - \bar{y} = \frac{s_{xy}}{s_x^2} \cdot (x - \bar{x}).}$$ (13.7)

Die Regressionsgerade verläuft folglich durch den Punkt $(\bar{x}, \bar{y})$ und besitzt die Steigung $b = \frac{s_{xy}}{s_x^2}$. Die Zahl b heißt der (empirische) *Regressionskoeffizient* von y bezüglich x. $a = \bar{y} - b\bar{x}$ ist der Achsenabschnitt. Für die Summe der vertikalen Abstandsquadrate folgt aus (13.3) mit dem Korrelationskoeffizienten $r = \frac{s_{xy}}{s_x \cdot s_y}$

$$q = q(a, b) = \sum_i [(y_i - \bar{y}) - b(x_i - \bar{x})]^2$$

$$= \sum_i (y_i - \bar{y})^2 - 2b \sum_i (y_i - \bar{y})\cdot(x_i - \bar{x}) + b^2 \sum_i (x_i - \bar{x})^2$$

$$= (n - 1)\cdot s_y^2 - 2b\cdot(n - 1)\cdot s_{xy} + b^2\cdot(n - 1)\cdot s_x^2$$

$$= (n - 1)\cdot\left[s_y^2 - 2\frac{s_{xy}}{s_x^2} s_{xy} + \frac{s_{xy}^2}{s_x^4} s_x^2\right] = (n - 1)\cdot\left[s_y^2 - \frac{s_{xy}^2}{s_x^2}\right]$$

$$= (n - 1)\cdot[s_y^2 - r^2\cdot s_y^2] = (n - 1)\cdot s_y^2\cdot(1 - r^2).$$

Es gilt also

$$\boxed{q = (n - 1)\cdot\left[s_y^2 - \frac{s_{xy}^2}{s_x^2}\right] = (n - 1)\cdot(s_y^2 - b^2 s_x^2) = (n - 1)\cdot(1 - r^2)\cdot s_y^2.}$$ (13.8)

Für $|r| = 1$ verschwindet q. Dann liegen alle Punkte der Stichprobe auf der Regressionsgeraden. Wegen $q \geq 0$ muß allgemein $r^2 \leq 1$ gelten. Damit haben wir einen zweiten Beweis für Satz 2.2 erhalten.

Bemerkung: Zur Bestimmung der Regressionsgeraden von x bezüglich y darf man nicht einfach Gleichung (13.7) nach x auflösen. Da von y auf x geschlossen wird, muß für diese Ausgleichsgerade die Summe der *horizontalen* Abstandsquadrate minimal sein. Diese

Ausgleichsgerade erhält man aus den obigen Formeln durch formale Vertauschung der Variablen x und y als

$$\hat{x} - \bar{x} = \frac{s_{xy}}{s_y^2} \cdot (y - \bar{y}).$$ (13.9)

Zur Berechnung der Regressionsgeraden kann der erste Teil des Programms REGRGER aus Abschnitt 13.3 benutzt werden. Die Stichprobenpaare (x_i, y_i) werden nicht gespeichert. Dieses Programm baut unmittelbar auf dem Programm BESCHR21 des Abschnitts 2.2 auf, so daß dieses Programm direkt weiterverarbeitet werden kann (Zeilen 30 – 230 können unmittelbar übernommen werden). Bis Zeile 340 sind Regressionsgerade und Schätzwerte $\hat{y} = a + bx$ berechnet und ausgegeben.

Beispiel 13.1. Bei der Untersuchung des Fettgehaltes Y [in %] der Milch in Abhängigkeit des Rohfaseranteils X im Futter [%] bei einer bestimmten Kuh wurden folgende Werte gemessen:

x_i	10	11	12	13	14	14	15	15	16	16	17	17	17	18	18
y_i	2,9	3,1	2,7	3,4	3,3	3,6	3,5	3,7	3,6	3,5	3,6	3,5	3,7	3,8	3,6
	19	19	20	20	20	21	21	22	22	23	23	24	25	25	26
	3,6	4,2	3,7	3,9	4,0	4,0	4,3	3,9	4,3	4,3	4,0	4,5	4,5	4,3	4,7
	27	27	28	28	29										
	4,5	4,9	4,8	4,6	4,9										

Das Programm REGRGER liefert die Ausgabe

$\bar{x} = 19.7714$; $s_x = 5.20229$
$\bar{y} = 3.92571$; $s_y = .5559$

Kovarianz = 2.74134
Korrelationskoeffizient $r = .94792$
Regressionsgerade $\hat{y} = 1.92303 + .101292x$
Summe der Abstandsquadrate $q = 1.06589$.

Als Schätzwert für den Fettgehalt bei einem Rohfaseranteil von 20,5 % erhält man

$\hat{y} = 3.99951$.

Die Punktwolke ist mit der zugehörigen Regressionsgeraden in Bild 13.2 dargestellt. (Das Beispiel wird fortgesetzt; bitte nicht löschen oder Daten speichern!) ◆

13 Lineare Regression

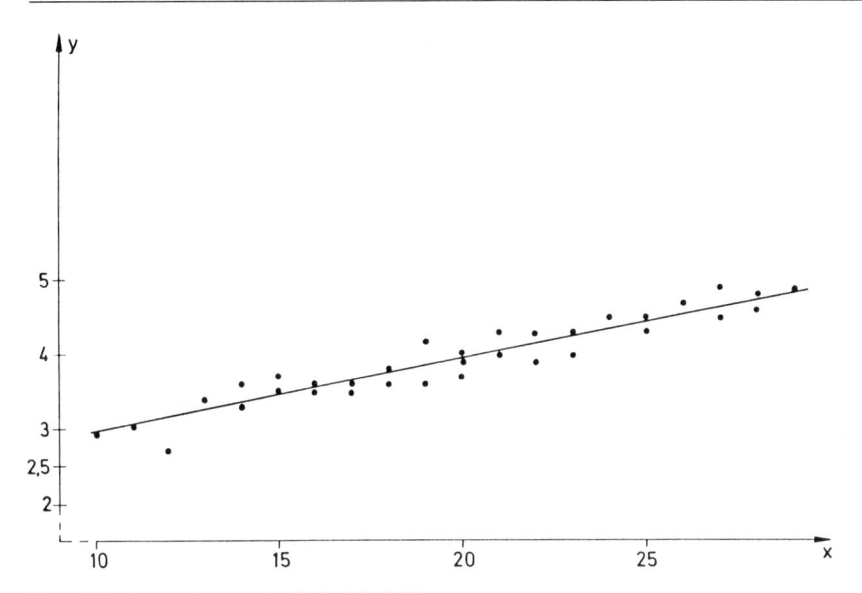

Bild 13.2 Regressionsgerade (Beispiel 13.1)

Als Maß für die Güte der Anpassung der Regressionskurve dient das sog. *Bestimmtheitsmaß*

$$B_{y,x} = \frac{\sum_{i=1}^{n}(\hat{y}_i - \overline{y})^2}{\sum_{i=1}^{n}(y_i - \overline{y})^2} = \frac{s_{\hat{y}}^2}{s_y^2} = 1 - \frac{\sum_{i=1}^{n}(\hat{y}_i - y_i)^2}{\sum_{i=1}^{n}(y_i - \overline{y}_i)^2} = 1 - \frac{q}{s_y^2}. \qquad (13.10)$$

Das Bestimmtheitsmaß ist also das Verhältnis der Varianz der geschätzten Werte $\hat{y}_i$ zur Varianz der beobachteten Werte y_i, also der durch die Regression erklärte Anteil an der Varianz von y. Der restliche Anteil

$$U_{y,x} = 1 - B_{y,x} \qquad (13.11)$$

heißt das *Unbestimmtheitsmaß* der Regression. Im Falle einer Regressionsgeraden folgt aus (13.7)

$$\sum_{i=1}^{n}(\hat{y}_i - \overline{y})^2 = \frac{s_{xy}^2}{s_x^4} \cdot \sum_{i=1}^{n}(x_i - \overline{x})^2$$

also

$$B_{x,y} = \frac{s_{xy}^2}{s_x^4} \cdot \frac{s_x^2}{s_y^2} = \frac{s_{xy}^2}{s_x^2 \cdot s_y^2} = r^2. \qquad (13.12)$$

13.2 Schätzungen und Tests beim linearen Regressionsmodell

In diesem Abschnitt sei vorausgesetzt, daß in der Grundgesamtheit eine lineare Regression

$$\mu(x) = f(x) = \alpha + \beta x$$

vorliegt, wobei die Parameter α und β nicht bekannt sind. Die Varianz σ^2 der durch das lineare Modell

$$Y(x) = \alpha + \beta x + E$$

bestimmten $N(0, \sigma^2)$-verteilten Zufallsvariablen E sei ebenfalls unbekannt.

Zu vorgegebenen Werten $x_1, x_2, \ldots, x_n$ werden die Realisierungen y_i der Zufallsvariablen

$$Y_i = Y(x_i) = \alpha + \beta x_i + E_i, \quad i = 1, 2, \ldots, n \tag{13.13}$$

bestimmt. Nach der Modellvoraussetzung sind die Zufallsvariablen der *Residuen*

$$E_i = Y_i - \alpha - \beta x_i, \quad i = 1, 2, \ldots, n \tag{13.14}$$

unabhängig und alle $N(0, \sigma^2)$-verteilt.

Es ist naheliegend, als Schätzwerte für α und β die Werte a und b der (empirischen) Regressionsgeraden aus Abschnitt 13.1 zu benutzen, also

$$\boxed{\hat{\beta} = b = \frac{s_{xy}}{s_x^2} = \frac{\sum_{i=1}^{n}(x_i - \bar{x}) \cdot (y_i - \bar{y})}{\sum_{i=1}^{n}(x_i - \bar{x})^2} \; ; \qquad \hat{\alpha} = a = \bar{y} - b\bar{x}.} \tag{13.15}$$

Diese *kleinste-Quadrat-Schätzer (least squares Schätzer)* b und a sind Realisierungen der Zufallsvariablen

$$B = \frac{1}{\sum_{i=1}^{n}(x_i - \bar{x})^2} \cdot \sum_{i=1}^{n}(x_i - \bar{x}) \cdot (Y_i - \bar{Y}),$$

bzw. $\tag{13.16}$

$$A = \bar{Y} - B\bar{x}.$$

Aus (13.13) erhält man

$$E(Y_i) = \alpha + \beta x_i; \quad E(\bar{Y}) = \alpha + \beta \bar{x} \tag{13.17}$$

13 Lineare Regression

und hiermit aus (13.16)

$$E(B) = \frac{1}{\sum_{i=1}^{n}(x_i - \bar{x})^2} \cdot \sum_{i=1}^{n}(x_i - \bar{x}) \cdot \beta \cdot (x_i - \bar{x}) = \beta;$$

$$E(A) = \alpha + \beta\bar{x} - \beta\bar{x} = \alpha.$$

(13.18)

a und b aus der empirischen Regressionsgeraden sind also erwartungstreue Schätzwerte für die Parameter α und β der Regressionsgeraden der Grundgesamtheit.

Da die Abweichungssumme $q = \sum_{i=1}^{n}(y_i - a - bx_i)^2$ bezüglich der zweidimensionalen Geraden gebildet wird, ist die Zufallsvariable

$$\frac{1}{n-2} \cdot Q = \frac{1}{n-2} \cdot \sum_{i=1}^{n}(Y_i - A - Bx_i)^2$$

(13.19)

eine erwartungstreue Schätzfunktion für σ^2, es gilt also

$$E\left(\frac{Q}{n-2}\right) = \sigma^2.$$

Damit erhält man in

$$\boxed{\hat{\sigma}^2 = s^2 = \frac{q}{n-2} = \frac{\sum_{i=1}^{n}(y_i - a - bx_i)^2}{n-2}}$$

(13.20)

einen erwartungstreuen Schätzwert für die unbekannte Varianz σ^2 des linearen Regressionsmodells. Die Zufallsvariable $\frac{Q}{\sigma^2}$ ist im Falle linearer Regression Chi-Quadrat-verteilt mit $n-2$ Freiheitsgraden.

Nach Hartung [20], S. 576 gilt für die Varianzen

$$\sigma_b^2 = D^2(B) = \frac{\sigma^2}{\sum_{i=1}^{n}(x_i - \bar{x})^2} \ ; \ \sigma_a^2 = D^2(A) = \sigma^2 \cdot \left(\frac{1}{n} + \frac{\bar{x}^2}{\sum_{i=1}^{n}(x_i - \bar{x})^2}\right).$$

(13.21)

Da σ^2 durch $s^2 = \dfrac{q}{n-2}$ geschätzt wird, erhält man als Schätzwerte für diese Varianzen

$$s_b^2 = \frac{s^2}{\sum_{i=1}^{n}(x_i - \bar{x})^2} = \frac{q}{(n-2)} \cdot \frac{1}{(n-1)s_x^2} \approx \sigma_b^2 \, ;$$

$$s_a^2 = \frac{q}{(n-2)} \cdot \left(\frac{1}{n} + \frac{\bar{x}^2}{(n-1)s_x^2} \right) \approx \sigma_a^2 \, .$$

(13.22)

Die zentrierten Stichprobenwerte

$$\frac{b - \beta}{s_b} \quad \text{und} \quad \frac{a - \alpha}{s_a}$$

sind Realisierungen von t-verteilten Zufallsvariablen mit $n-2$ Freiheitsgraden. Aus dieser Eigenschaft und der Chi-Quadrat-Verteilung von Q/σ^2 lassen sich unmittelbar Konfidenzintervalle für α, β und σ^2 sowie Tests für diese einzelnen Parameter ableiten.

Konfidenzintervalle zum Konfidenzniveau γ ($n-2$ Freiheitsgrade)

a) für α

(zweiseitig) $\quad a - t^{(n-2)}_{\frac{1+\gamma}{2}} \cdot s_a \leq \alpha \leq a + t^{(n-2)}_{\frac{1+\gamma}{2}} \cdot s_a \, ;$

(einseitig) $\quad \alpha \leq a + t^{(n-2)}_{\gamma} \cdot s_a \, ;$

(einseitig) $\quad a - t^{(n-2)}_{\gamma} \cdot s_a \leq \alpha$

mit $s_a^2 = \dfrac{q}{(n-2)} \cdot \left(\dfrac{1}{n} + \dfrac{\bar{x}^2}{(n-1)s_x^2} \right) \, .$

b) für β

(zweiseitig) $\quad b - t^{(n-2)}_{\frac{1+\gamma}{2}} \cdot s_b \leq \beta \leq b + t^{(n-2)}_{\frac{1+\gamma}{2}} \cdot s_b \, ;$

(einseitig) $\quad \beta \leq b + t^{(n-2)}_{\gamma} \cdot s_b \, ;$

(einseitig) $\quad b - t^{(n-2)}_{\gamma} \cdot s_b \leq \beta$

mit $s_b^2 = \dfrac{q}{n-2} \cdot \dfrac{1}{(n-1)s_x^2} \, .$

c) für σ^2

(zweiseitig) $\dfrac{q}{\chi^2_{\frac{1+\gamma}{2}}} \leq \sigma^2 \leq \dfrac{q}{\chi^2_{\frac{1-\gamma}{2}}}$; n − 2 Freiheitsgrade;

(einseitig) $\sigma^2 \leq \dfrac{q}{\chi^2_{1-\gamma}}$;

(einseitig) $\dfrac{q}{\chi^2_{\gamma}} \leq \sigma^2$.

Testentscheidungen

Nullhypothese H_0	Alternative H_1	Ablehnungsbereich von H_0
$\alpha = \alpha_0$	$\alpha \neq \alpha_0$	$\left\lvert \dfrac{a-\alpha_0}{s_a} \right\rvert > t^{(n-2)}_{1-\alpha/2}$.
$\alpha \leq \alpha_0$	$\alpha > \alpha_0$	$\dfrac{a-\alpha_0}{s_a} > t^{(n-2)}_{1-\alpha}$.
$\alpha \geq \alpha_0$	$\alpha < \alpha_0$	$\dfrac{a-\alpha_0}{s_a} < -t^{(n-2)}_{1-\alpha}$
$\beta = \beta_0$	$\beta \neq \beta_0$	$\left\lvert \dfrac{b-\beta_0}{s_b} \right\rvert > t^{(n-2)}_{1-\alpha/2}$
$\beta \leq \beta_0$	$\beta > \beta_0$	$\dfrac{b-\beta_0}{s_b} > t^{(n-2)}_{1-\alpha}$
$\beta \geq \beta_0$	$\beta < \beta_0$	$\dfrac{b-\beta_0}{s_b} < -t^{(n-2)}_{1-\alpha}$
$\sigma^2 = \sigma^2_0$	$\sigma^2 \neq \sigma^2_0$	$\dfrac{q}{\sigma^2_0} < \chi^2_{\alpha/2}$ oder $\dfrac{q}{\sigma^2_0} > \chi^2_{1-\alpha/2}$
$\sigma^2 \leq \sigma^2_0$	$\sigma^2 > \sigma^2_0$	$\dfrac{q}{\sigma^2_0} > \chi^2_{1-\alpha}$
$\sigma^2 \geq \sigma^2_0$	$\sigma^2 < \sigma^2_0$	$\dfrac{q}{\sigma^2_0} < \chi^2_{\alpha}$

Simultane Konfidenzintervalle für α und β

Für α und β wurden bisher „getrennte" Konfidenzintervalle berechnet. Eine einzelne Konfidenzintervallaussage ist dann mit Wahrscheinlichkeit γ richtig, nicht jedoch eine Aussage für beide Parameter gleichzeitig. Nach [20] sind mit den Quantilen der F [2, n − 2]-Verteilung die beiden simultanen Aussagen

$$a - \sqrt{2f_\gamma} \cdot s_a \leq \alpha \leq a + \sqrt{2f_\gamma} \cdot s_a$$
$$b - \sqrt{2f_\gamma} \cdot s_b \leq \beta \leq b + \sqrt{2f_\gamma} \cdot s_b,$$

$f_\gamma = \gamma$-Quantil der F [2, n − 2]-Verteilung

gleichzeitig mit einer Sicherheitswahrscheinlichkeit von mindestens γ richtig.
Die Formeln für die Konfidenzintervalle sind in das Programm Lineare Regression ebenfalls aufgenommen.

Beispiel 13.2 (s. Beispiel 13.1).
In der Grundgesamtheit von Beispiel 13.1 liege lineare Regression vor (Tests dafür werden im nächsten Abschnitt behandelt). Für die Parameter α und β der Regressionsgeraden $f(x) = \alpha + \beta x$ erhält man aus Beispiel 13.1 die Schätzwerte

$$\hat{\alpha} = a = 1.92303; \quad \hat{\beta} = b = .101292.$$

Das Programm REGRGER liefert die Standardabweichung der Schätzer a und b als

$s_a = .121015; \quad s_b = .00592469$

und $\hat{\sigma}^2 = .0322998$ als Schätzwert für σ^2.
Für $\gamma = 0{,}95$ erhält man *getrennte* Konfidenzintervalle

$1.67677 \leq \alpha \leq 2.1693$ oder
$0.089235 \leq \beta \leq 0.113348.$

$\gamma = 0{,}95$ liefert entsprechend *simultane* Konfidenzintervalle für α und β

$1.61406 \leq \alpha \leq 2.232$ und
$.0861649 \leq \beta \leq .116418.$ ♦

Beispiel 13.3 (s. Beispiel 13.1).
Aus Beispiel 13.1 soll mit $\alpha = 0{,}05$ die Nullhypothese

$H_0 : \beta = 0{,}1$ gegen $H_1 : \beta \neq 0{,}1$

getestet werden.
Die Testgröße lautet

$$v_{ber.} = \left| \frac{b - 0{,}1}{s_b} \right| = \frac{0{,}01292}{0{,}00592469} = 2{,}181.$$

Für 33 Freiheitsgrade lautet das 0,975-Quantil

$t_{0{,}975} = 2{,}03.$

Wegen $v_{ber.} > t_{0{,}975}$ wird H_0 abgelehnt. ♦

13.3 Konfidenz- und Prognosebereiche beim linearen Regressionsmodell

Im vorigen Abschnitt wurden Konfidenzintervalle für die beiden Parameter α und β beim linearen Regressionsmodell bestimmt. Häufig ist man jedoch an einem Konfidenzintervall für den Erwartungswert

$$\mu(x_0) = E(Y(x_0)) = \alpha + \beta x_0$$

an einer bestimmten Stelle x_0 interessiert.

Mit den Quantilen der t-Verteilung mit $n - 2$ Freiheitsgraden erhält man das

Konfidenzintervall für $\mu(x_0) = \alpha + \beta x_0$ (x_0 fest)

$$\boxed{\begin{aligned} c(x_0) &= t_{\frac{1+\gamma}{2}}^{(n-2)} \cdot \sqrt{\frac{q}{n-2}} \cdot \sqrt{\frac{1}{n} + \frac{(x_0 - \bar{x})^2}{(n-1) s_x^2}}; \\ a + bx_0 - c(x_0) &\leq \alpha + \beta x_0 \leq a + bx_0 + c(x_0) \end{aligned}}$$

(s. [20], S. 582). (13.23)

An der Stelle $x_0 = \bar{x}$ entsteht ein Konfidenzintervall für $\mu(\bar{x})$, das die kleinste Länge besitzt.

I.a. möchte man nicht nur Aussagen machen über den Erwartungswert $E(Y(x_0)) = E(Y/X = x_0)$ der Zufallsvariablen $Y(x_0)$, sondern über die Realisierung dieser Zufallsvariablen selbst. Dazu benutzt man ein sog. *Prognoseintervall*, welches eine Realisierung der Zufallsvariablen $Y(x_0)$ mit einer Wahrscheinlichkeit γ überdeckt. Nach [20], S. 582 gilt

Prognoseintervall für $y(x_0)$

$$\boxed{\begin{aligned} d(x_0) &= t_{\frac{1+\gamma}{2}}^{(n-2)} \cdot \sqrt{\frac{q}{n-2}} \cdot \sqrt{1 + \frac{1}{n} + \frac{(x_0 - \bar{x})^2}{(n-1) s_x^2}}; \\ a + bx_0 - d(x_0) &\leq y(x_0) \leq a + bx_0 + d(x_0). \end{aligned}}$$

(13.24)

Das Prognoseintervall für $y(x_0)$ enthält das Konfidenzintervall für den Erwartungswert $\mu(x_0)$. Da dieses Intervall mit einer Sicherheitswahrscheinlichkeit γ die Realisierung der Zufallsvariablen $Y(x_0)$ und nicht nur ihren Erwartungswert $\mu(x_0)$ enthält, sind die Prognoseintervalle viel breiter als die Konfidenzintervalle.

Mit den Quantilen der $F[2, n-2]$-Verteilung erhält man zum Konfidenzniveau γ den

simultanen Konfidenzbereich für die Regressionsgerade $f(x) = \alpha + \beta x$

$$\boxed{\begin{aligned} g(x_0) &= \sqrt{2 \cdot \frac{q}{n-2} \cdot f_\gamma^{[2, n-2]} \cdot \left(\frac{1}{n} + \frac{(x_0 - \bar{x})^2}{(n-1) s_x^2}\right)} \\ a + bx_0 - g(x_0) &\leq \alpha + \beta x_0 \leq a + bx_0 + g(x_0) \\ &\text{für alle } x_0 \end{aligned}}$$

(s. [20], S. 583). (13.25)

Da dieser simultane Konfidenzbereich mit einer Sicherheitswahrscheinlichkeit γ die gesamte Regressionsgerade $\alpha + \beta x$ überdeckt und nicht nur einen einzelnen Erwartungswert $\mu(x_0) = \alpha + \beta x_0$, ist dieser simultane Konfidenzbereich breiter als der Konfidenzbereich (13.23).

Beispiel 13.4 (s. Beispiel 13.1).
Für die Konfidenz-, Prognose- und simultanen Konfidenzbereiche zu $\gamma = 0{,}95$ erhält man aus Beispiel 13.1 mit dem anschließenden Programm die in Tab. 13.1 zusammengestellten Werte. Da sich die Konfidenz- und simultanen Konfidenzbereiche kaum unterscheiden, sind in Bild 13.3 nur der Konfidenz- und der Prognosebereich graphisch dargestellt.

Tabelle 13.1 Wertetabelle für Konfidenz- und Prognosebereiche

x_0	Konfidenzbereich für $E(Y/X = x_0)$	Prognosebereich für $Y/X = x_0$	simultaner Konfidenzbereich für die Regressionsgerade
10	2.8029 bis 3.069	2.54677 bis 3.32513	2.76903 bis 3.10287
12	3.02628 " 3.25079	2.75596 " 3.5211	2.9977 " 3.27937
14	3.24804 " 3.4342	2.96373 " 3.71851	3.22434 " 3.4579
16	3.46696 " 3.62044	3.17 " 3.9174	3.44742 " 3.63998
18	3.68088 " 3.81169	3.37475 " 4.11782	3.66422 " 3.82834
20	3.88699 " 4.01075	3.57794 " 4.3198	3.87123 " 4.0265
22	4.08404 " 4.21867	3.77957 " 4.52333	4.06688 " 4.23602
24	4.2739 " 4.43416	3.97963 " 4.72844	4.2535 " 4.45457
26	4.45935 " 4.65388	4.17817 " 4.93506	4.43458 " 4.67865
28	4.64231 " 4.87609	4.37524 " 5.14316	4.61254 " 4.90586
30	4.82384 " 5.09973	4.5709 " 5.35267	4.78871 " 5.13486

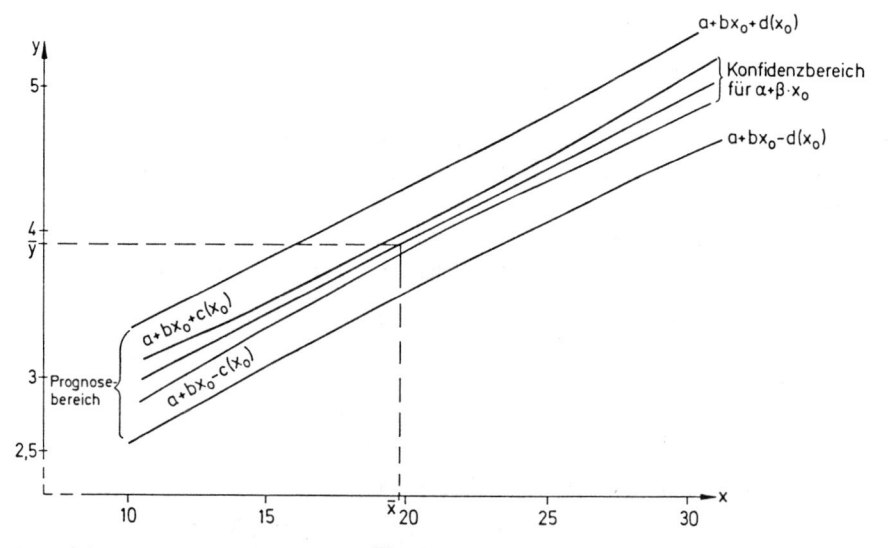

Bild 13.3 Konfidenz- und Prognosebereich

13 Lineare Regression

Programm Regressionsgerade (REGRGER)

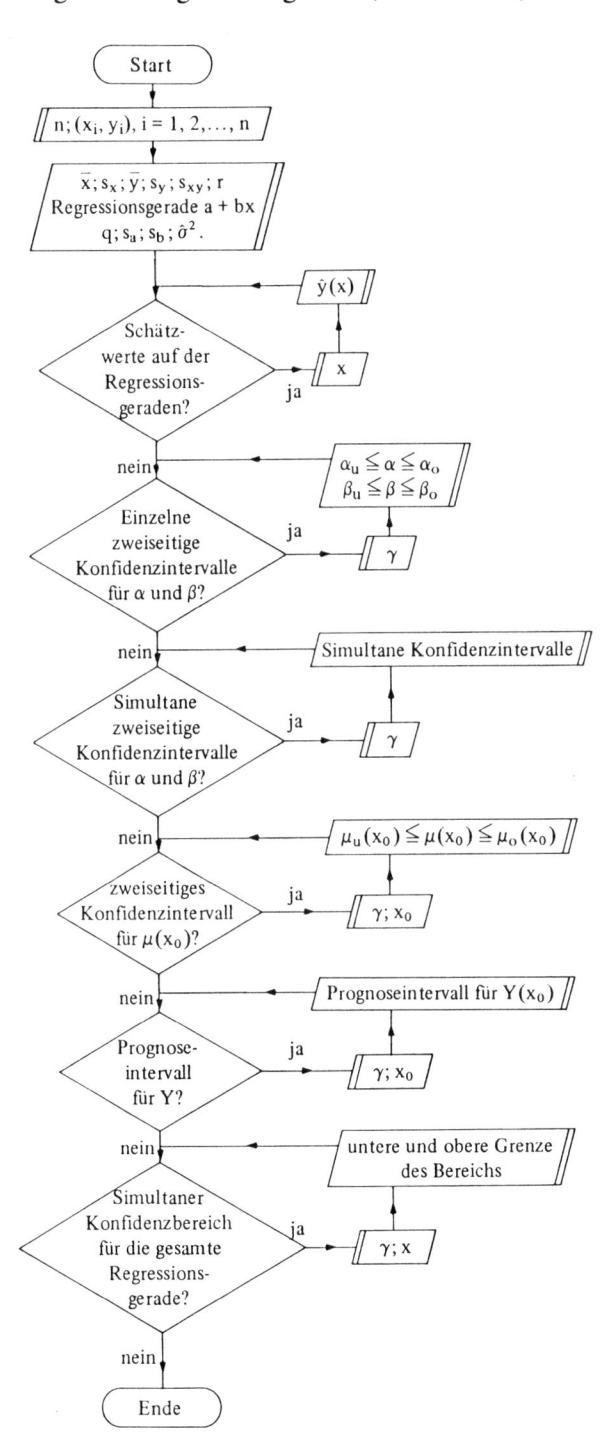

```
                    ┌───────┐
                    │ Start │
                    └───┬───┘
                        │
         ╱n; (x_i, y_i), i = 1, 2, ..., n╱
                        │
         ╱x̄; s_x; ȳ; s_y; s_xy; r         ╱
         ╱Regressionsgerade a + bx        ╱
         ╱q; s_a; s_b; σ̂².                ╱
                        │
                        │         ╱ŷ(x)╱
                        │           ↑
                 ╱Schätz-╲          │
                ╱werte auf der╲ ja ╱x╱
                ╲Regressions-╱─────┘
                 ╲geraden?╱
                        │ nein
                        │         ╱α_u ≦ α ≦ α_o╱
                        │         ╱β_u ≦ β ≦ β_o╱
                        │           ↑
                 ╱Einzelne╲         │
                ╱zweiseitige╲  ja  ╱γ╱
                ╲Konfidenzintervalle╱─┘
                 ╲für α und β?╱
                        │ nein
                        │    ╱Simultane Konfidenzintervalle╱
                        │           ↑
                ╱Simultane╲         │
                ╱zweiseitige╲ ja   ╱γ╱
                ╲Konfidenzintervalle╱─┘
                 ╲für α und β?╱
                        │ nein
                        │    ╱μ_u(x_0) ≦ μ(x_0) ≦ μ_o(x_0)╱
                        │           ↑
                ╱zweiseitiges╲      │
                ╱Konfidenzintervall╲ja ╱γ; x_0╱
                ╲für μ(x_0)?╱───────┘
                        │ nein
                        │    ╱Prognoseintervall für Y(x_0)╱
                        │           ↑
                 ╱Prognose-╲        │
                ╱intervall╲  ja    ╱γ; x_0╱
                ╲für Y?   ╱────────┘
                        │ nein
                        │    ╱untere und obere Grenze╱
                        │    ╱      des Bereichs     ╱
                        │           ↑
              ╱Simultaner╲          │
             ╱Konfidenzbereich╲ ja ╱γ; x╱
             ╲für die gesamte ╱────┘
              ╲Regressions-  ╱
               ╲gerade?      ╱
                        │ nein
                    ┌───┴───┐
                    │ Ende  │
                    └───────┘
```

| Programm   REGRGER |

```
10    REM REGRESSIONSGERADE BEI EINFACHDATEN (REGRGER)
20    REM KEINE SPEICHERUNG DER DATEN
30    PRINT "STICHPROBENUMFANG N = ";:INPUT N
40    FOR I=1 TO N
50    PRINT I;". X-WERT = ";:INPUT X
60    PRINT I;". Y-WERT = ";:INPUT Y
70    PRINT
80    A=A+X: A2=A2+X*X
90    B=B+Y:B2=B2+Y*Y:AB=AB+X*Y
100   NEXT I
110   REM----------------------------------------------
120   MX=A/N:MY=B/N
130   VX=(A2-N*MX*MX)/(N-1):VY=(B2-N*MY*MY)/(N-1)
140   SX=SQR(VX):SY=SQR(VY)
150   COV=(AB-N*MX*MY)/(N-1):KR=COV/(SX*SY)
160   REM -----------------------------------------AUSGABE
170   PRINT :PRINT
180   PRINT "X-WERTE"
190   PRINT "MITTELWERT              = ";MX
200   PRINT "STANDARDABWEICHUNG      = ";SX
210   PRINT
220   PRINT "Y-WERTE"
230   PRINT "MITTELWERT              = ";MY
240   PRINT "STANDARDABWEICHUNG      = ";SY
250   PRINT
260   PRINT "KOVARIANZ               = ";COV
270   PRINT "KORRELATIONSKOEFFIZIENT = ";KR
280   B=COV/VX: A=MY-B*MX:Q=(N-1)*(1-KR*KR)*VY:PRINT
290   PRINT "REGRESSIONSGERADE Y = ";A;" + ";B;"*X" :PRINT
300   PRINT "SUMME DER ABSTANDSQUADRATE    Q = ";Q
310   PRINT
320   REM --------------------------------------SCHAETZWERT FUER Y
330   PRINT "SOLLEN SCHAETZWERTE FUER Y BERECHNET WERDEN (J=JA)?"
340   INPUT EN$:IF EN$<>"J" THEN GOTO 390
350   PRINT "FUER WELCHEN WERT X = ";:INPUT X
360   PRINT
370   PRINT "SCHAETZWERT FUER Y(";X;") IST ";A+B*X:PRINT
380   PRINT:EN$="WIA":GOTO 330
390   REM------------------STREUUNGEN D. SCHAETZER FUER A UND B
400   SA=SQR(Q*(1/N+MX*MX/((N-1)*VX))/(N-2))
410   SB=SQR(Q/((N-2)*(N-1)*VX))
420   F=N-2:F1=2:F2=N-2:PRINT
430   PRINT
440   PRINT "STANDARDABWEICHUNG DES SCHAETZERS A    SA = ";SA
450   PRINT
460   PRINT "STANDARDABWEICHUNG DES SCHAETZERS B    SB = ";SB
470   PRINT
480   PRINT "SCHAETZWERT FUER DIE VARIANZ DES MODELLS = ";Q/(N-2)
490   EN$="WIA":PRINT
500   REM -----NICHTSIMULTANE KONFIDENZINTERVALLE FUER A ODER B
510   PRINT"NICHTSIMULTANES KONFIDENZINTERVALL F. ALPHA,BETA (J=JA)?"
520   INPUT EN$:IF EN$<>"J" THEN GOTO 630
530   PRINT "KONFIDENZNIVEAU GAMMA = ";
540   INPUT GA: QU=(1+GA)/2: GOSUB 1140
550   DA=TQ*SA:DB=TQ*SB:PRINT
560   PRINT "KONFIDENZNIVEAU = ";GA;"  (NICHT SIMULTAN!!) "
```

13 Lineare Regression 213

```
570   PRINT
580   PRINT "KONFIDENZINTEVALL : ";A-DA;" <= ALPHA <= ";A+DA
590   PRINT
600   PRINT "KONFIDENZINTERVALL : ";B-DB;" <= BETA  <= ";B+DB
610   EN$="WIA":PRINT:GOTO 510
620   REM ---------------------SIMULTANE KONFIDENZINTERVALLE
630   PRINT"SIMULTANE KONFIDENZINTERVALLE F. ALPA UND BETA (J=JA) ?"
640   INPUT EN$:IF EN$<>"J" THEN GOTO 720
650   PRINT:PRINT "KONFIDENZNIVEAU GAMMA = ";
660   INPUT GA:PRINT:QU=GA:GOSUB 1250
670   PRINT "KONFIDENZNIVEAU "; GA :YU=SQR(2%FQ):PRINT
680   PRINT"KONFIDENZINTERVALL ";A-YU%SA;" <=ALPHA <= ";A+YU%SA
690   PRINT"KONFIDENZINTERVALL ";B-YU%SB;" <=BETA  <= ";B+YU%SB:PRINT
700   PRINT:EN$="WIA":GOTO 630
710   REM-----------------KONFIDENZINTERVALL FUER DEN ERWARTUNGSWERT
720   PRINT"KONFIDENZINTERVALL ERWARTUNGSWERT AN D. STELLE X0(J=JA)?"
730   INPUT EN$:IF EN$<>"J" THEN GOTO 860
740   PRINT:PRINT "KONFIDENZNIVEAU GAMMA = ";
750   INPUT GA:QU=(1+GA)/2:GOSUB 1140
760   PRINT "AN WELCHER STELLE X0 =" ;
770   INPUT X0:EN$="WIA"
780   EF=(1/N+(X0-MX)%(X0-MX)/((N-1)%VX))%Q/(N-2)
790   CO=TQ%SQR(EF):HG=A+B%X0:PRINT
800   PRINT"KONFIDENZINTERVALL";HG-CO;"<= MY(";X0;")<=";HG+CO
810   PRINT
820   PRINT"KONFIDENZINTERVALL AN EINER ANDEREN STELLE B(J=JA)?"
830   INPUT EN$:IF EN$="J" THEN GOTO 760
840   REM ---------------------PROGNOSEINTERVALLE FUER Y
850   PRINT
860   PRINT"PROGNOSEINTERVALLE FUER Y-WERTE (J=JA)?"
870   INPUT EN$:IF EN$<>"J" THEN GOTO 990
880   PRINT:PRINT "KONFIDENZNIVEAU GAMMA = ";
890   INPUT GA: QU=(1+GA)/2:EN$="WIA":GOSUB 1140
900   PRINT "AN WELCHER STELLE X0 = ";:INPUT X0
910   TY=Q%(1+1/N+(X0-MX)%(X0-MX)/((N-1)%VX))/(N-2)
920   D0=TQ%SQR(TY):PRINT:EN$="WIA"
930   PRINT:PRINT"PROGNOSEINTERVALL:":PRINT
940   PRINT A+B%X0-D0;"<=Y(";X0;")<=";A+B%X0+D0: PRINT
950   PRINT"PROGNOSEINTERVALL AN EINER ANDEREN STELLE(J=JA) "
960   INPUT EN$:IF EN$<>"J" THEN GOTO 900
970   REM -------KONFIDENZBEREICH FUER DIE GESAMTE REGRESSIONSGERADE
980   PRINT:PRINT
990   PRINT"SIMULTANER KONFIDENZBEREICH REGRESSIONSGERADE(J=JA) ?"
1000  INPUT EN$:IF EN$<>"J" THEN GOTO 1110
1010  PRINT:PRINT "KONFIDENZNIVEAU GAMMA = ";
1020  INPUT GA:QU=GA:GOSUB 1250
1030  PRINT:HG=2%Q%FQ/(N-2)
1040  PRINT "AN WELCHER STELLE X =";:INPUT X:EN$="WIA"
1050  GX=SQR(HG%(1/N+(X-MX)%(X-MX)/((N-1)%VX)))
1060  PRINT:PRINT"KONFIDENZBEREICH :":PRINT
1070  PRINT A+B%X-GX;" <= MY(";X;") <= ";A+B%X+GX :PRINT
1080  PRINT"GRENZEN AN EINER ANDEREN STELLE X (J=JA)"
1090  INPUT EN$
1100  IF EN$="J" THEN GOTO 1040
1110  END
1120  REM--------------------------------UNTERPROGRAMME
1130  REM-------------------QUANTILE T - VERTEILUNG
1140  C1=92160%F^4+23040%F^3+2880%F%F-3600%F-945
1150  C3=23040%F^3+15360%F%F+4080%F-1920
1160  C5=4800%F%F+4560%F+1482
```

```
1170  C7=720*F+776
1180  HQ=QU:IF QU<.5 THEN QU=1-QU
1190  GOSUB 1410
1200  LU=92160*F^4
1210  TQ=ZQ*(C1+ZQ*ZQ*(C3+ZQ*ZQ*(C5+ZQ*ZQ*(C7+79*ZQ*ZQ))))/LU
1220  IF HQ<.5 THEN TQ=-TQ
1230  RETURN
1240  REM-------------UNTERPROGRAMM----F-VERTEILUNG
1250  H=QU
1260  IF QU >=.5 THEN 1280
1270  QU=1-QU:UI=F1:F1=F2:F2=UI
1280  GOSUB 1410
1290  U1=9*F1: U2=9*F2
1300  A1= 2*ZQ*ZQ/U2-(1-2/U2)*(1-2/U2)
1310  B1=2*(1-2/U1)*(1-2/U2)
1320  CT=2*ZQ*ZQ/U1-(1-2/U1)*(1-2/U1)
1330  HI=B1*B1/(4*A1*A1)-CT/A1
1340  IF HI<0 THEN HI=0
1350  ET=SQR(HI)-B1/(2*A1)
1360  IF H>=.5 THEN 1380
1370  UI=F1:F1=F2:F2=UI:ET=1/ET
1380  FQ=ET*ET*ET
1390  IF FQ<0 THEN FQ=0
1400  RETURN
1410  REM--------------------------HILFSPROGRAMM
1420  T=SQR(-2*LOG(1-QU))
1430  ZA=2.515517+T*(.802853+.010328*T)
1440  NE=1+T*(1.432788+T*(.189269+.001308*T))
1450  ZQ=T-ZA/NE
1460  RETURN
```

13.4 Test auf lineare Regression

In diesem Abschnitt setzen wir voraus, daß in der Grundgesamtheit eine allgemeine Regression vorliegt. Dann gilt

$$Y(x) = f(x) + E,$$

wobei die „Abweichungsvariable" E eine $N(0; \sigma^2)$-verteilte Zufallsvariable ist. Die Nullhypothese beim Test auf lineare Regression lautet dann

$$H_0 : f(x) = \alpha + \beta x \tag{13.26}$$

mit zwei Konstanten α und β, die wie σ^2 für den Test nicht bekannt sein müssen.

Zur Entwicklung eines geeigneten Tests kann die Idee der einfachen Varianzanalyse (s. Abschnitt 10.1.) übernommen werden. Anstelle der Quadratsummenzerlegung bezüglich der m Gruppenmittel tritt hier die *Quadratsummenzerlegung bezüglich der Werte auf der empirischen Regressionsgeraden.* Zur Testdurchführung muß vorausgesetzt werden, daß zu mindestens *einem* x-Wert mehrere y-Werte gemessen werden. Wir nehmen an, daß m verschiedene Merkmalwerte $x_1^*, x_2^*, \ldots, x_m^*$ fest gewählt werden und daß für x_i^* jeweils n_i Werte $y_{i1}, y_{i2}, \ldots, y_{in_i}$ der abhängigen Variablen (zufällig) gemessen werden. Dann kann die gesamte Stichprobe in Tab. 13.2 übersichtlich dargestellt werden.

13 Lineare Regression

Tabelle 13.2 Testdurchführung

x_i^*	y_{ik}	n_i	$\bar{y}_{i.}$	$\hat{y}_i$	$n_i \cdot (\bar{y}_{i.} - \hat{y}_i)^2$	$\sum_{k=1}^{n_i} (y_{ik} - \hat{y}_i)^2$
x_1^*	$y_{11}\ y_{12}\ \cdots\ y_{1n_1}$	n_1	$\bar{y}_{1.}$	$\hat{y}_1$	$n_1 \cdot (\bar{y}_{1.} - \hat{y}_1)^2$	$\sum_{k=1}^{n_1} (y_{1k} - \hat{y}_1)^2$
x_2^*	$y_{21}\ y_{22}\ \cdots\ y_{2n_2}$	n_2	$\bar{y}_{2.}$	$\hat{y}_2$	$n_2 \cdot (\bar{y}_{2.} - \hat{y}_2)^2$	$\sum_{k=1}^{n_2} (y_{2k} - \hat{y}_2)^2$
$\vdots$	$\vdots$	$\vdots$	$\vdots$	$\vdots$	$\vdots$	$\vdots$
x_m^*	$y_{m1}\ y_{m2}\ \cdots\ y_{mn_m}$	n_m	$\bar{y}_{m.}$	$\hat{y}_m$	$n_m \cdot (\bar{y}_{m.} - \hat{y}_m)^2$	$\sum_{k=1}^{n_m} (y_{mk} - \hat{y}_m)^2$
		n			q_{zw} = Summe	q = Summe

Insgesamt liegen $n = \sum_{i=1}^{m} n_i$ Stichprobenpaare vor, wobei der Merkmalwert x_i^* genau n_i-mal vorkommt. Es gilt also

$$\bar{x} = \frac{1}{n} \sum_{i=1}^{m} n_i x_i^*; \quad s_x^2 = \frac{1}{n-1} \left[\sum_{i=1}^{m} n_i x_i^{*2} - n\bar{x}^2 \right];$$

$$\bar{y} = \frac{1}{n} \sum_{i=1}^{m} \sum_{k=1}^{n_i} y_{ik} = \frac{1}{n} \sum_{i=1}^{m} y_{i.};$$

$$s_y^2 = \frac{1}{n-1} \left[\sum_{i=1}^{m} \sum_{k=1}^{n_i} y_{ik}^2 - n\bar{y}^2 \right];$$

$$s_{xy} = \frac{1}{n-1} \left[\sum_{i=1}^{m} x_i^* y_{i.} - n\bar{x}\bar{y} \right].$$

(13.27)

Zunächst wird die empirische Regressionsgerade

$$\hat{y} = a + bx \text{ mit } b = \frac{s_{xy}}{s_x^2}, \quad a = \bar{y} - b\bar{x}$$

(13.28)

bestimmt.

Die Summe q der vertikalen Abweichungsquadrate aller Punkte von der Regressionsgeraden

$$q = (n-1) \cdot (1-r^2) \cdot s_y^2 = \sum_{i=1}^{m} \sum_{k=1}^{n_i} (y_{ik} - \hat{y}_i)^2 \tag{13.29}$$

wird über die Gruppenmittel $\bar{y}_{i.} = \dfrac{1}{n_i} \sum_{k=1}^{n_i} y_{ik}$ zerlegt in

$$(y_{ik} - \hat{y}_i)^2 = [(y_{ik} - \bar{y}_{i.}) + (\bar{y}_{i.} - \hat{y}_i)]^2$$
$$= (y_{ik} - \bar{y}_{i.})^2 + (\bar{y}_{i.} - \hat{y}_i)^2 + 2(y_{ik} - \bar{y}_{i.}) \cdot (\bar{y}_{i.} - \hat{y}_i).$$

Wie bei der Varianzanalyse verschwindet die Summe der gemischten Produkte, so daß gilt

$$q = \sum_{i=1}^{m} n_i \cdot (\bar{y}_{i.} - \hat{y}_i)^2 + \sum_{i=1}^{m} \sum_{k=1}^{n_i} (y_{ik} - \bar{y}_{i.})^2 \tag{13.30}$$
$$= \quad q_{zw} \quad + \quad q_{in}.$$

Dabei stellt q_{zw} die (gewichtete) Summe der Abstandsquadrate der Gruppenmittel von der (empirischen) Regressionsgeraden dar, während

$$q_{in} = \sum_{i=1}^{m} \sum_{k=1}^{n_i} y_{ik}^2 - \sum_{i=1}^{n} \dfrac{y_{i.}^2}{n_i} \tag{13.31}$$

die Summe der Abweichungsquadrate innerhalb der Gruppen ist.

Der Stichprobenwert q_{in} ist Realisierung der Zufallsvariablen Q_{in} mit

$$E\left(\dfrac{Q_{in}}{n-m}\right) = \sigma^2. \tag{13.32}$$

$\dfrac{Q_{in}}{n-m}$ ist also eine erwartungstreue Schätzfunktion für die Varianz σ^2 des Regressionsmodells, auch wenn die Regressionsfunktion f(x) keine Gerade ist. Ferner ist $\dfrac{Q_{in}}{\sigma^2}$ Chi-Quadrat-verteilt mit $m-2$ Freiheitsgraden.

Falls H_0 richtig ist, gilt $E\left(\dfrac{Q_{zw}}{m-2}\right) = \sigma^2$. Dann ist $\dfrac{Q_{zw}}{\sigma^2}$ Chi-Quadrat-verteilt mit $m-2$ Freiheitsgraden und von $\dfrac{Q_{in}}{\sigma^2}$ stochastisch unabhängig.

Damit ist die Testgröße

$$\boxed{V = \dfrac{Q_{zw}/(m-2)}{Q_{in}/(n-m)}}$$

$F[m-2; n-m]$-verteilt.

13 Lineare Regression

In Tab. 13.3 sind die Testgrößen nochmals zusammengestellt.

Tabelle 13.3 Test auf lineare Regression

	Summe der Abweichungsquadrate	Anzahl der Freiheitsgrade	gemittelte Summe	Erwartungswert
Gruppenmittel von der Regressionsgeraden	$q_{zw} = \sum\limits_{i=1}^{m} n_i \cdot (\bar{y}_{i.} - \hat{y}_i)^2$	$m - 2$	$\dfrac{q_{zw}}{m-2}$	σ^2 falls H_0 richtig ist
innerhalb der Gruppen	$q_{in} = \sum\limits_{i=1}^{m} \sum\limits_{k=1}^{n_i} (y_{ik} - \bar{y}_{i.})^2$	$n - m$	$\dfrac{q_{in}}{n-m}$	σ^2 immer!
gesamt	$q = \sum\limits_{i=1}^{m} \sum\limits_{k=1}^{n_i} (y_{ik} - \hat{y}_i)^2$	$n - 2$	$\dfrac{q}{n-2}$	σ^2 falls H_0 richtig ist

Testgröße $v_{ber.} = \dfrac{q_{zw}/(m-2)}{q_{in}/(n-m)}$ ist $F[m-2; n-m]$-verteilt.

Test auf lineare Regression (LINREG)

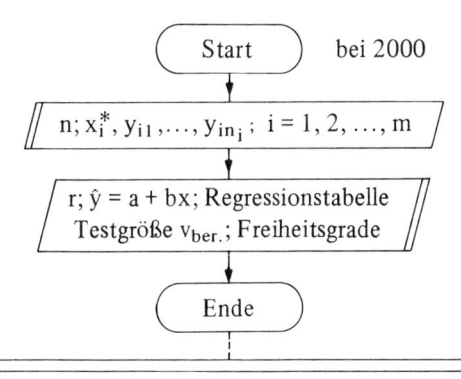

```
        ( Start )      bei 2000
           │
   ┌───────┴────────────────────────┐
   │ n; x*_i, y_{i1},..., y_{in_i}; i = 1, 2, ..., m │
   └───────┬────────────────────────┘
           │
   ┌───────┴────────────────────────┐
   │ r; ŷ = a + bx; Regressionstabelle │
   │ Testgröße v_{ber.}; Freiheitsgrade │
   └───────┬────────────────────────┘
           │
        ( Ende )
```

Anschluß an das Programm REGRGER für lineare Regression (Konfidenzintervalle, Tests für α, β usw.) ist möglich. Das Programm muß vor Beginn ab Zeile 10 zugeladen werden. Dann ist 2470 durch GOTO 280 zu ersetzen bzw. nach dem Ende bei 280 neu zu starten.

Programm	LINREG

```
2000 REM      TEST AUF LINEARE REGRESSION  (LINREG)
2010 REM PROGRAMMBEGINN 2000,DAMIT ZULADUNG VON REGRGER MOEGLICH
2020 PRINT "ANZAHL M DER VERSCHIEDENEN X-WERTE = ";:INPUT M
2030 DIM SUMY(M),H(M),X(M):PRINT
2040 PRINT "SIND ALLE GRUPPENUMFAENGE GLEICH GROSS (J=JA)?"
2050 INPUT EN$:IF EN$<>"J" THEN GOTO 2070
2060 PRINT "GRUPPENUMFANG  = ";:INPUT LE
2070 FOR I=1 TO M
2080 PRINT I;". X-WERT = ";:INPUT X(I)
2090 IF EN$<>"J" THEN GOTO 2110
2100 H(I)=LE :GOTO 2120
2110 PRINT "UMFANG DER ";I;". GRUPPE = ";:INPUT H(I)
2120 PRINT "GEBEN SIE DER REIHE NACH DIE WERTE DER ";I;".GRUPPE EIN"
2130 FOR J=1 TO H(I)
2140 INPUT Y
2150 SY(I)=SY(I)+Y:S2=S2+Y*Y
2160 NEXT J
2170 PRINT:PRINT
2180 NEXT I
2190 REM ------------------------------------
2200 FOR I=1 TO M
2210 MX=MX+H(I)*X(I): VX=VX+H(I)*X(I)*X(I)
2220 MY=MY+SY(I):COV=COV+X(I)*SY(I)
2230 N=N+H(I):HL=HL+SY(I)*SY(I)/H(I)
2240 NEXT I
2250 MX=MX/N: VX=(VX-N*MX*MX)/(N-1):SX=SQR(VX)
2260 MY=MY/N: VY=(S2-N*MY*MY)/(N-1):SY=SQR(VY)
2270 COV=(COV-N*MY*MX)/(N-1)
2280 KR=COV/(SX*SY):B=COV/VX:A=MY-B*MX
2290 Q=(N-1)*(1-KR*KR)*VY:QIN=S2-HL:QZW=Q-QIN
2300 VB=QZW*(N-M)/(QIN*(M-2)):W=QIN/(N-M)
2310 REM ----------------------------------------AUSGABE
2320 PRINT:PRINT
2330 PRINT "KORRELATIONSKOEFFIZIENT       = ";KR: PRINT
2340 PRINT "REGRESSIONSGERADE  :   Y = ";A;" + ";B;"*X"
2350 PRINT
2360 PRINT TAB(7);"SUMME AB-";TAB(21);"FREI.";TAB(28);"GEMITTELTE"
2370 PRINT TAB(7);"STANDSQUADR.";TAB (21);"GRADE";TAB(28);"QUADRATSUMMEN"
2380 PRINT "------------------------------------"
2390 PRINT "GR.MITTEL";:D1=QZW:D2=M-2:GOSUB 2500
2400 PRINT "INNERHALB DER "
2410 PRINT "GRUPPEN";:D1=QIN:D2=N-M:GOSUB 2500
2420 PRINT "------------------------------------"
2430 PRINT "GESAMT";:D1=Q:D2=N-2:GOSUB 2500
2440 PRINT:PRINT
2450 PRINT "TESTGROESSE   V = ";VB: PRINT
2460 PRINT "FREIHEITSGR. F1 = ";M-2;" ; F2 = ";N-M
2470 END
2480 REM FALLS REGRGER ZUGELADEN HIER GOTO 290
2490 REM----------------------------------------
2500 REM------------------DRUCKPROGRAMM
2510 PRINT TAB(11);D1;TAB(24);D2;TAB(29);D1/D2
2520 RETURN
```

13 Lineare Regression

Beispiel 13.5. Bei 25 Männern verschiedener Altersstufen wurde der systolische Blutdruck gemessen. Dabei ergaben sich folgende Werte:

Alter [Jahre]	Blutdruck [mm in HG]				
20	111	107	112	118	109
30	117	109	119	115	122
40	134	132	129	122	127
50	139	137	129	133	134
60	141	146	139	148	143

Mit $\alpha = 0{,}05$ soll getestet werden, ob lineare Regression vorliegt.

Das Programm LINREG liefert die

Ausgabe

Korrelationskoeffizient r = .943509
Regressionsgerade $\hat{y} = 94.08 + .82x$

	Summe der Abweichungsquadrate	Anzahl der Freiheitsgrade	gemittelte Quadratsumme
Gruppenmittel	51.04	3	17.0133
innerhalb der Gruppen	363.6	20	18.18
gesamt	414.64	23	18.0278

Testgröße $v_{ber.} = .935828$
Anzahl der Freiheitsgrade: $f_1 = 3$; $f_2 = 20$.

Das Programm der F-Verteilung liefert die Überschreitungswahrscheinlichkeit $P = F_{3,20}(0.935828) = .558199$.

Testentscheidung: Wegen $P < 1 - \alpha = 0{,}95$ kann die Nullhypothese der linearen Regression nicht abgelehnt werden. ♦

13.5 Transformationen auf lineare Modelle

Beispiel 13.6.
a) Bei vielen Natur- und Wachstumsprozessen ist ein exponentieller Regressionsansatz

$$Y(x) = e^{\alpha + \beta x + E} \qquad (13.33)$$

naheliegend. Mit Hilfe des natürlichen Logarithmus geht (13.33) über in

$$\ln Y(x) = \alpha + \beta x + E. \qquad (13.33')$$

Bezüglich der transformierten Zufallsvariablen ln $Y(x)$ liegt dann lineare Regression vor.

b) $Y(x) = \alpha + \beta x^k + E$ (k fest vorgegeben)

geht durch $x' = x^k$ über in das lineare Modell $Y(x') = \alpha + \beta x' + E$. ◆

In der Tabelle 13.4 sind weitere Transformationen auf lineare Modelle angegeben.

Tabelle 13.4 Transformationen auf lineare Modelle

Modell	transformiertes lineares Modell
$Y(x) = \alpha + \beta x^k + E$ (k bekannt)	$Y(x) = \alpha + \beta z + E;\ z = x^k$
$Y(x) = e^{\alpha + \beta x + E}$	$\ln Y(x) = \alpha + \beta x + E$
$Y(x) = \alpha x^\beta e^E$	$\ln Y(x) = \ln\alpha + \beta z + E;\ z = \ln x$
$Y(x) = \dfrac{1}{\alpha + \beta x + E}$	$\dfrac{1}{Y(x)} = \alpha + \beta x + E$
$Y(x) = \alpha e^{\frac{\beta}{x} + E}$	$\ln Y(x) = \ln\alpha + \beta z + E;\ z = \dfrac{1}{x}$
$Y(x) = \alpha + \beta e^{\gamma x} + E$	$Y(x) = \alpha + \beta z + E;\ z = e^{\gamma x}$

14 Quadratische Regressionsfunktionen

In Abschnitt 13 haben wir uns nur mit linearer Regression beschäftigt. Oft ist jedoch aus Erfahrung bekannt, daß in der Grundgesamtheit keine lineare Regression vorliegt. In diesem Abschnitt sollen quadratische Regressionsfunktionen (Parabeln) behandelt werden. Wir gehen also von folgender *Modellannahme* aus

$$Y(x) = \alpha + \beta_1 x + \beta_2 x^2 + E, \qquad (14.1)$$

wobei die Fehlervariable E wieder $N(0;\ \sigma^2)$-verteilt ist. Die Regressionsparabel $y = \alpha + \beta_1 x + \beta_2 x^2$ der Grundgesamtheit wird durch eine *Ausgleichsparabel* (empirische Regressionsparabel)

$$\hat{y} = a + b_1 x + b_2 x^2 \qquad (14.2)$$

geschätzt, die aus einer Stichprobe nach dem Gaußschen Prinzip der kleinsten (vertikalen) Abstandsquadrate bestimmt wird. Die Summe der vertikalen Abstandsquadrate der n Stichprobenwerte (x_i, y_i) von der Ausgleichsparabel lautet

$$q = q(a, b_1, b_2) = \sum_{i=1}^{n}(y_i - a - b_1 x_i - b_2 x_i^2)^2. \qquad (14.3)$$

14 Quadratische Regressionsfunktionen

Die Parameter a, b_1 und b_2 werden wieder so bestimmt, daß die Summe q minimal wird. Differentiation nach a, b_1 und b_2 liefern die Bedingungen

$$\frac{\partial q}{\partial a} = -2 \sum_i (y_i - a - b_1 x_i - b_2 x_i^2) = 0;$$

$$\frac{\partial q}{\partial b_1} = -2 \sum_i x_i(y_i - a - b_1 x_i - b_2 x_i^2) = 0;$$

$$\frac{\partial q}{\partial b_2} = -2 \sum_i x_i^2 (y_i - a - b_1 x_i - b_2 x_i^2) = 0.$$

Somit erhält man für die Unbekannten a, b_1 und b_2 das lineare Gleichungssystem

$$\boxed{\begin{aligned} a \cdot n + b_1 \Sigma x_i + b_2 \Sigma x_i^2 &= \Sigma y_i \, ; \\ a \Sigma x_i + b_1 \Sigma x_i^2 + b_2 \Sigma x_i^3 &= \Sigma x_i y_i; \\ a \Sigma x_i^2 + b_1 \Sigma x_i^3 + b_2 \Sigma x_i^4 &= \Sigma x_i^2 y_i. \end{aligned}} \quad (14.4)$$

Dieses Gleichungssystem besitzt mit

$$D = n(\Sigma x_i^2) \cdot (\Sigma x_i^4) + 2(\Sigma x_i) \cdot (\Sigma x_i^2) \cdot (\Sigma x_i^3) - (\Sigma x_i)^2 \cdot (\Sigma x_i^4) - (\Sigma x_i^2)^3 - n \cdot (\Sigma x_i^3)^2;$$

$$D_1 = (\Sigma y_i) \cdot [(\Sigma x_i^2) \cdot (\Sigma x_i^3) - (\Sigma x_i) \cdot (\Sigma x_i^4)] + (\Sigma x_i y_i) \cdot [n(\Sigma x_i^4) - (\Sigma x_i^2)^2]$$
$$+ (\Sigma x_i^2 y_i) \cdot [(\Sigma x_i) \cdot (\Sigma x_i^2) - n(\Sigma x_i^3)];$$

$$D_2 = (\Sigma y_i) \cdot [(\Sigma x_i) \cdot (\Sigma x_i^3) - (\Sigma x_i^2)^2] + (\Sigma x_i y_i) \cdot [(\Sigma x_i) \cdot (\Sigma x_i^2) - n(\Sigma x_i^3)]$$
$$+ (\Sigma x_i^2 y_i) \cdot [n(\Sigma x_i^2) - (\Sigma x_i)^2]$$

die Lösung

$$\boxed{\begin{aligned} b_1 &= \frac{D_1}{D}; \quad b_2 = \frac{D_2}{D}; \\ a &= \frac{1}{n} [\Sigma_i y_i - (\Sigma_i x_i) b_1 - (\Sigma_i x_i^2) b_2]. \end{aligned}} \quad (14.5)$$

Die Varianz der Fehlervariablen E kann erwartungstreu geschätzt werden durch

$$s^2 = \frac{q}{n-3} = \frac{1}{n-3} \sum_i (y_i - \hat{y}_i)^2 \quad (14.6)$$

(n − 3 Freiheitsgrade).

a, b_1 und b_2 sind erwartungstreue Schätzer für α, β_1 und β_2 mit den Varianzen

$$s_a^2 = \frac{q}{n-3} \cdot \frac{1}{D} \cdot \left[\left(\sum_i x_i^2 \right) \cdot \left(\sum_i x_i^4 \right) - \left(\sum_i x_i^3 \right)^2 \right] ;$$

$$s_{b_1}^2 = \frac{q}{n-3} \cdot \frac{1}{D} \cdot \left[n \left(\sum_i x_i^4 \right) - \left(\sum_i x_i^2 \right)^2 \right] ; \qquad (14.7)$$

$$s_{b_2}^2 = \frac{q}{n-3} \cdot \frac{1}{D} \cdot \left[n \left(\sum_i x_i^2 \right) - \left(\sum_i x_i \right)^2 \right]$$

(s. [20], S. 590).

Ferner sind die Standardisierungen

$$\frac{a-\alpha}{s_a} ; \quad \frac{b_1-\beta_1}{s_{b_1}} \quad \text{und} \quad \frac{b_2-\beta_2}{s_{b_2}}$$

Realisierungen von t-verteilten Zufallsvariablen mit $n-3$ Freiheitsgraden. Zum Konfidenzniveau γ erhält man hieraus

Zweiseitige Konfidenzintervalle ($n-3$ Freiheitsgrade)

$$a - t_{\frac{1+\gamma}{2}}^{(n-3)} \cdot s_a \leq \alpha \leq a + t_{\frac{1+\gamma}{2}}^{(n-3)} \cdot s_a ;$$

$$b_1 - t_{\frac{1+\gamma}{2}}^{(n-3)} \cdot s_{b_1} \leq \beta_1 \leq b_1 + t_{\frac{1+\gamma}{2}}^{(n-3)} \cdot s_{b_1} ;$$

$$b_2 - t_{\frac{1+\gamma}{2}}^{(n-3)} \cdot s_{b_2} \leq \beta_2 \leq b_2 + t_{\frac{1+\gamma}{2}}^{(n-3)} \cdot s_{b_2} ; \qquad (14.8)$$

$$\frac{q}{\chi_{\frac{1+\gamma}{2}}^2} \leq \sigma^2 \leq \frac{q}{\chi_{\frac{1-\gamma}{2}}^2} .$$

Ersetzt man hier die $\frac{1+\gamma}{2}$-Quantile durch die γ-Quantile $t_\gamma^{(n-3)}$ und läßt man eine Grenze weg, so erhält man einseitige Konfidenzintervalle zum Konfidenzniveau γ.

14 Quadratische Regressionsfunktionen

Zum Signifikanzniveau $1-\alpha$ erhält man folgende

Zweiseitige Tests

Nullhypothese H_0	Alternative H_1	Ablehnungsbereich von H_0
$\alpha = \alpha_0$	$\alpha \neq \alpha_0$	$\left|\dfrac{a-\alpha_0}{s_a}\right| > t_{1-\alpha/2}^{(n-3)}$
$\beta_1 = \hat{\beta}_1$	$\beta_1 \neq \hat{\beta}_1$	$\left|\dfrac{b_1-\hat{\beta}_1}{s_{b_1}}\right| > t_{1-\alpha/2}^{(n-3)}$
$\beta_2 = \hat{\beta}_2$	$\beta_2 \neq \hat{\beta}_2$	$\left|\dfrac{b_2-\hat{\beta}_2}{s_{b_2}}\right| > t_{1-\alpha/2}^{(n-3)}$
$\sigma^2 = \sigma_0^2$	$\sigma^2 \neq \sigma_0^2$	$\dfrac{q}{\sigma_0^2} < \chi_{\alpha/2}^2$ oder $\dfrac{q}{\sigma_0^2} > \chi_{1-\alpha/2}^2$ (n − 3 Freiheitsgrade).

(14.9)

Über $(1-\alpha)$-Quantile erhält man entsprechende einseitige Tests.

Falls die Nullhypothese

$H_0 : \beta_2 = 0$

nicht abgelehnt werden kann, ist kein quadratischer, sondern nur ein linearer Ansatz notwendig.

Die Berechnung von Konfidenz- und Prognosebereichen würde den Rahmen dieses Taschenbuches sprengen. Dabei sei auf die weiterführende Literatur, z.B. [20] verwiesen.

Quadratische Regression mit Datenspeicherung (QUADREG)

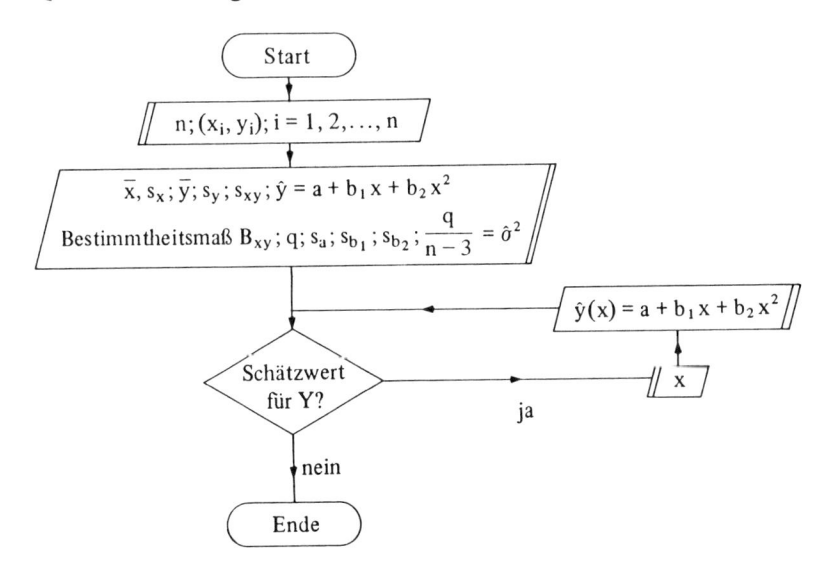

```
                    ┌─────────┐
                    │  Start  │
                    └────┬────┘
                         ↓
        ╱ n; (xᵢ, yᵢ); i = 1, 2, …, n ╱
                         ↓
   ╱ x̄, sₓ; ȳ; s_y; s_xy; ŷ = a + b₁x + b₂x²        ╱
   ╱ Bestimmtheitsmaß B_xy; q; s_a; s_{b₁}; s_{b₂}; q/(n−3) = σ̂²  ╱
                         ↓                     ╱ ŷ(x) = a + b₁x + b₂x² ╱
                         ↓ ←──────────────────────────┐
                    ◇─────────◇                       ╱ x ╱
                   ╱ Schätzwert ╲   ja
                   ╲  für Y?    ╱ ──────────────→
                    ◇─────────◇
                         │ nein
                         ↓
                    ┌─────────┐
                    │  Ende   │
                    └─────────┘
```

Programm   QUADREG

```
10    REM QUADRATISCHE REGRESSION MIT DATENSPEICHERUNG (QUADREG)
20    PRINT "STICHPROBENUMFANG N = ";:INPUT N
30    DIM X(N),Y(N)
40    FOR I = 1 TO N
50    PRINT "GEBEN SIE DAS ";I;". STICHPROBENPAAR (X,Y) EIN !"
60    INPUT X(I): INPUT Y(I):PRINT
70    NEXT I
80    REM --------------------------------BERECHNUNG
90    FOR I=1 TO N
100   X=X(I):Y=Y(I)
110   X1=X1+X:X2=X2+X*X:X3=X3+X*X*X
120   Y1=Y1+Y:Y2=Y2+Y*Y:XY=XY+X*Y
130   X4=X4+X*X*X*X:ZU=ZU+X*X*Y
140   NEXT I
150   D=N*X2*X4+2*X1*X2*X3-X1*X1*X4
160   D=D-X2*X2*X2-N*X3*X3
170   D1=Y1*(X2*X3-X1*X4)+XY*(N*X4-(X2*X2))
180   D1=D1+ZU*(X1*X2-N*X3)
190   D2=Y1*(X1*X3-X2*X2)+XY*(X1*X2-N*X3)
200   D2=D2+ZU*(N*X2-X1*X1)
210   B1=D1/D: B2=D2/D: A=(Y1-X1*B1-X2*B2)/N
220   FOR I=1 TO N
230   HK=Y(I)-A-B1*X(I)-B2*X(I)*X(I) :Q=Q+HK*HK
240   NEXT I
250   MX=X1/N:VX=(X2-N*MX*MX)/(N-1):SX=SQR(VX)
260   MY=Y1/N:VY=(Y2-N*MY*MY)/(N-1):SY=SQR(VY)
270   COV=(XY-N*MX*MY)/(N-1):KR=COV/(SX*SY)
280   S2=Q/(N-3):S=SQR(S2):BM=1-Q/((N-1)*VY)
290   SA=SQR(S2*(X2*X4-X3*X3)/D)
300   U1=SQR(S2*(N*X4-X2*X2)/D)
310   U2=SQR(S2*(N*X2-X1*X1)/D)
320   REM ----------------------------------AUSGABE
330   PRINT:PRINT
340   PRINT "X-WERTE"
350   PRINT "MITTELWERT              ";MX
360   PRINT "STANDARDABWEICHUNG      ";SX
370   PRINT
380   PRINT "Y-WERTE"
390   PRINT "MITTELWERT              ";MY
400   PRINT "STANDARDABWEICHUNG      ";SY :PRINT
410   PRINT "KOVARIANZ               ";COV
420   PRINT "KORRELATIONSKOEFFIZIENT ";KR:PRINT
430   PRINT "REGRESSEIONSPARABEL:"
440   PRINT "Y =";A;"+";B1;"*X+";B2;"*X*X"
450   PRINT
460   PRINT "SUMME DER ABSTANDSQUADRATE           Q = ";Q
470   PRINT "BESTIMMTHEITSMASS                  BXY = ";BM
480   PRINT
490   PRINT "AUSGABE DER STANDARDABWEICHUNGEN DER SCHAETZER (J=JA)?"
500   INPUT EN$: IF EN$<>"J" THEN GOTO 590
510   PRINT:PRINT:PRINT
520   PRINT "STANDARDABWEICHUNG DES SCHAETZERS A      SA = ";SA
530   PRINT
540   PRINT "STANDARDABWEICHUNG DES SCHAETZERS B1    SB1 = ";U1
550   PRINT
560   PRINT "STANDARDABWEICHUNG DES SCHAETZERS B2    SB2 = ";U2
```

14 Quadratische Regressionsfunktionen

```
570  PRINT
580  PRINT "SCHAETZWERT FUER DIE VARIANZ            = ";Q/(N-3)
590  REM ----------------------------------------SCHARTZWERTE FUER Y
600  PRINT:PRINT:EN$="WIA"
610  PRINT "SOLLEN SCHAETZWERTE FUER Y BERECHNET WERDEN (J=JA)?"
620  INPUT EN$:IF EN$<>"J" THEN GOTO 670
630  PRINT "AN WELCHER STELLE X = ";:INPUT X
640  PRINT
650  PRINT "SCHAETZWERT FUER Y(";X;")   = ";
660  PRINT A+B1XX+B2XXXX: GOTO 610
670  END
```

Beispiel 14.1. Der Bremsweg y [m] eines PKW's hängt bekanntlich vom Quadrat der Geschwindigkeit x[km/h] ab. Bei einem bestimmten Kraftfahrzeug wurde der Bremsweg in Abhängigkeit von der Geschwindigkeit bei 25 Bremsversuchen gemessen:

x_i	19,1	22,4	29,5	36	41,3	48,2	53,8	59,4	64,8
y_i	8,9	10,6	11,5	18,7	21,5	22,4	23,3	33,3	38,4
	69,7	73,8	81,1	84,9	90	95,6	101,1	106	109,2
	42,3	50,6	48,6	61,7	60,1	58,7	72,7	77	79,1
	115,9	120,5	126	129,6	135,9	141	144,5		
	98,5	111	94,8	103,8	117,8	127,3	131,5		

Gesucht ist die (empirische) Regressionsparabel $\hat{y} = a + b_1 x + b_2 x^2$.
Das obige Programm liefert die

Ausgabe

$\bar{x} = 83.972$; $s_x = 38.7123$; $\bar{y} = 60.964$; $s_y = 38.7594$;
Kovarianz = 1471.14; r = .980458
Regressionsparabel $\hat{y} = 1.75051 + .264178\, x + .00436159\, x^2$;
Bestimmtheitsmaß $B_{yx} = .983792$.
Summe der Abstandsquadrate q = 584.381;
Standardabweichung des Schätzers a: $s_a = 4.89132$
Standardabweichung des Schätzers b_1: $s_{b_1} = .132656$
Standardabweichung des Schätzers b_2: $s_{b_2} = .00078933$
Schätzwert für die Varianz $\hat{\sigma}^2 = 26.5628$.
Die Regressionsparabel ist in Bild 14.1 dargestellt, wobei die Funktionswerte als Schätzwerte für y aus dem Programm ausgegeben werden können.
Für $\gamma = 0,90$ erhält man für das Konfidenzintervall für β_2 aus (14.8) die Grenzen

$$0{,}00436159 \pm 1{,}71754 \cdot 0{,}00078933,$$

also

$$0{,}003006 \leq \beta_2 \leq 0{,}005717.$$

Für den Test der Nullhypothese

$$H_0 : \alpha = 0 \text{ gegen } H_1 : \alpha \neq 0$$

mit einer Irrtumswahrscheinlichkeit von 0,1 erhält man aus (14.9) die

$$\text{Testgröße } v = \frac{a}{s_a} = \frac{1{,}75051}{4{,}89132} = 0{,}3579.$$

Wegen $v < t_{0,95}^{(22)} = 1{,}72$ kann H_0 nicht abgelehnt werden. Es spricht also nichts dagegen, daß die Regressionsparabel der Grundgesamtheit durch den Koordinatenursprung geht.

Für den Test der Nullhypothese

$$H_0 : \beta_1 = 0 \text{ gegen } H_1 : \beta_1 \neq 0$$

liefert (15.9) die Testgröße

$$v_{\text{ber.}} = \frac{b_1}{s_{b_1}} = \frac{0{,}264178}{0{,}132656} = 1{,}991.$$

Wegen $v_{\text{ber.}} < t_{0,975}^{(22)} = 2{,}074$ kann H_0 mit einer Irrtumswahrscheinlichkeit 0,05 nicht abgelehnt werden.

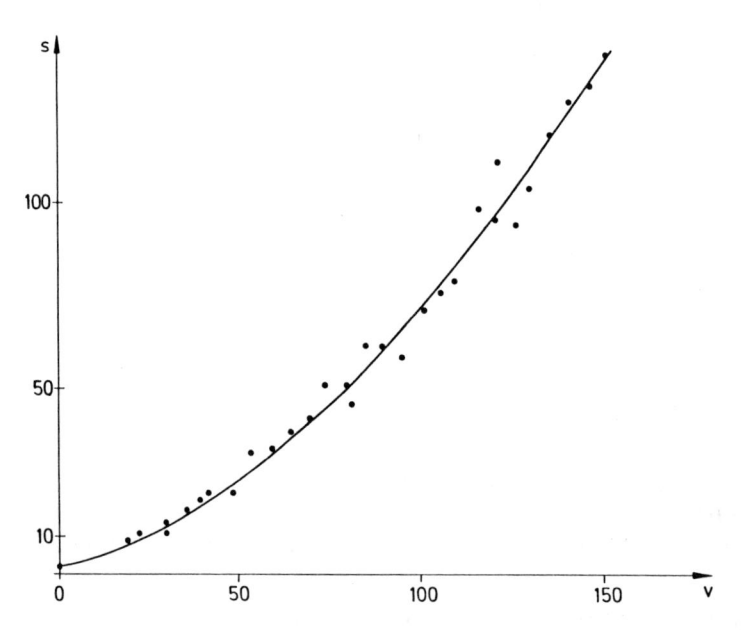

♦

Bild 14.1 Regressionsparabel (zu Beispiel 14.1)

15 Durch Parameter bestimmte Regressionsfunktionen

Die lineare Regressionsfunktion $f(x) = \alpha + \beta x$ ist durch die beiden Parameter α und β vollständig bestimmt, die Regressionsparabel $f(x) = \alpha + \beta_1 x + \beta_2 x^2$ durch drei Parameter. Beim Regressionspolynom $(l-1)$-ten Grades

$$f(x) = \alpha + \beta_1 x + \beta_2 x^2 + \ldots + \beta_{l-1} x^{l-1}$$

sind l Parameter zu bestimmen.

Wir nehmen allgemein an, daß eine Regressionsfunktion eines bestimmten Typs durch die l Parameter $\alpha_1, \alpha_2, \ldots, \alpha_l$ vollständig bestimmt ist. Dafür schreiben wir

$$f(x) = f(\alpha_1, \alpha_2, \ldots, \alpha_l, x). \tag{15.1}$$

Die entsprechenden Schätzwerte $a_1, a_2, \ldots, a_l$ werden aus einer Stichprobe nach dem Gaußschen Prinzip der kleinsten vertikalen Abstandsquadrate bestimmt.
Für die Summe der vertikalen Abstandsquadrate der Stichprobenpunkte von $f(a_1, a_2, \ldots, a_l, x)$ erhält man

$$q = q(a_1, a_2, \ldots, a_l) = \sum_{i=1}^{n} [y_i - f(a_1, a_2, \ldots, a_l, x_i)]^2.$$

Falls die Funktion f nach allen Parametern differenzierbar ist, erhält man die Parameter $a_1, a_2, \ldots, a_l$ evtl. durch Auflösen der Gleichungen

$$\boxed{\begin{aligned}\frac{\partial q}{\partial a_k} = -2 \sum_{i=1}^{n} [y_i - f(a_1, \ldots, a_l, x_i)] \cdot \frac{\partial f(a_1, \ldots, a_l, x_i)}{\partial a_k} = 0\\ \text{für } k = 1, 2, \ldots, l.\end{aligned}} \tag{15.2}$$

Zum Test der Hypothese

$$H_0 : f(x) = f(\alpha_1, \alpha_2, \ldots, \alpha_l, x) \tag{15.3}$$

wird die empirische Regressionsfunktion

$$f(x) = f(a_1, a_2, \ldots, a_l, x)$$

benutzt mit den Schätzwerten

$$\hat{y}_i = f(a_1, a_2, \ldots, a_l, x_i^*).$$

Wie in Abschnitt 13.4. erhält man die Quadratsummenzerlegung

$$q = \sum_{i=1}^{m} \sum_{k=1}^{n_i} (y_{ik} - \hat{y}_i)^2 = \sum_{i=1}^{m} n_i (\bar{y}_{i.} - \hat{y}_i)^2 + \sum_{i=1}^{m} \sum_{k=1}^{n_i} (y_{ik} - \bar{y}_{i.})^2$$

$$= q_{zw} \qquad\qquad + q_{in}.$$

Da insgesamt l Parameter geschätzt werden, ist die Testgröße

$$v = \frac{q_{zw}/(m-l)}{q_{in}/(n-m)} \tag{15.4}$$

Realisierung einer $F[m-l, n-m]$-verteilten Zufallsvariablen.

$\dfrac{q_{in}}{n-m}$ ist ein erwartungstreuer Schätzwert für σ^2 des Regressionsmodells, auch wenn H_0 nicht richtig ist. Der Test kann daher mit (15.4) in Analogie zu Abschnitt 13.4. durchgeführt werden.

VIII Verteilungsunabhängige Verfahren

Bei den bisher behandelten Verfahren hatten wir vorausgesetzt, daß der Typ der Verteilungsfunktionen der betrachteten Zufallsvariablen bekannt ist (z.B. Binomial-, Poisson-, Normalverteilung), oder aber daß der Stichprobenumfang n hinreichend groß ist, um mit Hilfe der Grenzwertsätze Näherungsformeln zu erhalten. Für großes n ist jedoch die Stichprobenerhebung i.a. zeit- und kostenaufwendig, insbesondere, wenn der betreffende Gegenstand bei der Untersuchung unbrauchbar wird wie etwa bei der Bestimmung der Brenndauer einer Glühbirne. Daher ist es naheliegend, nach Verfahren zu suchen, bei denen weder die Verteilungsfunktion der entsprechenden Zufallsvariablen bekannt noch der Stichprobenumfang groß sein muß. Einige dieser sog. verteilungsunabhängigen Verfahren sollen hier behandelt werden. Für alle Verfahren dieses Abschnitts wird vorausgesetzt, daß die *Grundgesamtheit stetig verteilt* ist.

16 Der Vorzeichentest von Fisher

Für eine stetige Zufallsvariable Y soll eine der Nullhypothesen

$$H_0 : P(Y > 0) \begin{cases} = 1/2; \\ \leq 1/2; \\ \geq 1/2 \end{cases} \tag{16.1}$$

getestet werden. Wegen der vorausgesetzten Stetigkeit gilt dann $P(Y < 0) = 1/2$. Zur Testdurchführung wird eine Stichprobe

$$y = (y_1, y_2, \ldots, y_n)$$

benutzt. Unter der Bedingung von H_0 ist jeder Stichprobenwert mit Wahrscheinlichkeit 1/2 positiv bzw. negativ. Wegen der vorausgesetzten Stetigkeit tritt ein Wert $y_i = 0$ nur mit Wahrscheinlichkeit 0, also fast nie auf.

Die Zufallsvariable Z welche die Anzahl der positiven Stichprobenwerte beschreibt, ist $b(n, 1/2)$-binomialverteilt, falls H_0 richtig ist. Dann gilt

$$P(Z = k) = \binom{n}{k} \cdot \frac{1}{2^n} \quad \text{für } k = 0, 1, \ldots, n.$$

Wegen $p = 1/2$ ist die Verteilung von Z symmetrisch. Somit gilt

$$P(Z \leq k_\alpha) = P(Z \geq n - k_\alpha). \tag{16.2}$$

Mit den maximalen Werten $k_{u,\alpha}$ aus

$$P(Z \leq k_{u,\alpha}) \leq \alpha \tag{16.3}$$

erhält man mit der Anzahl z der positiven Stichprobenwerte die

Testentscheidungen

Nullhypothese H_0	Alternative H_1	Ablehnungsbereich von H_0	
$P(Y>0) = 1/2$	$P(Y>0) \neq 1/2$	$z \leq k_{u,\alpha/2}$ oder $z \geq n - k_{u,\alpha/2}$	
$P(Y>0) \leq 1/2$	$P(Y>0) > 1/2$	$z \geq n - k_{u,\alpha}$	(16.4)
$P(Y>0) \geq 1/2$	$P(Y>0) < 1/2$	$z \leq k_{u,\alpha}$	k_u maximal
		(Quantile der Binomialverteilung).	

Bemerkung: Bei der obigen Testentscheidung gehören die Grenzen zum Ablehnungsbereich.

Vorgehensweise bei verschwindenden Stichprobenwerten

Wegen der vorausgesetzten Stetigkeit wird bei exakter Messung ein Stichprobenwert Null fast nie auftreten. Infolge von *Rundungen* kann es allerdings vorkommen, daß manche Stichprobenwerte gleich Null gesetzt werden. In einem solchen Fall gibt es zwei Möglichkeiten, den Test durchzuführen:

a) Die Stichprobenwerte, welche verschwinden, werden weggelassen. Danach wird mit der restlichen Stichprobe vom Umfang $\bar{n}$ der obige Test durchgeführt, d.h. die Ablehnungsgrenzen werden aus der $b(\bar{n}, 1/2)$-Verteilung berechnet. Durch diese Vorgehensweise wird die Irrtumswahrscheinlichkeit 1. Art α höchstens verkleinert.

b) Die verschwindenden Stichprobenwerte werden zufällig auf die beiden Gruppen verteilt. Dann bleibt der Stichprobenumfang n erhalten und jeder Stichprobenwert $y_i = 0$ wird bei der Testgröße z mit 1/2 mitgezählt, es gilt also

$$z = \sum_{i=1}^{n} z_i \text{ mit}$$

$$z_i = \begin{cases} 1, & \text{falls } y_i > 0; \\ 1/2, & \text{falls } y_i = 0; \\ 0, & \text{falls } y_i < 0. \end{cases} \quad (16.5)$$

Für große n — wegen $p = 1/2$ genügt hier $n \geq 36$ — kann die Binomialverteilung durch die *Normalverteilung* approximiert werden mit

$$P(Z \leq k_\alpha) \approx \Phi\left(\frac{k_\alpha - \frac{n}{2} + 0{,}5}{\sqrt{n/4}} \right). \quad (16.6)$$

Der Vorzeichentest soll im nachfolgenden auf zwei spezielle Probleme angewandt werden.

16 Der Vorzeichentest von Fisher

16.1 Der Mediantest bei stetigen Verteilungen

Für den Median $\tilde{\mu}$ einer stetigen Zufallsvariablen X gilt

$$P(X > \tilde{\mu}) = P(X < \tilde{\mu}) = 1/2. \qquad (16.7)$$

Mit $Y = X - \tilde{\mu}$ geht diese Identität über in

$$P(Y > 0) = P(Y < 0) = 1/2.$$

Für eine stetige Zufallsvariable X gelten folgende Identitäten

$$P(X - \tilde{\mu}_0 > 0) = 1/2 \Leftrightarrow \tilde{\mu} = \tilde{\mu}_0;$$
$$P(X - \tilde{\mu}_0 > 0) > 1/2 \Leftrightarrow \tilde{\mu} > \tilde{\mu}_0;$$
$$P(X - \tilde{\mu}_0 > 0) < 1/2 \Leftrightarrow \tilde{\mu} < \tilde{\mu}_0.$$

Damit erhält man mit der Anzahl z der positiven Stichprobenwerte aus

$$x - \tilde{\mu}_0 = (x_1 - \tilde{\mu}_0, x_2 - \tilde{\mu}_0, \ldots, x_n - \tilde{\mu}_0)$$

die

Testentscheidungen

Nullhypothese H_0	Alternative H_1	Ablehnungsbereich für H_0
$\tilde{\mu} = \tilde{\mu}_0$	$\tilde{\mu} \neq \tilde{\mu}_0$	$z \leq k_{u;\alpha/2}$ oder $z \geq n - k_{u;\alpha/2}$
$\tilde{\mu} \leq \tilde{\mu}_0$	$\tilde{\mu} > \tilde{\mu}_0$	$z \geq n - k_{u;\alpha}$ (16.8)
$\tilde{\mu} \geq \tilde{\mu}_0$	$\tilde{\mu} < \tilde{\mu}_0$	$z \leq k_{u;\alpha}$

(k_u maximal; Binomialverteilung).

Beispiel 16.1. Ein Fabrikant behauptet, der Median der Zufallsvariablen X, welche die Gewichte [in g] der in seiner Firma abgepackten Pfeffertüten beschreibt, sei größer als 10,5. Zum Test von

$$H_0 : \tilde{\mu} \leq 10{,}5 \quad \text{gegen} \quad H_1 : \tilde{\mu} > 10{,}5$$

mit $\alpha = 0{,}1$ wurden 40 Tüten zufällig ausgewählt und gewogen. Dabei waren 15 leichter und 25 schwerer als 10,5 g. Aus dem Programm der Binomialverteilung mit n = 40 und p = 1/2 erhält man für das 0,1-Quantil die Ausgabe

.07693-Quantil = 15,

also $k_{u;0,1} = 15$.
Wegen $z = 25 \geq n - k_{u;0,1} = 25$ wird H_0 zugunsten von H_1 abgelehnt. Die Aussage des Fabrikanten wird also (mit $\alpha = 0{,}1$) als richtig angenommen. ♦

16.2 Test auf zufällige Abweichungen bei verbundenen Stichproben

Beispiel 16.2. Bei 50 Personen wurden die Reaktionszeiten auf ein bestimmtes Signal jeweils vor und nach dem Genuß einer bestimmten Menge Alkohol gemessen. Bei 31 Personen war die Reaktionszeit nach dem Alkoholgenuß größer als vorher, bei drei Personen blieb sie gleich, bei den restlichen 15 Personen war sie kleiner. Mit $\alpha = 0{,}05$ soll getestet werden, ob durch den Alkoholgenuß öfters eine Vergrößerung der Reaktionszeit als eine Verkleinerung stattfindet. Nach Ableitung einer geeigneten Testgröße werden wir auf das Beispiel zurückkommen. ♦

Ausgangspunkt ist eine (zweidimensionale) verbundene Stichprobe

$$(x, y) = ((x_1, y_1), (x_2, y_2), \ldots, (x_n, y_n))$$

aus einer stetigen Grundgesamtheit.

Dabei sind die Stichprobenwerte x_i Realisierungen der Zufallsvariablen X und y_i solche von Y (am gleichen Individuum gemessen).

Getestet werden soll allgemein eine der Nullhypothesen

$$H_0 : P(Y - X > 0) \begin{cases} = 1/2; \\ \geq 1/2; \\ \leq 1/2. \end{cases} \tag{16.9}$$

Für das Beispiel 16.2. besagt $P(Y - X > 0) = \frac{1}{2}$, daß eine Vergrößerung und eine Verkleinerung der Reaktionszeit durch den Alkoholgenuß gleich wahrscheinlich ist. Über die Größe der positiven und negativen Differenzen soll hier keine Aussage gemacht werden. Mit der Zufallsvariablen $D = Y - X$ der Differenzen kann das Problem mit Hilfe des Vorzeichentests mit

$$H_0 : P(D > 0) \begin{cases} = 1/2; \\ \geq 1/2; \\ \leq 1/2 \end{cases}$$

gelöst werden.

Beispiel 16.3 (s. Beispiel 16.2.). Für Beispiel 16.2. ist der Test von $H_0 : P(Y-X>0) \leq 1/2$ gegen $H_1 : P(Y-X>0) > 1/2$ mit $\alpha = 0{,}05$ durchzuführen. Die drei Bindungen werden weggelassen. Für das 0,05-Quantil der $b(47; 1/2)$-Verteilung erhält man aus dem Programm der Binomialverteilung

.0394706-Quantil = 17 = $k_{u;\alpha}$.

Wegen $z = 31 \geq \bar{n} - k_{u;\alpha} = 30$ wird H_0 zugunsten von H_1 abgelehnt. Der Alkoholgenuß hat also eine signifikante Erhöhung des Medians zur Folge. ♦

17 Tests und Konfidenzintervalle von Quantilen

Ein q-*Quantil* η_q einer stetigen Zufallsvariablen X ist erklärt durch

$$P(X < \eta_q) = P(X \leq \eta_q) = F(\eta_q) = q. \tag{17.1}$$

Für $q = 1/2$ ist $\eta_{1/2} = \tilde{\mu}$ der Median.
Wir setzen nun voraus, daß die stetige Verteilungsfunktion F im Bereich $0 < F(x) < 1$ streng monoton wachsend ist. Dann sind alle Quantile eindeutig bestimmt.
Mit einem vorgegebenen Wert x_0 sollen die Nullhypothesen

$$H_0 : \eta_q = x_0 \,;\; H_0 : \eta_q \leq x_0 \;\text{bzw.}\; H_0 : \eta_q \geq x_0 \tag{17.2}$$

getestet werden.
Zur Testdurchführung wird aus einer Stichprobe

$$x = (x_1, x_2, \ldots, x_n)$$

vom Umfang n die Anzahl z derjenigen Stichprobenwerte bestimmt, welche kleiner als x_0 sind. Diese Testgröße ist Realisierung einer Zufallsvariablen Z, welche binomialverteilt ist mit den Parametern n und $p = F(x_0)$, falls x_0 das wahre Quantil ist. Dann gilt

$$P(Z = k) = \binom{n}{k} \cdot F(x_0)^k \cdot [1 - F(x_0)]^{n-k}, \; k = 0, 1, \ldots, n. \tag{17.3}$$

Ferner gilt für streng monoton wachsende Funktionen F

$$\boxed{\begin{aligned} \eta_q > x_0 &\Leftrightarrow F(x_0) < q; \\ \eta_q < x_0 &\Leftrightarrow F(x_0) > q. \end{aligned}} \tag{17.4}$$

Bei einer Vergrößerung (Verkleinerung) des Quantilwertes x_q wird Z i.a. kleinere (größere) Werte annehmen.
Für die Tests der Hypothesen (17.2) erhält man aus der $b(n; q)$-*Verteilung* aus den *Ablehnungsgrenzen*

$$\begin{aligned} P(Z \leq k_{u;\alpha_1}) &\leq \alpha_1 \,; & k_{u;\alpha_1} \text{ maximal}; \\ P(Z \geq k_{o;\alpha_2}) &\leq \alpha_2 \,; & k_{o;\alpha_2} \text{ minimal} \end{aligned} \tag{17.5}$$

die

Testentscheidungen

Nullhypothese H_0	Alternative H_1	Ablehnungsbereich von H_0
$\eta_q = x_0$	$\eta_q \neq x_0$	$z \leq k_{u;\alpha/2}$ oder $z \geq k_{o;\alpha/2}$
$\eta_q \leq x_0$	$\eta_q > x_0$	$z \leq k_{u;\alpha}$
$\eta_q \geq x_0$	$\eta_q < x_0$	$z \geq k_{o;\alpha}$

(17.6)

Bemerkungen:

(1) Die obere Grenze kann man folgendermaßen berechnen:
   a) q wird durch $1-q$ ersetzt und hierfür die untere Grenze $\overline{k}_{u;\alpha_2}$ berechnet.
   b) $k_{o;\alpha/2} = n - \overline{k}_{u,\alpha/2}$.

(2) Für $q = 1/2$ handelt es sich um den *Mediantest*. In diesem Fall ist die Verteilung von Z symmetrisch, sonst nicht.

(3) Für $nq(1-q) > 36$ kann wieder die Approximation durch die Normalverteilung benutzt werden

$$P(Z \leq k_\alpha) \approx \Phi\left(\frac{k_\alpha - nq + 0{,}5}{\sqrt{nq(1-q)}}\right). \qquad (17.7)$$

Beispiel 17.1. Ein Getränkehersteller behauptet, 80 % der abgefüllten Flaschen besitzen eine Füllmenge von mindestens 501 ml. Ein Großabnehmer bezweifelt dies und ließ den Inhalt von 100 Flaschen nachmessen. Bei 28 Flaschen war der Inhalt kleiner als 501, bei den restlichen größer als 501. Kann mit $\alpha = 0{,}05$ die Behauptung des Herstellers widerlegt werden?
Mit der Zufallsvariablen X der Füllmenge lautet die Behauptung

$$P(X \geq 501) = 0{,}8 \Leftrightarrow P(X < 501) = 0{,}2.$$

Mit dem 0,2-Quantil ist somit

$$H_0 : \eta_{0{,}2} \geq 501 \quad \text{gegen} \quad H_1 : \eta_{0{,}2} < 501$$

zu testen.
Das Programm der b(100; 0,2)-Verteilung liefert die Verteilungsfunktion (Überschreitungswahrscheinlichkeit)

$$P = F(28) = .980005.$$

Wegen $P > 1 - \alpha$ wird H_0 (also die Behauptung des Herstellers) zugunsten von H_1 abgelehnt. ♦

Zur Berechnung von *Konfidenzintervallen* für das *q-Quantil* η_q werden die Stichproben $x_1, x_2, \ldots, x_n$ der Größe nach geordnet. Die geordneten Werte bezeichnen wir der Reihe nach mit

$$x_{(1)} \leq x_{(2)} \leq \ldots \leq x_{(n-1)} \leq x_{(n)}. \qquad (17.8)$$

Für festes m ist $\eta_q < x_{(m)}$ genau dann erfüllt, wenn rechts von η_q mindestens die $n - m + 1$ Werte $x_{(m)}, x_{(m+1)}, \ldots, x_{(n)}$ liegen, wenn also rechts von η_q mindestens $n - m + 1$ Stichprobenwerte liegen. Dann dürfen links von η_q höchstens $m - 1$ Stichprobenwerte liegen. Den Fall, daß η_q mit einem Stichprobenwert übereinstimmt, können wir wegen der vorausgesetzten Stetigkeit praktisch ausschließen. Mit der b(n; q)-verteilten Zufallsvariablen Z gilt also

$$P(\eta_q < X_{(m)}) = P(Z \leq m - 1).$$

17 Tests und Konfidenzintervalle von Quantilen

Zweiseitige Konfidenzintervalle für η_q zum Niveau γ ergeben sich aus

$$P(X_{(m_u)} \leq \eta_q < X_{(m_o)}) = P(Z \leq m_o - 1) - P(Z \leq m_u - 1) \geq \gamma. \tag{17.9}$$

Damit erhält man ein

zweiseitiges Konfidenzintervall für das q-Quantil

mit
$$x_{(m_u)} \leq \eta_q < x_{(m_o)}$$

$$P(Z \leq m_o - 1) \geq \frac{1+\gamma}{2}; \quad m_o \text{ minimal},$$

$$P(Z \leq m_u - 1) \leq \frac{1-\gamma}{2}; \quad m_u \text{ maximal},$$

(17.10)

wobei Z eine $b(n; q)$-verteilte Zufallsvariable ist.

Läßt man im zweiseitigen Konfidenzintervall zum Niveau $2\gamma - 1$ eine Grenze weg, so erhält man mit der anderen Grenze ein einseitiges Konfidenzintervall zum Niveau γ.

Beispiel 17.2. Bei 25 Flaschen wurden die Füllmengen [in ml] gemessen. Dabei erhielt man folgende der Größe nach geordnete Werte

695; 695,8; 697; 697,3; 697,9; 698,5; 699; 699,1; 700; 700,2; 700,3; 700,5; 700,9; 701; 701,1; 701,1; 701,3; 701,4; 701,5; 702; 702,1; 702,5; 702,8; 703; 703,5.

Für $\gamma = 0,95$ sind Konfidenzintervalle gesucht
a) für den Median $\tilde{\mu}$;
b) für das 75 % Quantil $\eta_{0,75}$.

a) Aus der $b(25; 1/2)$-Verteilung erhält man das 0,025-Quantil $k_u = 7$; damit gilt $m_u = 8$; aus der Symmetrie folgt $m_o = 25 - 8 = 17$. Das gesuchte Konfidenzintervall lautet

$$699,1 \leq \tilde{\mu} < 701,3.$$

b) Die $b(25; 0,75)$-Verteilung liefert für die 0,025- und 0,975-Quantile die Ausgabe
.017343-Quantil = 13 $(= m_u - 1)$;   .967891-Quantil = 22;
.026699-Quantil = 14;   .992976-Quantil = 23 $(= m_o - 1)$.
Aus $m_u = 14$, $m_o = 24$ folgt $701 \leq \eta_{0,75} < 703$. ♦

18 Rangtests

Beim Vorzeichentest sind für die Testgröße nur die Vorzeichen der Stichprobenwerte maßgebend. Die Größen der einzelnen Werte spielen dabei keine Rolle. Aus diesem Grund kann mit dem Vorzeichentest im Wesentlichen auch nur der Mediantest durchgeführt werden, da bei stetigen Zufallsvariablen rechts und links vom Median jeweils die Wahrscheinlichkeitsmasse 1/2 liegt — unabhängig von den Verteilungen in den beiden Bereichen. Bei verbundenen Stichproben kann mit dem Vorzeichentest nur getestet werden, ob der Median von $Y - X$ gleich Null ist. Falls der Median verschwindet, ist jeder Differenzenwert $y_i - x_i$ mit Wahrscheinlichkeit 1/2 positiv bzw. negativ. Über die Werte selbst kann hieraus keine Aussage gemacht werden. So können theoretisch die positiven Differenzen sehr groß sein und die negativen in der Nähe von Null liegen.

Bei den *Rangstatistiken* dagegen werden nicht nur die Vorzeichen, sondern die Werte selbst bzw. ihre Rangzahlen untersucht.

18.1 Die Rangzahlen einer Stichprobe

Wie in Abschnitt 17 werden die Werte der Stichprobe

$$z = (z_1, z_2, \ldots, z_n)$$

der Größe nach geordnet in der Form

$$z_{(1)} \leq z_{(2)} \leq z_{(3)} \leq \ldots \leq z_{(n)}. \tag{18.1}$$

Jedem Stichprobenwert z_i wird als *Rang* $r_i = R(z_i)$ die Platznummer von z_i in der geordneten Stichprobe zugewiesen. Falls alle n Stichprobenwerte verschieden sind, ist diese Rangzuordnung eindeutig. Bei stetigen Grundgesamtheiten wären in der Regel alle n Stichprobenwerte verschieden, falls exakt gemessen werden könnte. Durch Runden der Meßwerte ist es jedoch möglich, daß manche Stichprobenwerte gleich sind. In einem solchen Fall der sog. *Bindungen* werden alle Ränge der entsprechenden Gruppe gemittelt. Diese *mittlere Rangzahl* (Durchschnittsrang) wird allen Elementen der Gruppe als Rangzahl zugeordnet.

Beispiel 18.1. Die Stichprobe

$$z = (2; 3; 4; 1; 6; 5; 3; 4; 3; 7)$$

geht über in die geordnete Stichprobe

$$1 \ 2 \ 3 \ 3 \ 3 \ 4 \ 4 \ 5 \ 6 \ 7$$

Den Stichprobenwerten 3 stehen die Ränge 3, 4 und 5, also der Durchschnittsrang 4 und den Stichprobenwerten 4 die Ränge 6 und 7, also der Durchschnittsrang 6,5 zu.

Für die Stichprobe z erhält man also die Rangzahlen

$$r_1 = R(2) = 2; \quad r_2 = R(3) = 4; \quad r_3 = R(4) = 6,5; \quad r_4 = R(1) = 1;$$

$$r_5 = R(6) = 9; \quad r_6 = R(5) = 8; \quad r_7 = R(3) = 4; \quad r_8 = R(4) = 6,5;$$

$$r_9 = R(3) = 4; \quad r_{10} = R(7) = 10. \hspace{4cm} \blacklozenge$$

18 Rangtests

Die Summe aller n Rangzahlen ist gleich der Summe $1 + 2 + \ldots + n = \frac{n \cdot (n+1)}{2}$. Der Rang r_i des i-ten Stichprobenwertes z_i ist Realisierung einer Zufallsvariablen R_i. Falls die Stichprobenwerte z_i unabhängige Realisierungen einer stetigen Zufallsvariablen Z sind, ist jede Zufallsvariable R_i gleichmäßig verteilt auf $W = \{1, 2, \ldots, n\}$ mit

$$E(R_i) = \frac{n+1}{2}; \quad D^2(R_i) = \frac{n^2 - 1}{12}. \tag{18.2}$$

Wegen $\sum_{i=1}^{n} R_i = \frac{n(n+1)}{2}$ sind $R_1, R_2, \ldots, R_n$ nicht (stochastisch) unabhängig.

18.2 Lineare Rangstatistiken

Mit reellen Zahlen c_i heißt die Zufallsvariable

$$T = \sum_{i=1}^{n} c_i \cdot R_i \tag{18.3}$$

eine *lineare Rangstatistik*. Es gilt

$$E(T) = \frac{n+1}{2} \cdot \sum_{i=1}^{n} c_i; \quad D^2(T) = \frac{n(n+1)}{12} \cdot \left[\sum_{i=1}^{n} c_i^2 - n\bar{c}^2\right] \tag{18.4}$$

mit

$$\bar{c} = \frac{1}{n} \sum_{i=1}^{n} c_i.$$

Die Verteilung der Zufallsvariablen T läßt sich mit kombinatorischen Hilfsmitteln berechnen.

18.3 Der Vorzeichentest nach Wilcoxon (Symmetrietest)

18.3.1 Test auf Symmetrie

In diesem Abschnitt soll folgende *Nullhypothese* getestet werden

H_0: die stetige Zufallsvariable X ist symmetrisch um θ_0 verteilt.

Ist H_0 richtig, so ist die Zufallsvariable $X - \theta_0$ symmetrisch um 0 verteilt. Dann werden sich in der transformierten Stichprobe

$$y = x - \theta_0 = (y_1, y_2, \ldots, y_n)$$

die positiven und negativen Stichprobenwerte betragsmäßig „ähnlich" verhalten. Deswegen ist folgendes Vorgehen naheliegend:

1) Zunächst werden für die Beträge $|y_i|$ der Stichprobe die Rangzahlen ermittelt.
2) r_i sei der Rang, den der Stichprobenwert y_i bei dieser Anordnung einnimmt.

3) Mit $c_i = \begin{cases} 1, \text{ falls } y_i > 0; \\ 0, \text{ falls } y_i < 0 \end{cases}$

wird als Testfunktion die lineare Rangstatistik

$$T_n^+ = \sum_{i=1}^{n} c_i R_i$$

berechnet. Es werden also nur die *Ränge der positiven y-Werte* addiert.

Bei gleichen Rangzahlen werden wieder die mittleren Rangzahlen benutzt. Damit keine Zuordnungsprobleme für T_n^+ auftreten, werden aus der Stichprobe y diejenigen Werte, die gleich Null sind, eliminiert; dadurch wird der Stichprobenumfang entsprechend reduziert. Diesen reduzierten Stichprobenumfang bezeichnen wir wieder mit n.
Wir nehmen nun an, die Hypothese H_0 sei richtig. Dann gilt

$$E(T_n^+) = \frac{n \cdot (n+1)}{4} \; ; \; D^2(T_n^+) = \frac{n \cdot (n+1) \cdot (2n+1)}{24}. \qquad (18.5)$$

Für $n > 25$ kann die Verteilung von T_n^+ durch eine $N(\mu, \sigma^2)$-Verteilung approximiert werden mit

$$\mu = \frac{n \cdot (n+1)}{4} \; ; \; \sigma^2 = \frac{n \cdot (n+1) \cdot (2n+1)}{24} - \frac{1}{48} \sum_{j=1}^{l} (b_j^3 - b_j). \qquad (18.6)$$

Dabei ist l die Anzahl der Gruppen mit Bindungen und b_j die Anzahl der Elemente aus der j-ten Gruppe mit Bindungen. Die Zufallsvariable

$$T_n^{+*} = \frac{T_n^+ - \dfrac{n \cdot (n+1)}{4}}{\sqrt{\dfrac{1}{24} n \cdot (n+1) \cdot (2n+1) - \dfrac{1}{48} \sum_{j=1}^{l} b_j \cdot (b_j - 1) \cdot (b_j + 1)}} \qquad (18.7)$$

ist dann ungefähr $N(0; 1)$-verteilt (s. [13], S. 115).
Für kleine Werte n kann die Verteilung von T_n^+ durch folgende Überlegung berechnet werden:
Falls die i-te Rangzahl durch einen positiven Stichprobenwert erzeugt wird, soll die i-te Stelle mit +, sonst mit − besetzt werden. Dadurch entsteht eine Kette aus Symbolen

$$+ - - + + \ldots \ldots + + - + - +$$

Falls H_0 richtig ist, steht an jeder Stelle unabhängig von den anderen mit Wahrscheinlichkeit 1/2 ein +. Insgesamt gibt es dann 2^n gleichwahrscheinliche Belegungsmöglichkeiten. Wir setzen

$$P(T_n^+ = k) = \frac{u_n(k)}{2^n}.$$

18 Rangtests

$u_n(k)$ stellt die Anzahl der für $(T_n^+ = k)$ günstigen Fälle dar. Da die Rangsumme nicht negativ und nicht größer als $\frac{n \cdot (n+1)}{2}$ sein kann, gilt $u_n(k) = 0$ für $k < 0$ oder $k > \frac{n \cdot (n+1)}{2}$.

Nach Gibbons [19], S. 112 gilt die Rekursionsformel

$$u_n(k) = u_{n-1}(k-n) + u_{n-1}(k), \quad n = 2, 3, \ldots \quad (18.8)$$

Mit $u_1(0) = u_1(1) = 1$, $u_1(k) = 0$ für $k > 1$ lassen sich aus (18.8) alle Häufigkeiten $u_n(k)$ und hieraus alle Wahrscheinlichkeiten $P(T_n^+ = k)$ berechnen. Im nachfolgenden Programm werden Wahrscheinlichkeiten, Werte der Verteilungsfunktion und Quantile nach (18.8) berechnet.

Verteilung der Vorzeichen-Rangsummen (WIVZVERT)

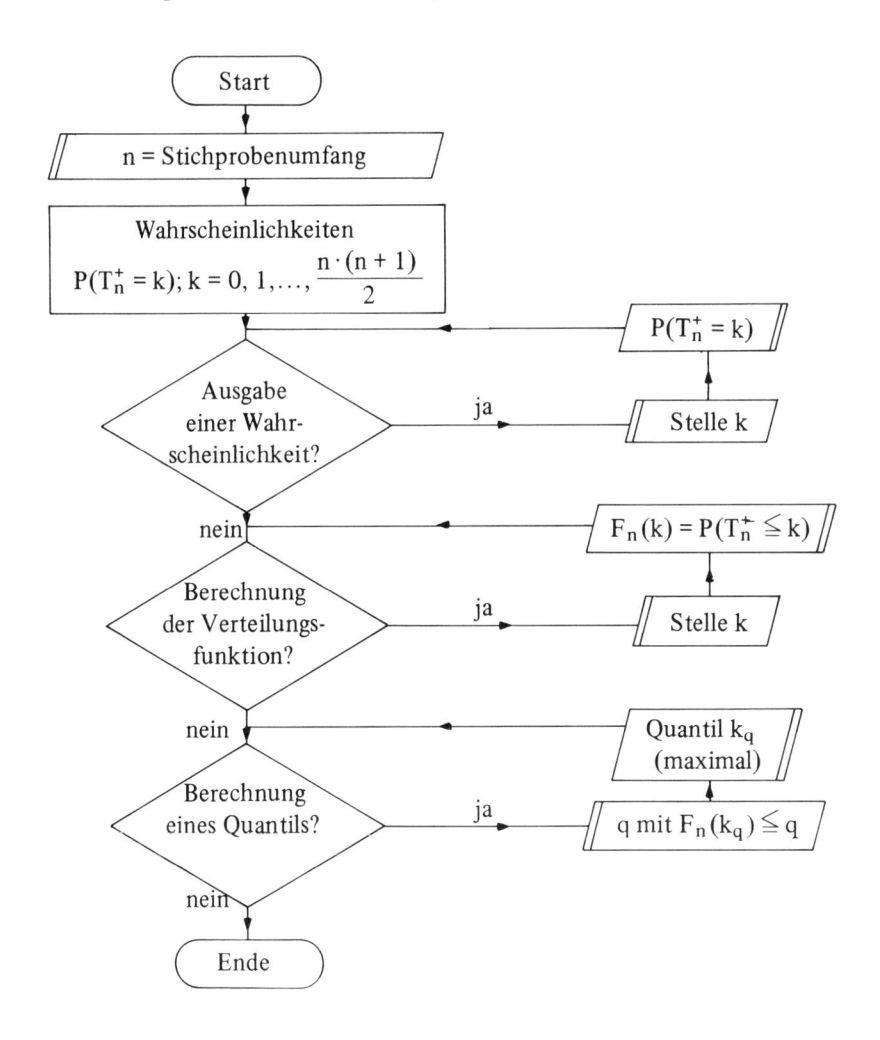

```
                    ┌─────────┐
                    │  Start  │
                    └────┬────┘
                         ▼
              ┌──────────────────────┐
              │ n = Stichprobenumfang │
              └──────────┬───────────┘
                         ▼
         ┌───────────────────────────────┐
         │      Wahrscheinlichkeiten     │
         │                   n·(n+1)     │
         │ P(T_n^+ = k); k = 0, 1,…, ─── │
         │                      2        │
         └───────────────┬───────────────┘
                         ▼
                    ╱ Ausgabe ╲         ja        ┌──────────┐        ┌───────────────┐
                   ╱  einer   ╲ ────────────────▶ │ Stelle k │ ─────▶ │ P(T_n^+ = k)  │
                   ╲ Wahr-   ╱                    └──────────┘        └───────────────┘
                    ╲ scheinlichkeit? ╱
                         │ nein
                         ▼
                    ╱ Berechnung ╲      ja        ┌──────────┐        ┌───────────────────┐
                   ╱     der      ╲ ───────────▶  │ Stelle k │ ─────▶ │ F_n(k) = P(T_n^+ ≤ k) │
                   ╲ Verteilungs- ╱                └──────────┘        └───────────────────┘
                    ╲  funktion? ╱
                         │ nein
                         ▼
                    ╱ Berechnung ╲      ja        ┌────────────────┐  ┌─────────────────┐
                   ╱    eines     ╲ ────────────▶ │ q mit F_n(k_q) ≤ q │ ─▶ │ Quantil k_q (maximal) │
                   ╲  Quantils?  ╱                 └────────────────┘  └─────────────────┘
                         │ nein
                         ▼
                    ┌─────────┐
                    │  Ende   │
                    └─────────┘
```

| Programm   WIVZVERT |

```
10    REM VERTEILUNG WILCOXON VORZEICHENRANGSUMMENTEST (WIVZVERT)
20    PRINT "STICHPROBENUMFANG N = ";
30    INPUT N : G=N%(N+1)/2+1 :PRINT
40    DIM A(N),U(G),V(G)
50    REM ----------------BERECHNUNG
60    A(1)=2:V(1)=1:V(2)=1
70    IF N>1 THEN GOTO 90
80    U(1)=V(1):U(2)=V(2): GOTO 200
90    FOR K=2 TO N
100   A(K)=2%A(K-1)
110   Z=K%(K+1)/2+1
120   FOR I=1 TO Z
130   B=0:IF I-K>=1 THEN B=V(I-K)
140   U(I)=V(I)+B
150   NEXT I
160   FOR J=1 TO Z
170   V(J)=U(J)
180   NEXT J
190   NEXT K
200   REM-------------AUSGABE VON WAHRSCHEINLICHKEITEN
210   PRINT
220   PRINT "AUSGABE EINER WAHRSCHEINLICHKEIT (J=JA)?"
230   INPUT EN$:IF EN$<>"J" THEN GOTO 320
240   PRINT "AN WELCHER STELLE K =";
250   INPUT K: EN$="WIA":PRINT
260   IF K>=0 AND K<=G-1 THEN GOTO 280
270   AUS=0:GOTO 290
280   AUS=U(K+1)/A(N)
290   PRINT "WAHRSCH. P(T+=";K;") = "; AUS
300   PRINT:GOTO 220
310   REM-----------------------------VERTEILUNGSFUNKTION
320   PRINT "BERECHNUNG DER VERTEILUNGSFUNKTION (J=JA)?"
330   INPUT EN$: IF EN$<>"J" THEN GOTO 460
340   PRINT "AN WELCHER STELLE K =";
350   INPUT K:EN$="WIA":PRINT
360   IF K>=0 AND K<=G-1 THEN GOTO 400
370   IF K>G-1 THEN GOTO 390
380   SUM=0:GOTO 440
390   SUM=1:GOTO 440
400   SUM=0
410   FOR J=1 TO K+1
420   SUM=SUM+U(J)/A(N)
430   NEXT J
440   PRINT "VERTEILUNGSFUNKTION F(";K;") = "; SUM :PRINT
450   GOTO 320
460   REM --------------------------------------------QUANTILE
470   PRINT "SOLL EIN QUANTIL BERECHNET WERDEN (J=JA) ?"
480   INPUT EN$:PRINT: IF EN$<>"J" THEN GOTO 630
490   PRINT "WELCHES Q-QUANTIL Q = ";
500   INPUT Q: EN$="WIA":PRINT
510   S=0:I=1
520   SU=U(I)/A(N): S=S+SU
530   IF S>Q THEN GOTO 570
540   IF S<Q THEN GOTO 560
550   I=I+1: GOTO 590
560   I=I+1: GOTO 520
```

```
570  S=S-SU
580  IF I=1 THEN GOTO 600
590  PRINT Q;"-QUANTIL = ";I-2 :GOTO 610
600  PRINT "DIESES QUANTIL EXISTIERT NICHT "
610  PRINT:PRINT "NOCH EIN QUANTIL (J=JA)?"
620  INPUT EN$: IF EN$="J" THEN GOTO 490
630  END
```

In der Tabelle 6 im Anhang des Buches sind für $n \leq 60$ Quantile angegeben. Da die Zufallsvariable T_n^+ diskret ist, findet man dort zu vorgegebenem α das größte Quantil $w_{n;\alpha}$ mit

$$P(T_n^+ \leq w_{n;\alpha}) \leq \alpha. \tag{18.9}$$

Tabelliert sind also die Ablehnungsgrenzen für einseitige Tests, wobei diese Grenzen bereits zum Ablehnungsbereich gehören. Da die Verteilung von T_n^+ symmetrisch ist, gilt

$$P(T_n^+ \geq \frac{n \cdot (n+1)}{2} - w_{n;\alpha}) \leq \alpha. \tag{18.10}$$

Damit erhält man für den zweiseitigen Test die

Testentscheidung

Ablehnung von H_0 (Symmetrie um θ_0), falls

$$T_n^+ \leq w_{n;\alpha/2} \quad \text{oder} \quad T_n^+ \geq \frac{n \cdot (n+1)}{2} - w_{n;\alpha/2}. \tag{18.11}$$

Im nachfolgenden Programm WILTEST 1 wird die Testgröße T_n^+ und – falls gewünscht – die für $n > 25$ ungefähr $N(0; 1)$-verteilte Testgröße T_n^{+*} berechnet.

Vorzeichentest nach Wilcoxon (WILTEST1)

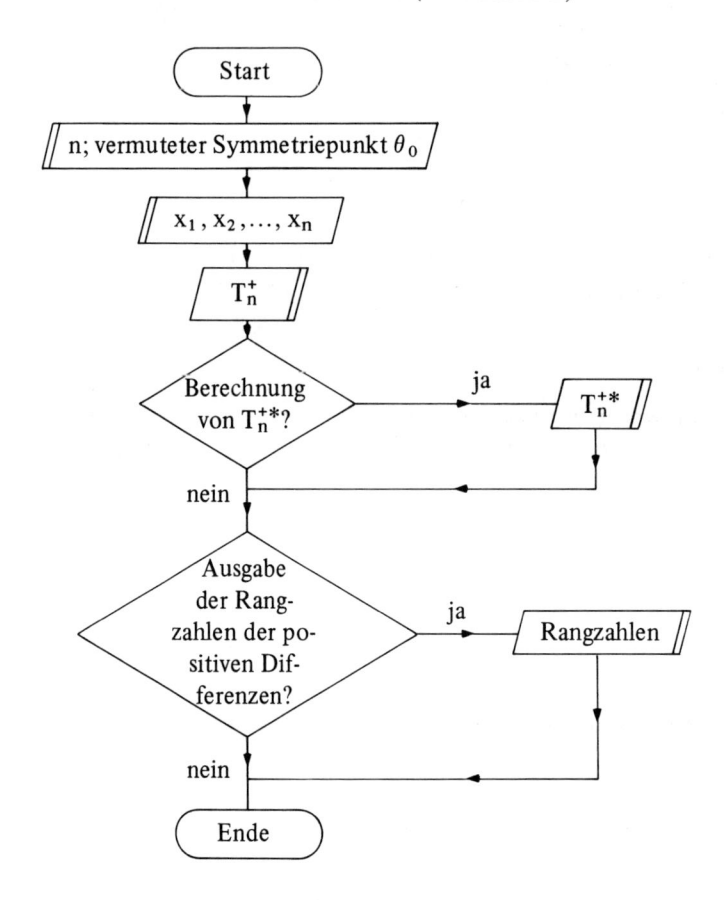

```
                    ┌─────────┐
                    │  Start  │
                    └────┬────┘
                         ↓
          ╱ n; vermuteter Symmetriepunkt θ₀ ╱
                         ↓
                ╱ x₁, x₂, ..., xₙ ╱
                         ↓
                     ╱ Tₙ⁺ ╱
                         ↓
                    ╱╲
                   ╱  ╲        ja
              ╱ Berechnung ╲──────→  ╱ Tₙ⁺* ╱
              ╲ von Tₙ⁺*?  ╱              │
                   ╲  ╱                   │
                 nein│                    │
                    ↓←──────────────────┘
                    ╱╲
                   ╱  ╲
            ╱ Ausgabe   ╲    ja
           ╱ der Rang-   ╲───────→ ╱ Rangzahlen ╱
           ╲ zahlen...   ╱              │
            ╲ ferenzen? ╱               │
                ╲  ╱                    │
              nein│                     │
                  ↓←───────────────────┘
              ┌─────────┐
              │  Ende   │
              └─────────┘
```

Programm   WILTEST1

```
10    REM WILCOXON-VORZEICHEN-RANGSUMMEN-TEST (WILTEST1)
20    REM SYMMETRIETEST-- SPEICHERUNG DER DATEN
30    PRINT "STICHPROBENUMFANG N =";
40    INPUT N: DIM Y(N),Z(N),R(N)
50    PRINT "EINGABE DES SYMMETRIEPUNKTES D0 = ";:INPUT D0
60    PRINT "GEBEN SIE DIE X-WERTE DER REIHE NACH EIN!"
70    FOR I=1 TO N
80    INPUT X:X=X-D0:Y(I)=X:Z(I)=ABS(X)
90    NEXT I
100   REM -------------------------SORTIEREN DER Z-WERTE
110   FOR I=1 TO N
120   FOR J=1 TO N-I
130   IF Z(J+1)>Z(J) THEN GOTO 150
140   AT=Z(J):Z(J)=Z(J+1):Z(J+1)=AT
150   NEXT J
160   NEXT I
```

18 Rangtests

```
170     REM ----------BERECHNUNG DER POSITIVEN RANGZAHLEN
180     T=0
190     FOR I=1 TO N
200     Y=Y(I):IF Y<0 THEN GOTO 300
210     J=1:R=1
220     IF Y>Z(J) THEN GOTO 280
230     DI=1:ZA=R
240     IF J=N THEN GOTO 270
250     IF Y<Z(J+1) THEN GOTO 270
260     DI=DI+1:R=R+1:J=J+1:ZA=ZA+R:GOTO 240
270     R=ZA/DI: R(I)=R: GOTO 290
280     R=R+1:J=J+1:GOTO 220
290     T=T+R
300     NEXT I
310     REM -------------------------AUSGABE DER TESTGROESSEN
320     PRINT: PRINT
330     PRINT "TESTGROESSE  T+  = "; T:PRINT
340     REM ---------------APPROXIMATION DURCH DIE NORMALVERTEILUNG
350     PRINT:PRINT "AUSGABE NORMALVERTEILTE APPROXIMATION (J=JA)?"
360     INPUT EN$:IF EN$<>"J" THEN GOTO 480
370     B=0
380     FOR I=1 TO N-1
390     IF Z(I)<Z(I+1) THEN GOTO 410
400     L=L+1:IF I<N-1 THEN GOTO 420
410     B=B+L%(L-1)%(L+1):L=1
420     NEXT I
430     SI=SQR((N%(N+1)%(2%N+1)-B/2)/24)
440     TN=(T-N%(N+1)/4)/SI
450     PRINT "N(0;1)-VERTEILTE TESTGROESSE T+% = ";TN:PRINT
460     EN$ = "WIA":PRINT
470     REM ---------------------AUSGABE DER POSITIVEN RANGZAHLEN
480     PRINT"AUSGABE RANGZAHLEN DER POSITIVEN STICHPROBENWERTE(J=JA)?"
490     INPUT EN$:IF EN$ <>"J" THEN GOTO 540
500     PRINT:PRINT "RANGZAHLEN"
510     FOR I=1 TO N
520     PRINT R(I);"  ";
530     NEXT I
540     END
```

Beispiel 18.2. Bei einem Test konnten 25 Punkte erreicht werden. Zum Test der Hypothese H_0: die Verteilung der Punktezahlen ist symmetrisch zu 12,5 mit $\alpha = 0,05$ soll folgende Stichprobe benutzt werden.

Punktezahlen   16   8   11   19   7   12   25   6   13   21   9   14   17

Mit n = 13 und $\theta_0 = 12,5$ erhält man aus dem Programm WILTEST1 die

Testgröße $T^+ = 53,5$.

Die „positiven" Rangzahlen lauten
5.5   0   0   10.5   0   0   13   0   1.5   12   0   3.5   7.5.

Aus der Tabelle 6 im Anhang erhält man das 0,025-Quantil

$$w_u = 17; \quad w_o = \frac{13 \cdot 14}{2} - w_u = 74.$$

Wegen $w_u < T^+ < w_o$ kann H_0 nicht abgelehnt werden. ♦

Beispiel 18.3. Der Fettgehalt [in %] von verschiedenen Wurstsorten wird mit zwei verschiedenen Verfahren bestimmt. Zum Test der Nullhypothese

H_0 : die Differenzen der beiden Meßwerte sind symmetrisch um 0 verteilt

wurden bei 32 Messungen die Differenzen berechnet. Dabei waren 30 Differenzen von Null verschieden:

1,8; −2; 2,1; 1,6; −0,8; 2,5; 2,8; −1; −2,1; 1,2; 2,1; 2,4; −1,2; −0,7; −0,5; 0,4; 1,8; −3,1; 4,2; −0,9; 1,2; 0,7; −2,3; −4,2; 3,8; −3,4; 3,1; −1,2; 2,1; 4.

Kann mit $\alpha = 0{,}05$ H_0 abgelehnt werden?

Das Programm WILTEST 1 liefert mit n = 30 und $\theta_0 = 0$ die Testgröße $T^+ = 290$. Aus der Tabelle 6 erhält man $w_u = 137$; $w_o = \dfrac{30 \cdot 31}{2} - w_u = 328$.

Wegen $w_u < T^+ < w_o$ kann H_0 nicht abgelehnt werden.
Das Programm liefert ferner die ungefähr N(0; 1)-verteilte Testgröße $T^{+*} = 1{,}18343$.
Wegen $|T^{+*}| \leq z_{1-\alpha/2} = 1{,}96$ gelangt man zur gleichen Testentscheidung. ♦

18.3.2 Test des Medians bei symmetrischen Verteilungen

In diesem Abschnitt gehen wir aus von folgender *Voraussetzung:* Die Verteilung ist *symmetrisch*, wobei der Symmetriepunkt θ nicht bekannt ist. Wegen der vorausgesetzten Stetigkeit ist θ der Median. Falls der Erwartungswert existiert, stimmt er unter diesen Voraussetzungen mit dem Median überein. Unter dieser Voraussetzung sollen mit einer fest gewählten Grenze θ_0 die Nullhypothesen

$$H_0 : \theta = \theta_0 \,;\; H_0 : \theta \leq \theta_0 \,;\; H_0 : \theta \geq \theta_0 \qquad (18.12)$$

getestet werden.
Als Testgröße bietet sich die Rangsumme T_n^+ der positiven Differenzen $x_i - \theta_0$ aus Abschnitt 18.3.1. an.
Falls der wahre Parameter θ größer als θ_0 ist, wird T_n^+ i. a. größere Werte, für $\theta < \theta_0$ kleinere Werte annehmen. Damit erhält man die

Testentscheidungen

Nullhypothese H_0	Alternative H_1	Ablehnungsbereich von H_0
$\theta = \theta_0$	$\theta \neq \theta_0$	$T_n^+ \leq w_{n;\alpha/2}$ oder $T_n^+ \geq \dfrac{n \cdot (n+1)}{2} - w_{n;\alpha/2}$
$\theta \leq \theta_0$	$\theta > \theta_0$	$T_n^+ \geq \dfrac{n \cdot (n+1)}{2} - w_{n;\alpha}$
$\theta \geq \theta_0$	$\theta < \theta_0$	$T_n^+ \leq w_{n;\alpha}$

(18.13)

18 Rangtests 245

Beispiel 18.4. Von einer Maschine werden Konservendosen automatisch gefüllt. Dabei kann davon ausgegangen werden, daß die Zufallsvariable X des Gewichts der Füllmenge symmetrisch verteilt ist um einen Punkt θ. Zum Test von $H_0 : \theta \leq 500$ gegen $H_1 : \theta > 500$ mit $\alpha = 0{,}05$ wurde der Inhalt von 30 Dosen gewogen. Dabei ergaben sich folgende Werte:

496; 496,5; 497,5; 498; 498,2; 498,9; 499; 499,8; 500; 500,1; 500,8;
501,3; 501,5; 501,9; 502; 502,3; 502,5; 502,8; 503; 503,2; 503,2; 503,5;
503,8; 504; 504,1; 504,2; 504,8; 505,3; 506,8; 507.

Wegen n > 25 wird als Testgröße die ungefähr N(0; 1)-verteilte Zufallsvariable T_n^{+*} benutzt. Das Programm WILTEST 1 liefert mit n = 30 und $\theta_0 = 500$ den Wert $T_n^{+*} = 2{.}86966$. Wegen $T^{+*} > z_{0{,}95} = 1{,}645$ kann H_0 zugunsten von H_1 abgelehnt werden. Der Median (= Erwartungswert) der Inhaltsvariablen X ist also größer als 500. ♦

18.4 Der Rangsummentest von Wilcoxon, Mann und Whitney (Vergleich zweier unabhängiger Stichproben)

Gegeben seien zwei stetige Grundgesamtheiten mit den Verteilungsfunktionen F(z) und G(z). Zu testen ist die Nullhypothese

$$H_0 : F = G \text{ gegen } H_1 : F \neq G.$$

Zum Test werden zwei unabhängige Stichproben

$$x = (x_1, x_2, \ldots, x_{n_1}) \text{ und } y = (y_1, y_2, \ldots, y_{n_2})$$

aus den entsprechenden Grundgesamtheiten gezogen. Diese beiden Stichproben werden zu einer einzigen Stichprobe $z = (x_1, x_2, \ldots, x_{n_1}, y_1, y_2, \ldots, y_{n_2}) = (z_1, z_2, \ldots, z_{n_1+n_2})$ zusammengefaßt und nach aufsteigender Rangfolge geordnet:

$$z_{(1)} \leq z_{(2)} \leq \ldots \leq z_{(n_1+n_2)}. \tag{18.14}$$

Als Testgröße dient die Summe der Rangzahlen der Stichprobenwerte von x in der gesamten Stichprobe, also

$$T_1 = \sum_{i=1}^{n_1} R_i.$$

Wir nehmen nun an, die Nullhypothese H_0 sei richtig. Dann folgt mit

$$n = n_1 + n_2; \quad c_1 = c_2 = \ldots = c_{n_1} = 1; \quad c_{n_1+1} = c_{n_1+2} = \ldots = c_n = 0$$

aus (18.4) durch elementare Rechnung

$$E(T_1) = \frac{1}{2} \cdot n_1 \cdot (n_1 + n_2 + 1); \quad D^2(T_1) = \frac{1}{12} \cdot n_1 \cdot n_2 \cdot (n_1 + n_2 + 1). \tag{18.15}$$

Anstelle von T_1 kann als Testgröße auch die Summe der Ränge T_2 der y-Werte benutzt werden.

Dabei gilt

$$T_1 + T_2 = \frac{(n_1 + n_2) \cdot (n_1 + n_2 + 1)}{2}.$$

Da es gleichgültig ist, für welche der beiden Stichproben die Rangsumme berechnet wird, wird man sich stets für die kürzere Stichprobe entscheiden.

Für kleine n_1, n_2 kann die Wahrscheinlichkeitsverteilung der Testgröße T_1 durch kombinatorische Überlegungen berechnet werden. Die vereinigte Stichprobe besitzt $n_1 + n_2$ Rangplätze. Davon werden n_1 Plätze von den Werten der Stichprobe x belegt, wofür es insgesamt $\binom{n_1 + n_2}{n_1}$ verschiedene Möglichkeiten gibt. Falls H_0 richtig ist, sind alle Belegungsmöglichkeiten gleichwahrscheinlich. Die kleinste Rangsumme ist

$$1 + 2 + 3 + \ldots + n_1 = \frac{n_1 \cdot (n_1 + 1)}{2},$$

die größte

$$n_2 + 1 + n_2 + 2 + \ldots + n_2 + n_1 = n_1 \cdot n_2 + \frac{n_1 \cdot (n_1 + 1)}{2} = \frac{n_1 \cdot (n_1 + 2n_2 + 1)}{2}. \quad (18.16)$$

Der Mittelwert dieser beiden extremen Ränge liefert den mittleren Rang $\frac{1}{2} \cdot n_1 \cdot (n_1 + n_2 + 1) = m$.

Da die Verteilung von T_1 um m symmetrisch ist, gilt für jedes k

$$P(T_1 \leq k) = P(T_1 \geq m + m - k) = P(T_1 \geq n_1 \cdot (n_1 + n_2 + 1) - k). \quad (18.17)$$

Die Wahrscheinlichkeitsverteilung der Testgröße T_1 hängt von beiden Stichprobenumfängen n_1 und n_2 ab. Daher setzen wir $T_1 = T_{n_1,n_2}$.

Nach Gibbons [19], S. 166 gilt die Rekursionsformel

$$P(T_{n_1,n_2} = k) = \frac{1}{n_1 + n_2} \cdot [n_1 \cdot P(T_{n_1-1,n_2} = k - n_1 - n_2) + n_2 \cdot P(T_{n_1,n_2-1} = k)]. \quad (18.18)$$

Da für die Berechnung der Wahrscheinlichkeiten und Quantile nach dieser Formel für nicht allzu kleine n_1, n_2 sehr viel Speicherplatz benötigt wird, wird kein Programm angegeben. In Tabelle 7 im Anhang sind für kleine Werte n_1, n_2, $n_1 \leq n_2$ die linken Ablehnungsgrenzen $w_{n_1,n_2;\alpha}$ für den einseitigen Test mit

$$\boxed{P(T_1 \leq w_{n_1,n_2;\alpha}) \leq \alpha; \; w_{n_1,n_2;\alpha} \text{ maximal}} \quad (18.19)$$

tabelliert.

Wegen der Symmetrie der Verteilung von T_1 gelangt man zur

Testentscheidung

$H_0: F = G$ wird abgelehnt, d.h. $H_1: F \neq G$ angenommen, falls

$$T_1 \leq w_{n_1,n_2;\alpha/2} \text{ oder } T_1 \geq n_1 \cdot (n_1 + n_2 + 1) - w_{n_1,n_2;\alpha/2}. \quad (18.20)$$

18 Rangtests

Für große Stichprobenumfänge (nach Pfanzagl [27] genügt bereits $n_1, n_2 \geq 4$; $n_1 + n_2 \geq 30$) ist die Zufallsvariable

$$T_1^* = \frac{T_1 - \frac{1}{2} \cdot n_1 \cdot (n+1)}{\sqrt{\frac{n_1 \cdot n_2}{12 \cdot n \cdot (n-1)} \left[n^3 - n - \sum_{j=1}^{l} (b_j^3 - b_j) \right]}}, \quad n = n_1 + n_2 \qquad (18.21)$$

ungefähr $N(0; 1)$-verteilt. Wie in Abschnitt 18.3.1. ist dabei l die Anzahl der Gruppen mit Bindungen und b_j die Anzahl der Elemente aus der j-ten Gruppe.

Das nachfolgende Programm WILTEST2 berechnet nach Eingabe der beiden Stichproben die Testgröße T_1 und – falls gewünscht – die ungefähr $N(0; 1)$-verteilte Testgröße T_1^*. Dabei ist darauf zu achten, daß zuerst die kürzere Stichprobe eingegeben wird. Abschließend können die Rangzahlen der ersten Stichprobe ausgegeben werden.

Rangsummentest nach Wilcoxon-Mann-Whitney (WILTEST2)

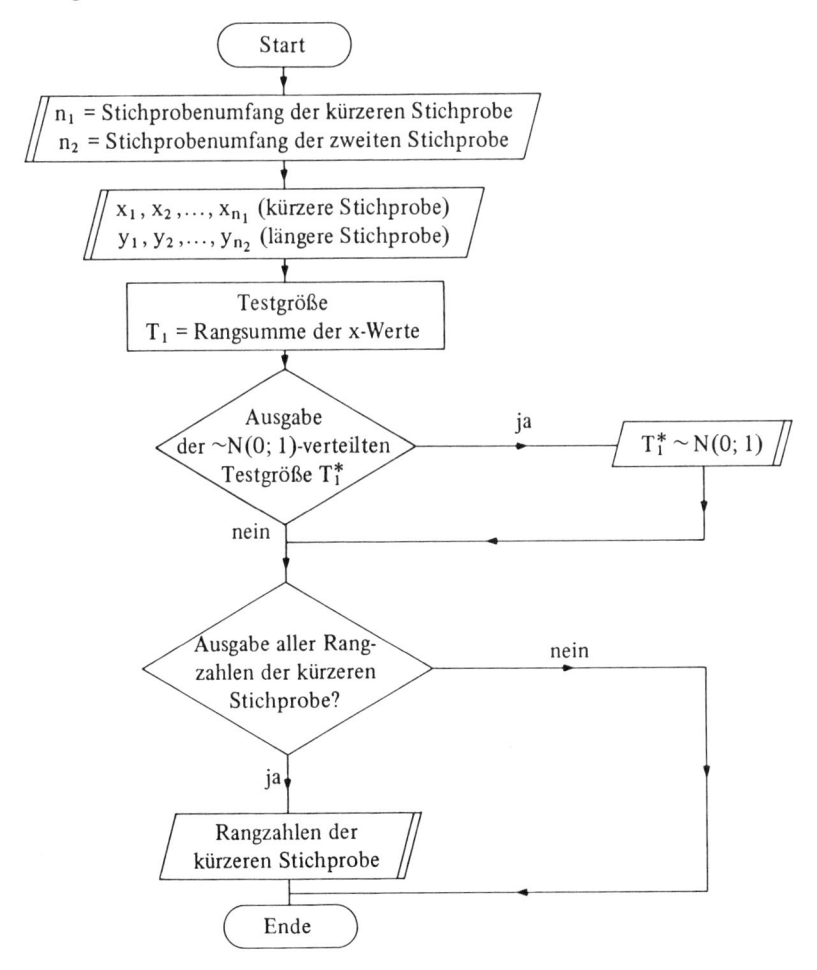

| Programm   WILTEST2 |

```
10   REM RANGSUMMENTEST VON WILCOXON,MANN U. WHITNEY (WILTEST2)
20   REM VERGLEICH ZWEIER UNABHAENGIGER (STET.) STICHPROBEN
30   PRINT "UMFANG DER KUERZEREN  STICHPROBE N1 = ";:INPUT N1
40   PRINT "UMFANG DER LAENGEREN  STICHPROBE N2 = ";:INPUT N2
50   N=N1+N2:IF N2>=N1 THEN GOTO 80
60   PRINT "ZUERST SOLL DIE KUERZERE STICHPROBE EINGEGEBEN WERDEN!"
70   PRINT:GOTO 30
80   DIM X(N1),R(N1),Y(N2), Z(N)
90   PRINT "ERSTE STICHPROBE (FUER N1) DER REIHE NACH EINGEBEN!"
100  FOR I=1 TO N1
110  INPUT X(I):Z(I)=X(I)
120  NEXT I: PRINT
130  PRINT "GEBEN SIE DIE ZWEITE STICHPROBE EIN!"
140  FOR J=1 TO N2
150  INPUT Y(J):Z(N1+J)=Y(J)
160  NEXT J
170  REM ---------------SORTIEREN DER Z-WERTE
180  FOR I=1 TO N
190  FOR J=1 TO N-I
200  IF Z(J+1)>Z(J) THEN GOTO 220
210  HI=Z(J):Z(J)=Z(J+1):Z(J+1)=HI
220  NEXT J
230  NEXT I
240  REM ------------BERECHNUNG DER RANGZAHLEN
250  T1=0
260  FOR I=1 TO N1
270  X=X(I):S=0:R=1:J=1
280  IF X>Z(J) THEN GOTO 340
290  DI=1:ZA=R
300  IF J=N THEN GOTO 330
310  IF X<Z(J+1) THEN GOTO 330
320  DI=DI+1:R=R+1:J=J+1:ZA=ZA+R:GOTO 300
330  R=ZA/DI: R(I)=R: GOTO 350
340  R=R+1:J=J+1:GOTO 280
350  T1=T1+R
360  NEXT I:PRINT:PRINT
370  PRINT "TESTGROESSE   T1 = "; T1:PRINT:PRINT
380  REM----------------------NORMALVERTEILTE APPROXIMATION
390  PRINT "NORMALVERTEILTE APPROXIMATION AUSGEBEN (J=JA)?"
400  INPUT EN$:IF EN$<>"J" THEN GOTO 520
410  B=0
420  FOR I=1 TO N-1
430  IF Z(I)<Z(I+1) THEN GOTO 450
440  L=L+1:IF I<N-1 THEN GOTO 460
450  B=B+LX(L-1)X(L+1):L=1
460  NEXT I
470  SI=SQR(N1XN2X(NX(N-1)X(N+1)-B)/(12XNX(N-1)))
480  TN=(T1-N1X(N+1)/2)/SI
490  PRINT "N(O;1)-VERTEILTE TESTGROESSE T1X = ";TN:PRINT
500  REM -------------AUSGABE DER RANGZAHLEN DER ERSTEN STICHPROBE
510  PRINT:EN$="WIA"
520  PRINT "AUSGABE RANGZAHLEN DER ERSTEN STICHPROBE (J=JA)?"
530  INPUT EN$:IF EN$ <>"J" THEN GOTO 580
540  PRINT "RANGZAHLEN DER ERSTEN STICHPROBE:"
550  FOR I=1 TO N1
560  PRINT R(I);"  ";
570  NEXT I
580  END
```

18 Rangtests

Beispiel 18.5. Ein Lehrer teilt eine Schulklasse so in zwei Gruppen ein, daß sie leistungsmäßig etwa gleich stark sind. Die erste Gruppe wird nach einer neuen Methode unterrichtet, die zweite Gruppe nach der alten. Eine Klassenarbeit nach einer gewissen Zeit ergibt folgende Punktzahlen:

Gruppe 1	42 38 51 49 46 61 52 47 58 35
Gruppe 2	41 42 32 45 36 41 39 42

Mit $\alpha = 0{,}05$ teste man die Hypothese

H_0 : beide Unterrichtsmethoden führen zum gleichen Erfolg.

In das Programm WILTEST2 wird erst die zweite Stichprobe vom Umfang $n_1 = 8$, danach die erste vom Umfang $n_2 = 10$ eingegeben.
Als Testgröße erhält man $T_1 = 51$.
Mit $\alpha = 0{,}025$ erhält man aus Tabelle 7 die untere kritische Grenze $w_u = w_{8,10;0,025} = 53$. Wegen $T_1 \leq w_u$ wird H_0 abgelehnt. Man kann also davon ausgehen, daß die neue Unterrichtsmethode zu besseren Ergebnissen führt.
Die Stichprobenwerte der Gruppe 2 besitzen in der gesamten Stichprobe die Rangzahlen

6.5   9   1   11   3   6.5   5   9.   ♦

Beispiel 18.6. Aus zwei Grundgesamtheiten wurden folgende Stichproben gezogen:

x: 45,1; 48,2; 40,1; 52,5; 61,9; 59,3; 41,2; 52,7; 68,4; 49,6; 54,7; 69,0; 53,5; 64,7; 42,1;

y: 65,1; 40,2; 51,7; 49,6; 41,3; 62,0; 45,9; 54,2; 48,4; 42,7; 59,9; 46,4; 62,9; 56,4; 41,8; 48,5; 59,3; 47,4; 50,9; 41,8.

Zum Test auf Gleichheit der Verteilungsfunktionen der beiden Grundgesamtheiten mit $\alpha = 0{,}05$ kann hier wegen $n_1 = 15$; $n_2 = 20$ die Approximation durch die Normalverteilung verwendet werden. Das Programm WILTEST 2 liefert die Ausgabe

$T_1 = 293$; $T_1^* = .766828$.

Wegen $|T_1^*| \leq z_{0,975}$ kann die Hypothese der Gleichheit der beiden Verteilungsfunktionen nicht abgelehnt werden.
Die erste Stichprobe besitzt die Rangzahlen:

9   13   1   20   29   26.5   3   21   34   16.5   24   35   22   32   7.   ♦

19 Kolmogorov-Smirnov-Tests

Beim Chi-Quadrat-Anpassungstest in Abschnitt 8.3 hängt die Testgröße $\chi^2_{ber.}$ nur von den absoluten Häufigkeiten der einzelnen Klassen ab. Dabei spielt es keine Rolle, wie die Stichprobenwerte in den einzelnen Klassen verteilt sind. Aus diesem Grund entsteht ein gewisser Informationsverlust, insbesondere wenn die Anzahl der Klassen nicht allzu groß ist. Bei den Kolmogorov-Smirnov-Tests werden die (empirischen) Verteilungsfunktionen und somit alle Werte der Stichprobe zur Rechnung der Testgröße benutzt.

19.1 Der Kolmogorov-Smirnov-Anpassungstest (Einstichprobentest)

Es soll eine der folgenden drei Nullhypothesen getestet werden:

$$H_0: \quad F(x) \begin{cases} = F_0(x) & \text{für alle } x; \\ \leq F_0(x) & \text{für alle } x; \\ \geq F_0(x) & \text{für alle } x. \end{cases} \tag{19.1}$$

Dabei ist F die (unbekannte) Verteilungsfunktion der Grundgesamtheit, während F_0 fest vorgegeben ist. Als *Voraussetzung* wird die *Stetigkeit von* F_0 benötigt.

Aus einer Stichprobe $x = (x_1, x_2, \ldots, x_n)$ wird zunächst die *empirische Verteilungsfunktion*

$$F_n(x) = \frac{1}{n} \cdot (\text{Anzahl der Stichprobenwerte} \leq x)$$

(s. Abschnitt 1.1.) berechnet.

Die Tests werden durchgeführt mit den *Testgrößen*

$$d_n = \sup_x |F_n(x) - F_0(x)| \quad \text{bzw.} \quad d_n^+ = \sup_x (F_n(x) - F_0(x))$$
$$\text{bzw.} \quad d_n^- = \sup_x (F_0(x) - F_n(x)). \tag{19.2}$$

Die Wahrscheinlichkeitsverteilungen der zugehörigen Zufallsvariablen D_n, D_n^+ und D_n^- hängen nicht von der hypothetischen Verteilungsfunktion $F_0(x)$ ab, falls H_0 richtig ist. Die Teststatistiken sind somit verteilungsfrei (s. Büning-Trenkler [13], S. 86 und Hartung [20] S. 182). Die einzige Voraussetzung dafür ist die Stetigkeit von F_0.

Für kleine n können Verteilung und Quantile der Testgrößen durch kombinatorische Überlegungen exakt berechnet werden. Nach dem Satz von *Kolmogorov* gilt für jedes $\lambda > 0$

$$\lim_{n \to \infty} P(D_n \leq \frac{\lambda}{\sqrt{n}}) = Q_1(\lambda) = 1 - 2 \cdot \sum_{k=1}^{\infty} (-1)^{k-1} e^{-2k^2\lambda^2}; \tag{19.3}$$

$$\lim_{n \to \infty} P(D_n^+ \leq \frac{\lambda}{\sqrt{n}}) = Q_2(\lambda) = 1 - e^{-2\lambda^2}$$

(s. Gibbons 19, S. 81–83).

19 Kolmogorov-Smirnov-Tests

Für n > 40 sind die Approximationen

$$P(D_n \leq \frac{\lambda}{\sqrt{n}}) \approx Q_1(\lambda);$$
$$P(D_n^+ \leq \frac{\lambda}{\sqrt{n}}) \approx Q_2(\lambda) \qquad (19.4)$$

bereits recht gut.

Für n ≤ 40 sind solche Quantile für den zweiseitigen Test in der Tabelle 8 im Anhang zusammengestellt. Wegen (19.4) wird für n > 40 die Näherung

$$d_{n;1-\alpha} \approx \frac{\lambda_{1-\alpha}}{\sqrt{n}} \quad \text{mit} \quad Q(\lambda_{1-\alpha}) = 1 - \alpha$$

benutzt. Mit diesen Quantilen gelangt man zu den

Testentscheidungen

Nullhypothese H_0	Alternative H_1	Testgröße	Ablehnungsbereich
$F = F_0$	$F \neq F_0$	$d_n = \sup_x |F_n(x) - F_0(x)|$	$d_n \geq d_{n;1-\alpha}$
$F(x) \leq F_0(x)$ für alle x	$F(x) \geq F_0(x)$ > für mindestens ein x	$d_n^+ = \sup_x (F_n(x) - F_0(x))$	$d_n^+ \geq d_{n;1-2\alpha}$
$F(x) \geq F_0(x)$ für alle x	$F(x) \leq F_0(x)$ < für mindestens ein x	$d_n^- = \sup_x (F_0(x) - F_n(x))$	$d_n^- \geq d_{n;1-2\alpha}$

Für n > 40 eignen sich als Testgrößen

$$k_n = \sqrt{n} \cdot d_n; \quad k_n^+ = \sqrt{n} \cdot d_n^+; \quad k_n^- = \sqrt{n} \cdot d_n^-.$$

Die Nullhypothese wird dann abgelehnt, falls

$$k_n \geq \lambda_{1-\alpha} \quad \text{bzw.} \quad k_n^+ \geq \lambda_{1-\alpha}^+ \quad \text{bzw.} \quad k_n^- \geq \lambda_{1-\alpha}^+.$$

Die Quantile der Verteilungsfunktion Q_2 lassen sich sehr einfach berechnen. Aus

$$1 - \alpha = Q_2(\lambda_{1-\alpha}^+) = 1 - e^{-2\lambda_{1-\alpha}^{+2}}$$

folgt

$$\lambda_{1-\alpha}^+ = \sqrt{-\frac{\ln \alpha}{2}}. \qquad (19.5)$$

In der nachfolgenden Tabelle sind einige Quantile der Verteilungsfunktion $Q_1(\lambda)$ zusammengestellt.

Quantile von $Q_1(\lambda)$; $Q_1(\lambda_q) = q$

q	0,8	0,85	0,9	0,95	0,975	0,98	0,99	0,995	0,999
λ_q	1,07	1,14	1,22	1,36	1,48	1,52	1,63	1,73	1,95

(19.6)

Praktische Berechnung von $d_n = \sup_x |F_n(x) - F_0(x)|$.

Für eine einfache Stichprobe $(x_1, x_2, \ldots, x_n)$ vom Umfang n bestimme man die empirische Verteilungsfunktion F_n. Ist x_i^* Sprungstelle der Treppenfunktion F_n, so sind nach Bild 19.1 die Beträge

$$d_i^{(1)} = |F_n(x_i^*) - F(x_i^*)|,$$

$$d_i^{(2)} = |F_n(x_{i-1}^*) - F(x_i^*)|$$

zu berechnen.

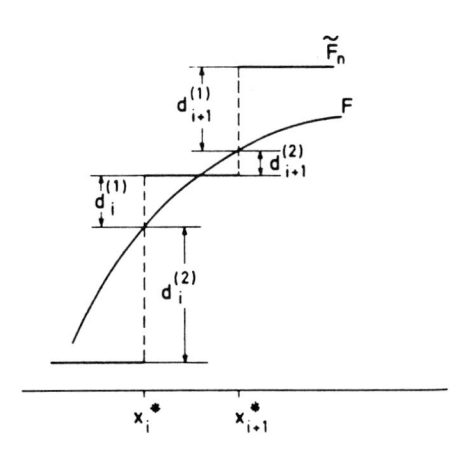

Bild 19.1

Von diesen Beträgen ermittle man das Maximum, d.h.

$$d_n = \max_i (d_i^{(1)}, d_i^{(2)}).$$

Im nachfolgenden Programm KOLSMI1 wird die Testgröße d_n berechnet. Dabei muß vor Beginn ab Zeile 630 das *Unterprogramm mit abschließendem* RETURN *zur Berechnung von* $FW = F_0(X)$ *eingegeben werden*. Vor Aufruf dieses Unterprogramms steht das Argument X fest, das Ergebnis muß in FW stehen.

19 Kolmogorov-Smirnov-Tests

Einstichprobentest nach Kolmogorov-Smirnov (KOLSMI 1)

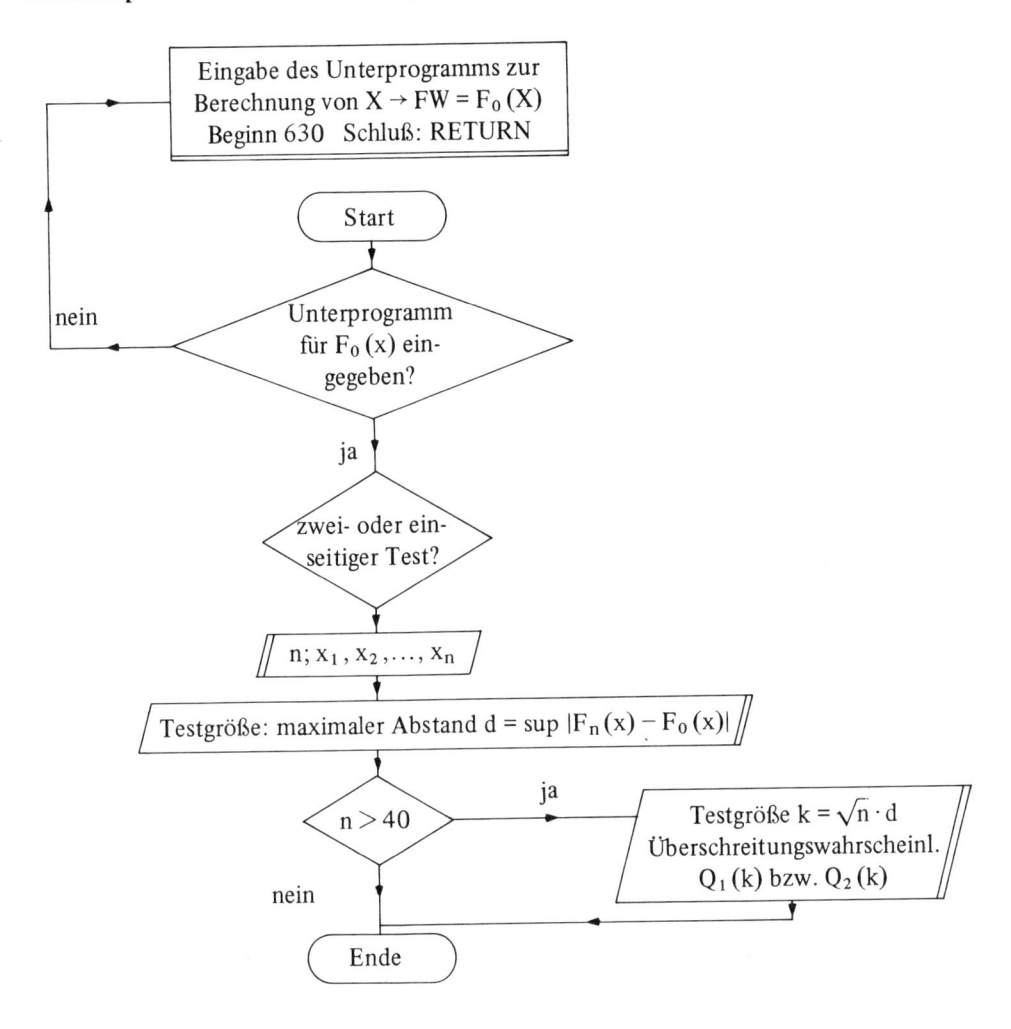

```
Eingabe des Unterprogramms zur
Berechnung von X → FW = F₀(X)
Beginn 630   Schluß: RETURN
```

Start

Unterprogramm für $F_0(x)$ eingegeben? — nein

ja

zwei- oder einseitiger Test?

$n; x_1, x_2, \ldots, x_n$

Testgröße: maximaler Abstand $d = \sup |F_n(x) - F_0(x)|$

$n > 40$ — ja → Testgröße $k = \sqrt{n} \cdot d$
Überschreitungswahrscheinl. $Q_1(k)$ bzw. $Q_2(k)$

nein

Ende

Programm   KOLSMI 1

```
10   REM KOLMOGOROW-SMIRNOW-EINSTICHPROBENTEST (KOLSMI1)
20   REM AB 630 UNTERPROGRAMM BERECHNUNG DER FUNKTION F0(X) EINGEBEN
30   REM X IST BEIM AUFRUF BEREITS EINGEGEBEN-ERGEBNIS FW=F0(X)
40   REM   UNTERPROGRAMM MUSS MIT R E T U R N ENDEN!!!!!
50   PRINT "UNTERPR. AB 630 ZUR BERECHNUNG F0(X) EINGEGEBEN(J=JA)?"
60   INPUT EN$:IF EN$="J" THEN GOTO 80
70   PRINT "GEBEN SIE ES BITTE AB 630 EIN!":END
80   PRINT "SOLL EIN ZWEISEITIGER TEST DURCHGEFUEHRT WERDEN (J=JA)?"
90   INPUT EZ$: IF EZ$="J" THEN GOTO 120
100  PRINT "SOLL H0 : F(X)<=F0(X) GETESTET WERDEN (J=JA)?"
```

```
110    INPUT EO$ : PRINT
120    PRINT "STICHPROBENUMFANG N = ";
130    INPUT N:DIM X(N):PRINT
140    PRINT "EINGABE DER X-WERTE"
150    FOR I=1 TO N
160    INPUT X(I)
170    NEXT I
180    FOR I=1 TO N
190    FOR J=1 TO N-I
200    IF X(J+1)>X(J) THEN GOTO 220
210    A=X(J) : X(J)=X(J+1):X(J+1)=A
220    NEXT J
230    NEXT I
240    REM ---------BERECHNUNG DER TESTGROESSE
250    D=0:FL=0:I=1
260    IF X(I)<X(I+1) THEN GOTO 280
270    I=I+1 : IF I+1<N THEN GOTO 260
280    X=X(I) : FR=I/N
290    GOSUB 610
300    D1=FR-FW:D2=FL-FW:IF EZ$<>"J" THEN GOTO 320
310    D1=ABS(D1):D2=ABS(D2):GOTO 340
320    IF EO$="J" THEN GOTO 340
330    D1=-D1:D2=-D2
340    IF D>D1 THEN GOTO 360
350    D=D1
360    IF D>D2 THEN GOTO 380
370    D=D2
380    IF I=N THEN GOTO 410
390    FL=FR:GOTO 270
400    GOTO 260
410    PRINT:PRINT
420    PRINT "TESTGROESSE = MAXIMALER ABSTAND D = ";D
430    IF N<40 THEN GOTO 570
440    K=SQR(N)*D : PRINT
450    PRINT "TESTGROESSE KN = WURZEL(";N;")*D  = ";K
460    PRINT : IF EZ$="J" THEN GOTO 480
470    FW=1-EXP(-2*K*K) : GOTO 520
480    I=1 : A=1/EXP(2*K*K) : B=A : SK=B : V=1
490    I=I+1 : E=A^(I*I) : V=-V : B=V*E : SK=SK+B
500    IF E>=.000001 THEN GOTO 490
510    FW=1-2*SK
520    PRINT "UEBERSCHREITUNGSWAHRSCH. BEI GROSSEM STICHPROBENUMFANG"
530    PRINT "VERTEILUNGSFUNKTION VON KOLMOGOROW"
540    PRINT : IF EZ$="J" THEN GOTO 560
550    PRINT "VERTF.   Q2(";K;") = ";FW : GOTO 570
560    PRINT "VERTF.   Q1(";K;") = ";FW
570    END
580    REM --------------------------------------------------
590    REM --------------------------------------------------
600    REM --------------------------------------------------
610    REM            U N T E R P R O G R A M M
620    REM    BEGINN NAECHSTE ZEILE
```

19 Kolmogorov-Smirnov-Tests

Beispiel 19.1. (Test auf gleichmäßige Verteilung). Man teste mit $\alpha = 0{,}2$, ob die 50 nachfolgenden Stichprobenwerte Realisierungen einer im Intervall $[0; 100]$ gleichmäßig verteilten Zufallsvariablen sind:

24,5 30,5 31,1 51,5   5,8 78,8 49,7 36,3 98,4 90,1 72,7   0,6 96,9   0,1 95,6
 4   89,6 66   55,4 81,8 90,7 85,8 86,8 50,6 58,3 44,8 86,7   3,3 60,3 77,8
28,6 78,4 13,7 22,6 21,5 87,6 85,7 56,7 36,4   3,3 87,6 76,3 20,1 60,8 37,3
22,5 74,5 25,7 93   45,3.

Die Verteilungsfunktion lautet $F_0(x) = 0{,}01 \cdot x$.

Im Programm KOLSMI 1 müssen somit folgende Befehle hinzugefügt werden:

```
630    FW = .01 * X
640    RETURN
```

Als Ausgabe erhält man $d = .127$; $k = \sqrt{50} \cdot d = .898026$.

Aus der Kolmogorov-Verteilungsfunktion erhält man die Überschreitungswahrscheinlichkeit $P = Q_1(.898026) = .604537$. Wegen $P < 1 - \alpha = 0{,}80$ kann mit $\alpha = 0{,}20$ die Nullhypothese, daß die Grundgesamtheit in $[0; 100]$ gleichmäßig verteilt ist, nicht abgelehnt werden.

19.2 Der Kolmogorov-Smirnov-Zweistichprobentest

In Abschnitt 18.4 wurde der zweiseitige Test

$H_0 : F = G$ gegen $H_1 : F \neq G$

mit Hilfe von Rangsummen durchgeführt. In Analogie zu Abschnitt 19.1 ist es naheliegend, zur Testdurchführung aus den beiden (empirischen) Verteilungsfunktionen F_{n_1} und G_{n_2} der Stichproben $x = (x_1, x_2, \ldots, x_{n_1})$ bzw. $y = (y_1, y_2, \ldots, y_{n_2})$ die maximale Abweichung

$$d_{n_1, n_2} = \max_z |F_{n_1}(z) - G_{n_2}(z)| \quad \text{(zweiseitig)}$$

bzw. $\quad d^+_{n_1, n_2} = \max_z (F_{n_1}(z) - G_{n_2}(z)) \quad \text{(einseitig)} \hfill (19.7)$

bzw. $\quad d^-_{n_1, n_2} = \max_z (G_{n_2}(z) - F_{n_1}(z)) \quad \text{(einseitig)}$

zu benutzen.

Die Wahrscheinlichkeitsverteilungen der zugehörigen Zufallsvariablen können durch kombinatorische Überlegungen berechnet werden. Dabei muß wie in diesem gesamten Kapitel die Stetigkeit der beiden Verteilungsfunktionen F und G vorausgesetzt werden. Quantile für bestimmte Kombinationen n_1 und n_2 sind in [13] und [42] angegeben.

Für $n_1 = n_2 = n$ lassen sich die Quantile einfacher berechnen. In Tabelle 9 im Anhang sind für $n \leq 40$ die Größen $n \cdot d_{n,n;1-\alpha}$ angegeben, d.h. die Zähler $z_{n;1-\alpha}$ mit

$$P\left(D_{n,n} \leq \frac{z_{n;1-\alpha}}{n}\right) \leq 1 - \alpha; \quad z_{n;1-\alpha} \text{ maximal.} \tag{19.8}$$

$d_{n,n;1-\alpha} = \dfrac{z_{n;1-\alpha}}{n}$ sind also die Ablehnungsgrenzen beim zweiseitigen Test.

Für stetige Verteilungsfunktionen gilt

$$\lim_{n_1,n_2 \to \infty} P\left(D_{n_1,n_2} \leq \lambda \cdot \sqrt{\frac{n_1 + n_2}{n_1 \cdot n_2}}\right) = Q_1(\lambda) = 1 - 2 \cdot \sum_{k=1}^{\infty}(-1)^{k-1} e^{-2k^2\lambda^2};$$

$$\lim_{n_1,n_2 \to \infty} P\left(D^+_{n_1,n_2} \leq \lambda \cdot \sqrt{\frac{n_1 + n_2}{n_1 \cdot n_2}}\right) = Q_2(\lambda) = 1 - e^{-2\lambda^2}. \tag{19.9}$$

Für große n_1, n_2 (es genügt bereits $n_1 + n_2 > 35$) gilt somit für die allgemeinen Quantile die Näherung

$$d_{n_1,n_2;1-\alpha} \approx \lambda_{1-\alpha} \cdot \sqrt{\frac{n_1 + n_2}{n_1 \cdot n_2}}. \tag{19.10}$$

Für $n_1 = n_2 = n$ gilt dann speziell

$$d_{n,n;1-\alpha} = \frac{z_{n;1-\alpha}}{n} \approx \lambda_{1-\alpha} \cdot \sqrt{\frac{2}{n}}. \tag{19.11}$$

Mit den Quantilen (für den zweiseitigen Test) $d_{n_1,n_2;1-\alpha}$ erhält man die

Testentscheidungen

	Nullhypothese H_0	Alternative H_1	Ablehnungsbereich für H_0
zweiseitig:	$F = G$	$F \neq G$	$d_{n_1,n_2} = \max_z |F_{n_1}(z) - G_{n_2}(z)|$ $d_{n_1,n_2} \geq d_{n_1,n_2;1-\alpha}$
einseitig:	$F(z) \leq G(z)$	$F(z) \geq G(z)$ $>$ für mindestens ein z	$d^+_{n_1,n_2} = \max_z (F_{n_1}(z) - G_{n_2}(z))$ $d^+_{n_1,n_2} \geq d_{n_1,n_2;1-2\alpha}$
einseitig:	$F(z) \geq G(z)$	$F(z) \leq G(z)$ $<$ für mindestens ein z	$d^-_{n_1,n_2} = \max_z (G_{n_2}(z) - F_{n_1}(z))$ $d^-_{n_1,n_2} \geq d_{n_1,n_2;1-2\alpha}$

$$\tag{19.12}$$

19 Kolmogorov-Smirnov-Tests

Für $n_1 + n_2 > 35$ ist es sinnvoll, eine der Testgrößen

$$k_{n_1,n_2} = \sqrt{\frac{n_1 \cdot n_2}{n_1 + n_2}} \cdot d_{n_1,n_2};$$

$$k^+_{n_1,n_2} = \sqrt{\frac{n_1 \cdot n_2}{n_1 + n_2}} \cdot d^+_{n_1,n_2}; \qquad (19.13)$$

$$k^-_{n_1,n_2} = \sqrt{\frac{n_1 \cdot n_2}{n_1 + n_2}} \cdot d^-_{n_1,n_2}$$

zu berechnen. Zur Testentscheidung muß nur festgestellt werden, ob diese Testgrößen die Quantile $\lambda_{1-\alpha}$ bzw. $\lambda^+_{1-\alpha}$ übersteigen. Dies ist genau dann der Fall, wenn für die Überschreitungswahrscheinlichkeiten $Q_1(k_{n_1,n_2}) > 1 - \alpha$ bzw. $Q_2(k^+_{n_1,n_2}) > 1 - \alpha$ gilt. Dann wird die entsprechende Nullhypothese abgelehnt. Quantile sind in (19.6) zusammengestellt.

Bemerkung: Die beiden Kolmogorov-Smirnov-Tests sind exakt, wenn die Verteilungsfunktionen F und G stetig sind. Wendet man diese Tests auf Grundgesamtheiten an, die nicht stetig verteilt sind, so wird die Irrtumswahrscheinlichkeit α i.a. verkleinert, jedoch nie vergrößert. Tests mit dieser Eigenschaft nennt man *konservativ*.

Das nachfolgende Programm KOLSMI2 berechnet je nach Bedarf für ein- oder zweiseitige Tests die Werte d_{n_1,n_2} sowie die Testgröße k_{n_1,n_2} für die Näherung.

Kolmogorov-Smirnov-Zweistichprobentest (KOLSMI2)

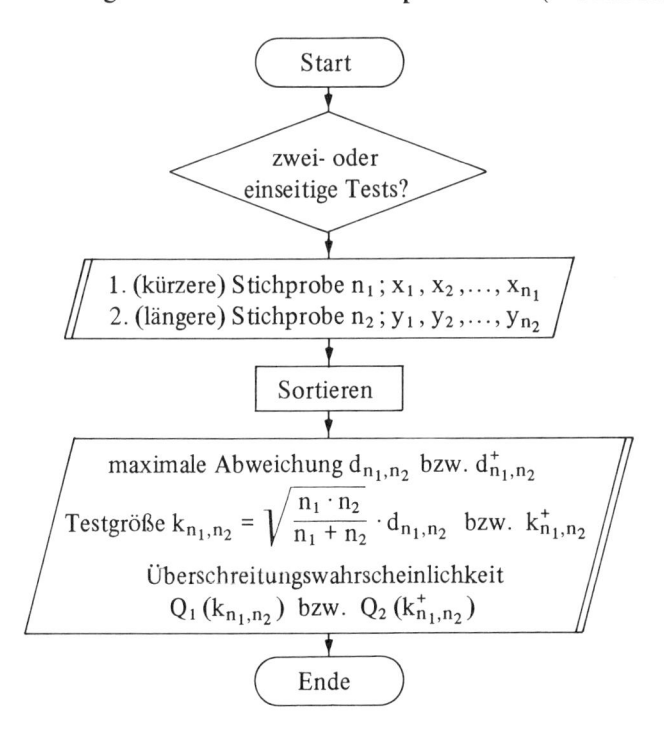

```
                    ( Start )
                        |
                        v
              < zwei- oder
                einseitige Tests? >
                        |
                        v
   ┌────────────────────────────────────────────┐
   / 1. (kürzere) Stichprobe n₁; x₁, x₂, ..., xₙ₁ /
   / 2. (längere) Stichprobe n₂; y₁, y₂, ..., yₙ₂ /
   └────────────────────────────────────────────┘
                        |
                  [ Sortieren ]
                        |
   ┌────────────────────────────────────────────┐
   / maximale Abweichung d_{n₁,n₂} bzw. d⁺_{n₁,n₂} /
   / Testgröße k_{n₁,n₂} = √(n₁·n₂/(n₁+n₂))·d_{n₁,n₂} bzw. k⁺_{n₁,n₂} /
   /    Überschreitungswahrscheinlichkeit        /
   /        Q₁(k_{n₁,n₂}) bzw. Q₂(k⁺_{n₁,n₂})    /
   └────────────────────────────────────────────┘
                        |
                    ( Ende )
```

Programm   KOLSMI2

```
10   REM KOLMOGOROW-SMIRNOW-VERGLEICHSTEST   (KOLSMI2)
20   REM-----------------------------------------------EINGABE
30   REM --------------------------1.STICHPROBE
40   PRINT "UMFANG DER ERSTEN STICHPROBE   N1 = ";
50   INPUT N1:DIM X(N1)
60   PRINT "ERSTE STICHPROBE EINGEBEN "
70   FOR I=1 TO N1
80   INPUT X(I)
90   NEXT I
100  REM --------------------SORTIEREN
110  IF N1=1 THEN GOTO 190
120  FOR I=1 TO N1
130  FOR J=1 TO N1-I
140  IF X(J+1)>X(J) THEN GOTO 160
150  A=X(J):X(J)=X(J+1):X(J+1)=A
160  NEXT J
170  NEXT I
180  REM-----------------------2.STICHPROBE
190  PRINT:PRINT "UMFANG DER ZWEITEN STICHPROBE N2 = ";
200  INPUT N2:DIM Y(N2)
210  PRINT "GEBEN SIE DIE STICHPROBENWERTE DER REIHE NACH EIN !"
220  FOR J=1 TO N2
230  INPUT Y(J)
240  NEXT J
250  REM--------------------SORTIEREN
260  IF N2=1 THEN GOTO 330
270  FOR I=1 TO N2
280  FOR J=1 TO N2-I
290  IF Y(J+1)>Y(J) THEN GOTO 310
300  A=Y(J):Y(J)=Y(J+1):Y(J+1)=A
310  NEXT J
320  NEXT I
330  REM -----------------------------------------------
340  PRINT: PRINT: PRINT
350  PRINT "SOLL EIN ZWEISEITIGER TEST DURCHGEFUEHRT WERDEN (J=JA)?"
360  INPUT EZ$: IF EZ$="J" THEN 390
370  PRINT "SOLL H0 : F(X)<=G(X) GETESTET WERDEN (J=JA)?"
380  INPUT EO$
390  REM----------BERECHNUNG DER MAXIMALEN ABWEICHUNG
400  GOTO 620
410  REM ---------------------AUSGABE DER TESTGROESSE
420  K = DXSQR((N1XN2)/(N1+N2)):PRINT
430  PRINT "MAXIMALE ABWEICHUNG       D = ";D
440  PRINT
450  PRINT "TESTGROESSE              K = ";K
460  IF EZ$="J" THEN GOTO 480
470  FW=1- EXP(-2XKXK):GOTO 530
480  I=1:A=1/EXP(2XKXK):B=A: SK=B: V=1
490  I=I+1:E=A^(IXI): V=-V: B=VXE:SK=SK+B
500  IF E<.000001 THEN GOTO 520
510  GOTO 490
520  FW=1-2XSK
530  PRINT
540  PRINT"UEBERSCHREIUNGSWAHRSCH. BEI GROSSEN STICHPROBENUMFAENGEN
550  PRINT "VERTEILUNGSFUNKTION V. KOLMOGOROW:"
```

19 Kolmogorov-Smirnov-Tests

```
560    PRINT: IF EZ$="J" THEN GOTO 580
570    PRINT "VERTF. Q2(";K;") = ";FW:GOTO 590
580    PRINT "VERTF. Q1(";K;") = ";FW
590    END
600    REM -------------------------------------------------
610    REM--------VERTEILUNGSFUNKTION 1. STICHPROBE
620    REM ----------SPRUNGSTELLEN DER VERTEILUNGSFUNKTION
630    D=0:I=1:L1=0:R1=0
640    R=X(I):R1=R1+1:IF I=N1 THEN GOTO 670
650    IF X(I)<X(I+1) THEN GOTO 670
660    I=I+1:GOTO 640
670    FL=L1/N1:FR=R1/N1
680    GOSUB 800
690    D1=FL-GL:D2=FR-RG: IF EZ$="J" THEN GOTO 720
700    IF EO$="J" THEN GOTO 730
710    D1=-D1:D2=-D2:GOTO 730
720    D1=ABS(D1):D2=ABS(D2)
730    IF D>D1 THEN GOTO 750
740    D=D1
750    IF D>D2 THEN GOTO 770
760    D=D2
770    IF I=N1 THEN GOTO 790
780    L1=R1:I=I+1:GOTO 640
790    GOTO 410
800    REM--------VERTEILUNGSFUNKTION D.2.STICHPROBE
810    L2=0:R2=0:J=1
820    IF Y(J)> R THEN GOTO 880
830    IF Y(J)=R THEN GOTO 860
840    L2=L2+1:R2=R2+1:IF J=N2 THEN GOTO 880
850    J=J+1: GOTO 820
860    R2=R2+1:IF J=N2 THEN GOTO 880
870    J=J+1:GOTO 820
880    GL=L2/N2:RG=R2/N2
890    RETURN
```

Beispiel 19.2 (vgl. Beispiel 18.5). Mit den Daten aus Beispiel 18.5. wird zuerst die 2. Stichprobe eingegeben, dann die erste. Das Programm KOLSMI2 liefert die Ausgabe

> Maximale Abweichung d = .7
> Testgröße k = 1.4753.

Für die Stichprobenumfänge $n_1 = 8$, $n_2 = 10$ erhält man für $\alpha = 0{,}05$ die kritische Grenze $k_{8,10;0{,}95} = 1{,}21$. Wegen $k > 1{,}21$ wird die Nullhypothese der Gleichheit der Punkteverteilungen nach beiden Unterrichtsmethoden abgelehnt. ♦

Beispiel 19.3. Zum Test auf Gleichheit der Verteilungsfunktionen zweier stetiger Grundgesamtheiten ($\alpha = 0{,}10$) wurden folgende Stichproben gezogen:

x_i: 120; 140; 138; 121; 150; 170; 169; 141; 180; 165; 145; 139; 150; 154; 148; 161; 170; 115; 162; 185   ($n_1 = 20$).

y_j: 160; 148; 135; 151; 172; 158; 194; 188; 135; 129; 141; 160; 175; 184; 145; 159; 140; 195; 197; 143; 155; 141; 170; 178; 149   ($n_2 = 25$).

Hier erhält man die Ausgabe:

    Maximale Abweichung $d = .22$
    Testgröße $k = .733333$.

Überschreitungswahrscheinlichkeit bei großen Stichprobenumfängen $P = Q_1 (.733333) = .344736$. Wegen $P < 1- \alpha = 0{,}90$ kann die Nullhypothese der Gleichheit der Verteilungsfunktionen der beiden Grundgesamtheiten nicht abgelehnt werden. ♦

Beispiel 19.4 (vgl. Beispiel 18.6).
Mit den Daten aus Beispiel 18.6. erhält man die Ausgabe:

    Maximale Abweichung $d = .25$
    Testgröße $k = .731925$.

Überschreitungswahrscheinlichkeit bei großen Stichproben $P = Q_2 (.731925) = .657481$. Wegen $P < 1 - \alpha = 0{,}90$ kann die Hypothese der Gleichheit der Verteilungsfunktionen der beiden Grundgesamtheiten mit einer Irrtumswahrscheinlichkeit von 0,10 nicht abgelehnt werden. ♦

Literaturverzeichnis (weiterführende Literatur)

A. Wahrscheinlichkeitsrechnung

[1] *Bauer, H.* (1974): Wahrscheinlichkeitstheorie und Grundzüge der Maßtheorie. De Gruyter, Berlin.
[2] *Bosch, K.* (1984): Elementare Einführung in die Wahrscheinlichkeitsrechnung. 4. Auflage, Vieweg Studium, Bd. 25, Vieweg Braunschweig/Wiesbaden.
[3] *Feller, W.* (1968): An Introduction to Probability Theory and its Applications I. 3. Auflage, Wiley & Sons, New York – London – Sydney.
[4] *Gänssler, P., Stute, W.* (1977): Wahrscheinlichkeitstheorie. Springer, Berlin – Heidelberg – New York.
[5] *Gnedenko, B. W.* (1965): Lehrbuch der Wahrscheinlichkeitsrechnung. Akademie-Verlag, Berlin.
[6] *Hinderer, K.* (1972): Grundbegriffe der Wahrscheinlichkeitstheorie. Springer, Berlin – Heidelberg – New York.
[7] *Neveu, J.* (1969): Mathematische Grundlagen der Wahrscheinlichkeitstheorie. Oldenbourg, München – Wien.
[8] *Rényi, A.* (1971): Wahrscheinlichkeitsrechnung. 3. Auflage, VEB Deutscher Verlag der Wissenschaften, Berlin.
[9] *Richter, H.* (1966): Wahrscheinlichkeitstheorie. 2. Auflage, Springer, Berlin – Heidelberg – New York.
[10] *Vogel, W.* (1970): Wahrscheinlichkeitstheorie. Vandenhoeck & Ruprecht, Göttingen.

B. Statistik

[11] *Behnen, K., Neuhaus, G.* (1984): Grundkurs Stochastik. Teubner, Stuttgart.
[12] *Bosch, K.* (1985): Elementare Einführung in die angewandte Statistik. 3. Auflage, Vieweg Studium, Bd. 27, Vieweg, Braunschweig/Wiesbaden.
[13] *Büning, H., Trenkler, G.* (1978): Nichtparametrische statistische Methoden. De Gruyter, Berlin – New York.
[14] *Bamberg, G., Bauer, F.* (1984): Statistik. 3. Auflage, Oldenbourg, München – Wien.
[15] *Chernoff, H., Lehmann, E. L.* (1954): The use of maximum likelihood estimates in χ^2 tests for goodness of fit, Ann. of Math. Stat., vol. 25, p 579–686.
[16] *Dinges, H., Rost, H.* (1982): Prinzipien der Stochastik. Teubner, Stuttgart.
[17] *Exner, H., Schmitz, N.* (1982): Zufallszahlen für Simulationen. Skripten zur Mathematik, Münster.
[18] *Fisz, M.* (1971): Wahrscheinlichkeitsrechnung und mathematische Statistik. VEB Deutscher Verlag der Wissenschaften, Berlin.
[19] *Gibbons, J. D.* (1971): Nonparametric Statistical Inference. McGrow-Hill, New York.
[20] *Hartung, H., Elpelt, B., Klösener, K.-H.* (1984): Statistik. 2. Auflage, Oldenbourg, München – Wien.
[21] *Heinold, J., Gaede, K.-W.* (1972): Ingenieur-Statistik. Oldenbourg, München – Wien.
[22] *Kreyszig, E.* (1975): Statistische Methoden und ihre Anwendungen. 5. Auflage, Vandenhoeck & Ruprecht, Göttingen.
[23] *Lehmann, E. L.* (1959): Testing Statistical Hypothesies. Wiley & Sons, New York – London.
[24] *Linder, A.* (1964): Statistische Methoden für Naturwissenschaftler, Mediziner und Ingenieure. 4. Auflage, Birkhäuser, Stuttgart.

[25] *Morgenstern, D.* (1968): Einführung in die Wahrscheinlichkeitsrechnung und mathematische Statistik. 2. Auflage, Springer, Berlin – Heidelberg – New York.

[26] *Pfanzagl, J.* (1983): Allgemeine Methodenlehre der Statistik I. 6. Auflage, De Gruyter, Berlin – New York.

[27] *Pfanzagl, J.* (1974): Allgemeine Methodenlehre der Statistik II. 4. Auflage, De Gruyter, Berlin – New-York.

[28] *Sachs, L.* (1984): Angewandte Statistik. 6. Auflage, Springer, Berlin – Heidelberg – New York – Tokyo.

[29] *Schach, F., Schäfer, T.* (1978): Regressions- und Varianzanalyse. Springer, Berlin – Heidelberg – New York.

[30] *Schmetterer, L.* (1966): Einführung in die Mathematische Statistik. 2. Auflage, Springer, Berlin.

[31] *Stange, K.* (1970): Angewandte Statistik. Bd. I. Eindimensionale Probleme. Springer, Berlin.

[32] *Stange, K.* (1971): Angewandte Statistik. Bd. II. Mehrdimensionale Probleme. Springer, Berlin.

[33] *Vincze, I.* (1971): Mathematische Statistik mit industriellen Anwendungen. Akademiai Kiado, Budapest.

[34] *Waerden, van der, B. L.* (1971): Mathematische Statistik. 3. Auflage, Springer, Berlin – Heidelberg – New York.

[35] *Walter, E.* (1970): Statistische Methoden. Lecture Notes in Economics, Bd. 38, Bd. 39, Springer, Berlin – Heidelberg – New York.

[36] *Weber, E.* (1972): Grundlagen der biologischen Statistik. 7. Auflage, Fischer, Stuttgart.

[37] *Witting, H.* (1970): Mathematische Statistik. Teubner, Stuttgart.

[38] *Witting, H., Nölle, G.* (1970): Angewandte Mathematische Statistik. Teubner, Stuttgart.

C. Testfunktionen und Tabellen

[39] *Abramowitz, M., Stegun, I.* (1970): Handbook of Mathematical Functions with Formulas, Graphes and Mathem. Tables. Ninth Printing, Departement of Commerce, USA, Washington.

[40] *Johnson, N. L., Kotz, S.* (1969): Distribution in Statistics. Vol. 1. Discrete Distributions. John Wiley, New York – London – Sydney – Toronto.

[41] *Johnson, N. L., Kotz, S.* (1970): Distribution in Statistics.
Vol. 2: Continuous Univariate Distributions-1
Vol. 3: Continuous Univariate Distributions-2.

[42] *Pearson, E. S., Hartley, H. O.* (1972): Biometrika Tables for Statisticians, Vol. II. Cambridge University Press.

Tabellen

Tabelle 1 Verteilungsfunktion der Standard-N(0; 1)-Verteilung

z	Φ(z)	z	Φ(z)	z	Φ(z)	z	Φ(z)	z	Φ(z)
0.00	.500000	0.50	.691462	1.00	.841345	1.50	.933193	2.00	.977250
0.01	.503989	0.51	.694974	1.01	.843752	1.51	.934478	2.01	.977784
0.02	.507978	0.52	.698468	1.02	.846136	1.52	.935744	2.02	.978308
0.03	.511967	0.53	.701944	1.03	.848495	1.53	.936992	2.03	.978822
0.04	.515953	0.54	.705401	1.04	.850830	1.54	.938220	2.04	.979325
0.05	.519939	0.55	.708840	1.05	.853141	1.55	.939429	2.05	.979818
0.06	.523922	0.56	.712260	1.06	.855428	1.56	.940620	2.06	.980301
0.07	.527903	0.57	.715661	1.07	.857690	1.57	.941792	2.07	.980774
0.08	.531881	0.58	.719043	1.08	.859929	1.58	.942947	2.08	.981237
0.09	.535856	0.59	.722405	1.09	.862143	1.59	.944083	2.09	.981691
0.10	.539828	0.60	.725747	1.10	.864334	1.60	.945201	2.10	.982136
0.11	.543795	0.61	.729069	1.11	.866500	1.61	.946301	2.11	.982571
0.12	.547758	0.62	.732371	1.12	.868643	1.62	.947384	2.12	.982997
0.13	.551717	0.63	.735653	1.13	.870762	1.63	.948449	2.13	.983414
0.14	.555670	0.64	.738914	1.14	.872857	1.64	.949497	2.14	.983823
0.15	.559618	0.65	.742154	1.15	.874928	1.65	.950529	2.15	.984222
0.16	.563559	0.66	.745373	1.16	.876976	1.66	.951543	2.16	.984614
0.17	.567495	0.67	.748571	1.17	.878999	1.67	.952540	2.17	.984997
0.18	.571424	0.68	.751748	1.18	.881000	1.68	.953521	2.18	.985371
0.19	.575345	0.69	.754903	1.19	.882977	1.69	.954486	2.19	.985738
0.20	.579260	0.70	.758036	1.20	.884930	1.70	.955435	2.20	.986097
0.21	.583166	0.71	.761148	1.21	.886860	1.71	.956367	2.21	.986447
0.22	.587064	0.72	.764238	1.22	.888767	1.72	.957284	2.22	.986791
0.23	.590954	0.73	.767305	1.23	.890651	1.73	.958185	2.23	.987126
0.24	.594835	0.74	.770350	1.24	.892512	1.74	.959071	2.24	.987455
0.25	.598706	0.75	.773373	1.25	.894350	1.75	.959941	2.25	.987776
0.26	.602568	0.76	.776373	1.26	.896165	1.76	.960796	2.26	.988089
0.27	.606420	0.77	.779350	1.27	.897958	1.77	.961636	2.27	.988396
0.28	.610261	0.78	.782305	1.28	.899727	1.78	.962462	2.28	.988696
0.29	.614092	0.79	.785236	1.29	.901475	1.79	.963273	2.29	.988989
0.30	.617911	0.80	.788145	1.30	.903199	1.80	.964070	2.30	.989276
0.31	.621719	0.81	.791030	1.31	.904902	1.81	.964852	2.31	.989556
0.32	.625516	0.82	.793892	1.32	.906582	1.82	.965621	2.32	.989830
0.33	.629300	0.83	.796731	1.33	.908241	1.83	.966375	2.33	.990097
0.34	.633072	0.84	.799546	1.34	.909877	1.84	.967116	2.34	.990358
0.35	.636831	0.85	.802337	1.35	.911492	1.85	.967843	2.35	.990613
0.36	.640576	0.86	.805106	1.36	.913085	1.86	.968557	2.36	.990863
0.37	.644309	0.87	.807850	1.37	.914656	1.87	.969258	2.37	.991106
0.38	.648027	0.88	.810570	1.38	.916207	1.88	.969946	2.38	.991344
0.39	.651732	0.89	.813267	1.39	.917736	1.89	.970621	2.39	.991576
0.40	.655422	0.90	.815940	1.40	.919243	1.90	.971284	2.40	.991802
0.41	.659097	0.91	.818589	1.41	.920730	1.91	.971933	2.41	.992024
0.42	.662757	0.92	.821214	1.42	.922196	1.92	.972571	2.42	.992240
0.43	.666402	0.93	.823814	1.43	.923641	1.93	.973197	2.43	.992451
0.44	.670031	0.94	.826391	1.44	.925066	1.94	.973810	2.44	.992656
0.45	.673645	0.95	.828944	1.45	.926471	1.95	.974412	2.45	.992857
0.46	.677242	0.96	.831472	1.46	.927855	1.96	.975002	2.46	.993053
0.47	.680822	0.97	.833977	1.47	.929219	1.97	.975581	2.47	.993244
0.48	.684386	0.98	.836457	1.48	.930563	1.98	.976148	2.48	.993431
0.49	.687933	0.99	.838913	1.49	.931888	1.99	.976705	2.49	.993613

Tabelle 1 (Fortsetzung)

z	Φ(z)	z	Φ(z)	z	Φ(z)	z	Φ(z)
2.50	.993790	3.00	.998650	3.50	.999767	4.00	.999968
2.51	.993963	3.01	.998694	3.51	.999776	4.01	.999970
2.52	.994132	3.02	.998736	3.52	.999784	4.02	.999971
2.53	.994297	3.03	.998777	3.53	.999792	4.03	.999972
2.54	.994457	3.04	.998817	3.54	.999800	4.04	.999973
2.55	.994614	3.05	.998856	3.55	.999807	4.05	.999974
2.56	.994766	3.06	.998893	5.56	.999815	4.06	.999975
2.57	.994915	3.07	.998930	3.57	.999821	4.07	.999976
2.58	.995060	3.08	.998965	3.58	.999828	4.08	.999977
2.59	.995201	3.09	.998999	3.59	.999835	4.09	.999978
2.60	.995339	3.10	.999032	3.60	.999841	4.10	.999979
2.61	.995473	3.11	.999064	3.61	.999847	4.11	.999980
2.62	.995603	3.12	.999096	3.62	.999853	4.12	.999981
2.63	.995731	3.13	.999126	3.63	.999858	4.13	.999982
2.64	.995855	3.14	.999155	3.64	.999864	4.14	.999983
2.65	.995975	3.15	.999184	3.65	.999869	4.15	.999983
2.66	.996093	3.16	.999211	3.66	.999874	4.16	.999984
2.67	.996207	3.17	.999238	3.67	.999879	4.17	.999985
2.68	.996319	3.18	.999264	3.68	.999883	4.18	.999985
2.69	.996427	3.19	.999289	3.69	.999888	4.19	.999986
2.70	.996533	3.20	.999313	3.70	.999892	4.20	.999987
2.71	.996636	3.21	.999336	3.71	.999896	4.21	.999987
2.72	.996736	3.22	.999359	3.72	.999900	4.22	.999988
2.73	.996833	3.23	.999381	3.73	.999904	4.23	.999988
2.74	.996928	3.24	.999402	3.74	.999908	4.24	.999989
2.75	.997020	3.25	.999423	3.75	.999912	4.25	.999989
2.76	.997110	3.26	.999443	3.76	.999915	4.26	.999990
2.77	.997197	3.27	.999462	3.77	.999918	4.27	.999990
2.78	.997282	3.28	.999481	3.78	.999922	4.28	.999991
2.79	.997365	3.29	.999499	3.79	.999925	4.29	.999991
2.80	.997445	3.30	.999517	3.80	.999928	4.30	.999991
2.81	.997523	3.31	.999533	3.81	.999930	4.31	.999992
2.82	.997599	3.32	.999550	3.82	.999933	4.32	.999992
2.83	.997673	3.33	.999566	3.83	.999936	4.33	.999993
2.84	.997744	3.34	.999581	3.84	.999938	4.34	.999993
2.85	.997814	3.35	.999596	3.85	.999941	4.35	.999993
2.86	.997882	3.36	.999610	3.86	.999943	4.36	.999993
2.87	.997948	3.37	.999624	3.87	.999946	4.37	.999994
2.88	.998012	3.38	.999638	3.88	.999948	4.38	.999994
2.89	.998074	3.39	.999650	3.89	.999950	4.39	.999994
2.90	.998134	3.40	.999663	3.90	.999952	4.40	.999995
2.91	.998193	3.41	.999675	3.91	.999954	4.41	.999995
2.92	.998250	3.42	.999687	3.92	.999956	4.42	.999995
2.93	.998305	3.43	.999698	3.93	.999958	4.43	.999995
2.94	.998359	3.44	.999709	3.94	.999959	4.44	.999995
2.95	.998411	3.45	.999720	3.95	.999961	4.45	.999996
2.96	.998462	3.46	.999730	3.96	.999963	4.46	.999996
2.97	.998511	3.47	.999740	3.97	.999964	4.47	.999996
2.98	.998559	3.48	.999749	3.98	.999966	4.48	.999996
2.99	.998605	3.49	.999758	3.99	.999967	4.49	.999996

Tabelle 2 Quantile zq der Standard-N(0; 1)-Verteilung

q	zq	q	zq	q	zq	q	zq
0,50	0,00000	0,70	0,52440	0,900	1,28155	0,990	2,32635
0,51	0,02507	0,71	0,55338	0,905	1,31058	0,991	2,36562
0,52	0,05015	0,72	0,58284	0,910	1,34076	0,992	2,40892
0,53	0,07527	0,73	0,61281	0,915	1,37220	0,993	2,45726
0,54	0,10043	0,74	0,64335	0,920	1,40507	0,994	2,51214
0,55	0,12566	0,75	0,67449	0,925	1,43953	0,995	2,57583
0,56	0,15097	0,76	0,70630	0,930	1,47579	0,996	2,65207
0,57	0,17637	0,77	0,73885	0,935	1,51410	0,997	2,74778
0,58	0,20189	0,78	0,77219	0,940	1,55477	0,998	2,87816
0,59	0,22754	0,79	0,80642	0,945	1,59819		
0,60	0,25335	0,80	0,84162	0,950	1,64485	0,9990	3,09023
0,61	0,27932	0,81	0,87790	0,955	1,69540	0,9991	3,12139
0,62	0,30548	0,82	0,91537	0,960	1,75069	0,9992	3,15591
0,63	0,33185	0,83	0,95417	0,965	1,81191	0,9993	3,19465
0,64	0,35846	0,84	0,99446	0,970	1,88079	0,9994	3,23888
0,65	0,38532	0,85	1,03643	0,975	1,95996	0,9995	3,29053
0,66	0,41246	0,86	1,08032	0,980	2,05375	0,9996	3,35279
0,67	0,43991	0,87	1,12639	0985	2,17009	0,9997	3,43161
0,68	0,46770	0,88	1,17499			0,9998	3,54008
0,69	0,49585	0,89	1,22653			0,9999	3,17902

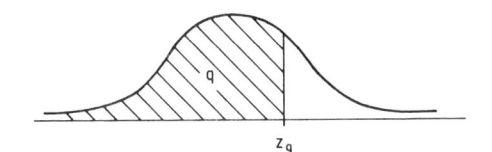

Für q < 0,5 gilt
$z_q = -z_{1-q}$

Tabelle 3 Quantile der t-Verteilung

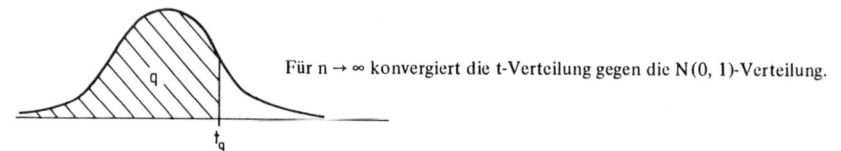

Für n → ∞ konvergiert die t-Verteilung gegen die N(0, 1)-Verteilung.

n = Anzahl der Freiheitsgrade.
Tabelliert sind einseitige Ablehnungsgrenzen für q = 1 − α, also die Quantile $t_{1-\alpha}$ mit $P(T_n \leq t_{1-\alpha}^{(n)}) = 1-\alpha$

Für zweiseitige Tests gilt

$P(-t_{1-\alpha/2}^{(n)} \leq T_n \leq t_{1-\alpha/2}^{(n)}) = 1 - \alpha$.

zum Niveau 1 − α muß bei zweiseitigen Tests das (1 − α/2)-Quantil benutzt werden.

n \ q	0,900	0,950	0,975	0,990	0,995	0,999	n
1	3,078	6,314	12,71	31,82	63,66	318,3	1
2	1,886	2,920	4,303	6,965	9,925	22,33	2
3	1,638	2,353	3,182	4,541	5,841	10,21	3
4	1,533	2,132	2,776	3,747	4,604	7,173	4
5	1,476	2,015	2,571	3,365	4,032	5,893	5
6	1,440	1,943	2,447	3,143	3,707	5,208	6
7	1,415	1,895	2,365	2,998	3,499	4,785	7
8	1,397	1,860	2,306	2,896	3,355	4,501	8
9	1,383	1,833	2,262	2,821	3,250	4,297	9
10	1,372	1,812	2,228	2,764	3,169	4,144	10
11	1,363	1,796	2,201	2,718	3,106	4,025	11
12	1,356	1,782	2,179	2,681	3,055	3,930	12
13	1,350	1,771	2,160	2,650	3,012	3,852	13
14	1,345	1,761	2,145	2,624	2,977	3,787	14
15	1,341	1,753	2,131	2,602	2,947	3,733	15
16	1,337	1,746	2,120	2,583	2,921	3,686	16
17	1,333	1,740	2,110	2,567	2,898	3,646	17
18	1,330	1,734	2,101	2,552	2,878	3,610	18
19	1,328	1,729	2,093	2,539	2,861	3,579	19
20	1,325	1,725	2,086	2,528	2,845	3,552	20
21	1,323	1,721	2,080	2,518	2,831	3,527	21
22	1,321	1,717	2,074	2,508	2,819	3,505	22
23	1,319	1,714	2,069	2,500	2,807	3,485	23
24	1,318	1,711	2,064	2,492	2,797	3,467	24
25	1,316	1,708	2,060	2,485	2,787	3,450	25
26	1,315	1,706	2,056	2,479	2,779	3,435	26
27	1,314	1,703	2,052	2,473	2,771	3,421	27
28	1,313	1,701	2,048	2,467	2,763	3,408	28
29	1,311	1,699	2,045	2,462	2,756	3,396	29
30	1,310	1,697	2,042	2,457	2,750	3,385	30
40	1,303	1,684	2,021	2,423	2,704	3,307	40
50	1,299	1,676	2,009	2,403	2,678	3,261	50
60	1,296	1,671	2,000	2,390	2,660	3,232	60
70	1,294	1,667	1,994	2,381	2,648	3,211	70
80	1,292	1,664	1,990	2,374	2,639	3,195	80
90	1,291	1,662	2,987	2,369	2,632	3,183	90
100	1,290	1,660	1,984	2,364	2,626	3,174	100
150	1,287	1,655	1,976	2,352	2,609	3,146	150
200	1,286	1,653	1,972	2,345	2,601	3,131	200
300	1,284	1,650	1,968	2,339	2,593	3,118	300
400	1,284	1,649	1,966	2,336	2,589	3,111	400
500	1,283	1,648	1,965	2,334	2,586	3,107	500
600	1,283	1,647	1,964	2,333	2,584	3,104	600
800	1,283	1,647	1,963	2,331	2,582	3,101	800
1000	1,282	1,646	1,962	2,330	2,581	3,098	1000
∞	1,282	1,645	1,960	2,326	2,576	3,090	∞

Tabelle 4 Quantile der Chi-Quadrat-Verteilung

Für $f \geq 30$ ist $\sqrt{2\chi_f^2}$ näherungsweise $N(\sqrt{2f-1};\,1)$-verteilt

Damit gilt für $f \geq 30$ $\chi_q^2 \approx \dfrac{1}{2}(\sqrt{2f-1} + z_q)^2$.

Freiheits-grad f \ q	0,005	0,01	0,025	0,05	0,1
1	$0{,}3927 \cdot 10^{-5}$	$0{,}1571 \cdot 10^{-4}$	$0{,}982 \cdot 10^{-3}$	$0{,}393 \cdot 10^{-2}$	0,0158
2	0,01003	0,0201	0,05064	0,1026	0,2107
3	0,07172	0,1148	0,2158	0,3518	0,5844
4	0,2070	0,2971	0,4844	0,7107	1,064
5	0,4117	0,5543	0,8312	1,145	1,610
6	0,6757	0,8721	1,237	1,635	2,204
7	0,9893	1,239	1,690	2,167	2,833
8	1,344	1,647	2,180	2,733	3,490
9	1,735	2,088	2,700	3,325	4,168
10	2,156	2,558	3,247	3,940	4,865
11	2,603	3,053	3,816	4,575	5,578
12	3,074	3,571	4,404	5,226	6,304
13	3,565	4,107	5,009	5,892	7,042
14	4,075	4,660	5,628	6,571	7,790
15	4,601	5,229	6,262	7,261	8,547
16	5,142	5,812	6,908	7,962	9,312
17	5,597	6,408	7,564	8,672	10,085
18	6,265	7,015	8,231	9,390	10,865
19	6,845	7,633	8,907	10,117	11,651
20	7,434	8,260	9,591	10,851	12,443
21	8,034	8,897	10,283	11,591	13,240
22	8,643	9,542	10,983	12,338	14,042
23	9,260	10,196	11,689	13,091	14,848
24	9,886	10,856	12,401	13,848	15,659
25	10,520	11,524	13,120	14,611	16,473
26	11,160	12,198	13,844	15,379	17,292
27	11,808	12,879	14,573	16,151	18,114
28	12,461	13,565	15,308	16,928	18,939
29	13,121	14,257	16,047	17,708	19,768
30	13,787	14,954	16,791	18,493	20,600
31	14,458	15,656	17,539	19,281	21,434
32	15,134	16,362	18,291	20,072	22,271
33	15,815	17,074	19,047	20,867	23,110
34	16,501	17,789	19,806	21,664	23,952
35	17,192	18,509	20,569	22,465	24,797
36	17,887	19,233	21,336	23,269	25,643
37	18,586	19,960	22,106	24,075	26,492
38	19,289	20,691	22,879	24,884	27,343
39	19,996	21,426	23,654	25,695	28,196
40	20,707	22,164	24,433	26,509	29,051
41	21,421	22,906	25,215	27,326	29,907
42	22,138	23,650	25,999	28,144	30,765
43	22,860	24,398	26,785	28,965	31,625
44	23,584	25,148	27,575	29,788	32,487
45	24,311	25,901	28,366	30,612	33,350
46	25,041	26,657	29,160	31,349	34,215
47	25,775	27,416	29,956	32,268	35,081
48	26,511	28,177	30,754	33,098	35,949
49	27,249	28,941	31,555	33,930	36,181
50	27,991	29,707	32,357	34,764	37,689
60	35,535	37,485	40,482	43,188	46,459
70	43,275	45,442	48,758	51,739	55,329
80	51,172	53,540	57,153	64,278	64,278
90	59,196	61,754	65,647	69,126	73,921
100	67,238	70,065	74,222	77,929	82,358

Tabelle 4 (Fortsetzung)

Freiheitsgrad f \ q	0,9	0,95	0,975	0,99	0,995	0,999
1	2,706	3,841	5,024	6,635	7,879	10,828
2	4,605	5,991	7,378	9,210	10,597	12,816
3	6,251	7,815	9,348	11,345	12,838	16,266
4	7,779	9,488	11,143	12,277	14,860	18,467
5	9,236	11,070	12,832	15,086	16,750	20,515
6	10,645	12,592	14,449	16,812	18,548	22,458
7	12,017	14,067	16,013	18,475	20,278	24,322
8	13,362	15,507	17,535	20,090	21,955	26,125
9	14,684	16,919	19,023	21,666	23,589	27,877
10	15,987	18,307	20,483	23,209	25,188	29,588
11	17,275	19,675	21,920	24,725	26,757	31,264
12	18,549	21,026	23,337	26,217	28,229	32,909
13	19,812	22,362	24,736	27,688	29,819	34,528
14	21,064	23,685	26,119	29,141	31,319	36,123
15	22,307	24,996	27,488	30,578	32,801	37,697
16	23,542	26,296	28,845	32,000	34,267	39,254
17	24,769	27,587	30,191	33,409	35,719	40,790
18	25,989	28,869	31,526	34,805	37,157	42,312
19	27,204	30,143	32,852	36,191	38,582	43,820
20	28,412	31,410	34,170	37,566	39,997	45,315
21	29,615	32,671	35,479	38,922	41,401	46,797
22	30,813	33,924	36,781	40,289	42,796	48,268
23	32,007	35,172	38,076	41,638	44,181	49,728
24	33,196	36,415	39,364	42,980	45,558	51,179
25	34,382	37,653	40,647	44,314	46,928	52,618
26	35,563	38,885	41,923	45,642	48,290	54,052
27	36,741	40,113	43,195	46,963	49,645	55,476
28	37,916	41,337	44,461	48,278	50,993	56,892
29	39,088	42,557	45,722	49,588	52,336	58,301
30	40,256	42,773	46,979	50,892	53,672	59,703
31	41,422	44,985	48,232	52,191	55,003	61,098
32	42,585	46,194	49,480	53,486	56,328	62,487
33	43,745	47,400	50,725	54,776	57,649	63,870
34	44,903	48,602	51,966	56,061	58,964	65,247
35	46,059	49,802	53,203	57,342	60,275	66,619
36	47,212	50,998	54,437	58,619	61,582	67,985
37	48,363	52,192	55,668	59,892	62,883	69,346
38	49,513	53,383	56,895	61,162	64,181	70,703
39	50,660	54,572	58,120	62,428	65,476	72,055
40	51,805	55,758	59,342	63,691	66,766	73,402
41	52,948	56,942	60,561	64,950	68,053	74,745
42	54,090	58,124	61,777	66,206	69,336	76,084
43	55,230	59,303	62,990	67,459	70,616	77,419
44	56,368	60,481	64,201	68,710	71,892	78,749
45	57,505	61,656	65,410	69,957	73,166	80,077
46	58,640	62,830	66,616	71,201	74,436	81,400
47	59,774	64,001	67,821	72,443	75,704	82,720
48	60,907	65,171	69,023	73,683	76,969	84,037
49	62,037	66,339	70,222	74,920	78,231	85,351
50	63,167	67,505	71,420	76,154	79,490	86,661
60	74,397	79,082	83,298	88,379	91,952	99,607
70	85,527	90,531	95,023	100,43	104,22	112,32
80	96,578	101,88	106,63	112,33	116,32	124,84
90	107,57	113,15	118,14	124,12	128,30	137,21
100	118,50	134,34	129,56	135,81	140,17	149,50

Tabellen

Tabelle 5 Quantile der F-Verteilung

Tabelle 5a) 0,95-Quantile der $F(n_1, n_2)$-Verteilung

n_2 \ n_1	1	2	3	4	5	6	7	8
1	162	200	216	225	230	234	237	239
2	18,5	19,0	19,2	19,2	19,3	19,3	19,4	19,4
3	10,1	9,55	9,28	9,12	9,01	8,94	8,89	8,85
4	7,71	6,94	6,59	6,39	6,26	6,16	6,09	6,04
5	6,61	5,79	5,41	5,19	5,05	4,95	4,86	4,82
6	5,99	5,14	4,76	4,53	4,39	4,28	4,21	4,15
7	5,59	4,74	4,35	4,12	3,97	3,87	3,79	3,73
8	5,32	4,46	4,07	3,84	3,69	3,58	3,50	3,44
9	5,12	4,26	3,86	3,63	3,48	3,37	3,29	3,23
10	4,96	4,10	3,71	3,48	3,33	3,22	3,14	3,07
11	4,84	3,98	3,59	3,36	3,20	3,09	3,01	2,95
12	4,75	3,89	3,49	3,26	3,11	3,00	2,91	2,85
13	4,67	3,81	3,41	3,18	3,03	2,92	2,83	2,77
14	4,60	3,74	3,34	3,11	2,96	2,85	2,76	2,70
15	4,54	3,68	3,29	3,06	2,90	2,79	2,71	2,64
16	4,49	3,63	3,24	3,01	2,85	2,74	2,66	2,59
17	4,45	3,59	3,20	2,96	2,81	2,70	2,61	2,55
18	4,41	3,55	3,16	2,93	2,77	2,66	2,58	2,51
19	4,38	3,52	3,13	2,90	2,74	2,63	2,54	2,48
20	4,35	3,49	3,10	2,87	2,71	2,60	2,51	2,45
21	4,32	3,47	3,07	2,84	2,68	2,57	2,49	2,42
22	4,30	3,44	3,05	2,82	2,66	2,55	2,46	2,40
23	4,28	3,42	3,03	2,80	2,64	2,53	2,44	2,37
24	4,26	3,40	3,01	2,78	2,62	2,51	2,42	2,36
25	4,24	3,39	2,99	2,76	2,60	2,49	2,40	2,34
26	4,23	3,37	2,98	2,74	2,59	2,47	2,39	2,32
27	4,21	3,35	2,96	2,73	2,57	2,46	2,37	2,31
28	4,20	3,34	2,95	2,71	2,56	2,45	2,36	2,29
29	4,18	3,33	2,93	2,70	2,55	2,43	2,35	2,28
30	4,17	3.32	2,92	2,69	2,53	2,42	2.33	2,27
32	4,15	3,29	2,90	2,67	2,51	2,40	2,31	2,24
34	4,13	3,28	2,88	2,65	2,49	2,38	2,29	2,23
36	4,11	3,26	2,87	2,63	2,48	2,36	2,28	2,21
38	4,10	3,24	2,85	2,62	2,46	2,35	2,26	2,19
40	4,08	3,23	2,84	2,61	2,45	2,34	2,25	2,18
42	4,07	3,22	2,83	2,59	2,44	2,32	2,24	2,17
44	4,06	3,21	2,82	2,58	2,43	2,31	2,23	2,16
46	4,05	3,20	2,81	2,57	2,42	2,30	2,22	2,15
48	4,04	3,19	2,80	2,57	2,41	2,29	2,21	2,14
50	4,03	3,18	2,79	2,56	2,40	2,29	2,20	2,13
60	4,00	3,15	2,76	2,53	2,37	2,25	2,17	2,10
70	3,98	3,13	2,74	2,50	2,35	2,23	2,14	2,07
80	3,96	3,11	2,72	2,49	2,33	2,21	2,13	2,06
90	3,95	3,10	2,71	2,47	2,32	2,20	2,11	2,04
100	3,94	3,09	2,70	2,46	2,31	2,19	2,10	2,03
200	3,90	3,04	2,65	2,42	2,26	2,14	2,06	1,98
500	3,86	3,01	2,62	2,39	2,23	2,12	2,03	1,96
1000	3,85	3,00	2,61	2,38	2,22	2,11	2,02	1,95
∞	3,84	3,00	2,60	2,37	2,21	2,10	2,01	1,94

Tabelle 5a) (Fortsetzung)

9	10	11	12	13	14	15	16	17
241	242	243	244	245	245	246	246	247
19,4	19,4	19,4	19,4	19,4	19,4	19,4	19,4	19,4
8,81	8,79	8,76	8,74	8,73	8,71	8,70	8,69	8,68
6,00	5,96	5,94	5,91	5,89	5,87	5,86	5,84	5,83
4,77	4,74	4,70	4,68	4,66	4,64	4,62	4,60	4,59
4,10	4,06	4,03	4,00	3,98	3,96	3,94	3,92	3,91
3,68	3,64	3,60	3,57	3,55	3,53	3,51	3,49	3,48
3,39	3,35	3,31	3,28	3,26	3,24	3,17	3,20	3,19
3,18	3,14	3,10	3,07	3,05	3,03	3,01	2,99	2,97
3,02	2,98	2,94	2,91	2,89	2,86	2,85	2,83	2,81
2,90	2,85	2,82	2,79	2,76	2,74	2,72	2,70	2,69
2,80	2,75	2,72	2,69	2,66	2,64	2,62	2,60	2,58
2,71	2,67	2,63	2,60	2,58	2,55	2,53	2,51	2,50
2,65	2,60	2,57	2,53	2,51	2,48	2,46	2,44	2,43
2,59	2,54	2,51	2,48	2,45	2,42	2,40	2,38	2,37
2,54	2,49	2,46	2,42	2,40	2,37	2,35	2,33	2,32
2,49	2,45	2,41	2,38	2,35	2,33	2,31	2,29	2,27
2,46	2,41	2,37	2,34	2,31	2,29	2,27	2,25	2,23
2,42	2,38	2,34	2,31	2,28	2,26	2,23	2,21	2,20
2,39	2,35	2,31	2,28	2,25	2,22	2,20	2,18	2,17
2,37	2,32	2,28	2,25	2,22	2,20	2,18	2,16	2,14
2,34	2,30	2,26	2,23	2,20	2,17	2,15	2,13	2,11
2,32	2,27	2,24	2,20	2,17	2,15	2,13	2,11	2,09
2,30	2,25	2,22	2,18	2,15	2,13	2,11	2,09	2,07
2,28	2,24	2,20	2,17	2,14	2,11	2,09	2,07	2,05
2,27	2,22	2,18	2,15	2,12	2,09	2,07	2,05	2,03
2,25	2,20	2,17	2,13	2,10	2,08	2,06	2,04	2,02
2,24	2,19	2,15	2,12	2,09	2,06	2,04	2,02	2,00
2,22	2,18	2,14	2,10	2,07	2,05	2,03	2,01	1,99
2,21	2,16	2,13	2,09	2,06	2,04	2,01	1,99	1,98
2,19	2,14	2,10	2,07	2,04	2,01	1,99	1,97	1,95
2,17	2,12	2,08	2,05	2,02	1,99	1,97	1,95	1,93
2,15	2,11	2,07	2,03	2,00	1,98	1,95	1,93	1,92
2,14	2,09	2,05	2,02	1,99	1,96	1,94	1,92	1,90
2,12	2,08	2,04	2,00	1,97	1,95	1,92	1,90	1,89
2,11	2,06	2,03	1,99	1,96	1,93	1,91	1,89	1,87
2,10	2,05	2,01	1,98	1,95	1,92	1,90	1,88	1,86
2,09	2,04	2,00	1,97	1,94	1,91	1,89	1,87	1,85
2,08	2,03	1,99	1,96	1,93	1,90	1,88	1,86	1,84
2,07	2,03	1,99	1,95	1,92	1,89	1,87	1,85	1,83
2,04	1,99	1,95	1,92	1,89	1,86	1,84	1,82	1,80
2,02	1,97	1,93	1,89	1,86	1,84	1,81	1,79	1,77
2,00	1,95	1,91	1,88	1,84	1,82	1,79	1,77	1,75
1,99	1,94	1,90	1,86	1,83	1,80	1,78	1,76	1,74
1,97	1,93	1,89	1,85	1,82	1,79	1,77	1,75	1,73
1,93	1,88	1,84	1,80	1,77	1,74	1,72	1,69	1,67
1,90	1,85	1,81	1,77	1,74	1,71	1,69	1,66	1,64
1,89	1,84	1,80	1,76	1,73	1,70	1,68	1,65	1,63
1,88	1,83	1,79	1,75	1,72	1,69	1,67	1,64	1,62

Tabelle 5a) (Fortsetzung)

n_2 \ n_1	18	19	20	22	24	26	28	30
1	247	248	248	249	249	249	250	250
2	19,4	19,4	19,4	19,5	19,5	19,5	19,5	19,5
3	8,67	8,67	8,66	8,65	8,64	8,63	8,62	8,62
4	5,82	5,81	5,80	5,79	5,77	5,76	5,75	5,75
5	4,58	4,57	4,56	4,54	4,53	4,52	4,50	4,50
6	3,90	3,88	3,87	3,86	3,84	3,83	3,81	3,81
7	3,47	3,46	3,44	3,43	3,41	3,40	3,39	3,38
8	3,17	3,16	3,15	3,13	3,12	3,10	3,09	3,08
9	2,96	2,95	2,94	2,92	2,90	2,89	2,87	2,86
10	2,80	2,78	2,77	2,75	2,74	2,72	2,71	2,70
11	2,67	2,66	2,65	2,63	2,61	2,59	2,58	2,57
12	2,57	2,56	2,54	2,52	2,51	2,49	2,48	2,47
13	2,48	2,47	2,46	2,44	2,42	2,41	2,39	2,38
14	2,41	2,40	2,39	2,37	2,35	2,33	2,32	2,31
15	2,35	2,34	2,33	2,31	2,29	2,27	2,26	2,25
16	2,30	2,29	2,28	2,25	2,24	2,22	2,21	2,19
17	2,26	2,24	2,23	2,21	2,19	2,17	2,16	2,15
18	2,22	2,20	2,19	2,17	2,15	2,13	2,12	2,11
19	2,18	2,17	2,16	2,13	2,11	2,10	2,08	2,07
20	2,15	2,14	2,12	2,10	2,08	2,07	2,05	2,04
21	2,12	2,11	2,10	2,07	2,05	2,04	2,02	2,01
22	2,10	2,08	2,07	2,05	2,03	2,01	2,00	1,98
23	2,07	2,06	2,05	2,02	2,00	1,99	1,97	1,96
24	2,05	2,04	2,03	2,00	1,98	1,97	1,95	1,94
25	2,04	2,02	2,01	1,98	1,96	1,95	1,93	1,92
26	2,02	2,00	1,99	1,97	1,95	1,93	1,91	1,90
27	2,00	1,99	1,97	1,95	1,93	1,91	1,90	1,88
28	1,99	1,97	1,96	1,93	1,91	1,90	1,88	1,87
29	1,97	1,96	1,94	1,92	1,90	1,88	1,87	1,85
30	1,96	1,95	1,93	1,91	1,89	1,87	1,85	1,84
32	1,94	1,92	1,91	1,88	1,86	1,85	1,83	1,82
34	1,92	1,90	1,89	1,86	1,84	1,82	1,80	1,80
36	1,90	1,88	1,87	1,85	1,82	1,81	1,79	1,78
38	1,88	1,87	1,85	1,83	1,81	1,79	1,77	1,76
40	1,87	1,85	1,84	1,81	1,79	1,77	1,76	1,74
42	1,86	1,84	1,83	1,80	1,78	1,76	1,74	1,73
44	1,84	1,83	1,81	1,79	1,77	1,75	1,73	1,72
46	1,83	1,82	1,80	1,78	1,76	1,74	1,72	1,71
48	1,82	1,81	1,79	1,77	1,75	1,73	1,71	1,70
50	1,81	1,80	1,78	1,76	1,74	1,72	1,70	1,69
60	1,78	1,76	1,75	1,72	1,70	1,68	1,66	1,65
70	1,75	1,74	1,72	1,70	1,67	1,65	1,64	1,62
80	1,73	1,72	1,70	1,68	1,65	1,63	1,62	1,60
90	1,72	1,70	1,69	1,66	1,64	1,62	1,60	1,59
100	1,71	1,69	1,68	1,65	1,63	1,61	1,59	1,57
200	1,66	1,64	1,62	1,60	1,57	1,55	1,53	1,52
500	1,62	1,61	1,59	1,56	1,54	1,52	1,50	1,48
1000	1,61	1,60	1,58	1,55	1,53	1,51	1,49	1,47
∞	1,60	1,59	1,57	1,54	1,52	1,50	1,47	1,46

Tabelle 5a) (Fortsetzung)

40	50	60	80	100	200	500	∞
251	252	252	253	253	254	254	254
19,5	19,5	19,5	19,5	19,5	19,5	19,5	19,5
8,59	8,58	8,57	8,56	8,55	8,54	8,53	8,53
5,72	5,70	5,69	5,67	5,66	5,65	5,64	5,63
4,46	4,44	4,43	4,41	4,41	4,39	4,37	4,37
3,77	3,75	3,74	3,72	3,71	3,69	3,68	3,67
3,34	3,32	3,30	3,29	3,27	3,25	3,24	3,23
3,04	3,02	3,01	2,99	2,97	2,95	2,94	2,93
2,83	2,80	2,79	2,77	2,76	2,73	2,72	2,71
2,66	2,64	2,62	2,60	2,59	2,56	2,55	2,54
2,53	2,51	2,49	2,47	2,46	2,43	2,42	2,40
2,43	2,40	2,38	2,36	2,35	2,32	2,31	2,30
2,34	2,31	2,30	2,27	2,26	2,23	2,22	2,21
2,27	2,24	2,22	2,20	2,19	2,16	2,14	2,13
2,20	2,18	2,16	2,14	2,12	2,10	2,08	2,07
2,15	2,12	2,11	2,08	2,07	2,04	2,02	2,01
2,10	2,08	2,06	2,03	2,02	1,99	1,97	1,96
2,06	2,04	2,02	1,99	1,98	1,95	1,93	1,92
2,03	2,00	1,98	1,96	1,94	1,91	1,89	1,88
1,99	1,97	1,95	1,92	1,91	1,88	1,86	1,84
1,96	1,94	1,92	1,89	1,88	1,84	1,82	1,81
1,94	1,91	1,89	1,86	1,85	1,82	1,80	1,78
1,91	1,88	1,86	1,84	1,82	1,79	1,77	1,76
1,89	1,86	1,84	1,82	1,80	1,77	1,75	1,73
1,87	1,84	1,82	1,80	1,78	1,75	1,73	1,71
1,85	1,82	1,80	1,78	1,76	1,73	1,71	1,69
1,84	1,81	1,79	1,76	1,74	1,71	1,68	1,67
1,82	1,79	1,77	1,74	1,73	1,69	1,67	1,65
1,81	1,77	1,75	1,73	1,71	1,67	1,65	1,64
1,79	1,76	1,74	1,71	1,70	1,66	1,64	1,62
1,77	1,74	1,71	1,69	1,67	1,63	1,61	1,59
1,75	1,71	1,69	1,66	1,65	1,61	1,59	1,57
1,73	1,69	1,67	1,64	1,62	1,59	1,56	1,55
1,71	1,68	1,65	1,62	1,61	1,57	1,54	1,53
1,69	1,66	1,64	1,61	1,59	1,55	1,53	1,51
1,68	1,65	1,62	1,59	1,57	1,53	1,51	1,49
1,67	1,63	1,61	1,58	1,56	1,52	1,49	1,48
1,65	1,62	1,60	1,57	1,55	1,51	1,48	1,46
1,64	1,61	1,59	1,56	1,54	1,49	1,47	1,45
1,63	1,60	1,58	1,54	1,52	1,48	1,46	1,44
1,59	1,56	1,53	1,50	1,48	1,44	1,41	1,39
1,57	1,53	1,50	1,47	1,45	1,40	1,37	1,35
1,54	1,51	1,48	1,45	1,43	1,38	1,35	1,32
1,53	1,49	1,46	1,43	1,41	1,36	1,33	1,30
1,52	1,48	1,45	1,41	1,39	1,34	1,31	1,28
1,46	1,41	1,39	1,35	1,32	1,26	1,22	1,19
1,42	1,38	1,34	1,30	1,28	1,21	1,16	1,11
1,41	1,36	1,33	1,29	1,26	1,19	1,13	1,08
1,39	1,35	1,32	1,27	1,24	1,17	1,11	1,00

Tabelle 5b) 0,99-Quantile der $F(n_1, n_2)$-Verteilung

n_2 \ n_1	1	2	3	4	5	6	7	8
1	4052	4999	5403	5625	5764	5859	5928	5981
2	98,50	99,00	99,17	99,25	99,30	99,33	99,36	99,37
3	34,12	30,82	29,46	28,71	28,24	27,91	27,67	27,49
4	21,20	18,00	16,69	15,98	15,52	15,21	14,98	14,80
5	16,26	13,27	12,06	11,39	10,97	10,67	10,46	10,29
6	13,75	10,92	9,78	9,15	8,75	8,47	8,26	8,10
7	12,25	9,55	8,45	7,85	7,46	7,19	6,99	6,84
8	11,26	8,65	7,59	7,01	6,63	6,37	6,18	6,03
9	10,56	8,02	6,99	6,42	6,06	5,80	5,61	5,47
10	10,04	7,56	6,55	5,99	5,64	5,39	5,20	5,06
11	9,65	7,21	6,22	5,67	5,32	5,07	4,89	4,74
12	9,33	6,93	5,95	5,41	5,06	4,82	4,64	4,50
13	9,07	6,70	5,74	5,21	4,86	4,62	4,44	4,30
14	8,86	6,51	5,56	5,04	4,70	4,46	4,28	4,14
15	8,68	6,36	5,42	4,89	4,56	4,32	4,14	4,00
16	8,53	6,23	5,29	4,77	4,44	4,20	4,03	3,89
17	8,40	6,11	5,18	4,67	4,34	4,10	3,93	3,79
18	8,29	6,01	5,09	4,58	4,25	4,01	3,84	3,71
19	8,18	5,93	5,01	4,50	4,17	3,94	3,77	3,63
20	8,10	5,85	4,94	4,43	4,10	3,87	3,70	3,56
21	8,02	5,78	4,87	4,37	4,04	3,81	3,64	3,51
22	7,95	5,72	4,82	4,31	3,99	3,76	3,59	3,45
23	7,88	5,66	4,76	4,26	3,94	3,71	3,54	3,41
24	7,82	5,61	4,72	4,22	3,90	3,67	3,50	3,36
25	7,77	5,57	4,68	4,18	3,85	3,63	3,46	3,32
26	7,72	5,53	4,64	4,14	3,82	3,59	3,42	3,29
27	7,68	5,49	4,60	4.11	3,78	3,56	3,39	3,26
28	7,64	5,45	4,57	4,07	3,75	3,53	3,36	3,23
29	7,60	5,42	4,54	4,04	3,73	3.50	3,33	3.20
30	7,56	5,39	4,51	4,02	3,70	3,47	3,30	3,17
32	7,50	5,34	4,46	3,97	3,65	3,43	3,26	3,13
34	7,44	5,29	4,42	3,93	3,61	3,39	3,22	3,09
36	7,40	5,25	4,38	3,89	3,57	3,35	3,18	3,05
38	7,35	5,21	4,34	3,86	3,54	3,32	3,15	3,02
40	7,31	5,18	4,31	3,83	3,51	3,29	3,12	2,99
42	7,28	5,15	4,29	3,80	3,49	3,27	3,10	2,97
44	7,25	5,12	4,26	3,78	3,47	3,24	3,08	2,95
46	7,22	5,10	4,24	3,76	3,44	3,22	3,06	2,93
48	7,19	5,09	4,22	3,74	3,43	3,20	3,04	2,91
50	7,17	5,06	4,20	3,72	3,41	3,19	3,02	2,89
60	7,08	4,98	4,13	3,65	3,34	3,12	2,95	2,82
70	7,01	4,92	4,08	3,60	3,29	3,07	2,91	2,78
80	6,96	4,88	4,04	3,56	3,26	3,04	2,87	2,74
90	6,93	4,85	4,01	3,54	3,23	3,01	2,84	2,72
100	6,90	4,82	3,98	3,51	3,21	2,99	2,82	2,69
200	6,76	4,71	3,88	3,41	3,11	2,89	2,73	2,60
500	6,69	4,65	3,82	3,36	3,05	2,84	2,68	2,55
1000	6,66	4,63	3,80	3,34	3,04	2,82	2,66	2,53
∞	6,63	4,61	3,78	3,32	3,02	2,80	2,64	2,51

Tabelle 5b) (Fortsetzung)

9	10	11	12	13	14	15	16	17
6023	6056	6083	6106	6126	6143	6157	6169	6182
99,39	99,40	99,41	99,42	99,42	99,43	99,43	99,44	99,44
27,35	27,23	27,13	27,05	26,98	26,92	26,87	26,83	26,79
14,66	14,55	14,45	14,37	14,31	14,25	14,20	14,15	14,11
10,16	10,05	9,96	9,89	9,82	9,77	9,72	9,68	9,64
7,98	7,87	7,79	7,72	7,66	7,60	7,56	7,52	7,48
6,72	6,62	6,54	6,47	6,41	6,36	6,31	6,27	6,24
5,91	5,81	5,73	5,67	5,61	5,56	5,52	5,48	5,44
5,35	5,26	5,18	5,11	5,05	5,00	4,96	4,92	4,89
4,94	4,85	4,77	4,71	4,65	4,60	4,56	4,52	4,49
4,63	4,54	4,46	4,40	4,34	4,30	4,25	4,21	4,18
4,39	4,30	4,22	4,16	4,10	4,05	4,01	3,97	3,94
4,19	4,10	4,02	3,96	3,90	3,86	3,82	3,78	3,75
4,03	3,94	3,86	3,80	3,74	3,70	3,66	3,62	3,59
3,89	3,80	3,73	3,67	3,61	3,56	3,52	3,49	3,45
3,78	3,69	3,62	3,55	3,50	3,45	3,41	3,37	3,34
3,68	3,59	3,52	3,46	3,40	3,35	3,31	3,27	3,24
3,60	3,51	3,43	3,37	3,32	3,27	3,23	3,19	3,16
3,52	3,43	3,36	3,30	3,24	3,19	3,15	3,12	3,08
3,46	3,37	3,29	3,23	3,18	3,13	3,09	3,05	3,02
3,40	3,31	3,24	3,17	3,12	3,07	3,03	2,99	2,96
3,35	3,26	3,18	3,12	3,07	3,02	2,98	2,94	2,91
3,30	3,21	3,14	3,07	3,02	2,97	2,93	2,89	2,86
3,26	3,17	3,09	3,03	2,98	2,93	2,89	2,85	2,82
3,22	3,13	3,06	2,99	2,94	2,89	2,85	2,81	2,78
3,18	3,09	3,02	2,96	2,90	2,86	2,82	2,78	2,74
3,15	3,06	2,99	2,93	2,87	2,82	2,78	2,75	2,71
3,12	3,03	2,96	2,90	2,84	2,79	2,75	2,71	2,68
3,09	3,00	2,93	2,87	2,81	2,77	2,73	2,69	2,66
3,07	2,98	2,90	2,84	2,79	2,74	2,70	2,66	2,63
3,02	2,93	2,86	2,80	2,74	2,70	2,66	2,62	2,58
2,98	2,89	2,82	2,76	2,70	2,66	2,62	2,58	2,55
2,95	2,86	2,79	2,72	2,67	2,62	2,58	2,54	2,51
2,92	2,83	2,75	2,69	2,64	2,59	2,55	2,51	2,48
2,89	2,80	2,73	2,66	2,61	2,56	2,52	2,48	2,45
2,86	2,78	2,70	2,64	2,59	2,54	2,50	2,46	2,43
2,84	2,75	2,68	2,62	2,56	2,52	2,47	2,44	2,40
2,82	2,73	2,66	2,60	2,54	2,50	2,45	2,42	2,38
2,80	2,72	2,64	2,58	2,53	2,48	2,44	2,40	2,37
2,79	2,70	2,63	2,56	2,51	2,46	2,42	2,38	2,35
2,72	2,63	2,56	2,50	2,44	2,39	2,35	2,31	2,28
2,67	2,59	2,51	2,45	2,40	2,35	2,31	2,27	2,23
2,64	2,55	2,48	2,42	2,36	2,31	2,27	2,23	2,20
2,61	2,52	2,45	2,39	2,33	2,29	2,24	2,21	2,17
2,59	2,50	2,43	2,37	2,31	2,26	2,22	2,19	2,15
2,50	2,41	2,34	2,27	2,22	2,17	2,13	2,09	2,06
2,44	2,36	2,28	2,22	2,17	2,12	2,07	2,04	2,00
2,43	2,34	2,27	2,20	2,15	2,10	2,06	2,02	1,98
2,41	2,32	2,25	2,18	2,13	2,08	2,04	2,00	1,97

Tabelle 5b) (Fortsetzung)

n_2 \ n_1	18	19	20	22	24	26	28	30
1	6192	6201	6209	6223	6235	6249	6254	6261
2	99,44	99,45	99,45	99,45	99,46	99,46	99,47	99,47
3	26,75	26,72	26,69	26,64	26,60	26,56	26,53	26,50
4	14,08	14,0	14,02	14,97	13,93	13,90	13,87	13,84
5	9,61	9,58	9,55	9,51	9,47	9,43	9,40	9,38
6	7,45	7,42	7,40	7,35	7,31	7,28	7,25	7,23
7	6,21	6,18	6,16	6,11	6,07	6,04	6,02	5,99
8	5,41	5,38	5,36	5,32	5,28	5,25	5,22	5,20
9	4,86	4,83	4,81	4,77	4,73	4,70	4,67	4,65
10	4,46	4,43	4,41	4,36	4,33	4,30	4,27	4,25
11	4,15	4,12	4,10	4,06	4,02	3,99	3,96	3,94
12	3,91	3,88	3,86	3,82	3,78	3,75	3,72	3,70
13	3,71	3,69	3.66	3,62	3,59	3,56	3,53	3,51
14	3,56	3,53	3,51	3,46	3,43	3,40	3,37	3,35
15	3,42	3,40	3,37	3,33	3,29	3,26	3,24	3,21
16	3,31	3,28	3,26	3,22	3,18	3,15	3,12	3,10
17	3,21	3,18	3,16	3,12	3,08	3,05	3,03	3,03
18	3,13	3,10	3,08	3,03	3,00	2,97	2,94	2,92
19	3,05	3,03	3,00	2,96	2,92	2,89	2,87	2,84
20	2,99	2,96	2,94	2,90	2,86	2,83	2,80	2,78
21	2,93	2,90	2,88	2,84	2,80	2,77	2,74	2,72
22	2,88	2,85	2,83	2,78	2,75	2,72	2,69	2,67
23	2,83	2,80	2,78	2,74	2,70	2,67	2,64	2,62
24	2,79	2,76	2,74	2,70	2,66	2,63	2,60	2,58
25	2,75	2,72	2,70	2,66	2,62	2,59	2,56	2,54
26	2,71	2,69	2,66	2,62	2,58	2,55	2,53	2,50
27	2,68	2,66	2,63	2,59	2,55	2,52	2,49	2,47
28	2,65	2,63	2,60	2,56	2,52	2,49	2,46	2,44
29	2,62	2,60	2,57	2,53	2,49	2,46	2,44	2,41
30	2,60	2,57	2,55	2,51	2,47	2,44	2,41	2,39
32	2,55	2,53	2,50	2,46	2,42	2,39	2,36	2,34
34	2,51	2,49	2,46	2,42	2,38	2,35	2,32	2,30
36	2,48	2,45	2,43	2,38	2,35	2,32	2,29	2,26
38	2,45	2,42	2,40	2,35	2,32	2,28	2,26	2,23
40	2,42	2,39	2,37	2,33	2,29	2,26	2,23	2,20
42	2,40	2,37	2,34	2,30	2,26	2,23	2,20	2,18
44	2,37	2,35	2,32	2,28	2,24	2,21	2,18	2,15
46	2,35	2,33	2,30	2,26	2,22	2,19	2,16	2,13
48	2,33	2,31	2,28	2,24	2,20	2,17	2,14	2,12
50	2,32	2,29	2,27	2,22	2,18	2,15	2,12	2,10
60	2,25	2,22	2,20	2,15	2,12	2,08	2,05	2,03
70	2,20	2,18	2,15	2,11	2,07	2,03	2,01	1,98
80	2,17	2,14	2,12	2,07	2,03	2,00	1,97	1,94
90	2,14	2,11	2,09	2,04	2,00	1,97	1,94	1,92
100	2,12	2,09	2,07	2,02	1,98	1,94	1,92	1,89
200	2,02	2,00	1,97	1,93	1,89	1,85	1,82	1,79
500	1,97	1,94	1,92	1,87	1,83	1,79	1,76	1,74
1000	1,95	1,92	1,90	1,85	1,81	1,77	1,74	1,72
∞	1,93	1,90	1,88	1,83	1,79	1,76	1,72	1,70

Tabelle 5b) (Fortsetzung)

40	50	60	80	100	200	500	∞
6287	6303	6313	6326	6335	6352	6361	6366
99,47	99,48	99,48	99,49	99,49	99,49	99,50	99,50
26,41	26,36	26,32	26,2	26,23	26,18	26,14	26,12
13,75	13,69	13,65	13,6	13,57	13,52	13,48	13,46
9,29	9,24	9,20	9,16	9,13	9,08	9,04	9,02
7,14	7,09	7,06	7,01	6,99	6,93	6,90	6,88
5,91	5,86	5,82	5,78	5,75	5,70	5,67	5,65
5,12	5,07	5,03	4,99	4,96	4,91	4,88	4,86
4,57	4,52	4,48	4,44	4,42	4,36	4,33	4,31
4,17	4,12	4,12	4,04	4,01	3,96	3,93	3,91
3,86	3,81	3,78	3,73	3,71	3,66	3,62	3,60
3,62	3,57	3,54	3,49	3,47	3,41	3,38	3,36
3,43	3,38	3,34	3,30	3,27	3,22	3,19	3,17
3,27	3,22	3,18	3,14	3,11	3,06	3,03	3,00
3,13	3,08	3,05	3,00	2,98	2,92	2,89	2,87
3,02	2,97	2,93	2,89	2,86	2,81	2,78	2,75
2,92	2,87	2,83	2,79	2,76	2,71	2,68	2,65
2,84	2,78	2,75	2,70	2,68	2,62	2,59	2,57
2,76	2,71	2,67	2,63	2,60	2,55	2,51	2,49
2,69	2,64	2,61	2,56	2,54	2,48	2,44	2,42
2,64	2,58	2,55	2,50	2,48	2,42	2,38	2,36
2,58	2,53	2,50	2,45	2,42	2,36	2,33	2,31
2,54	2,48	2,45	2,40	2,37	2,32	2,28	2,26
2,49	2,44	2,40	2,36	2,33	2,27	2,24	2,21
2,45	2,40	2,36	2,32	2,29	2,23	2,19	2,17
2,42	2,36	2,33	2,28	2,25	2,19	2,16	2,13
2,38	2,33	2,30	2,25	2,22	2,16	2,12	2,10
2,35	2,30	2,26	2,22	2,19	2,13	2,09	2,06
2,33	2,27	2,23	2,19	2,16	2,10	2,06	2,03
2,30	2,25	2,21	2,21	2,13	2,07	2,03	2,01
2,25	2,20	2,16	2,11	2,08	2,02	1,98	1,96
2,21	2,16	2,12	2,07	2,04	1,98	1,94	1,91
2,17	2,12	2,08	2,03	2,00	1,94	1,90	1,87
2,14	2,09	2,05	2,00	1,97	1,90	1,86	1,84
2,11	2,06	2,02	1,97	1,94	1,87	1,83	1,80
2,09	2,03	1,99	1,94	1,91	1,85	1,80	1,78
2,06	2,01	1,97	1,92	1,89	1,82	1,78	1,75
2,04	1,99	1,95	1,90	1,86	1,80	1,75	1,73
2,02	1,97	1,93	1,88	1,84	1,78	1,73	1,70
2,01	1,95	1,91	1,86	1,82	1,76	1,71	1,68
1,94	1,88	1,84	1,78	1,75	1,68	1,63	1,60
1,89	1,83	1,78	1,73	1,70	1,62	1,57	1,53
1,85	1,79	1,75	1,69	1,66	1,58	1,53	1,49
1,82	1,76	1,72	1,66	1,62	1,54	1,49	1,46
1,80	1,73	1,69	1,63	1,60	1,52	1,47	1,43
1,69	1,63	1,58	1,52	1,48	1,39	1,33	1,28
1,63	1,56	1,52	1,45	1,41	1,31	1,23	1,16
1,61	1,54	1,50	1,43	1,38	1,28	1,19	1,11
1,59	1,52	1,47	1,40	1,35	1,25	1,15	1,00

Tabelle 6 Quantile für den Wilcoxon-Vorzeichen-Rangsummentest

n \ q	.0001	.0025	.005	.01	.025	.05	.1	.2
1	–	–	–	–	–	–	–	–
2	–	–	–	–	–	–	–	–
3	–	–	–	–	–	–	–	0
4	–	–	–	–	–	–	0	2
5	–	–	–	–	–	0	2	3
6	–	–	–	–	0	2	3	5
7	–	–	–	0	2	3	5	8
8	–	–	0	1	3	5	8	11
9	–	0	1	3	5	8	10	14
10	0	1	3	5	8	10	14	18
11	1	3	5	7	10	13	17	22
12	2	5	7	9	13	17	21	27
13	4	7	9	12	17	21	26	32
14	6	9	12	15	21	25	31	38
15	8	12	15	19	25	30	36	44
16	11	15	19	23	29	35	42	50
17	14	19	23	27	34	41	48	57
18	18	23	27	32	40	47	55	65
19	21	27	32	37	46	53	62	73
20	26	32	37	43	52	60	69	81
21	30	37	42	49	58	67	77	90
22	35	42	48	55	65	75	86	99
23	40	48	54	62	73	83	94	109
24	45	54	61	69	81	91	104	119
25	51	60	68	76	89	100	113	130
26	58	67	75	84	98	110	124	141
27	64	74	83	92	107	119	134	153
28	71	82	91	101	116	130	145	165
29	79	90	100	110	126	140	157	177
30	86	98	109	120	137	151	169	190
31	94	107	118	130	147	163	181	204
32	103	116	128	140	159	175	194	218
33	112	126	138	151	170	187	207	232
34	121	136	148	162	182	200	221	247
35	131	146	159	173	195	213	235	262
36	141	157	171	185	208	227	250	278
37	151	168	182	198	221	241	265	294
38	162	180	194	211	235	256	281	311
39	173	192	207	224	249	271	297	328
40	185	204	220	238	264	286	313	346
41	197	217	233	252	279	302	330	364
42	209	230	247	266	294	319	348	383
43	222	244	261	281	310	336	365	402
44	235	258	276	296	327	353	384	421
45	249	272	291	312	343	371	402	441
46	263	287	307	328	361	389	422	462
47	277	302	322	345	378	407	441	483
48	292	318	339	362	396	426	462	504
49	307	334	355	379	415	446	482	526
50	323	350	373	397	434	466	503	549
51	339	367	390	416	453	486	525	572
52	355	384	408	434	473	507	547	595
53	372	402	427	454	494	529	569	619
54	389	420	445	473	514	550	592	643
55	407	439	465	493	536	573	615	668
56	425	457	484	514	557	595	639	693
57	443	477	504	535	579	618	664	719
58	462	497	525	556	602	642	688	745
59	482	517	546	578	625	666	714	772
60	501	537	567	600	648	690	739	799

Tabelle 7 Ablehnungsgrenzen beim Wilcoxon-Rangsummentest ($n_1 \leq n_2$)

Einseitig $P(T_1 \leq w_{n_1,n_2;\alpha}) \leq \alpha$; es gilt $w_{n_1,n_2;1-\alpha} = n_1(n_1+n_2+1) - w_{n_1,n_2,\alpha}$

                ↑   ↑

         untere Grenze   obere Grenze

Tabelle 7a) α = 0,05 (einseitig) (zweiseitig α = 0,1)

n_2\n_1	1	2	3	4	5	6	7	8	9	10	11	12	13	14	15	16	17	18	19	20	21	22	23	24	25	n_1
1	–															–	–	–	1	1	1	1	1	1	1	1
2		–	–	–	3	3	3	4	4	4	4	5	5	6	6	6	6	7	7	7	8	8	8	9	9	2
3		–	6	6	7	8	8	9	10	10	11	11	12	13	13	14	15	15	16	17	17	18	19	19	20	3
4			11	12	13	14	15	16	17	18	19	20	21	22	23	24	25	26	27	28	29	30	31	32	33	4
5				19	20	21	23	24	26	27	28	30	31	33	34	35	37	38	40	41	43	44	45	47	5
6					28	29	31	33	35	37	38	40	42	44	46	47	49	51	53	55	57	58	60	62	6
7						39	41	43	45	47	49	52	54	56	58	61	63	65	67	69	72	74	76	78	7
8							51	54	56	59	62	64	67	69	72	75	77	80	83	85	88	90	93	96	8
9								66	69	72	75	78	81	84	87	90	93	96	99	102	105	108	111	114	9
10									82	86	89	92	96	99	103	106	110	113	117	120	123	127	130	134	10
11										100	104	108	112	116	120	123	127	131	135	139	143	147	151	155	11
12											120	125	129	133	138	142	146	150	155	159	163	168	172	176	12
13												142	147	152	156	161	166	171	175	180	185	189	194	199	13
14													166	171	176	182	187	192	197	202	207	212	218	223	14
15														192	197	203	208	214	220	225	231	236	242	248	15
16															219	225	231	237	243	249	255	261	267	273	16
17																249	255	262	268	274	281	287	294	300	17
18																	280	287	294	301	307	314	321	328	18
19																		313	320	328	335	342	350	357	19
20																			348	356	364	371	379	387	20
21																				385	393	401	410	418	21
22																					424	432	441	450	22
23																						465	474	483	23
24																							525	535	24
25																								552	25

Tabelle 7b) $\alpha = 0{,}025$ (einseitig) ($\alpha = 0{,}05$ zweiseitig)

n_2 \ n_1	1	2	3	4	5	6	7	8	9	10	11	12	13	14	15	16	17	18	19	20	21	22	23	24	25	n_1
1	—																									1
2		—	—																							2
3		—	—	—																						3
4			—	10	—	—	—	—	—	—	—	—	—	—	—	—	—	—	—	—						4
5					6	7	7	8	8	9	9	10	10	11	11	12	12	13	13	14	14	15	15	16	16	5
6					11	12	13	14	14	15	16	17	18	19	20	21	21	22	23	24	25	26	27	27	28	6
7					17	18	20	21	22	23	24	26	27	28	29	30	32	33	34	35	37	38	39	40	42	7
8						26	27	29	31	32	34	35	37	38	40	42	43	45	46	48	50	51	53	54	56	8
9							36	38	40	42	44	46	48	50	52	54	56	58	60	62	64	66	68	70	72	9
10								49	51	53	55	58	60	62	65	67	70	72	74	77	79	81	84	86	89	10
11									62	65	68	71	73	76	79	82	84	87	90	93	95	98	101	104	107	11
12										78	81	84	88	91	94	97	100	103	107	110	113	116	119	122	126	12
13											96	99	103	106	110	113	117	121	124	128	131	135	139	142	146	13
14												115	119	123	127	131	135	139	143	147	151	155	159	163	167	14
15													136	141	145	150	154	158	163	167	171	176	180	185	189	15
16														160	164	169	174	179	183	188	193	198	203	207	212	16
17															184	190	195	200	205	210	216	221	226	231	237	17
18																211	217	222	228	234	239	245	251	256	262	18
19																	240	246	252	258	264	270	276	282	288	19
20																		270	277	283	290	296	303	309	316	20
21																			303	309	316	323	330	337	344	21
22																				337	344	351	359	366	373	22
23																					373	381	388	396	404	23
24																						411	419	427	435	24
25																							451	459	468	25
																								492	501	
																									536	

Tabelle 8 Kolmogorov-Smirnov-Anpassungstest

Tabelliert sind $(1-\alpha)$-Quantile $d_{n,1-\alpha}$ mit $P(D_n \leq d_{n,1-\alpha}) = 1 - \alpha$ zweiseitig!

n	$\alpha = 0{,}01$	$\alpha = 0{,}02$	$\alpha = 0{,}05$	$\alpha = 0{,}1$	$\alpha = 0{,}2$	n
1	0,995	0,990	0,975	0,950	0,900	1
2	0,929	0,900	0,842	0,776	0,684	2
3	0,829	0,785	0,708	0,636	0,565	3
4	0,734	0,689	0,624	0,565	0,493	4
5	0,669	0,627	0,563	0,509	0,447	5
6	0,617	0,577	0,519	0,468	0,410	6
7	0,576	0,538	0,483	0,436	0,381	7
8	0,542	0,507	0,454	0,410	0,358	8
9	0,513	0,480	0,430	0,387	0,339	9
10	0,489	0,457	0,409	0,369	0.323	10
11	0,468	0,437	0,391	0,352	0,308	11
12	0,449	0,419	0,375	0,338	0,296	12
13	0,432	0,404	0,361	0,325	0,285	13
14	0,418	0,390	0,349	0,314	0,275	14
15	0,404	0,377	0,338	0,304	0,266	15
16	0,392	0,366	0,327	0,295	0,258	16
17	0,381	0,355	0,318	0,286	0,250	17
18	0,371	0,346	0,309	0,279	0,244	18
19	0,361	0,337	0,301	0,271	0,237	19
20	0,352	0,329	0,294	0,265	0,232	20
21	0,344	0,321	0,287	0,259	0,226	21
22	0,337	0,314	0,281	0,253	0,221	22
23	0,330	0,307	0,275	0,247	0,216	23
24	0,323	0,301	0,269	0,242	0,212	24
25	0,317	0,295	0,264	0,238	0,208	25
26	0,311	0,290	0,259	0,233	0,204	26
27	0,305	0,284	0,254	0,229	0,200	27
28	0,300	0,279	0,250	0,225	0,197	28
29	0,295	0,275	0,246	0,221	0,193	29
30	0,290	0,270	0,242	0,218	0,190	30
31	0,285	0,266	0,238	0,214	0,187	31
32	0,281	0,262	0,234	0,211	0,184	32
33	0,277	0,258	0,231	0,208	0,182	33
34	0,273	0,254	0,227	0,205	0,179	34
35	0,269	0,251	0,224	0,202	0,177	35
36	0,265	0,247	0,221	0,199	0,174	36
37	0,262	0,244	0,218	0,196	0,172	37
38	0,255	0,241	0,215	0,194	0,170	38
39	0,252	0,238	0,213	0,191	0,168	39
40	0,249	0,235	0,210	0,189	0,165	40
n > 40 (Näherung)	$\dfrac{1{,}63}{\sqrt{n}}$	$\dfrac{1{,}52}{\sqrt{n}}$	$\dfrac{1{,}36}{\sqrt{n}}$	$\dfrac{1{,}22}{\sqrt{n}}$	$\dfrac{1{,}07}{\sqrt{n}}$	n > 40

Tabelle 9 Kolmogorov-Sminov-Zweistichprobentest mit $n_1 = n_2 = n$.

Aufgeführt sind die maximalen Zähler $z_{n;1-\alpha} = n \cdot d_{n,n;1-\alpha}$ mit $P\left(D_{n,n} \leq \dfrac{z_{n;1-\alpha}}{n}\right) \leq 1-\alpha$.

zweiseitig

n	$\alpha = 0{,}01$	$\alpha = 0{,}02$	$\alpha = 0{,}05$	$\alpha = 0{,}1$	$\alpha = 0{,}2$	n
1	–	–	–	–	–	1
2	–	–	–	–	–	2
3	–	–	–	2	2	3
4	–	–	3	3	3	4
5	4	4	4	3	3	5
6	5	5	4	4	3	6
7	5	5	5	4	4	7
8	6	5	5	4	4	8
9	6	6	5	5	4	9
10	7	6	6	5	4	10
11	7	7	6	5	5	11
12	7	7	6	5	5	12
13	8	7	6	6	5	13
14	8	7	7	6	5	14
15	8	8	7	6	5	15
16	9	8	7	6	6	16
17	9	8	7	7	6	17
18	9	9	8	7	6	18
19	9	9	8	7	6	19
20	10	9	8	7	6	20
21	10	9	8	7	6	21
22	10	10	8	8	7	22
23	10	10	9	8	7	23
24	11	10	9	8	7	24
25	11	10	9	8	7	25
26	11	10	9	8	7	26
27	11	11	9	8	7	27
28	12	11	10	9	8	28
29	12	11	10	9	8	29
30	12	11	10	9	8	30
31	12	11	10	9	8	31
32	12	12	10	9	8	32
33	13	12	11	9	8	33
34	13	12	11	10	8	34
35	13	12	11	10	8	35
36	13	12	11	10	9	36
37	13	13	11	10	9	37
38	14	13	11	10	9	38
39	14	13	12	10	9	39
40	14	13	12	10	9	40

zu Tabelle 9

Für $n \leq 40$ erhält man das Quantil als $d_{n,n;1-\alpha} = \dfrac{z_{n;1-\alpha}}{n}$

für $n > 40$ gilt die Näherung $d_{n,n;1-\alpha} \approx \dfrac{\sqrt{2} \cdot \lambda_{1-\alpha}}{\sqrt{n}}$

mit α	0,001	0,005	0,01	0,02	0,025	0,03	0,04	0,05	0,06	0,07	0,08
$\lambda_{1-\alpha}$	1,95	1,73	1,63	1,52	1,48	1,45	1,40	1,36	132	1,29	1,27

	0,09	0,1	0,15	0,2
	1,25	1,22	1,14	1,07

Symbole

(Start/Ende)

/ Eingabe /

/ Ausgabe /

[Berechnung]

< Entscheidung >

Sachregister

Ablehnungsbereich 111
Alternative 111
Anpassungstest s. Chi-Quadrat-Test
Ausgleichsgerade 199
Ausgleichsparabel 220

bedingte Zufallsvariable 198
Bestimmtheitsmaß 203
Bindung 236, 238, 247
Binomialverteilung 45, 50
– Schätzwert für den Parameter p einer 75, 86
– Test des Parameters p einer 134

Chi-Quadrat-Anpassungstest 125
– auf Binomialverteilung 134
– auf Exponentialverteilung 149
– auf Gleichverteilung 133
– auf Normalverteilung 144
– auf Poissonverteilung 139
– einer stetigen Verteilungsfunktion 129
– bei Wahrscheinlichkeiten 125
– bei diskreten Zufallsvariablen 128
– bei Zufallszahlen 130
Chi-Quadrat-Homogenitätstest 156
Chi-Quadrat-Unabhängigkeitstest 152
Chi-Quadrat-Verteilung 62

Dichte 58

Effizienz 84
Erwartungswert 78
– Konfidenzintervall für einen 91
– Schätzwert für einen 79
– Test eines 113
– Test auf Gleichheit zweier 121
–, bedingter 198
Exponentialverteilung 49
– Schätzwert des Parameters λ einer 89
– Test auf 149
– Zufallszahlen einer 49

Fehlerwahrscheinlichkeit s. Irrtumswahrscheinlichkeit
F-Verteilung von Fisher 66

Gaußsches Prinzip der kleinsten Quadrate 200
Gütefunktion 112

Häufigkeit, absolute 3
–, relative 3
Häufigkeitspolygon 2, 3
Häufigkeitstabelle, eindimensionale 1
–, zweidimensionale 31
Histogramm, eindimensional 2, 3, 7
–, zweidimensional 31
Homogenitätstest 156
Hypothese s. Nullhypothese

Inversionsmethode 48
Irrtumswahrscheinlichkeit, 1. Art 109, 112
–, 2. Art 109, 112

Klasseneinteilung 4
kleinste-Quadrat-Schätzer 204
Kolmogorov-Smirnov-
– Einstichprobentest 250
– Zweistichprobentest 255
Konfidenzintervall 90
– für den Erwartungswert einer Normalverteilung 91
– für den Erwartungswert 94
– für den Median 235
– für ein Quantil 235
– für die Parameter einer linearen Regressionsfunktion 206
– –, simultane 208
– für die Erwartungswerte beim linearen Regressionsmodell 209
– für die Parameter einer quadratischen Regressionsfunktion 222
– für die Varianz einer Normalverteilung 98
– für die Varianz 94
– für eine Wahrscheinlichkeit 99, 104
Konfidenzniveau 91
Konfidenzzahl 91

Likelihood-Funktion 85
Lineare Regression 199
– Konfidenzbereiche 209
– Konfidenzintervalle der Parameter der
– –, getrennte 206
– –, simultane 208
– Prognosebereich 209
– Schätzungen der Koeffizienten 204
– Tests der Koeffizienten 207
– Transformation auf 219
lineare Transformation einer Stichprobe 13, 21
Linearkombination zweier Stichproben 13

Maximum-Likelihood-Funktion 85
Maximum-Likelihood-Prinzip 86
Maximum-Likelihood-Schätzung 86
– des Parameters einer Exponentialverteilung 89
– der Parameter einer Normalverteilung 89
– des Parameters einer Poissonverteilung 88
– einer Wahrscheinlichkeit 86
– mehrerer Wahrscheinlichkeiten 86
Median einer Stichprobe 14, 26
Median einer Verteilung 233, 244
– Konfidenzintervall für den 235
– Test des 231, 244
Merkmal, diskretes 4
–, stetiges 4
Mittelwert einer Stichprobe 12
mittlere absolute Abweichung 16
Modalwerte einer Stichprobe 14
Multiple-Choice-Test 54

Normalverteilung, eindimensionale 58
– Test auf 144
–, zweidimensionale 189
Nullhypothese 111

Operationscharakteristik 112

Parameterschätzung 75, 82
Parametertest 108, 110
Poissonverteilung 55
– Test auf 139
Prognoseintervall s. Konfidenzintervall

Quadratische Regressionsfunktion 220
– Konfidenzintervalle für die Parameter der 222
– Test der Parameter der 223
Quantil 49
– Konfidenzintervall für ein 235
– Test eines 233

Randhäufigkeiten 30
Rangstatistik, lineare 237
Rangsummentest 245
Rangtest 236
Rangzahlen einer Stichprobe 236
Realisierung einer Zufallsvariablen 76, 79
Regression, lineare 199
– Test auf 214
– quadratische 220
Regressionsanalyse 198
Regressionsfunktion 198
–, lineare 204
–, quadratische 220
Regressionsgerade 200

Regressionsmodell 198
Regressionsparabel 220

Schätzfunktion 76
–, effiziente 84
–, erwartungstreue 76, 82
–, asymptotisch erwartungstreue 83
–, konsistente 77, 83
–, wirksamste 84
–, für einen Erwartungswert 78
–, für einen Korrelationskoeffizienten 190
–, für eine Kovarianz 190
–, für eine Varianz 81
–, für eine Wahrscheinlichkeit 75
Schätzwert s. Schätzfunktion
Sicherheitswahrscheinlichkeit 112
Signifikanzniveau 112
Spannweite einer Stichprobe 15
Stabdiagramm 2, 3
Standardabweichung einer Stichprobe 18
Stichprobe, eindimensionale 3
–, einfache 40
–, geordnete 234, 236
–, unabhängige 40
–, zusammengesetzte 26
Stichprobe, zweidimensionale 28, 29
–, unabhängige 40
–, verbundene 121
Strichliste 1
Streuung einer Stichprobe 18
Summenhäufigkeit, absolute 9, 11
–, relative 10, 11
Symmetrietest 237

t-Verteilung 71
Test 108
– eines Achsenabschnitts 207
– auf Binomialverteilung 134
– eines Erwartungswertes 113
– zweier Erwartungswerte
  – bei verbundenen Stichproben 121
  – bei unverbundenen Stichproben 122
– auf Exponentialverteilung 149
– auf gleichmäßige Verteilung 132
– auf Homogenität 156
– eines Korrelationskoeffizienten 194
– zweier Korrelationskoeffizienten 196
– auf lineare Regression 214
– eines Medians 231, 244
– auf Normalverteilung 144
– auf Poissonverteilung 139
– bei quadratischer Regression 223
– eines Quantils 233
– einer Regressionsfunktion 227
– eines Regressionskoeffizienten 207

Sachregister

- auf Symmetrie 237
- auf Unabhängigkeit 152
- einer Varianz 117
- zweier Varianzen 124
- einer Verteilungsfunktion 129, 250
- auf Gleichheit zweier Verteilungsfunktionen 245, 255
- einer Wahrscheinlichkeit 108, 119
- auf Gleichheit zweier Wahrscheinlichkeiten 158

Transformation auf lineare Regression 219
Testfunktion 111

Unabhängigkeit zweier Zufallsvariabler 188
Unbestimmtheitsmaß 203
Unkorreliertheit
–, zweier Merkmale 34
–, zweier Zufallsvariabler 187
Urliste 1

Varianz einer Stichprobe 18
- einer Zufallsvariablen 83
Varianzanalyse 159
- einfache 159
- zweifache

- – ohne Wechselwirkung 170
- – mit Wechselwirkung 179
verbundene Stichprobe 232
- Test bei 232
Verteilungsfunktion
- einer Stichprobe 10, 26
- einer Zufallsvariablen 49
verteilungsunabhängige Verfahren 229
Vierfeldertafel 154
Vertrauensintervalle s. Konfidenzintervalle
Vorzeichentest 229

Wahrscheinlichkeit
- Schätzwert für eine 75
- Konfidenzintervall für eine 99, 104
Wilcoxon-Mann-Whitney-Test 237
Wirksamkeit 84

Zentralwert einer Stichprobe 14
Zufallsstichprobe 4, 40
Zufallszahlen 40
–, binomialverteilte 45
–, exponentialverteilte 46
–, gleichmäßig verteilte 41, 42
- Laplace- 42
–, normalverteilte 46

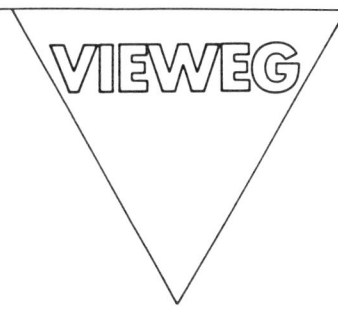

Karl Bosch
Elementare Einführung in die angewandte Statistik
3., überarbeitete Auflage 1985. VIII, 210 S. mit 41 Abb. 12,5 X 19 cm. (vieweg studium, Bd. 27, Basiswissen.) Paperback

Das Buch ist aus einer Vorlesung entstanden, die der Autor wiederholt für Studenten der Fachrichtungen Biologie, Pädagogik, Psychologie und Wirtschaftswissenschaften gehalten hat. Behandelt werden die Grundbegriffe der Statistik, speziell elementare Stichprobentheorie, Parameterschätzung, Konfidenzintervalle, Testtheorie, Regression und Korrelation sowie die Varianzanalyse. Das Ziel des Autors ist es, die einzelnen Verfahren nicht nur zu beschreiben, sondern auch zu begründen, warum sie benutzt werden dürfen. Dabei wird die entsprechende Theorie elementar und möglichst anschaulich beschrieben. Manchmal wird auf ein Ergebnis aus der „Elementaren Einführung in die Wahrscheinlichkeitsrechnung" (vieweg studium, Bd. 25) verwiesen. Die Begriffsbildung und die entsprechende Motivation werden zu Beginn eines Abschnitts in anschaulichen Beispielen vorgenommen. Weitere Beispiele und durchgerechnete Übungsaufgaben sollten zum besseren Verständnis beitragen. Das Buch wendet sich an alle Studenten, die während ihres Studiums mit dem Fach Statistik in Berührung kommen.

Karl Bosch
Aufgaben und Lösungen zur angewandten Statistik
1983. VI, 111 S. 16,2 X 22,9 cm. (vieweg studium, Bd. 57, Basiswissen.) Paperback

Dieser Übungsband stellt eine Ergänzung zum Buch „Elementare Einführung in die angewandte Statistik" (vieweg studium, Bd. 27) dar.
Die Gliederung wurde genau nach dem Statistik-Buch vorgenommen. Zu jeder der 140 Aufgaben ist ein fast vollständiger Lösungsweg angegeben. Dabei wird großer Wert auf die Modellvoraussetzungen und die Interpretation der Ergebnisse gelegt.

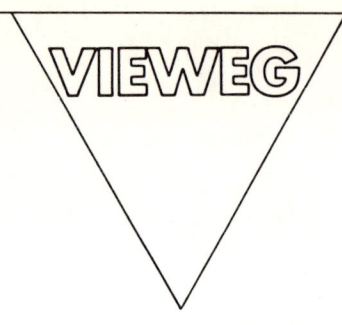

Karl Bosch

Elementare Einführung in die Wahrscheinlichkeitsrechnung

4., durchges. Aufl. 1984. VI, 192 S. mit 82 Beispielen und 73 Übungsaufgaben mit vollst. Lösungsweg. 12,5 X 19 cm. (vieweg studium, Bd. 25, Basiswissen.) Paperback

Inhalt: Der Wahrscheinlichkeitsbegriff — Zufallsvariable — Gesetze der großen Zahlen — Testverteilungen — Ausblick — Anhang.

Das Buch ist eine elementare Einführung in die Grundbegriffe der Wahrscheinlichkeitstheorie, die für ein sinnvolles Statistikstudium unentbehrlich sind. Dabei wird auf die praktische Bedeutung und Anwendbarkeit dieser Begriffe verstärkt eingegangen, was durch die Behandlung zahlreicher Beispiele erleichtert und durch viele Übungsaufgaben mit vollständigen Lösungswegen abgerundet wird. Behandelt werden folgende Gebiete: Der Wahrscheinlichkeitsbegriff, diskrete, stetige und allgemeine Zufallsvariable, spezielle Wahrscheinlichkeitsverteilungen, Gesetze der großen Zahlen und Testverteilungen. Letztere spielen eine zentrale Rolle bei den Verfahren, die im Folgeband „Elementare Einführung in die angewandte Statistik" behandelt werden.

Das Buch entstand aus Vorlesungen an der Technischen Universität Braunschweig für Studenten der Fachrichtungen Biologie, Pädagogik, Psychologie und Wirtschaftswissenschaften. Es wendet sich an alle Studenten, die während ihres Studiums mit Statistik zu tun haben. Wegen der großen Bedeutung der Statistik ist dies der größte Teil der Studenten.